中国战略性新兴产业——前沿新材料

## 编委会

主　　任：魏炳波　韩雅芳
副 主 任：张锁江　吴和俊
委　　员：（按姓氏音序排列）
　　　　　崔铁军　丁　轶　韩雅芳　李小军　刘　静
　　　　　刘利民　聂　俊　彭华新　沈国震　唐见茂
　　　　　王　勇　魏炳波　吴和俊　杨　辉　张　勇
　　　　　张　韵　张光磊　张锁江　张增志　郑咏梅
　　　　　周　济

国家出版基金项目

"十四五"时期国家重点出版物出版专项规划项目

中国战略性新兴产业——前沿新材料

# 原位电子显微学

## ——材料表征前沿技术

丛书主编　魏炳波　韩雅芳

著　者　王　勇　金传洪　田　鹤　王江伟

## 内 容 简 介

本书为"中国战略性新兴产业——前沿新材料"丛书之分册。

本书内容基于作者国家杰出青年基金等项目的科研成果和长期的研究积累,共分四篇,分别论述原位电子显微学在气氛环境、液体环境、电学、力学中的原理、技术及应用。

本书聚焦于原位电子显微学的原理、发展历程及其在物质科学中技术及应用,包括作者对各种原位电子显微技术的理解及近年来的研究成果和经验积累,具有原创性、前沿性。希望本书对该领域的科研工作者或教学工作者具有启发和指导作用,特别是青年教师和研究生,可以藉此步入原位电子显微学领域;本书亦可作为相关交叉学科,如材料、化学、化工、力学、光电等学科本科生和研究生的教材和参考书。

### 图书在版编目(CIP)数据

原位电子显微学:材料表征前沿技术 / 王勇等著. -- 北京:中国铁道出版社有限公司,2024.12. -- (中国战略性新兴产业 / 魏炳波,韩雅芳主编). -- ISBN 978-7-113-31840-6

Ⅰ. TN27;TB3-34

中国国家版本馆 CIP 数据核字第 20248NG945 号

| | |
|---|---|
| 书　　名: | 原位电子显微学——材料表征前沿技术 |
| 作　　者: | 王　勇　金传洪　田　鹤　王江伟 |
| 策　　划: | 李小军 |
| 责任编辑: | 李小军　　　编辑部电话:(010)83550579 |
| 封面设计: | 高博越 |
| 责任校对: | 安海燕 |
| 责任印制: | 高春晓 |
| 出版发行: | 中国铁道出版社有限公司(100054,北京市西城区右安门西街 8 号) |
| 网　　址: | https://www.tdpress.com |
| 印　　刷: | 北京联兴盛业印刷股份有限公司 |
| 版　　次: | 2024 年 12 月第 1 版　2024 年 12 月第 1 次印刷 |
| 开　　本: | 787 mm×1 092 mm　1/16　印张:23.75　字数:483 千 |
| 书　　号: | ISBN 978-7-113-31840-6 |
| 定　　价: | 188.00 元 |

### 版权所有　侵权必究

凡购买铁道版图书,如有印制质量问题,请与本社读者服务部联系调换。电话:(010)51873174
打击盗版举报电话:(010)63549461

# 作 者 简 介

**魏炳波**

中国科学院院士，教授，工学博士，著名材料科学家。现任中国材料研究学会理事长，教育部科技委材料学部副主任，教育部物理学专业教学指导委员会副主任委员。入选首批国家"百千万人才工程"，首批教育部长江学者特聘教授，首批国家杰出青年科学基金获得者，国家基金委创新研究群体基金获得者。曾任国家自然科学基金委金属学科评委、国家"863"计划航天技术领域专家组成员、西北工业大学副校长等职。主要从事空间材料、液态金属深过冷和快速凝固等方面的研究。获1997年度国家技术发明奖二等奖，2004年度国家自然科学奖二等奖和省部级科技进步奖一等奖等。在国际国内知名学术刊物上发表论文120余篇。

**韩雅芳**

工学博士，研究员，著名材料科学家。现任国际材料研究学会联盟主席，《自然科学进展：国际材料》（英文期刊）主编。曾任中国航发北京航空材料研究院副院长、科技委主任，中国材料研究学会副理事长、秘书长、执行秘书长等职。主要从事航空发动机材料研究工作。获1978年全国科学大会奖、1999年度国家技术发明奖二等奖和多项部级科技进步奖等。在国际国内知名学术刊物上发表论文100余篇，主编公开发行的中、英文论文集20余卷，出版专著5部。

### 王 勇

理学博士,教授,国家杰出青年基金获得者。现任浙江大学材料学院副院长、浙江大学电子显微镜中心主任、中国电子显微镜学会常务理事。主要从事催化材料结构与性能的原位电子显微学研究。曾获澳大利亚昆士兰大学杰出研究奖、香港求是基金会杰出青年学者奖,在 *Science* 等国际国内知名期刊上发表学术论文 170 余篇。

### 金传洪

理学博士,教授,国家优秀青年基金获得者。现任浙江大学电子显微镜中心副主任、中国晶体学会常务理事。主要从事碳基材料及器件的原位电子显微学研究,在 *Nature Nanotechnology* 等国际国内知名期刊上发表学术论文 180 余篇。

### 田 鹤

理学博士,教授,国家杰出青年基金获得者。现任浙江大学材料学院学术委员会副主任、中国电子显微镜学会方法与技术专委会副主任。主要从事先进透射电子显微学技术的开发与应用,在 *Science* 等国际国内知名期刊上发表学术论文 100 余篇。

### 王江伟

理学博士,研究员,国家海外高层次青年人才计划获得者。现任中国机械工程学会材料分会委员。主要从事金属材料的结构与力学性能的原位电子显微学研究,在 *Nature* 等国际国内知名期刊上发表学术论文 80 余篇。

# 序

　　前沿新材料是指现阶段处在新材料发展尖端，人们在不断地科技创新中研究发现或通过人工设计而得到的具有独特的化学组成及原子或分子微观聚集结构，能提供超出传统理念的颠覆性优异性能和特殊功能的一类新材料。在新一轮科技和工业革命中，材料发展呈现出新的时代发展特征，人类已进入前沿新材料时代，将迅速引领和推动各种现代颠覆性的前沿技术向纵深发展，引发高新技术和新兴产业以至未来社会革命性的变革，实现从基础支撑到前沿颠覆的跨越。

　　进入21世纪以来，前沿新材料得到越来越多的重视，世界发达国家，无不把发展前沿新材料作为优先选择，纷纷出台相关发展战略或规划，争取前沿新材料在高新技术和新兴产业的前沿性突破，以抢占未来科技制高点，促进可持续发展，解决人口、经济、环境等方面的难题。我国也十分重视前沿新材料技术和产业化的发展。2017年国家发展和改革委员会、工业和信息化部、科技部、财政部联合发布了《新材料产业发展指南》，明确指明了前沿新材料作为重点发展方向之一。我国前沿新材料的发展与世界基本同步，特别是近年来集中了一批著名的高等学校、科研院所，形成了许多强大的研发团队，在研发投入、人力和资源配置、创新和体制改革、成果转化等方面不断加大力度，发展非常迅猛，标志性颠覆技术陆续突破，某些领域已跻身全球强国之列。

　　"中国战略性新兴产业——前沿新材料"丛书是由中国材料研究学会组织编写，由中国铁道出版社有限公司出版发行的第二套关于材料科学与技术的系列科技专著。丛书从推动发展我国前沿新材料技术和产业的宗旨出发，重点选择了当代前沿新材料各细分领域的有关材料，全面系统论述了发展这些材料的需求背景及其重要意义、全球发展现状及前景；系统地论述了这些前沿新材料的理论基础和核心技术，着重阐明了它们将如何推进高新技术和新兴产业颠覆性的变革和对未来社会产生的深远影响；介绍了我国相关的研究进展及最新研究成果；针对性地提出了我国发展前沿新材料的主要方向和任务，分析了存在的主要问题,提出了相关对策和建议;是我国"十三五"和"十四五"期间在材料领域具有国内领先水平的第二套系列科技著作。

本丛书特别突出了前沿新材料的颠覆性、前瞻性、前沿性特点。丛书的出版,将对我国从事新材料研究、教学、应用和产业化的专家、学者、产业精英、决策咨询机构以及政府职能部门相关领导和人士具有重要的参考价值,对推动我国高新技术和战略性新兴产业可持续发展具有重要的现实意义和指导意义。

本丛书的编著和出版是材料学术领域具有足够影响的一件大事。我们希望,本丛书的出版能对我国新材料特别是前沿新材料技术和产业发展产生较大的助推作用,也热切希望广大材料科技人员、产业精英、决策咨询机构积极投身到发展我国新材料研究和产业化的行列中来,为推动我国材料科学进步和产业化又好又快发展做出更大贡献,也热切希望广大学子、年轻才俊、行业新秀更多地"走近新材料、认知新材料、参与新材料",共同努力,开启未来前沿新材料的新时代。

中国科学院院士、中国材料研究学会理事长

国 际 材 料 研 究 学 会 联 盟 主 席

2020 年 8 月

# 前　言

"中国战略性新兴产业——前沿新材料"丛书是中国材料研究学会组织、由国内一流学者著述的一套材料类科技著作。丛书突出颠覆性、前瞻性、前沿性特点，涵盖了超材料、气凝胶、离子液体、多孔金属等 10 多种重点发展的前沿新材料及技术。本书为《原位电子显微学——材料表征前沿技术》分册。

大千世界，精彩纷呈，人的眼睛可以看见大到绚丽多彩的花草树木，小到可以明察毫米量级的头发丝。然而，小到微米量级的物体，人的眼睛很难直接观察到，这时需要借助光学显微镜才能看见，比如血红细胞以及小到 0.2 nm 左右的细菌。尺寸再小的物体，如纳米线、纳米颗粒等，只能借助扫描电子显微镜等仪器来进行观测。要想看到组成物体基本结构单元的原子，在原子尺度研究物质的微观结构，则必须利用到先进的透射电子显微镜，尤其是当下备受欢迎的球差校正透射电子显微镜，可以实现亚埃级别的空间分辨。关于电子显微镜的发展历史，读者可以拜读章效锋博士撰写的科普图书《显微传》，里面包罗万象的内容以及阅读的趣味性定会让你大开眼界。当笔者看到章博士《显微传》中的一幅图时深有感触。这幅图描述一位孩子看着鱼缸中的鱼在不停地游来游去，可以看到鱼在水中每时每刻的动态行为，而不是在冰柜中的一条死鱼。这就是所谓的原位观察、原位研究。显然，研究材料的结构与性能之间的关联，必须在它所处的真实环境或外场中去原位研究，只有深入理解外场环境（光、热、电、气、液、磁等）对材料结构的影响机制，才能获得材料真正的构效关系，指导高品质材料的设计与制备。

近些年来，随着真空与芯片技术的不断革新，原位电子显微技术经历了跨越式的大发展，已成为了电子显微学研究的主要方向之一，以至于越来越多的电镜工作者进入了原位电子显微学领域。越来越多其他学科的从业者也开始进入该领域，特别是化学、化工、力学、光电等领域的科研工作者，均期望利用先进的原位电子显微学方法去解决各自领域中的难点痛点问题。相对于原位电镜研究队伍的不断壮大，相关著作的出版一直处于落后状态。虽然，国外学者出版了一些与原位电子显微学相关的书籍，比如丹麦技术大学 Jakob Wagner 教授等著述的 *Controlled Atmosphere Transmission Electron Microscopy*；近期东南大学孙立涛教授也著述了英文著作 *In Situ Transmission Electron Microscopy*。但尚没有中文版相关著作，这显然与中国原位电镜的蓬勃发展状况不相称。为了适应原位电镜领域的飞速发展，在张泽院士的鼓励和支持下，笔者基于国家杰出青年基金等研究项目成果，组织了浙江大学电子显微镜中心几位年富力强、工作在原位电镜一线的青年学者著述了本书。本书主要聚焦在原位电子显微学的原理、发展历程及其在物质科学中的应用，其中包括著者对各种原位电镜技术的理解及近些年来在原位电镜技术研究的成果和经验积累，期望对该领域的科研工作者或教学工作者具有参考价值。本书亦可供相关交叉学科如催化、力学、光电等学科科研和教学工作者参考，亦可作为相关专业研究生的教材或参考书。

本书共四篇。第一篇气氛环境电子显微学，由王勇教授著述，陈诗园、袁文涛博士等协助著述；第二篇液体环境原位电子显微学，由金传洪教授著述，马晓鸣、殷慧敏、杨天旭、顾力等协助著述；第三篇电学原位电子显微学，由田鹤教授著述，陈潇忻、黄梓舍、李柱、刘中然、席昊龙等协助著述；第四篇力学原位电子显微学，由王江伟研究员著述，祝祺、魏思远、李兴、李习耀、洪悠然、赵治宇、陈映彬等参与文献整理。原位电子显微学涉及内容很多，比如磁学、光学等，但本书只聚焦在气/热、液、电、力等四方面，技术内容更新至 2022 年。

特别感谢张泽院士在著述过程中给予的支持和鼓励，并指导修改了本书的绪论部分。在本书的著述过程中，还得到了很多人的支持和帮助，在此一并感谢。

限于笔者对原位电子显微学的理解所限，加之时间仓促，书中难免存在不足之处，敬请广大读者尤其是电镜同行和专家不吝指教，提出宝贵的批评意见和建议。

著　者

2024 年 6 月

# 目 录

绪 论 ............................................................................................................ 1

## 第一篇 气氛环境原位电子显微学

### 第1章 气氛环境原位电子显微技术的发展历史与现状 ............................... 4
1.1 差分泵环境透射电镜 ........................................................................ 6
1.2 气体样品杆系统 ................................................................................ 12

### 第2章 电子束与气体的相互作用 ................................................................ 19
2.1 气体对电子束成像的影响 ................................................................ 19
2.2 电子束对样品表征的影响 ................................................................ 21

### 第3章 气氛环境原位电子显微技术的应用 ................................................ 24
3.1 表面重构 ............................................................................................ 24
3.2 纳米颗粒的形貌演变 ........................................................................ 29
3.3 金属-载体间相互作用 ...................................................................... 36
3.4 金属纳米颗粒氧化还原、氢化和 $CO_2$ 化 .................................... 45
3.5 纳米材料生长 .................................................................................... 57
3.6 气固相催化反应研究 ........................................................................ 65
3.7 气氛环境原位电子显微技术的挑战与机遇 .................................... 78

参考文献 ............................................................................................................ 80

## 第二篇 液体环境原位电子显微学

### 第4章 液体原位电子显微技术的发展历史与现状 .................................... 98
4.1 液体池的发展与构造 ........................................................................ 98
4.2 液层厚度的控制及影响 .................................................................... 101

### 第5章 液体电镜中电子束与溶液的相互作用 ............................................ 103
5.1 LCTEM 中电子束诱导的水辐射分解 .............................................. 103

5.2 在 LCTEM 中模拟辐射化学 ········································ 104
5.3 影响辐射分解的主要因素 ········································ 106

## 第 6 章 液体原位电子显微技术在纳米晶形核与生长领域的应用 ········ 111
6.1 LC-TEM 中纳米晶的形成 ········································ 111
6.2 纳米晶的形核与生长机制 ········································ 112
6.3 非经典形核与生长过程 ·········································· 115

## 第 7 章 液体原位电子显微技术在电化学领域的应用 ················· 123
7.1 电化学液体池 ·················································· 123
7.2 液体原位电子显微技术在电化学中的应用 ························ 123

## 第 8 章 液体原位电子显微技术在腐蚀科学领域的应用 ··············· 129
8.1 溶液环境中的化学腐蚀行为 ······································ 129
8.2 溶液环境中的电化学腐蚀行为 ···································· 133
8.3 腐蚀对纳米晶尺寸和结构的调控 ·································· 135
8.4 影响纳米晶氧化刻蚀行为的不同因素 ······························ 137
8.5 液体原位电子显微技术在腐蚀科学领域的挑战与机遇 ·············· 139

**参考文献** ························································ 141

# 第三篇 电学原位电子显微学

## 第 9 章 电学原位电子显微技术的发展历史与现状 ··················· 154
9.1 概　　述 ······················································ 154
9.2 电学原位电子显微技术可解决的问题 ····························· 160

## 第 10 章 原位电子显微纳米电学技术 ······························· 163
10.1 探针式 TEM-STM 样品杆 ······································ 163
10.2 芯片式 TEM-MEMS 样品杆 ···································· 167
10.3 影响材料原位电学测试的因素 ·································· 170

## 第 11 章 电学原位电子显微技术应用实例 ·························· 173
11.1 测量微纳结构材料的电输运性能 ································ 173
11.2 研究电池充放电过程中反应机理及离子迁移 ···················· 176
11.3 测量相变材料的电学性能 ······································ 180
11.4 研究铁电材料的性能 ·········································· 181
11.5 研究斯格明子体系 ············································ 185

## 第 12 章　电学原位电子显微技术的挑战与机遇 ················ 187

12.1　原位光电测试 ················ 187
12.2　电学原位电子显微技术在热电材料中的应用 ················ 191
12.3　电学原位电子显微技术与冷冻透射电镜结合 ················ 192
12.4　多电极电学原位电子显微技术测试平台 ················ 193

参考文献 ················ 196

# 第四篇　力学原位电子显微学

## 第 13 章　力学原位电子显微技术的发展历史与现状 ················ 206

13.1　基于 SEM 的力学原位电镜测试 ················ 206
13.2　基于 TEM 的力学原位电镜测试 ················ 211
13.3　基于涡轮电机的力学加载 ················ 212

## 第 14 章　材料的塑性变形机制 ················ 220

14.1　位　　错 ················ 220
14.2　孪　　晶 ················ 223
14.3　相　　变 ················ 225
14.4　表面扩散 ················ 227
14.5　微纳结构材料的超弹性、伪弹性、超塑性等行为 ················ 228

## 第 15 章　微纳结构材料的力学行为与尺寸效应 ················ 231

15.1　面心立方金属的尺寸效应与微观机制 ················ 231
15.2　体心立方金属的力学行为与尺寸效应 ················ 243
15.3　密排六方金属的力学行为与尺寸效应 ················ 251
15.4　非晶体材料的力学行为与尺寸效应 ················ 257
15.5　功能纳米材料的力学行为与尺寸效应 ················ 265
15.6　尺寸效应总结与展望 ················ 271

## 第 16 章　材料的界面变形机制与缺陷动力学行为 ················ 272

16.1　纳米孪晶金属的塑性变形机制 ················ 272
16.2　纳米晶材料的塑性变形机制 ················ 282
16.3　层状材料的塑性变形机制与尺寸效应 ················ 293

## 第 17 章　复杂载荷下的力学原位电镜测试 ················ 298

17.1　原位弯曲测试 ················ 298

17.2 原位剪切测试 ·················································································· 300
17.3 原位疲劳测试 ·················································································· 301

## 第 18 章　多场耦合和环境条件下的力学原位电镜测试 ·································· 309
18.1 温度条件下的力学原位电镜测试 ························································ 309
18.2 气氛环境下的力学原位电镜测试 ························································ 317
18.3 辐照损伤与材料的力学行为 ······························································ 320
18.4 其他环境下的力学原位电镜测试 ························································ 324

## 第 19 章　力学原位电子显微技术对材料科学的影响和机遇 ··························· 326
19.1 力学原位电子显微技术对材料科学的影响 ············································ 326
19.2 影响力学原位电镜测试的因素 ··························································· 331
19.3 力学原位电子显微技术的挑战与机遇 ·················································· 333

**参考文献** ································································································ 334

# 绪　　论

　　自 1932 年世界上第一台透射电子显微镜(TEM)和 1938 年第一台扫描电子显微镜(SEM)问世以来,电子显微镜(以下有时简称"电镜")逐步发展成为当今物理、材料、化学及生物学等领域中重要的通用表征及分析仪器。其中,透射电子显微镜的空间分辨率已提高到亚埃尺度,在近年来广泛开展的纳米科学技术研究中发挥了关键性作用。本书将集中论述近年来在透射电子显微镜中发展原位电子显微学技术及利用该技术在物质科学中开展应用研究的进展。

　　透射电子显微镜技术,是一种利用穿透过薄样品的电子成像技术,包括明场像(BF)、暗场像(DF)、电子衍射(ED)、高分辨像(HRTEM)、化学分析手段(X 射线能量色散谱(EDS)、电子能量损失谱(EELS))等。透射电子显微镜的成像原理基于电子与样品的相互作用,当电子经高电压加速入射试样表面后,电子的方向和能量都会发生变化,产生多种多样的信号,包括直射电子、散射电子以及特征 X 射线。这些信号可反映出样品形貌、结构和成分等信息。在穿过样品的电子中,方向未发生偏转的电子称为直射电子,仅改变了动量方向、几乎没有能量损失的电子称为弹性散射电子,有明显能量损失的称为非弹性散射电子。平行电子束穿过样品产生的直射电子和弹性散射电子经过物镜的汇聚后,相同角度散射出的电子汇聚在物镜背焦面,而样品相同位置散射出的电子汇聚在物镜像平面。进一步调节中间镜的电流,使中间镜的物平面与物镜的背焦面重合时,就会得到反映样品倒空间信息的电子衍射像。当中间镜的物平面与物镜的像平面重合时,则会得到反映样品正空间形貌的透射像。如果让多束相干的电子束干涉产生相位衬度像,可以得到反映物体真实结构的高分辨像。而利用汇聚电子束在样品上逐一扫描可得到扫描透射成像。而非弹性散射过程带来的一系列二次信号以及损失能量的电子本身可以用来分析样品的化学信息和电子结构信息。

　　传统的透射电子显微学研究,往往是对材料力学拉伸等实验前后的状态分别进行非原位的微观结构、化学成分及晶体缺陷等的表征,间接获得材料在力、热等外场作用下结构与性能间关系的认知,从而推测导致其变化的物理机制。这种非原位的观察方式由于缺乏对外场作用下材料性能与对应的微观结构演变直观观察,会导致遗漏变化过程中的重要信息,因而无法给出确切的结论。对于此类因离位造成的动态过程观察缺失问题,近年来逐渐兴起的原位电子显微学(即原位透射电镜技术)提供了有效的解决方案。该方法是在保持透射电镜高空间分辨率和高能量分辨率的前提下,直接将力、电、热、磁及化学反应等外场作用,引入到观察样品上来,实现实验材料样品在外场作用下实时、原位、动态的纳米甚至原子尺度的微结构观测。通过研究物质材料在外界环境作用下的微结构演化规律,揭示其原子结构与物理化学性质的相关性,指导材料的设计合成和加工处理条件下的微结构调控,同时促进新物质的探索和深层次物质结构研究,为解决物理学、材料科学和生物学等领域中的具体问题提供了直接和准确的方法。

近 20 年来,原位电子显微学在以球差矫正技术为代表的空间分辨率、单色光源为代表的能量分辨率、高速 CCD 相机为代表的时间分辨率等领域都取得了巨大进步。这些优势使得在原子尺度实时观测纳米材料的结构演变成为可能。其中,球差矫正技术的发展进一步促进了原位电子显微学的发展。球差校正器的出现,摆脱了传统电子光学设计中降低球差就必须减小电子透镜上下极靴缝隙的做法,给位于物镜极靴缝隙处的样品台留出更大空间,对在样品台上集成新的分析手段、环境条件、大角度倾转等都十分有利。

原位电子显微学的飞速发展,不仅表现在透射电子显微镜本身的不断提升,还集中体现在原位样品台的发展上。在原位电子显微镜中,一般是通过改进电子显微镜的样品台来实现原位检测功能,如在样品台上引入不同的力、电、热、光、磁等外场作用,可研究材料性能与微观结构演变间关系;还可以通过施加环境气氛、催化剂等观察材料的成核、生长过程。此外,原位电子显微镜能够表征纳米材料与器件的形貌、结构、缺陷、所含元素及价态等,还可获得材料的三维形态重构。原位电子显微技术按所加外场来分,可以有力、热、光、电、气、液、磁等,包括两种或两种以上的外场耦合,如我们谈到的气氛环境原位电子显微学中一般包括气氛和加热,而力学原位电子显微技术很多时候是在气氛环境中进行的,比如研究氢脆等。

本书中我们选取的几个方向均为目前相关领域比较热门的方向,有广泛的研究基础,特别是力学原位电子显微技术近些年来得到了长足的发展。而气氛环境原位电子显微技术研究,最近几年发展迅猛,有点后来者居上的趋势,这主要是因为化学催化领域的需求推动。本书主要论述气学、热学、电学、力学原位电子显微技术发展和应用实例,相关的基础理论可参阅有关文献。

# 第一篇

# 气氛环境原位电子显微学

材料的微观结构决定其物理、化学等性能,因此获取材料原子级别的微观结构,并藉此建立材料的构效(结构与性能)关系,是设计和制备高性能材料的基础。目前,材料微观结构的研究一般在具有原子分辨率的高真空设备中(如 TEM 和 SEM,约 $10^{-5}$ Pa),而材料性能的测试大多处于实际的常压气体环境($10^5$ Pa),两者之间存在着巨大的"环境鸿沟"。对环境不敏感的材料,构效关系可以藉此建立;然而大多数材料的结构随环境变化而改变,导致在真空中获得的结构与常压中的性能不能准确关联起来。特别地,对于在催化、能源、环境等领域有广泛应用前景的纳米材料,其比表面积大,且通常在气体、高温等服役环境中使用,其表/界面结构随环境的演化对物理、化学性能有显著的影响:温度可促进表/界面原子扩散,使表/界面发生重构;气体(组分)可吸附于表/界面,影响其电子结构与表/界面构型等物理化学性质;气压(压强)对各晶面的作用程度不同,可导致纳米颗粒表面形貌随之变化。三种因素的协同作用使材料表/界面的实际情况更为复杂,致使服役环境下材料的构效关系很难建立,阻碍材料等相关学科的向前发展。为跨越这一"环境鸿沟",在实际环境中原子尺度下获取材料的构效关系,科学家们一直在努力,期望发展出可以在保证空间分辨率的情况下把气体等环境因素清除到在高真空下工作的电镜方法。经过几十年的不断努力和创新,科学家们实现了在透射电镜中构建从超高真空到低气压再到大气压的多种高温气体环境,建立了气氛环境透射电子显微学方法,并广泛应用于材料、催化、能源等重要领域。本章主要论述气氛环境原位电子显微学方法的原理、发展历史及其在诸多领域的应用,最后指出该领域目前存在的一些挑战及未来可能发展的方向。

# 第1章 气氛环境原位电子显微技术的发展历史与现状

为了避免气体分子与电子的相互作用影响电子束的相干性,从而降低电子显微镜分辨率,传统的透射电子显微镜腔体内往往需要高真空环境[1]。气氛可控的原位电子显微技术是通过对电镜样品杆或电镜本身的改造,以实现仅在样品的周围保持较高的气压,而电镜腔体的其余部分依然维持高真空环境,从而让样品接近真实服役条件的一类电镜技术。事实上,将气体引入原位电子显微镜的想法几乎早在透射电子显微镜诞生时就出现了。1935年,Marton 提出了两种向电镜中引入反应气体并且能够控制气体的气压和成分的方法[2]。第一种方法通过修改电镜的极靴,在样品上方和下方的极靴上添置一对小孔,进入电镜腔内的气体仅来源于这两个小孔,采用这种方法改造的电镜称为差分泵式真空系统的环境透射电镜(differentially pumped environmental TEM, DP-ETEM)[3]。第二种方法是在样品上方和下方放置一对电子束透明的窗口,将样品和气体封装在两个窗口之间,这种称为窗口式薄膜纳米反应器(windowed gas cell)[4]。近几十年来,科学家们在这两种思路的基础上不断改良创新。目前,采用差分泵式真空系统的环境透射电镜和通过窗口式薄膜纳米反应器制造的气体样品杆系统均得到了广泛应用,特别是与先进的芯片加热技术和质谱仪系统等有机结合起来,在催化、能源、环境等重要领域展示了广阔的应用前景[5]。其工作示意图简化为如图 1-1 所示,样品将被置于可控的加热和气氛环境中,照明电子束的路径将同时穿过反应气体和试样,电子与样品发生相互作用产生的信号将被用于结构和成分等信息的分析。同时,利用质谱仪等系统检测反应前后的气体成分变化,还能得到试样的性能信息。这样,可实现在原子尺度下观测结构变化的同时获取其性能的演变规律,有望在实际的反应环境中建立起材料的构效关系。

目前,配有加热功能的气氛可控的原位电镜技术已经实现从室温到 1 573 K 高温、从超高真空到常压下对样品进行原子级成像分析。配合特定的原位研究组件,还可以模拟多种类型的外场环境,如电场、应力场、磁场等,实现在服役气氛环境中原子尺度下对样品结构与性能的动态观察和测量[6,7]。结合能量色散 X 射线光谱(EDX)[8]、电子能量损失谱(EELS)、电子全息、质谱等先进的分析方法,还可以获取高空间分辨率的化学及电子结构信息。与这些高端表征分析方法的联用,极大地扩展了气氛环境电子显微学在材料、化学、环境、化工等学科中的应用,促进了各学科之间的交叉融合,尤其助力学科前沿重大的原创性发现。近 40 年来,得益于气氛环境原位电子显微技术的发展,研究者们在气固相催化反应、

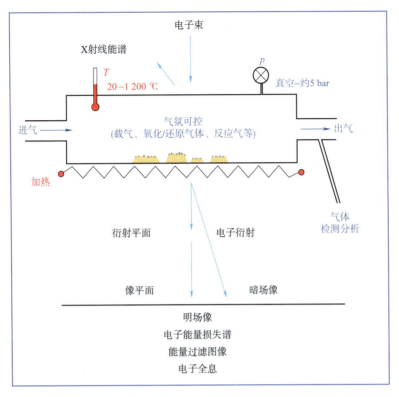

图 1-1　气氛可控的原位电子显微技术与分析方法示意图[5]

氧化还原等研究领域实现了很多突破[9,10]。例如,Xiaoben Zhang 等[11]通过环境透射电子显微镜(ETEM)结合具有统计特性的先进原位谱学手段[原位 X 射线吸收谱(XAS),原位红外(FTIR)和 DFT 理论计算模拟],揭示了核壳型 NiAu 双金属催化剂在 $CO_2$ 加氢反应中的真实活性位点。Yuan 等[10]在先进的球差矫正环境透射电子显微镜中原位巧妙地构筑了催化材料的活性位点列以增强气体分子的衬度,首次在分子尺度下观察到了水分子在二氧化钛表面上的吸附活化和催化反应。最近,该团队又在利用球差矫正环境透射电子显微镜原位研究金-二氧化钛催化一氧化碳氧化的工作中发现[12]:与固有的认识不同,负载在二氧化钛表面的金颗粒并非固定不变,在催化过程中,金颗粒发生了令人难以置信的旋转。当反应气氛去掉后,金颗粒又转回到原来的状态。若没有原位方法在实际反应环境中对催化颗粒进行动态研究,反应前后所看到的金颗粒似乎没有显著的变化,这跟实际的反应情况严重不符,这些结果再次强调了实际反应环境中可视化研究的重要性和必要性,否则催化剂在反应中以一种什么样的状态和方式参与了反应,就只能靠逻辑推理和想象,但很多时候的推测可能是错误的。

本章主要论述上述两种气氛可控的原位电镜技术,包括其发展历史、仪器构造、优缺点等。这里分别称这两种技术为"差分泵环境透射电镜"和"气体样品杆纳米反应器"。

## 1.1　差分泵环境透射电镜

目前商用的环境透射电镜(ETEM)是带有差分泵系统的专用透射电镜,通过直接向电镜的样品腔室引入气体来实现样品周围的气体环境。其原理是在电镜样品室的上下方加装一对或多对压差光阑来降低气体分子的扩散,将气体限制在样品周围。压差光阑的大小要适中,既要够大,不能阻挡有效的电子束,又要够小,以避免过多气体逸出。在压差光阑之间,加入了由涡轮分子泵(TMP)和离子吸气泵(IGP)等组成的多级真空系统,将腔体中各部位的气体控制在合理的气压范围之内。为了保持样品周围一定气压的同时使电镜其余部分维持高真空状态,就需要做到让差分泵的有效泵速超过光阑小孔逸出气体的速率。如图1-2所示,第一对压差光阑靠近样品放置,并且利用涡轮分子泵将经由这些孔逸出的大多数气体从系统中抽出。为了进一步限制气体逸出到电镜腔体中,第二对光阑小孔比第一对光阑小孔大(因为它们的压降要小得多)。以日立公司的H-9500 ETEM为例,有两种方式可以向试样周围通入气体。第一种为注射方式,样品杆带有气体引入管口[13],气体主要环绕管口尖端周围,直接喷射到样品上,这种注射方式能确保气体与样品更有效地接触。第二种是通过物镜的管路直接将气体引入到样品室内,在样品区域周围产生相对均匀的气体压力,并且适用于与此ETEM兼容的所有样品杆。

差分泵环境透射电镜发展历程见表1-1。

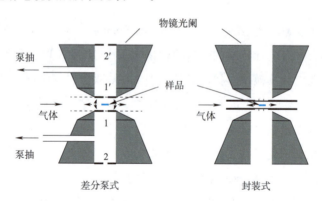

图1-2　环境透射电镜和气体样品杆系统电镜气体流向的概念示意图[5]

表1-1　差分泵环境透射电镜发展历程

| 时间 | 事件 | 参考文献 |
|---|---|---|
| 1958 | 改造了一台日本电子公司JEM电镜的样品室,通过双隔膜和分隔泵阻止气体逸出样品室。气压范围:$10^{-2}$~133 Pa($10^{-4}$~1 mm汞柱),样品可加热至1 000 ℃ | 参考文献[14] |
| 1958 | 高熔点金属钨丝(近3 000 ℃)作为加热装置,气压可到1.33 Pa($10^{-2}$ Torr) | 参考文献[15] |

续上表

| 时间 | 事件 | 参考文献 |
|---|---|---|
| 1964 | 将注射器针头连接到加热台上,将 JEM-6A 电子显微镜的现有加热台改造为气体反应器,电镜腔体气压可保持在 0.1 Pa | 参考文献[16] |
| 1966,1968 | 得益于日本电子商用电镜的生产(JEOLCO JEM),引入差分泵设计,气压可提升到 40 kPa。在 40 kPa 的气压下图像分辨率为 5~10 nm | 参考文献[17] |
| 1968 | 在日立 HU-11A 电镜上装置一个通过弯曲毛细管注入气体的样品台。该样品台可自由移动、倾斜、升降温以及防污染 | 参考文献[18] |
| 1972 | 将改进的 JEOL AGI 气体反应附件到 100 kV 的 JEOL JEM-7A"高分辨率"电子显微镜里。样品室由旋转泵支持的三级扩散泵抽空,电镜的入口处添加了一个手套箱,以在高纯氩气氛下将样品装载到电镜中 | 参考文献[19] |
| 1972 | 通过在物镜极靴的间隙中安装两个 20 μm 的光阑(间隔 0.75 mm),建造一个可独立变化的环境腔室。在电镜的泵上加装一个带有自支撑系统的扩散泵,可使该空间中的压力增加到一个大气压($10^5$ Pa),且不会显著影响电镜腔体的真空 | 参考文献[20] |
| 1971,1972 | 设计并建造用于 1 MV 的 AE1-EM7 电子显微镜的环境室,环境反应室位于物镜极靴之间。在 20 kPa(150 Torr)的空气中,分辨率约为 10 nm | 参考文献[21-23] |
| 1990 | 改进 JEOL 200CX TEM/STEM 的样品室区域,用以观察氧气作用下样品的外观变化。差分泵抽使氧气压达到 2 kPa(15 Torr),而电镜腔体保持 $1.3 \times 10^{-4}$ Pa($10^{-6}$ Torr)真空度。电镜还配有闭路电视和录像机,可获得原位电子衍射 | 参考文献[24] |
| 1991 | 在 JEOL 4000 EX TEM 中安装差分泵光阑,在 560 Pa(4.2 Torr)的 $H_2$ 和 670 ℃的温度下于 400 kV 下实现了 0.31 nm 的分辨率 | 参考文献[25] |
| 1996 | 利用 JEOL 4000 EX TEM 的气体反应室,在升温和气体环境下实现 0.26 nm 的高分辨率。同时,样品可移动、倾转和加热,实现标准成像。薄窗口可进行能量色散 X 射线能谱(EDS)和平行电子能量损失谱仪(EELS)等分析工作的操作 | 参考文献[26] |
| 1996,1997 | 通过在样品上方和下方放置两对光阑,永久性地改变了飞利浦 CM30T TEM/STEM 的物镜面积,其极靴间隙为 9 mm。不同于之前的设计,光阑安置在物镜极靴的孔内,电镜就可与常规的样品杆兼容,物镜光阑也可用于衍射对比实验 | 参考文献[27,28] |
| 1998 | 通过在物镜极靴间隙中安装差分泵环境反应室(E-cell),对飞利浦 EM 430(300 kV $LaB_6$ 光源)TEM 进行了改进。该环境电镜能够实现高达 2 666 Pa(20 Torr)的气压(通入无腐蚀性气体,$H_2$,$O_2$,$N_2$,$NH_3$,CO,水蒸气),并且可以运用单倾加热杆和双倾加热杆分别将样品加热到 1 300 ℃和 850 ℃。电子衍射、高分辨成像和摄像机/录像系统都可用于揭示反应机制、反应热力学和动力学。与此同时,显微镜底部装有后置投影能量过滤器(gatan imaging filter,GIF),可用于过滤气体/厚样品中的非弹性散射,并获得经过能量过滤的图像 | 参考文献[29] |
| 2000 | TEM 制造商(原 FEI)采用了 Boyes 和 Gai 的设计,并配备场发射枪(FEG)和 SuperTwin 物镜(极靴间隙约 5 mm),进一步提高了图像分辨率。后面又配置了一个额外的泵抽台来保护 FEG | 参考文献[30-34] |
| 2009,2013,2014 | 与日本电子(JEOL)合作,Gai 和 Boyes 开发 ETEM,在物镜和聚光镜中均配备了像差校正器。该系统以(E)STEM 和(E)TEM 模式运行,气压最高为 5 kPa(50 mbar) | 参考文献[36-39] |
| 2010,2013,2014 | FEI 公司搭建的 Titan 平台(Titan$^{TM}$ ETEM),涵括过去 15 年的最新电镜技术 | 参考文献[35] |

续上表

| 时间 | 事件 | 参考文献 |
|---|---|---|
| 2013,2014 | 名古屋大学的研究人员开发了反应科学高压电镜(RSHVEM),可在气体、液体和照明条件下观察纳米材料的 1 MV 高压(S)TEM。电镜真空由三级差分泵系统支持,该系统配有五个涡轮分子泵。同时还配有电子断层扫描、能量过滤 TEM 和电子能量损失谱功能 | 参考文献[40,41] |
| 2018 | 日立公司(Hitachi)开发了配备有内部设计的聚光镜球差校正器的分析型 200 kV 冷场发射(CFE)TEM HF5000,具有环境实时扫描透射电子显微镜的成像性能。可同时获得暗场/明场/二次电子(DF/BF/SE)图像 | 参考文献[42] |

1942 年,Ruska[43]通过在物镜极靴中插入光阑的方法,在电镜腔体中成功创建了独立泵抽的隔室,这样的设计对电镜样品杆没有任何限制,样品可以在气体环境中被样品杆加热。随后,这种差分泵设计得到了研究者们的深入研究以及改良。1958 年,Ito 和 Hiziya[14]改装了 JEM 电子显微镜的样品室,成功建造了第一台差分泵 ETEM,实现 $10^{-2} \sim 133$ Pa 的气压,并且改进的样品杆能加热到 1 000 ℃。同年,Hashimoto 等[44]用高熔点金属丝(比如钨)作为加热装置建造了样品室,样品可以在约 1.33 Pa 的气压以及升温条件下进行反应。随后在 1968 年,他们设计加入了差分泵系统,气压可以提升到 40 kPa(300 Torr)。这两种设计中,金属线都放置于两个相距 0.3~0.5 mm,直径为 50~100 μm 的 Pt 光阑中。通过气阀的开关控制,样品杆从电镜里取出时可以丝毫不破坏电镜的真空度。JEOL 公司的商业电镜 JEM AGI 中的气体反应台就此诞生,它在 40 kPa 的气压下可获得的图像分辨率为 5~10 nm。

1972 年,Swann 和 Tighe[23]设计并建造了用于 1 MV 的 AE1-EM7 电镜环境反应室。样品室位于电镜的物镜极靴之间,它由四个与上物镜极靴同心加工的光阑组成,因此无需在电镜内部使用特殊的光阑对准设备。样品室被第二个差分泵室包围,该室进一步降低了反应气体在电镜腔室的泄漏率。样品杆是侧入式的,可以使用正常的侧入式样品台移动 $\pm 1.5$ mm。压差光阑之间的距离为 5.5 mm,该距离足够远,可以容纳倾斜的热台,但又足够短,可以在高达 $10^5$ Pa(760 Torr)的 He 或 20 kPa(150 Torr)的空气压力下得到满意的晶体样品图像。样品和差分光阑的孔径足够大,足以在 1 MV 下从间距大于 0.05 nm 的晶面上透射完整的衍射环。可移动的物镜光阑系统位于气体反应室下方,并且对其进行了气体密封,以防止气体泄漏到电镜腔体的下部。与当时的 100 kV 仪器相比,高压电镜具有更高的穿透力,有助于观察微米厚度的薄箔[45]。在 20 kPa(150 Torr)的空气中,该环境电镜的分辨率可达到 10 nm 左右。在这种类型的环境电镜反应室中,通过加入一系列差分泵光阑并增加泵抽容量,以保持样品区域与电镜腔体之间的较大压力差。

1990 年代,随着环境电镜技术持续发展,常通过对物镜极靴进行结构性的改进以迎合原位实验需求。1991 年,Lee 等[46]为 JEOL 4000(400 kV)TEM 设计了一个物镜极靴,其间隙为 14 mm。该物镜极靴使用了五个光阑,还在其上加工了额外的小孔,以容纳额外的气体处理设备并提供额外的抽气口。初级光阑和次级光阑之间的差分泵抽,以及极靴、上部次级孔和冷凝器堆栈孔周围的体积的泵送,是通过四个涡轮分子泵完成的。经过这番整改,极靴的点对点分辨率为 0.41 nm。没有气体时,电镜腔体真空度可维持在低于 $10^{-5}$ Pa($10^{-7}$ Torr)的范围内。在 400 kV 时,可以观察到的最大衍射角约 24 mrad(间距 0.08 nm)。通入氢气加压至 9.3 kPa(70 Torr)数小时,对电镜性能没有不利影响。可以通过 Gatan 相机将图像记录在常规电镜上或高分辨率录像带上。

同年,Doole 等[25]通过引入差分泵光阑改装了 JEOL 4000 EX TEM,在 560 Pa(4.2 Torr)的 $H_2$ 和 670 ℃ 的温度下,于 400 kV 下实现了 0.31 nm 的分辨率。除实现气体环境外,电镜本身没有什么改变,仍可以对样品进行移动、倾斜和加热等,标准成像光阑也可以使用。此外,能量分散 X 射线光谱(EDS)和平行电子能量损失谱等化学分析手段也不受影响。

现代环境透射电镜(ETEM)的结构设计多是基于 1997 年 Boyes 和 Gai[28]对 Philips CM30T 透射电镜的改造。他们通过在样品上方和下方引入两对光圈,光圈安装在物镜极靴的光阑孔内,永久性地改变了物镜面积(其极靴间隙为 9 mm)。通过这种方法,可以使用与常规 TEM 兼容的常规样品杆,以及用于衍射对比实验的物镜光阑。气氛可控环境反应室是电镜的常规样品室,并通过每个物镜极靴中的光圈和附加的闸阀与腔体的其余部分分开,该闸阀通常在腔体后部的常规离子吸气泵(IGP)管路中关闭。电镜中添加了涡轮分子泵以及附加的 IGP。在 ECELL 的样品区域,第二聚光镜(C2)和选区光阑(SA)处引入了差分泵。在 200 kV 加速电压和 500 ℃、40 Pa(0.3 Torr)$N_2$ 下,可以得到 0.24 nm 的金岛(111)晶格条纹。此设计中的最大允许气压为 5 kPa(50 mbar)。在 200 kV 下,衍射图样等效空间可扩展到 <0.07 nm。该环境透射电镜还具备常规的小探针扫描透射电子显微术成像(明场和环形暗场)以及化学和晶体学分析功能。

在过去的几十年里,透射电子显微镜也一直在不断地发展和改进中,特别是由于球差校正器的成功研制[47],电镜的空间分辨率有了质的飞跃,实现了亚埃级别的原子分辨(<10 nm)。另外,单色器的出现,使电子束的能量扩散最小化等[48]。这些突破性技术也被引入到最先进的 ETEM 中[35,49]。这些高端的 ETEM 配备了高亮度(high-brightness)场发射枪[50]、单色器[48,51]、球差校正器[47],用于成像和电子能量损失光谱(EELS)的能量过滤器[29],能量色散 X 射线光谱仪(EDS)用于 STEM 成像的明场/暗场探测器[52]、数码相机等。基于高性能显微镜平台,FEI 公司的 Titan ETEM G2 包含一个三聚光镜 S/TEM 系统,可同时应用于高真空下以及暴露于气体环境中的纳米材料的原位研究。如图 1-3(a)所示[35],该差分泵系统先后配置了多级涡轮分子泵和离子泵,以维持电子源周围的高真空环境。主要在枪阀和观察室之间的三个差分泵增加了三组差分泵光阑。前两组光阑分别放置在上下物镜极靴内,并且使用涡轮分子泵抽出第一组光阑泄漏的大部分气体。第二级差分泵在聚光镜光阑和选区光阑之间,并使用第二个涡轮分子泵进行泵抽。枪阀下面还配有一个离子泵,为第三个差分泵。实验中的气压可以准确地预设在 $10^{-3}$ Pa 至 2 000 Pa 之间。作为一台 ETEM,该电镜可以在两种不同的模式下运行,分别为在 ETEM 模式通过三级泵抽的高压模式(1~15 mbar)和使用压力控制器保持气体入口恒定压力的低压模式($10^{-5}$~$10^{-2}$ mbar)。同时,在该进气

系统设计中有两条进气路径。一是通过物镜通入,从而在极靴之间产生均匀的气压;二是可通过紧邻样品的喷嘴将气体直接喷射到样品上,从而提供局部高压,也更能确保气体与样品更有效地接触。为了保证安全性和实验的准确性,还配有质谱仪,用于确定进气系统或样品区域中的气体成分。内置的等离子清洁器可在使用气体后清洁样品区域。此外,Titan ETEM G2 具有内置的硬件和软件保护功能。

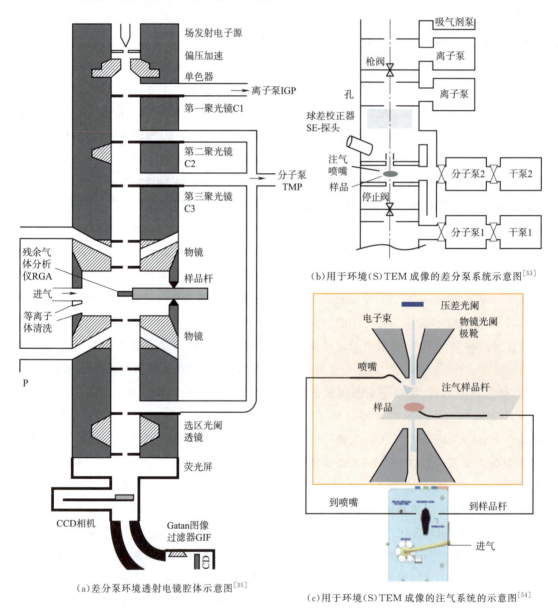

图 1-3　差分泵环境透射电镜示意图

将气氛环境电镜商业化的另外一家企业为日立公司(Hitachi)。日立早期的产品为 H9500 ETEM,可实现 $10^{-4} \sim 10^{-1}$ Pa 的气压和室温 $-1\,500$ ℃温度范围的样品分析,5 min

内升高压至 300 kV。2018 年，日立推出了一款全新的分析型 200 kV 冷场发射环境透射电镜（ESTEM HF5000）[42,53,54]。该电镜配备有聚光镜球差校正器和可在气氛环境中工作的二次电子探头和 EDS 探头，具有环境实时扫描透射电子显微镜（STEM）的成像性能。HF5000 原位 STEM 的关键功能是实时扫描采集（25 帧/s），可以实时观察和视频动态记录原子级别的反应过程。可为反应期间的样品结构变化和元素扩散过程提供清晰的实时成像。除了 DF/BF 实时图像外，还可以通过二次电子探头获得丰富的高分辨率表面形态信息（SE）。用于环境（S）TEM 成像的 HF5000 差分泵系统和注气系统的示意图如图 1-3（b）、(c)所示。该环境电镜的设计基于标准的 HF5000，在枪阀和样品室之间增加一个压差光阑来增强差分泵系统。气体通过安装在样品室附近的气体喷嘴引入电镜的样品室。HF5000 有两个注气喷嘴，一个装在样品室中，另一个装在灯丝加热杆中。气体是独立的，一次只能限制一个喷嘴的气流，并且可以通过 GUI 进行控制，最大允许流速为 3.5 sccm。在最大流量下，样品周围的校准局部压力为 10 Pa。与传统的环境反应室相比，因为 HF5000 系统提供的环境反应室由差分光阑限制，从而样品区域的气体流动灵活，流速的重现性高。通过建立电子束散射率与压力的关系曲线和蒙特卡罗模拟计算[54]，开发者们表示对于 HF5000，将样品附近的最大压力限制设为 10 Pa，可以得到不受电子束散射影响的原子分辨率成像。此外，基于芯片的样品杆是使用微机电系统（MEMS）技术开发的，最高可升温到 1 100 ℃，最小的温度增量为 1 ℃。从室温加热到 1 000 ℃ 最快只需要几秒钟。由于加热面积小，可以快速减小样品的热膨胀，因此 MEMS 加热器可以最大程度地减少样品漂移。结合 HF5000 样品室中的注气喷嘴和 MEMS 样品杆，可以安全地在高压和高温环境下进行原子尺度的原位观察。

　　ETEM 的主要优点是可以保证较高的空间分辨率，同时可实现高分辨的化学分析功能（EDS、EELS），并兼容常规的 TEM 样品杆。在 ETEM 中，入射电子将直接与气体分子和样品相互作用，和窗口式薄膜纳米反应器相比，不会因为固体窗口薄膜的干扰而影响分辨率。气体在电子束传播方向上的厚度与差分光阑所在的极靴之间距离一致，商用 ETEM 的极靴间距通常为 5～7 mm。考虑气体对电镜成像的影响，可以假设在 1 kPa 下将 7 mm 厚的气体压缩成与固体相同的原子密度，将得到厚度约为 10 nm 的"实心"样板，也就是相当于在样品下方加了一层大约 10 nm 的非晶碳膜，对样品的高分辨成像影响不大。因此，ETEM 电镜的空间分辨率和成像衬度可以得到很好的保证，与常规透射电镜的成像能力比较接近[55]。另一方面，根据 ETEM 的工作原理，人们需要对电镜进行结构改造，电镜设备的制造成本较高。ETEM 腔室中的气体压力通常不高于 20 mbar[56]，气体路径长度为几毫米（即 5 mm 左右），这由极靴的设定和 TEM 的光阑决定。而且，最大气压最好限制在 $10^3$ Pa 以内，若气压更高，分辨率会因为气体层太厚而下降。与大气压相比，低压可通过减缓生长或反应速率来帮助准确地观察和获得动态和动力学数据。但是，从低压实验获得的现象与许多气固反应使役环境下的行为仍然存在差异，对于揭示大气压或更高压力下的反应机理无能为力。在实际情况下,特定反应需要大气压或更高的压力。同时,差分光阑的使用一定程度上阻挡了散射电子信号,因此很难实现 HAADF-STEM 高角度散射电子分析方法。

## 1.2 气体样品杆系统

在透射电镜中实现气体环境的第二种方法是以 MEMS 芯片技术为核心的气体样品杆系统。该系统的关键单元为电镜样品杆头部的纳米反应器,主要由上下两块硅基 MEMS 芯片组成,形成一个密闭反应池。芯片上的观察窗口一般是厚度适宜(几十纳米)、对电子束透明的非晶薄膜(如氮化硅等),分布在上下芯片上(图 1-4)。纳米反应器上、下芯片由橡胶 O 圈隔开,最小高度为 3~4 μm[57,58]。如图 1-4(a)所示[5],气体是通过样品杆上直径为数微米的输气管路直接进入纳米反应池,其内部气压与外部电镜腔体完全是隔离开的,所以电镜的高真空状态保持不变。入射电子束先要透过窗口才会与气体和样品发生作用,样品可以选择置于上或下窗口表面,上、下窗口需要很好地重叠对齐以确保高分辨率成像观察。对窗口薄膜的选择通常是比较严格的,其一,薄膜必须是薄且无孔的,足够坚固以承受内外气压差;其二,对反应气体呈惰性;其三,薄膜还必须具有低电子散射效应。常用的有非晶 $SiN_x$ 和 C 薄膜[59,60],厚度一般为 20~40 nm。窗口薄膜覆盖于微电子机械系统(MEMS)硅基芯片上,以便于封装,同时可以实现对反应器的加热。图 1-4(a)还展示了荷兰 DENS Solutions 公司气体样品杆的示意图,该气体杆可通过调节阀门获得静态和流动性气体。

气体样品杆系统发展历程见表 1-2。

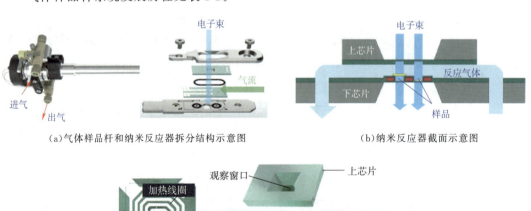

(a)气体样品杆和纳米反应器拆分结构示意图　　(b)纳米反应器截面示意图

(c)加热芯片和样品观察区域示意图

图 1-4　纳米反应器示意图

表 1-2 气体样品杆系统发展历程

| 时间 | 事件 | 参考文献 |
| --- | --- | --- |
| 1935 | 最早的 closed cell,使用两个 0.5 μm 铝箔作为窗口 | 参考文献[2,6] |
| 1944 | 用两个穿孔的铂金圆盘建造了一个密封的反应室,可观察液体和气泡的运动。腔室是完全密封的,因此只能在单一(固定)压力下操作 | 参考文献[61] |
| 1962 | 首次提出"密封反应室(sealed gas cell)"概念。使用一对平整、相对的微栅,为 Siemens Elmiskop I 电镜配备了样品杆。此设计下,气体压力可以变化到大气压 | 参考文献[62] |
| 1965 | 发展了含有 0.1~10 μm 孔的塑料微栅,可减少电子束路径并稳定薄膜 | 参考文献[63] |
| 1966,1972 | 塑料微栅也被用于厚度大于 30 nm 的金属微栅的基材,金属微栅更坚固、更耐热 | 参考文献[64,65] |
| 1968 | 设计了一个单一的气体室温装置,其窗口由 60 nm 厚的碳/胶体构成 | 参考文献[66] |
| 1969 | 在样品杆中加入加热器和双气管,当气体连续循环时可以改变样品的温度 | 参考文献[67] |
| 1972 | 改进了封闭窗口,使窗口和样品之间只约 1 nm 的间隙 | 参考文献[68] |
| 1976 | 建造了一个用于 3 MV 超高压电子的气体和液体实验的样品杆,其压力接近可两个大气压 | 参考文献[69] |
| 1989 | 改进了"密封气室"的原型,但仍以铜栅为基础。电铸铜栅上装载着窗口膜,可以承受 1 个大气压的压差,而下窗口则用于放置样品。构建了一套气体系统,气体流速高达 50 mL/min | 参考文献[70] |
| 2000 | MEMS 技术,可提供更快的热响应,样品漂移也可迅速稳定。MEMS 可承受更高的气压,不会降低分辨率或损坏电子源 | 参考文献[72] |
| 2005 | 用可商购的 Cu 200 线/英寸网状网格作为基底,在其上气相沉积双层聚乙烯醇型/碳薄膜作为窗口,可承受高达约 97.5 Torr (1 Torr≈133 Pa)的压差 | 参考文献[71] |
| 2006 | 使用 Cu 网设计了一个新的窗口式气体反应室 | 参考文献[59] |
| 2009 | 证明厚度小于 10 nm 的碳膜可以承受高于两个大气压的压力差 | 参考文献[73] |
| 2011 | 开发了一种基于 MEMS 的窗口式气室,可在大气环境中以 1 500 ℃的最高温度对纳米材料进行原位研究 | 参考文献[60] |
| 2008,2010,2013 | 基于 MEMS 的技术使加热器能够集成到窗口膜中,有效地限制了系统组件的热膨胀从而限制了样品的漂移。通过纳米反应器以及加热器和热传感器的集成,可在 1 个大气压(760 Torr)下进行可变温度实验 | 参考文献[60,74,75] |
| 2013 | 设计了一个(S)TEM 气体样品杆,内置激光光学组件,将红外激光聚焦到样品上进行局部加热 | 参考文献[1] |
| 2016 | DENS Solutions 公司搭建 Climate S3 型号气体样品杆系统;Protochips 公司搭建 Atmosphere 气体样品杆系统 | 参考文献[76,77] |
| 2018 | 一种新型的微加热系统样品杆,在高达 700 ℃下,可将样品保持在恒定的 z 位置(无膨胀),还可以在 1 000 ℃下采集 EDS 数据 | 参考文献[78] |

最早在 TEM 里实现气体环境的方法是使用特殊的窗口式样品杆。早在 1935 年,Marton[2,6]使用两个 0.5 μm 的铝箔作为窗口进行了生物材料的研究。1962 年,Heide[62]成功将反应室样品周围的气体环境与电镜外界环境相连通,实现了反应室内气压的可变、可控。该"密封气室"由两个表面平坦、平行相对的样品网格组成,并通过薄金属箔片保持所需的距离。两个样品网格都被低对比度的支撑膜覆盖,该支撑膜可以承受中心孔(直径 50 mm)上方的气压,并且其中一个网格同时用来承载样品。样品杆插入电镜后会自动将气体入口密封以防止破坏电镜腔体中的真空;然后,可通过沿着样品杆、位于电镜腔体开口处的管子注入气体。通过这种设计,相对容易在样品周围保持足够薄的气体层,气体分子对电子的散射在一定的可见范围内不会干扰实验结果。密封的支撑膜避免了样品污染,可以实现在高达 760 Torr 的气压下获得良好的图像。但是这时的反应器仍然使用密封性较差的金属薄膜,会有部分气体泄漏到电镜中,并且无法实现试样的加热,实验观察只能在常温下进行。1976 年,Fujita 等[69]设计了一种用于 3 MV 超高加速电压电子显微镜的新型密封气体样品杆,使用温度范围为 −100~1 000 ℃,反应室内的气压可高至近 2 个大气压。在 2 MV 的高电压工作下,电子透射能力的增强导致对比度显著改善。此反应室由三层膜组成,其材料根据用途而定,可以是气相沉积的铝、$SiO_x$ 或碳薄膜,并由含有 300 和 400 个网格的金属(Ni)做基底承载。样品可直接放在镍网上,或置于镀在镍网上的气相沉积膜上。通过向镍网施加电流可直接加热样品,也可通过将镍网连接到液氮罐进行冷却。气体可以通过的间距为 30~50 mm,室温下样品漂移小于 0.1 nm。

1989 年,Parkinson 等[70]进一步改装了"密封反应室"(Heide,1962),窗口膜置于铜网上,可承受约 1 个大气压的压差,样品装载在下窗口。气体在超薄的碳膜窗口之间(5~10 nm)流动,窗口膜上的孔不会限制高成像放大倍率(>50 000)的视野,样品的位置也很清晰,并可通过倾斜反应室来实现上下窗口中的孔对齐,从而构造了一个气体处理系统,以控制反应室内的气体压力(至多一个大气压)、气体流速(至多 50 mL/min)和排空反应室(~$10^{-2}$ Torr①)。

2000 年后,越来越多的研究者致力于窗口式气体反应室的发展与应用。这些气体反应室具有相似的配置,一般由金属(Cu/Ni)网格、O 圈和电子透明薄膜窗口构成。2005 年,Komatsu 等[71]使用可商购的 Cu 200 线/英寸网格作为基底,在其上气相沉积双层聚乙烯醇型/碳薄膜作为窗口。蒸发尼龙和无定形碳层,以提高机械强度和耐热性。尼龙和无定形碳层可制成具有高完整性的窗户,其强度足以承受高达~97.5 Torr 的压差。2006 年,Giorgio 等[59]也使用 Cu 网设计了一个新的窗口式气体反应室,该反应室被两个钻了 7 个孔并预先覆盖了非晶碳膜(~10 nm)的铜网包围。电热丝由钨-铼制成,并通过绝缘陶瓷与网格隔开。两个铜网均完美居中。电热丝置于微细陶瓷上,并不会破坏碳膜。通过橡胶 O 圈实现反应室的密封性,样品杆包括电热丝与两个用于气体循环的管路的电气连接。2009 年,Kawasa-

---

① 1 Torr=133 Pa;~:"约"的意思。

ki 等[73]提出了一种没有加热器和电极的简化模型。将两个密封膜连接到专用的铜栅上以形成窗口,从而将装载在穿孔碳膜(微栅)上的样品封装起来,样品到窗口的距离通过间隔物的厚度来调节。为了避免气体泄漏,将橡胶密封垫圈放置在铜栅上的密封膜外部,并使用小螺丝将所有组件固定在带盖的气体反应室内部。

21 世纪到来后,密封窗口式反应室系统逐渐成熟,MEMS 技术更是原位 TEM 的一项重要突破。MEMS 技术通过最小化微型加热器从而大大减少了热质量和功耗,使液体和气体环境都能通过微小芯片进行密封。该技术将加热器集成到窗口膜中,有效地限制了系统组件的热膨胀从而减少了样品的漂移。与标准样品炉基加热杆相比,它的优点是具有更快的热响应,可以更好地控制反应过程和成像实验。窗口通常使用微细加工技术制造,由硅框架和厚度为数十纳米的电子束透明氮化硅膜组成。薄窗口的面积很小,跨度约为 50 μm,还可以保持更高的压力,而不会降低分辨率或损坏电子源,可实现原子级的分辨率。

Creemer 等[71]通过基于 MEMS 芯片的纳米反应器进行原位实验,在约高于 1 个大气压($\sim 10^5$ Pa $\sim$1 Bar)和 500 ℃高温下实现了 0.18 nm 的原子分辨率。如图 1-5,该纳米反应器由薄膜技术制成的两个对置盖片组成。每个盖片都有一个 $\sim$1 mm$^2$ 的中心孔,该孔被 1.2 mm 厚的低应力 $SiN_x$ 膜覆盖。入口和出口之间的气流通道由两个上下相对的薄膜组成。通道的最小高度为 4 μm,由集成在其中一个薄膜中的盘形垫片确定其间距[图 1-5(c)]。在 1 个大气压和室温下,该高度沿电子束方向对应的原子密度仅为 $0.2\times10^3$ 个原子/nm$^2$。此外,垫片防止了薄膜的粘连,可以避免通道的阻塞。为了增强电子束透明度,在薄膜中心部分的凹处形成了超薄窗口[图 1-5(a)(c)(d)]。窗口由 10 nm 厚度的 $SiN_x$ 薄膜组成[79],原子密度在电子束方向上增加了 $1.0\times10^3$ 个原子/nm$^2$。为了避免窗口薄膜对样品高分辨成像的影响,所用材料 $SiN_x$ 一般为非晶态[80]。此外,窗口必须能承受大于 TEM 真空度 1 个大气压的压力差,所以它们的横向尺寸被限制在 10 mm 左右并且呈椭圆形[81]。加热器以螺旋薄膜铂丝的形式嵌置在窗口区域[图 1-5(c)],电阻丝的所有侧面都被 $SiN_x$ 覆盖,可以加热到 500 ℃[82,83]。加热的气体体积很小,并且与系统的其余部分隔离良好。这大大减少了功率消耗,从而限制了系统组件的热膨胀,有助于减少样品漂移。窗口区域的温度可以从局部电阻得出,该电阻通过四个电极连接进行测量,不确定度约为 10%[84]。一般地,需要将纳米反应器装在定制的 TEM 样品杆上,以便在 TEM 中进行实验。此时,纳米反应器与两个外部管路密封连接以引入流动的气体,而四个钨电阻针脚在加热器和热传感器之间建立电路连接[图 1-5(b)]。

基于 MEMS 的气体样品杆系统让我们在传统的 TEM 中也可以实现气体与加热环境下的材料表征。DENS solutions 公司搭建的 Climate S3 型号气体样品杆系统(图 1-6)是目前较为先进和完整的[85,86]。该系统包括:(1)供气系统可以单独控制或混合 3 路气体并通过质量流量计控制气压和流速以供应气体。混合气体的一部分导入到样品杆中参与反应,其

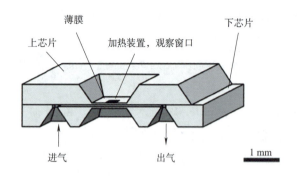
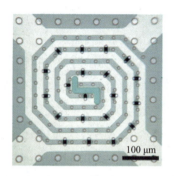

(a) 纳米反应器的横截面示意图

(c) 纳米反应器膜的光学特写明亮的螺旋是铂加热器,小椭圆形是电子透明窗口。圆圈是确定气体通道最小高度的 $SiO_2$ 垫片

(b) 具有集成纳米反应器和四个电探针触点的 TEM 样品杆的光学图像

(d) 一对重叠的 10 nm 厚窗口的低倍 TEM 图像对准后产生了高度电子透明(明亮)的正方形,通过该正方形可以进行高分辨率 TEM 成像

图 1-5  纳米反应器

余部分直接通过真空 bypass 系统通入到尾气装置中。利用外接原位质谱设备,还可以对反应后的气体进行监测分析。(2)TEM 样品杆可单倾旋转(旋转 α 角),其前端增加了可拆卸的纳米反应器和加热电极连接指针,并可与供气系统以及控温系统连接。(3)纳米反应器通过螺丝固定在样品杆的前端,反应器主要由上下两块基于 MEMS 的硅基芯片通过氟橡胶 O 圈密封组成,再由上下钛合金盖片封装固定。气体通过下盖片内穿入的毛细石英管导入到反应室内,电子束将穿过反应器的中间区域辐照样品,研究人员借以观察材料在气体环境下的微观行为。该方法可以实现 50~2 000 mbar 的气体压力,加热温度可以高达 1 100 ℃,同时实现 0.1 nm 的 TEM 空间分辨率。

EDS 元素分析一直是气体样品杆系统的局限。除了 DENS solutions 的 Climate 原位气体加热系统,美国 Protochips 公司的 Atmosphere 气体样品杆系统的样品杆也可以在透射电镜中进行密闭腔室的 EDS 元素分析。该样品杆的设计提供了一个大的从样品到 EDS 检测器的线性立体角,使倾斜最小化,计数率最大化。它可以在高温下工作并兼容透射电镜的多个检测器,包括高角 EDS 检测器。Atmosphere 样品杆具有入口和出口快速连接气体管线,一

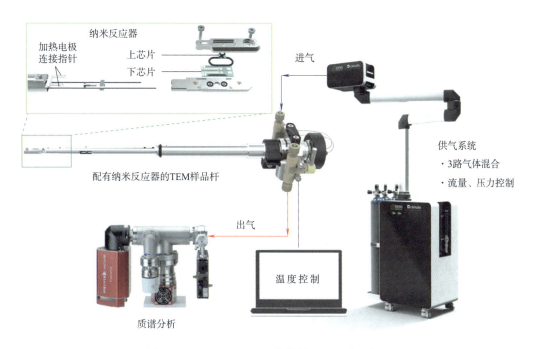

图 1-6 Climate S3 TEM 气体样品杆系统示意图

个电连接器,其前端设计配有自对准电子芯片,可快速组装和容许 EDS 最大通量(图 1-7)[87]。Protochips 开发了专有的碳化硅薄膜加热器,可以快速精确地达到最高的温度,并且不会与样品反应或者参与催化反应。加热芯片没有采用镀薄膜的金属线圈,避免了金属线圈对实验结果造成的干扰,但加热到高温时氮化硅薄膜有时会破裂。

图 1-7 Atmosphere 样品杆示意图

气体样品杆系统具有一些优点。首先,气体杆可用于普通的 TEM,无需改造电镜。其次,基于 MEMS 设计的封装芯片的加热功能响应更加迅速,可以更好地稳定加热时的样品漂移。最重要的是,纳米反应器的气体压力依靠密封的非晶薄膜来维持,可以承受更高的气体压力(高达 4.5 bar),并且同时实现大气压下亚纳米或原子级的分辨率[1,57,88]。这是目前能够在透射电镜中达到大气压或更高压力的唯一方法[58,59]。由于没有光阑孔径的限制,纳米反应器允许大角度电子衍射和高角度环形暗场(HAADF)成像[90]。然而,此方法下只有上、下窗口上的样品可被观察,观察视野相比传统 TEM 样品杠更小。受纳米反应器几何形状的影响,样品只能沿一个方向倾斜,这对于特定方向上的观察存在局限性。

气体反应器窗口薄膜之间的距离大约为 50 μm,这也是电子束透过气体的路径长度。相较于 ETEM 中 5～7 mm 的间距,电子被气体的散射概率大大降低。但是该方法中窗口薄膜对电子束的散射影响是不能忽视的。根据气固的原子密度得知,常压气体对于电子的散射作用比固体小三个数量级,即常压下 1 μm 的气体与 1 nm 的非晶薄膜对电子的散射程度接近。然而,为了维持反应器内外压力差,薄膜的厚度一般需要几十纳米[91,92],而且窗口材料的散射信息会叠加在样品的图像和衍射图样上,从而导致图像分辨率下降。所以窗口薄膜的厚度是限制 TEM 分辨率的主要因素。同时,受到反应器封装芯片的几何空间影响,X 射线发射信号被遮挡,不利于进行 EDS 能谱分析。要想得到高质量 EDX 和 EELS 的表征数据,需要采取无窗口设计。另外,气体样品杆系统在装样操作以及实现上、下芯片窗口对准中保证反应器的密封完整性方面比较复杂且麻烦。而且,在实验观察期间,强电子束辐照可能会使窗口薄膜破裂,导致气体逸入电镜腔体破坏其真空,实验必须终止。开发者们也一直在努力攻破这些问题,包括 DENS solutions 和 Protochips 在内的气体样品杆系统制造商都在为实现芯片快速组装以及 EDS 能谱分析技术提供解决方案,并且已经商业化。

虽然这里将差分泵环境透射电镜和气体杆系统的优缺点都做了详细的分析,但很多读者在购置时还是会有些纠结:到底是购置一般的球差矫正透射电镜再加气体样品杆系统,还是直接购置球差矫正环境电镜?当然,在经费不够充足的情况下,也可以不考虑球差矫正系列电镜,目前日立公司还有一般的环境透射电镜可以配置。问题的关键是读者将要开展什么样的科学研究或者说其购置仪器的定位是什么。因为,相对于一般的透射电镜,气氛环境相关的电镜及样品杆设备需要更专业的人来操作和维护,更需要懂行的人去用心发展此类技术和方法,如果没有专业人员来管理和使用,建议暂缓采购。总的来说,如果非常注重基础科学的研究,目标是在原子分子层次探究物理化学过程的微观机理,选择球差矫正环境透射电镜会比较好,因为其可以保证超高的空间分辨率以及尽可能少的干扰。如果倾向去解决工业催化(或者需要在高气压下进行的反应)中存在的一些重要科学问题,选择气体样品杆系统似乎更加合适,因为它可以容忍大气压条件下各种复杂的物理化学反应。如果经费充足,人员配置合理,可以考虑两者都购置。

# 第 2 章 电子束与气体的相互作用

气体与电子束的相互作用可分两方面：一方面，气体分子会散射入射电子，导致电镜分辨率的降低；另一方面，入射电子束会电离气体分子，从而使材料所处的环境发生变化，同时也会导致分辨率的降低。这两方面都会影响到所进行的实验以及实验结果的分析，所以研究气体与电子束之间的相互作用就变得至关重要。在气体原位电镜技术的发展中，电镜成像不再是简单的电子束-样品相互作用，气体的参与让其更加复杂。差分泵环境透射电镜(ETEM)中电子束被极靴之间的气体分子散射从而导致图像质量下降。而气体样品杆系统中，除了考虑气体散射，更重要的是考虑两个几十纳米窗口薄膜的相互作用。研究并揭示气体原位实验中影响图像质量的直接因素和气体电离引起的更多间接因素对提高成像分辨率有指示性作用，进而得到更多原子尺度上的化学反应动态和动力学数据，并能有效地排除实验中可能看到的假象。

## 2.1 气体对电子束成像的影响

由于气体种类、压强以及电子初始能量的不同，被气体分子散射的电子将会使显示屏上成像的电子信号强度产生不同程度的损失，进而降低电子显微镜的空间分辨率。在 TEM 中，空间分辨率取决于电子束的相干性。样品上方和下方发生的散射效应强烈影响分辨率和信噪比，更容易定性地理解对空间分辨率的影响[相对于扫描透射电子显微镜(STEM)]。当电子和气体在样品上方发生散射作用，高度聚焦的电子束在样品上的扩散更多。

气体压力越高、路径越长，电子与气体分子之间发生散射的概率就越大。同时，气体分子的散射能力越强，成像的对比度也会受到影响。Hansen 等[93]研究了不同气体和不同的电子加速电压下 CCD 上成像的信号强度，发现信号强度随着气压的增加而降低。气体的相对分子量越大、电子的初始能量越小（加速电压越小），信号的损失程度越大。气体分子的密度随压力的增加而增加，从而增大了电子-气体散射事件的可能性，更容易导致电子被电镜腔体内的光阑挡住。而电子与气体分子之间的散射横截面取决于电子的能量：能量越高，横截面越小。因为电子沿着气体分子的路径与其相互作用的时间越短，相互作用的可能性就越小。电子束的测量强度也随不同气体的原子数而变化。相对分子质量较大的气体分子 ($N_2$、$O_2$、Ar) 对电子束强度的影响要比较轻的分子 ($H_2$、He) 更大。随着电子的初始能量降低，气体分子的散射截面增加，对电子束强度的影响变得更加严重。在 300 kV 电压下，

1 400 Pa 氩气下的电子束强度要小于真空下强度的 30%。而在 80 kV 下,强度小于真空下强度的 10%,所以需要考虑散射截面带来的强度损失,并且原子序数越大,气体分子对电子的散射越强。此外,由于气体分子存在于样品周围,散射不再局限于样品平面[94]。当电子与气体分子相互作用时,气体分子可能会被电离,从而在高压区产生等离子体。这种带电的分子云会干扰电子波的相干性,从而进一步降低分辨率。Jinschek 和 Helveg[95] 通过具体的原位实验研究得到了在不同的气体条件(气体类型和气压)以及不同的电子光学设置(电子束能量,剂量和剂量率)下的高分辨图像分辨率阈值,结果如图 2-1 所示。

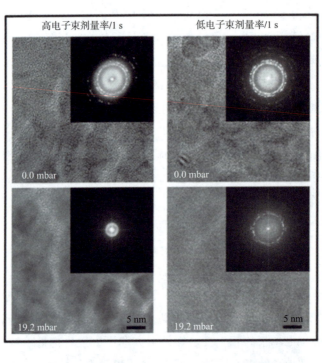

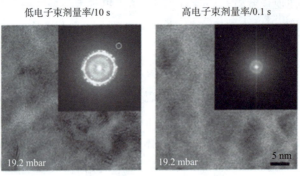

图 2-1　不同气体条件、不同电子光学设置下的高分辨图像分辨率阈值

注:伴有 FFT 插图的 Au/C 高分辨图像,实验条件:300 kV,0.0~19.2 mbar $N_2$,高电子剂量率(HD=$10^6$ $e^-$/nm²s)和低剂量率(LD=$10^5$ $e^-$/nm²s)。上部框内 4 张图曝光时间 1 s,下面两张图曝光时间分别 10 s 和 0.1 s。

从气体环境 TEM 的几何因素考虑:对于气体样品杆纳米反应器原位 TEM 方法,高压气体在电子束传播方向上的厚度一般小于 50 μm,而差分泵 ETEM 的气体路径为 5～7 mm。另外,差分泵 ETEM 可以应用的气体压强上限低于窗口式纳米反应器 TEM 2 个数量级。因此综合压强和路径长度二者对电子束的影响程度接近。但是,ETEM 中,电子-气体分子的散射发生在极靴之间的整个路径上,样品上方和下方散射的电子更容易被光阑(或腔体本身)阻挡,信号强度损失,从而降低图像质量。而气体样品杆中电子与气体间的散射更符合普通电镜中的散射情况,此时需要考虑的是两个几十纳米窗口薄膜的相互作用。Yaguchi 等[96]研究了薄膜对分辨率的影响,发现 $SiN_x$ 窗口越薄,对分辨率的影响越小。为了更进一步地了解电子-气体散射作用对图像晶格条纹分辨率和强度的影响,Suzuki 等[97]分别探究了样品上方(样品放在下芯片)和下方(样品置于上芯片)的电子-气体散射作用,发现在试样下方电子携带的试样中相干信息将会受到更大的影响,会破坏样品到图像的信息传递;而电子束与气体在试样上方的散射不会影响电子的相干性,带来的只是入射电子的角度偏转和能量损失,对试样成像的影响相对较小。因此,我们将试样放在气体样品杆的下芯片上,电子束与气体的散射将会发生在试样上方,这在一定程度上有利于优化成像质量。

除此之外,电子-气体作用导致的气体电离也会间接影响成像结果,产生更多种类的气体以及电荷转移效应。比如电离的气体可以充当电荷载流体,以补偿电子束照射期间样品的荷电。气体与电子束以及二次电子之间的相互作用可能会改变气态环境,从而导致样品观测中出现伪像。所以,在进行 ETEM 实验时应在不会影响成像质量的前提下让电子剂量保持尽可能的小。同时,研究电子剂量与观察现象之间的关系是很有必要的。理想情况下,应将观察结果与未暴露于电子束的样品区域的结果进行比较。Simonsen 等[98,99]通过环境透射电镜(ETEM)原位实验研究了电子束对 Pt 纳米颗粒烧结的影响。在有氧气存在以及高电流密度的电子束照射下,观察到了 Pt 纳米粒子的收缩。而在没有电子束(有氧气或真空)的情况下并未观察到这种收缩,可以认为收缩行为是由于电子束去除了挥发的 Pt-氧化物种引起的。因此忽略电子束的潜在作用可能会影响烧结机制的推断。虽然有时候电子束会对实验结果带来影响,但也不妨碍科学家们善用它。比如,W. F. Van Dorp 等[100]还利用电子束和气体分子的结合来诱导、加工镀层沉积生长。

## 2.2　电子束对样品表征的影响

可以通过增加成像时的电子束剂量的方法来提高信号强度和成像分辨率,然而这并不是一个很好的方法。因为这种做法随之带来的气体电离和样品辐照损伤等又会给研究结果带来更复杂的影响。电子束辐照带来的影响是每个电镜学者不得不面对的问题。众所周知,由于高电流密度,电子束辐照对样品有很大的影响[101],主要包括轰击损伤(knock on damage)、辐射分解(radiolysis)和热激发(thermal excitation)。轰击损伤是由于入射电子辐照样品时两者发生动量转移而导致原子位移。可以通过降低加速电压,减小电子束的能量来削弱这方面的影响[102,103]。辐射分解是由于入射电子改变了样品的化学键,导致样品的电子结构和稳定性发生了改变,这种情况下电子束的能量越低,散射截面越大,辐射损伤反而越严重。因此,对于 TEM 表征,合适的加速电压十分重要[104]。电子束的作用不可忽视,吸引着许多学者开展了一些关于电子束诱导材料发生变化的研究。Su D S 等[105]采用电子能量损失谱、电子衍射和高分辨成像等方法研究了 $V_2O_5$ 在电子辐照下的还原行为。而 Wang D 等研究了电子束辐照引起的 $MoO_3$ 的转变,发现施加的电子电流密度大小会改变结构转变的路径。北京工业大学隋曼龄课题组进行了很多关于原位电镜下金属氧化物的电子辐照效应以及低剂量控制的研究[106,107],他们利用聚焦电子束,直接将二氧化钒($VO_2$)的金属-绝缘体转变(MIT),温度降低到室温。通过电子束辐照将独特的 MIT 区域加工成电子束大小的几倍,进而在一定的温度范围内实现了温度相关的相变[108]。

同时,电子束电流密度和总剂量也是电子束辐照损伤的重要影响因素。Kuwauchi 等[109]研究了用于 CO 氧化的催化剂 $Au/TiO_2$ 在电子束辐照下的结构演变。氧气或一氧化碳存在时,在较高的束流下 $TiO_2$ 载体会在颗粒和载体界面处生长并包覆 Au 颗粒。有趣的是,在较低的电子束电流以及不存在气体的情况下,$TiO_2$ 载体也会在界面处生长并顶起 Au 纳米颗粒。但是,完全形成对 Au 的包裹则需要 CO 或 $O_2$ 的存在。此外,在真空中增强电子束电流会导致在高于约 50 $A/cm^2$ 的电子束电流下严重损坏 $TiO_2$ 载体,但若在相同的电子束电流下通入 CO 或 $O_2$ 就不会看到这种损坏。这表明,电子束引起的 $TiO_2$ 载体损伤被样品附近的气体补偿。电离的气体物质可能充当载体的氧供体。所以,原位实验中,最好进行不同的电子束电流和电子束电流密度下的对比实验,特别是要得到没有被电子束辐照过的实验数据。这个工作也提醒我们,用原位电镜研究金属载体强相互作用(载体包裹纳米颗粒现象)时,要格外小心电子束辐照的影响。

除了在常规非原位 TEM 实验中也可观察到的电子束损伤外,电子与气体之间的相互作用会导致气体分子的电离,电离的气体物质可以引起电荷补偿以及导致反应性的提高。Yoshida 等[110]通过环境透射电镜观察研究了 Pt 纳米颗粒在不同气氛下的氧化和还原过程。为了阐明电子辐照对氧化和还原的影响,他们做了没有电子束辐照下的对照实验,发现电子辐照是产生和消灭 Pt 纳米颗粒表面氧化物的必要条件。Duchstein 等[111]原位研究了 Au 纳米颗粒中 MgO 纳米棒的生长,发现 MgO 纳米棒的生长受到电子束的驱动,并且强烈依赖于引入的气体环境和电子束电流密度。相比于常规 TEM,气压的轻微增加就会大大提高电子束在 MgO(100)表面上引起的 MgO 物种迁移率。在低压($10^{-5}$ Pa)和相对较低的电子剂量($10^{-15} A/nm^2$)下,观察到 MgO 物种的表面迁移率相对较小。水的存在会影响体系中的电荷转移,从而改变整体能量格局,会增加 MgO 被困在 Au/MgO 界面的可能性。因此,对于原位气体 TEM 实验,以电子束电流密度作为变量函数来探究样品附近电离气体物质的影响也是十分有意义的。

综上所述,在设计原位气体环境的 TEM 实验时,不仅要考虑电子束的电流密度,也要考虑电子的总剂量。同时要设计方案,采取有效措施最大可能消除电子束对原位现象的影响。具体的方法包括(但不限于):

(1)在原位 TEM 观察实验之前,预先评估电子束辐照损伤范围并控制好电子束电流和照射时间,控制其低于测试的临界值;

(2)在原位实验期间,除了长时间的电子束照明观察,也要对未经电子束辐照过的样品通过快速拍照的方式记录其形貌结构,对比其与原位观察得到的结构是否存在差异;

(3)选取好要进行原位实验的样品区域(调焦可在附近区域进行),快速拍照一张,然后关闭电子束,等反应完后再快速拍照记录其形貌结构特征,对比其与原位观察(电子束一直辐照)得到的结构是否存在差异;

(4)对于材料表面容易遭到电子束破坏的实验,可以考虑通入一定的保护气体($O_2$、$N_2$)以达到气氛补偿的效果;

(5)将原位 TEM 实验的结果与其他谱学表征方法的结果进行对比,互相佐证,以更加明确样品发生的本质变化,排除电子束的干扰。

以上几种方法可以根据具体的实验进行单独使用或联合使用,以求尽量排除电子束的影响,获得样品本征的结构演变行为。

# 第 3 章　气氛环境原位电子显微技术的应用

纳米材料因其较大的比表面积和奇异的物理化学性能,在能源、化工、信息等重要领域起着至关重要的作用。特别是在催化领域,负载的金属纳米颗粒催化剂得到了广泛应用。众所周知,纳米颗粒催化剂的形貌与结构是影响催化活性的关键因素。反应环境中,气体组分、温度、压强等外场环境的变化都可能改变纳米颗粒的表面结构、尺寸、成分等,从而影响催化反应的路径与催化剂的性能。然而,非原位表征下对材料结构的静态分析,远远满足不了研究人员对于材料服役状态和反应过程观察以及动力学分析的要求。最近几十年来,越来越多的原位技术发展成熟,可以用来研究真实工作环境下催化剂的结构和形态特性。环境透射电镜和原位气体杆系统的发展使得在气氛环境下原位实时表征材料的结构成为可能,带来了新的微观结构信息,有助于增进对纳米材料的结构、性能和功能关系的理解,进而探究诸如纳米线生长、金属氧化、气固催化反应、催化剂失活等一些在宏观条件中难以确定的微观机制,见表 3-1。气氛环境电子显微技术可以应用于材料物理与化学领域一系列问题的研究。本章将在表面重构、纳米颗粒形貌演变、金属-载体间相互作用、纳米颗粒氧化还原、纳米材料生长和气相催化反应等方面展开论述。

表 3-1　气氛环境原位电子显微学技术的应用领域

| 气固反应 | 结构表征 | 失效分析 |
| --- | --- | --- |
| 晶体生长 | 表面重构 | 烧结 |
| 氧化还原反应 | 形貌演变 | 毒化 |
| 催化反应 | 缺陷运动 | 积碳 |
| 吸氢脱氢 | 金属-载体相互作用 | 氢脆 |
| 反应热力学与动力学 | — | — |

## 3.1　表面重构

当晶体材料被切割以形成表面时,通常会发生表面原子的大量重排(重构)以实现更高的稳定性。重构后,表面可能会展现出与体相截面显著不同的物理和化学性质。因此,研究材料的表面重构并了解它们是如何形成的在表面科学中至关重要[112,113]。与此同时,多相催化反应通常发生在固体催化剂的表面,催化剂吸附一种或多种反应物并催化它们在活性位点上进行反应。研究者们做了很多努力,希望在纳米水平上调控催化剂的原子排列,控制其形状、尺寸、暴露晶面等,从而从根本上改变其性能[114,115]。在过去的几十年中,以扫描隧道显微镜(STM)为代表的传统表面研究手段已成功用于表征各种微米级晶体的表面重构[116-119],但同时也存在着一定的局限性[120-122]:

(1)由于 STM 是通过垂直于样品表面的方向扫描样品获取图像,因而难以获得表面层以下原子结构信息,从而无法推测材料表面的应力、应变情况;

(2)STM 对样品要求较高,需要使用清洁的单晶表面,很难适用于湿化学合成的较"脏"的纳米样品的表面结构研究;

(3)由于 STM 数据采集速度的限制,STM 很难实时观测到重构的形成,并且难以在原子尺度上进行表面化学成分及价态分析;

(4)STM 的图像衬度受针尖电子态的影响,衬度解释困难。

基于研究材料表面和亚表面原子重构动力学的重要性,环境透射电子显微镜(ETEM)可以成为研究表面重构的有力工具。TEM 能够很好地揭示纳米材料的表面原子结构信息,可以高效地对多个表面同时进行研究,从侧视视角获得材料表面的应力、应变及结构弛豫信息[113,123]。然而,预先合成的催化剂也不是能一直保持稳定,在真实的工作环境下(气氛或加热等)会发生表面弛豫或重构[124-126],这些表面的微观信息在原位 TEM 中可以得到精确地表征。

$CeO_2$ 因其具有较高的储氧/释氧能力,在催化领域具有重要应用,受到人们极大关注[127-129]。同时,揭示 $CeO_2$ 活性表面在反应环境下的结构演变对理解其催化机理至关重要。环境透射电子显微镜(ETEM)是一种直接观察化学环境中 $CeO_2$ 表面重构的有效方法,可实时记录气氛反应环境下催化剂的表面变化。Crozier 等[130]在环境透射电镜(ETEM)中研究了 $H_2$ 气氛下 $CeO_2$ 纳米颗粒在氧化还原反应过程中发生的动态变化。研究发现 $CeO_2$ 在 730 ℃可发生可逆的相变:在还原过程中引入氧空位,得到一个周期性约为萤石晶格的两倍的超立方结构。随着超立方结构中的 Ce 阳离子从初始的 $Ce^{4+}$ 转变为 $Ce^{3+}$,相变发生得相当快。通过轮廓成像还能观察到氢还原过程中表面发生的结构转变。最初二氧化铈是由一系列低能量的(111)晶面构成的。在强还原反应下,该晶面缓慢转变为光滑的(110)表面,但在再氧化反应时不会观察到此转变。这种晶面重构可以令被还原的表面适应高浓度的氧空位而不会产生强的垂直偶极矩。利用 ETEM 可追踪单个纳米颗粒的氧化还原活性,带来原子级的直接观察结果。

Bugnet 等[131]利用环境透射电镜(ETEM)直接观察了室温中不同环境[高真空(HV)、$O_2$ 和 $CO_2$]下,立方形貌二氧化铈(100)面上 Ce 原子的原子迁移率。铈原子的迁移率在高真空下相当可观,在氧气环境中会大大减弱,然而在二氧化碳环境中却难以检测。如图 3-1 所示,往 TEM 样品室中引入 $O_2$ 时,表面迁移率会受到很大影响,即使在 $5\times10^{-2}$ mbar 的较低 $O_2$ 分压下,(001)表面也是呈现出 O 终端,这反过来又限制了下层 Ce 原子的迁移率。

不过某些未被 O 原子覆盖的 Ce 原子在表面上可保持移动。显然,$O_2$ 气氛下二氧化铈在 (100) 表面上呈现 O 端基,这反映了一种饱和状态,在该状态下,氧气供应补偿了电子束辐照引起的氧损失。当在腔室中引入 $CO_2$ 时,表面迁移完全停止:即使在电子束辐照区域,经过长时间的观察,表面状态也是均匀的。他们还认为,暴露于 $CO_2$ 时,HRTEM 图像中的对比差异表明形成了碳酸盐吸附层,从而抑制了表面迁移率。这些实验结果表明,可以在反应环境条件下调节和控制高真空中观察引起的电子束诱导辐照的影响;并且,ETEM 完全具备在原子尺度下研究表面吸附物相互作用的能力:原子尺度的迁移率可以用作原位 TEM 实验中分子种类解吸/吸附的指标,从而更好地了解 (100) 表面在高温催化活化反应中的作用。

图 3-1 〈100〉表面的阳离子迁移率

注:分别为在 $5×10^{-6}$ mbar 高真空、$5×10^{-2}$ mbar $O_2$ 和 $5×10^{-2}$ mbar $CO_2$ 下(分别从上到下),[110]方向上纳米立方体的边缘(001)表面。氧原子位置处的对比度(由箭头指示)从上到下增加,并且最外部 Ce 原子层的强度变化相应地减小。[来自视频 V1(SI)的 50 帧的 2 s 平均值]

$TiO_2$ 也是备受关注的金属氧化物材料,在光催化、太阳能电池、热催化和聚酯催化剂等领域有广泛的应用[132-135],其丰富的表面重构结构也得到了科学家们的广泛研究[136,137]。Yuan 等[138]使用环境透射电镜(ETEM)直接观察得到锐钛矿型 $TiO_2$(001)表面应力诱导的重构动力学。他们首次揭示了在 $O_2$ 的保护下动态形成的(1×4)重构,通过分析俯视图和侧视图,不仅揭示了从亚稳(1×3)和(1×5)到(1×4)过渡的实时动力学,而且观察并确定了不稳定的中间状态。图 3-2(a)~(d)为(1×4)表面重构形成过程的系列 ETEM 照片。起初(001)表面被非晶层覆盖[图 3-2(a)]。通过电子束辐照数秒,该非晶有机物逐渐开始被去除,在 34.9 s 时几乎被完全去除[图 3-2(b)]。到 56.2 s 时[图 3-2(c)],最外层的 $TiO_x$ 层开始变得不均匀,最左侧的 $TiO_x$ 列向其相邻的原子列迁移。最终,表面的 $TiO_x$ 演化为稳定的四倍周期 ADM 重构[图 3-2(d)]。在这一表面原子结构演变过程中,不同时间表面与次表面强度曲线如图 3-2(e)~(f)所示。可以看出最外层表面的衬度逐渐由均匀变得不均,最终只剩脊处留下较强的衬度。

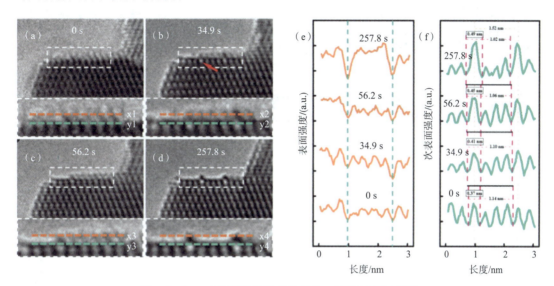

图 3-2　(1×4)表面重构形成过程的一系列 ETEM 照片

注:图(e)、(f)为图(a)~(d)下方虚线的强度曲线(颜色对应),橘黄色和绿色曲线分别从重构层及表层获取。

除了(1×4)结构,还观察到了(1×3)结构及(1×5)结构,如图 3-3 所示。起初有四个 $TiO_x$ 分子在表面上,构成了一个 3d-3d-4d 的图案(d 代表了体相截取的 1×1 周期单元)。图 3-3(a)显示了从 3d-3d-4d 到 4d-4d-3d,最后到 4d-4d-4d 的演变。红色箭头标示的双列结构很不稳定,时常会迅速转变为单列结构,是(1×3)结构向(1×4)结构转变的中间状态,仅在结构演变的某些时刻存在。图 3-3(b)统计地描述了稳定和不稳定状态,可以从整体上了解表面结构演变过程。图 3-3(c)中给出了这种不稳定双列结构的侧视图,可以被看作是一列 $TiO_x$ 分裂后分别占据在相邻两列的位置。根据原位实验结果,作者提出了一个关于 $TiO_2$(001)表面(1×4)重构的形成机理:(1)首先 $TiO_x$ 分子随机附着在表面上,且伴随着大量悬挂键;(2)$TiO_x$ 形成小岛或小列以减少悬挂键;(3)形成亚稳的 3d、4d 和 5d 结构;(4)亚稳结构部分转变为最稳定的 4d 结构;(5)最终形成(1×4)重构。结合 DFT 计算,低配位原子和表面应力均被确定为表面演化的驱动力。

Fang 和 Yuan 等[139]进一步系统地探索了 $TiO_2$(001)上(1×4)重构形成和稳定存在的条件,根据 ETEM 实验结果,证实了干净的表面和升温是重构形成的两个基本因素。当去除表面污染物时,(1×4)重构可以在高温(300 ℃以上)下生成,并且形成的(1×4)重构可以在不同条件下生存。此外,还在原子尺度上研究了(001)表面电子束辐照损伤的动态过程,得到了本征表面结构,确定了最佳成像条件。

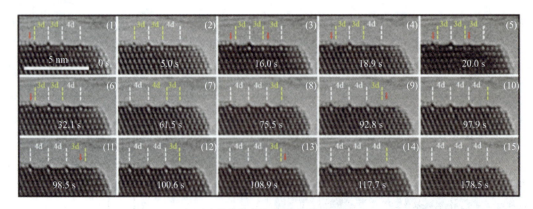

(a) 动态结构演变的系列 HRTEM 照片

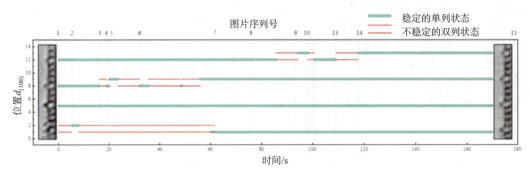

(b) 结构演变过程中 $TiO_x$ 列所处位置统计图,绿色和红色的线条代表稳定和不稳定状态

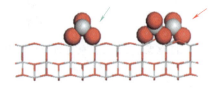

(c) 不稳定的双列状态原子结构侧视图,绿色和红色的箭头分别表示稳定的单列结构和不稳定的双列结构

(d) 实验中 HRTEM 照片(左)及基于(c)中结构模型的模拟 TEM 照片(右)

图 3-3 (1×n)重构的原子结构演变

$CeO_2$ 和 $TiO_2$ 都是异相催化中至关重要的载体,不可避免地,载体上的纳米颗粒也会发生重构。Yoshida 等[140]借助带有球差矫正的环境透射电镜(ETEM),研究发现在 $CeO_2$ 上负载的 Au 纳米颗粒在 CO 氧化过程中由于 CO 吸附会发生表面弛豫重构。如图 3-4 所示,室温下,Au(100)面在 CO 氧化环境中发生表面弛豫,CO 分子吸附在表面 Au 原子的顶部位置。由于气体的吸附作用,(200)晶面间距由 0.20 nm 偏移到 0.25 nm,发生明显的弛豫现象。结合理论计算模拟,在 Au(100)弛豫表面中,最顶层的 Au 原子与第二表面层上的 Au 原子具有不同寻常的键构型。作者提出这种表面结构促进了 CO 分子在 Au 表面上的吸附,可以在重构的表面上维持催化剂表面 CO 分子的高覆盖率,有利于 CO 的氧化。此工作表

明,环境电镜技术有能力检测到由于气体吸附导致的皮米量级的晶格位移,为我们更好地研究气体与表面的相互作用打开了一扇窗。

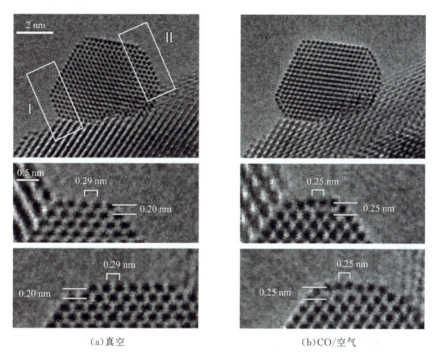

(a)真空　　　　　　　　　　(b)CO/空气

图 3-4　Au 纳米颗粒在真空[图(a)]和 45 Pa CO/空气环境中[图(b)]的 TEM 照片

注:Au(200)面在气体催化环境中发生表面重构。

## 3.2　纳米颗粒的形貌演变

纳米颗粒的反应活性主要取决于颗粒的形状、组成和表面结构,因此,人们致力于发展各种不同的技术手段去调控金属纳米颗粒的形貌结构以期获得更好的催化性能[141-143]。然而,预先合成的金属纳米颗粒在气氛环境下并不能保持结构的稳定,可能会出现更多的活性面,并增加其低配位位点的数量,也可能发生相反的变化,这些将对它们在反应过程中的催化性能产生重大影响[144,145]。目前,已有大量原位实验报道了金属纳米颗粒的形貌结构随着周围环境的变化而变化,甚至有些催化剂会随着环境条件的循环切换而在两种结构状态之间发生可逆的结构振荡[146-148]。

早在 1985 年,Wang 等[149]就已经开始利用 TEM 研究了不同气氛下 Pt/$SiO_2$ 和 Pt/$\gamma$-$Al_2O_3$ 体系里 Pt 纳米颗粒的形貌差异,他们采用的是在电镜外进行气体预处理的非原位研究方式。随着环境透射电镜技术的发展,Henry 等[59,150,151]结合非原位研究,利用碳膜封装式的样品杆在气体环境中进行金属颗粒的原位形变表征,他们在 3~5 mbar 的低压氢气和氧气中观察到了 Pt、Pd、Au 等一系列纳米颗粒的形貌变化,虽然这些 TEM 观察的分辨率较低,但是可以确认气体会对金属纳米颗粒的形貌产生明显的影响。

Hansen 等[152]利用环境透射电镜(ETEM)研究,发现 ZnO 负载的 Cu 纳米颗粒会随着气氛环境的变化发生可逆变化。在 $H_2/H_2O$ 混气中,由于表面吸附 OH 物种促使表面能发生变化,Cu 纳米颗粒上(100)和(110)面增多而趋向球形。而在 $H_2/CO$ 中,颗粒表面又变得棱角分明,Cu 颗粒与 ZnO 载体的界面作用也变得更强。实验表明,气氛诱导的表界面能量变化对催化剂结构具有调控作用。此外,利用环境透射电镜(ETEM)结合原位样品杆,研究者们进一步在原子尺度研究了气体组分对金属纳米颗粒(Pd、Au、Pt 等)形貌演变的影响[59,153]。他们得出结论,在反应条件下纳米颗粒的具体形状取决于金属的本质和氧分压。$H_2$ 环境下,纳米颗粒呈多面结构(faceted),符合 FCC 晶体的 Wulff 重构形貌。在 $O_2$ 中,纳米颗粒易于变圆,因为氧的吸附使其倾向于暴露更多的面,如(100)。接着,研究者们还考虑温度对颗粒形貌演变的影响,系统地研究了 Pt、Au 负载在 $CeO_2$ 上的形变[154,155]。Yoshida 等[156]探究了 $Pt/CeO_2$ 在不同气体环境(真空、$N_2$、$O_2$、CO、和 CO/空气)中的形状结构比较以及 Pt 纳米颗粒形貌在 CO 氧化下的温度依赖性。室温下,Pt 在 CO 和空气的混合气体中反而是倾向于形成球形。虽然都是 CO 在金属表面吸附,但其对不同晶面的能量调控是不一样的。如图 3-5 所示,在真空和 $N_2$ 中 Pt 纳米颗粒呈现截角形状,而室温下在 $O_2$,CO 和 CO/空气中变为圆形。同时,在 CO/空气中将温度从室温(催化活性低时)提高到 200 ℃(催化活性高时),圆形 Pt 纳米颗粒会越来越接近接近刻面形状。著者认为在 CO/空气混气中,室温下 Pt 纳米颗粒主要被 CO 分子覆盖,而在高温下主要被 O 原子覆盖。根据这些实验结果,可以将实际反应条件下 Cu 或 Pt 纳米颗粒表面和形貌的变化与催化活性关联起来,通过 ETEM 有效构建起了环境、结构、性能之间的响应关系。

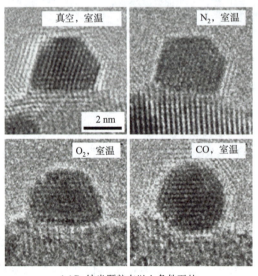
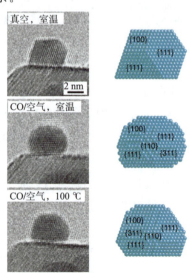

(a)Pt 纳米颗粒在以上条件下的 ETEM 形貌图　　(b)Pt 纳米颗粒在以上条件的 ETEM 形貌图及对应的 Wulff 三维原子模型

图 3-5　Pt 纳米颗粒的 ETEM 形貌图及对应的 Wulff 三维原子模型

近年来，随着原位气体样品杆系统的发展，大气压环境下纳米颗粒形貌演变的研究也得以实现。浙江大学张泽/王勇团队[157-159]率先在国内开展了这方面的前沿研究。他们与 DENS solutions 合作[157]，2014 年引进荷兰理工大学 Henny Zandbergen 教授研发的原位气体样品杆系统原型机(prototype)，在一个大气压 $H_2$ 气氛下对 PdCu 纳米晶的结构、形貌演变进行了研究。如图 3-6 所示，327 ℃下，球状的 PdCu 纳米颗粒在高 $H_2$ 压力下慢慢地转变为截角立方体，但是在 0.016 bar 的 $H_2$ 低压下不会发生这种形貌演变。该研究说明，气体压力也是影响颗粒形貌的重要因素，在大气压环境下进行金属纳米颗粒的形貌结构研究具有必要性。他们进一步结合第一性原理计算了 PdCu 各个晶面在不同 $H_2$ 压力下的表面能，随 $H_2$ 压力的不同，不同晶面的表面能变化不一样，其大小顺序由 $H_2$ 压力决定(图 3-7)。$H_2$ 压力为 0.016 bar 时，(001)、(110)和(111)的表面能比较接近，颗粒呈圆形。当 $H_2$ 压力为一个大气压时，(001)表面能远小于(110)和(111)。因此，为了在此条件下使纳米颗粒体系能量最低，自然需要更多的(001)表面，从而促使纳米颗粒发生形变。

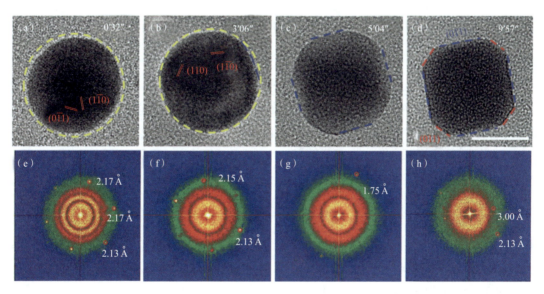

图 3-6 327 ℃下，原位 TEM 观察 PdCu 纳米颗粒在 1 bar 氢气中的形貌演变

注：(a)～(d)为随着时间一系列 TEM 图像；(e)～(h)为对应的 FFT 图像(1 Å=1.0×10$^{-10}$ m)。

金属颗粒往往暴露表面能较小的面，大多数金属颗粒主要由(111)和(100)面组成。而在反应气氛环境下，表面稳定性会发生变化，可能会出现更多的面并增加低配位位点的数量，从而对催化性能产生重大影响。近几年来，王勇课题组和高嶷课题组等[160]合作，借助于先进环境电镜(ETEM)实验与多尺度结构重构理论模型(MSR)的一系列研究表明，反应气氛诱导的金属纳米颗粒形貌变化这个曾被认为极其复杂的实验现象完全能被理论精确定量预测，从而为下一步原位调控催化剂形貌和性能提供理论基础。这些工作充分展现了理论与实验的结合在原位研究中的必要性与重要性。

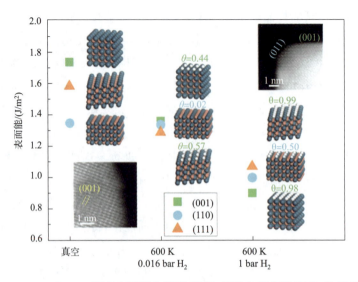

图 3-7 (001)、(110)和(111)面的表面能和模型(插图:圆形和截角形 PdCu 的 HADDF 图像)

高嶷课题组等[161-164]自主开发的多尺度结构重构理论模型(MSR)可以准确预测反应气氛中金属纳米颗粒稳定结构。MSR 模型包括三个部分:Wulff 理论[165],吸附等温式[166,167],密度泛函理论(DFT)计算。Georg Wulff[165]在 1901 年提出了 Wulff 理论:晶体的平衡构型具有最稳定的表面吉布斯自由能,从几何结构的中心到晶体(hkl)晶面的距离与该晶面的表面能 $\gamma_{hkl}$ 成正比。知道每个晶面的表面能(表面张量)后,即可构造出晶体的最佳形貌。

当反应气体分子与颗粒表面相互作用时,表面张量(the surface tension)$\gamma_{hkl}$ 修正为界面张量 $\gamma_{hkl}^{int}$ (the interface tension):

$$\gamma_{hkl}^{int} = \gamma_{hkl} + \frac{\theta(T,p)E_{ads}}{A_{at}} \tag{3-1}$$

式中,$\theta(T,p)$ 为[hkl]面上的气体分子覆盖率,取决于温度和气压;$E_{ads}$ 为气体分子吸附能;$A_{at}$ 为[hkl]面上的表面原子表面积。根据所吸附的气体分子,$\theta(T,p)$ 可通过 Langmuir 吸附等温式[167]描述:

$$\frac{\theta}{1-\theta} = pK \tag{3-2}$$

或通过 Fowler-Guggenheim(F-G)吸附等温式,其中考虑了被吸附分子之间的侧向相互作用[166]:

$$\frac{\theta}{1-\theta} = pK\exp\left(-\frac{zW}{RT}\theta\right) \tag{3-3}$$

式中,$z$ 为 1 ML 吸附下吸附物最接近的吸附分子数;$W$ 为两个最接近的被吸附物之间的横向相互作用能;$K$ 为平衡常数,可由下式计算:

$$K = \exp\left(-\frac{\Delta G}{RT}\right) = \exp\left[-\frac{E_{ads} - T(S_{ads} - S_{气})}{RT}\right] \tag{3-4}$$

式中，$S_{气}$为气相中气体的熵；$S_{ads}$为吸附熵；$E_{ads}$可以通过 DFT 计算确定。结合计算和 Wulff 理论，可以使用推导出的界面张量在给定的 $T$ 和 $p$ 下建立金属颗粒形貌的平衡构型。

对于负载的纳米颗粒，应根据 Wulff-Kaischew 理论[168]考虑金属纳米颗粒和载体之间的接触表面张力。气体吸附下，接触表面张力：

$$\gamma_{c\text{-}s}^{E} = \gamma_A - E_{adh} - \left(\frac{\theta^B E_{ads}^B}{A_{at}^B}\right) \tag{3-5}$$

式中，$\gamma_A$ 为与载体接触的金属表面的表面张力；$E_{adh}$ 为金属与载体之间的黏附能；$\theta^B$ 为载体上的气体覆盖率；$E_{ads}^B$ 为气体在载体上的吸附能；$A_{at}^B$ 为载体的表面积。

需要注意的是，MSR 模型是为纳米级颗粒设计的，但不适用于尺寸小于 3 nm 的纳米团簇和多晶纳米颗粒。

与此同时，王勇课题组[157-159,162]利用最新气氛环境电镜技术对一系列从真空到常压下的金属纳米颗粒结构变化进行了原位研究。Zhang 等[158,159]利用球差校正透射电镜与原位气体样品杆系统，研究了大气压环境下具有优异催化性能的 Pd 纳米颗粒在不同气体环境中的动态行为，并结合理论计算模拟，揭示了 Pd 纳米颗粒的表面结构与气体、温度等外场环境的响应关系。如图 3-8 所示，将立方形貌的 Pd 纳米颗粒置于 1 bar $O_2$、200 ℃ 环境中，得到一系列原位 TEM 图片。图 3-8(a)显示了沿着[001]晶带轴方向，以暴露{001}晶面为主的 Pd 纳米晶，在颗粒棱角处有微弱的弧形代表一些高指数晶面。随着时间的推进，纳米颗粒开始发生变化。如图 3-8(b)～(c)，60 s 后，颗粒棱角的晶面开始变得明显，从俯视角度来看，在纳米颗粒的截角处出现了 4 个平整的晶面；120 s 后，纳米颗粒完全转变为由(100)晶面和(110)晶面包覆而成的截角立方体形状。后续经过更长时间的退火后仍保持了截角立方体形状，说明颗粒形状在当前环境下几乎达到了平衡。结合理论计算结果，Pd(110)面的界面张量从 0.099 eV/Å²①（真空）降低至 0.069 eV/Å²(1 bar $O_2$，200 ℃)。因此，{110}面得到了稳定并且存在 82% 的比例。(100)面的界面张量为 0.022 eV/Å²，在 $O_2$ 环境中也比较稳定，而(111)面的界面张量保持不变，并且在 $O_2$ 条件下是最不稳定的面。

笔者们也探究了 200 ℃、1 bar $H_2$ 下 Pd 纳米颗粒的形貌演变。有趣的是，$H_2$ 环境下，Pd 颗粒的形貌基本没有发生转变。即使把温度升到 300 ℃，Pd 纳米颗粒依然保持着良好的立方结构。理论计算结果也和实验观察结果有很好的吻合，(110)和(111)的界面张量分别降低到 0.079 eV/Å² 和 0.078 eV/Å²。在平衡状态下，Pd {100}、{110}和{111}面的占据比例分别为 22%、48% 和 30%。

通过原位实验观察，笔者们进一步发现，作为惰性气体的 $N_2$，竟然也可以改变 Pd 纳米颗粒的形状。如图 3-9(a)显示了原位 TEM 实验前 Pd 纳米颗粒的原始高分辨图片，初始形

---
① 1 Å=1.0×10⁻¹⁰ m。

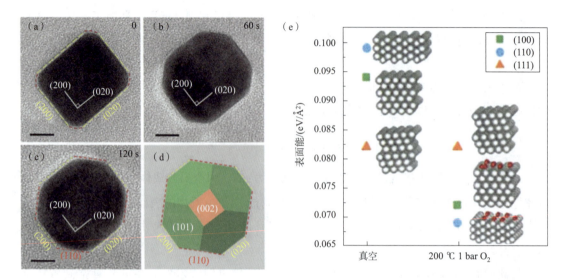

图 3-8　立方体形貌的 Pd 纳米颗粒在 1 bar、200 ℃ 环境中的原位 TEM 图片

注：(a)、(b)、(c)为 Pd 纳米颗粒在 1 bar $O_2$、200 ℃ 环境中时，随着时间变化的形貌演变 TEM 图像；(d)MSR 模型计算重构出 1 bar $O_2$、200 ℃ 环境下的 Pd 纳米颗粒平衡形貌；(e)Pd 纳米颗粒(100)、(110)和(111)晶面的真空洁净表面与 1 bar $O_2$、200 ℃ 环境中气体分子吸附后的表面能变化与晶面模型。

态为圆形；暴露于 200 ℃ 的 1 bar $N_2$ 气体后，颗粒发生了表面的重构。如图 3-9(b)，Pd 颗粒的圆角变为平坦的小面，转变为截短的长方体。图 3-9(c)和(d)展示了这些新形成小面的原子级 TEM 图像，可以看到{110}小面的占据比例显著增加。再次，理论预测与实验结果相符[图 3-9(e)]。在实验条件下，$N_2$ 几乎不会在(111)和(100)表面上吸附。但是，(110)表面上 $N_2$ 分子的覆盖率达到 0.33，(110)面的界面张量从 0.099 eV/Å² 降低到 0.083 eV/Å²，接近(111)面的界面张量(0.082 eV/Å²)。因此，减小的界面张量导致(110)面的占据比例增加。这个工作说明看似惰性的气体也会对纳米颗粒有一定的作用，同时提醒我们在选择保护气体或载气的时候需要考虑这些气体对催化颗粒的影响。

以上工作都说明了纳米颗粒形变的内在机理，即气体分子在不同面上的各向异性吸附导致不同面表面能降低的差异，从而导致了颗粒的形貌变化。特别地，惰性气体在颗粒表面的吸附都不是很强，但是因为相对差异仍然会导致表面的重构。

对于非均相催化剂，金属纳米颗粒通常分散在高表面积载体上。在催化反应中，载体可以改变纳米颗粒的稳定性、形态和电子结构。在许多情况下，纳米颗粒和载体的界面处可为反应提供至关重要的活性位点。因此，探究金属-载体界面在反应条件下是否可以改变以及如何改变是至关重要的。Duan 等[162]通过原位 TEM 结合理论建模研究了 $H_2$ 环境下 Pt/$SrTiO_3$ 催化剂的行为变化(图 3-10)。在真空下[图 3-10(a)、(d)]，理论预测和 TEM 图像均显示 $SrTiO_3$(110)表面上的 Pt 纳米颗粒有明显的润湿现象，并且其主要暴露面为(100)面

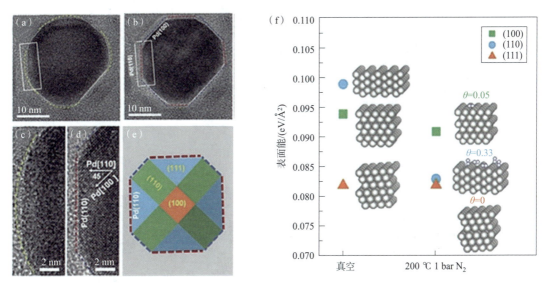

图 3-9 Pd 纳米晶体颗粒在 1 bar $N_2$、200 ℃ 环境中形变的原位 TEM 观察

注:(a)~(b)为 TEM 照片显示纳米颗粒从圆球形转变为截角立方体;图(c)、(d)为图(a)、(b)的形变部分原子尺度 TEM 照片;图(e)MSR 模型计算重构出 1 bar $N_2$、200 ℃ 环境下的 Pd 纳米颗粒平衡形貌;图(f)Pd 纳米颗粒(100)、(110)和(111)晶面的真空洁净表面与在 1 bar $N_2$、200 ℃ 环境中气体分子吸附后的表面能变化与晶面模型。

和(111)面。在 500 ℃、300 mbar $H_2$ 下[图 3-10(b),(e)],(100)面的占比增加,且 Pt 纳米颗粒的高度增加了,与 $SrTiO_3$ 的接触界面减小了。在图 3-10(c)中,Pt 的接触面是(111)面而不是(100)面。在 200 ℃、300 mbar $H_2$ 下[图 3-10(c),(f)],Pt 纳米颗粒完全站在 $SrTiO_3$ 载体上,界面面积也变小。

将 MSR 模型和第一原理计算相结合用于研究负载型纳米颗粒,可以正确预测气氛诱导的脱湿行为(dewetting behavior)。图 3-10(e)、(f)的俯视图中,接触面的结构变化以原子尺度建模。当涉及气体吸附时,气体分子与金属纳米颗粒一同竞争载体表面,导致负载型纳米颗粒的脱湿(dewetting)。载体与环境之间的相互作用往往会减少纳米颗粒与载体之间的接触表面。因此,气氛环境会改变界面面积、接触表面的形状以及界面周边的原子数。而这些变化会极大地影响界面反应性,甚至导致不同的反应机理,因此在设计负载型纳米催化剂时必须考虑到这些变化。

总之,通过系列的原位实验数据与理论建模的模拟结果进行比较,MSR 模型的准确性和高效率得到了充分展示。该方法在传统的理论上引入了环境因子,充分考虑了气体、温度、压强对金属纳米颗粒平衡构型的作用,可以定量预测环境对纳米颗粒形貌的影响。气氛诱导金属形貌变化机理的揭示以及可靠预测模型的建立,意味着通过选择合适气体、温度、压强对于催化剂形貌进行原位操控成为可能。

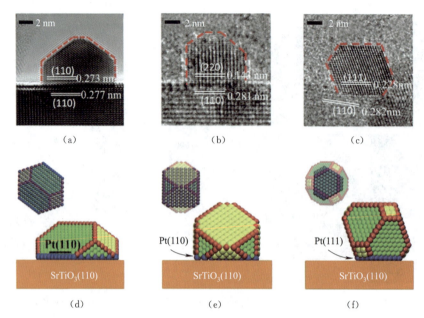

图 3-10　$SrTiO_3$ 负载的 Pt 纳米颗粒的形貌结构

注：形貌结构图：(a)(b)(d)(e)为 Pt(110)/$SrTiO_3$(110)；(c)(f)为 Pt(111)/$SrTiO_3$(110)。(a)(d)为真空下；(b)(e)为 $H_2$：300 mbar，500 ℃；(c)(f)为 $H_2$：300 mbar，200 ℃。上排图：Pt 纳米颗粒的 TEM 图；下排图：模型结构的俯视图和侧视图。黄色、绿色、红色和蓝色的球体分别代表(100)、(111)、(110)面(包括边缘原子)和与载体接触的面。俯视图中的不透明部分表示 Pt 与 $SrTiO_3$ 载体之间接触表面的横截面。

## 3.3　金属-载体间相互作用

负载型催化剂是一类重要的非均相催化剂，其中载体的主要作用是增加金属的分散性和稳定活性位点。金属和载体之间的相互作用被称为载体效应，它在调节催化剂的活性、选择性和稳定性方面也起着至关重要的作用，是提高催化性能的关键因素。金属与载体之间往往涉及电荷转移、接触界面范围、纳米颗粒形貌、材料的化学组成和金属-载体强相互作用(SMSI)等。根据催化剂与反应的不同，不同的 MSI 调控策略有可能在不同的反应中起主导作用，对催化反应活性有着或大或小的影响[169-172]。

首先，金属-载体间的相互作用会引起纳米颗粒在不同气氛下的行为差异(分散、团聚、烧结等)。美国加州大学尔湾分校潘晓晴课题组[173]利用原位气体杆系统和扫描透射显微镜 STEM 研究发现，大气压环境下 Rh/$CaTiO_3$ 催化剂在 $H_2$ 和 $O_2$ 循环下，Rh 颗粒也随之发生团聚-分散结构循环。如图 3-11 所示，在 5% $H_2$/Ar、600 ℃环境下，可以看到掺杂的 Rh 逐渐析出到 $CaTiO_3$ 表面上，并且随着处理时间的增加，其颗粒尺寸也慢慢变大。而把气体换成纯 $O_2$ 之后，原本析出的 Rh 颗粒会逐渐消失，推测应该是重新进入到 $CaTiO_3$ 体相中去了。

Behafarid 等[174]利用原位透射电镜观察了 $SiO_2$ 薄膜上负载的有尺寸选择的 Pt 纳米颗

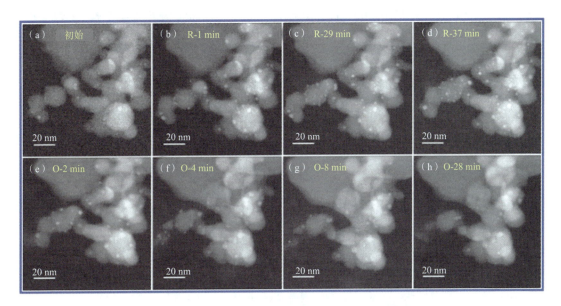

图 3-11 Rh-CTO 催化剂在还原-氧化循环下颗粒行为演变的原位 HADDF 图像

注:(a)~(d)为 760 Torr、5% $H_2$/Ar、600 ℃下一系列图像;(e)~(h)为 760 Torr、$O_2$、600 ℃下一系列图像。

粒在纯 $H_2$ 和纯 $O_2$ 下的化学稳定性。原位 TEM 显示(图 3-12),$SiO_2$ 上负载的 Pt 纳米颗粒在真空下高度分散,平均粒径为 2.2 nm±0.8 nm,在 $O_2$ 气氛中,随着温度升高至 800 ℃,Pt 颗粒有轻微的烧结,平均粒径增加至 2.6 nm±0.7 nm。但是在 $H_2$ 气氛中,升高至相同的温度时,会发生强烈的烧结现象,800 ℃下平均粒径为 5.9 nm±2.8 nm。$O_2$ 气氛下,是由于在低温下形成 $PtO_x$ 物质,颗粒/载体界面上的化学键增强。所以当温度≥650 ℃后,Pt 颗粒的氧化再分散是由于挥发性 $PtO_x$ 物质的形成而导致 Pt 的部分挥发流失。而在 800 ℃、$H_2$ 气氛下,Pt 纳米颗粒的存在催化了 $SiO_2$ 的还原以及铂硅化物的形成,从而造成了 Pt 纳米颗粒的粗化。若再在室温下将硅化铂暴露于 $O_2$ 中,会导致 Si 向外扩散并形成氧化硅壳和金属 Pt 核。实验表明,可以把 Pt/$SiO_2$ 放在 $H_2$ 中形成铂硅化物(核),然后再暴露于 $O_2$ 形成 $SiO_2$ 壳,有可能让 Pt/$SiO_2$ 体系形成核-壳结构。

上述原位观察为"智能"催化剂的循环处理提供了直接证据,这对设计和调控催化剂结构从而得到热稳定好、高活性催化剂具有重要的指导意义。除了上述气体的作用以及金属-载体间的相互作用影响,同一载体不同晶面上负载的纳米颗粒的稳定性也有很大的差异[175,176]。最近,王勇课题组与高嶷课题组合作[177],利用环境透射电镜(ETEM)结合理论计算模拟,报道了 Au 纳米颗粒负载在不同晶面锐钛矿 $TiO_2$ 上完全不同的烧结行为。通过透射电镜表征可以看到,Au 纳米颗粒在 $TiO_2$(001)面上有很好的润湿性,但是在 $TiO_2$(101)面上则没有。如图 3-13 所示,进一步原位观察,得到在 $TiO_2$(101)表面上完整的 Au 纳米颗粒的原位烧结过程,可以看到 Au 纳米颗粒的烧结既有奥斯瓦尔德熟化(Ostwald ripening),又有颗粒的迁移和融合。而在相同条件下却未观察到 Au 在 $TiO_2$(001)表面上的烧结。通过分析金属-载体界面结构,笔者发现 Au 在 $TiO_2$(101)表面形成的界面无特定外延关系,且

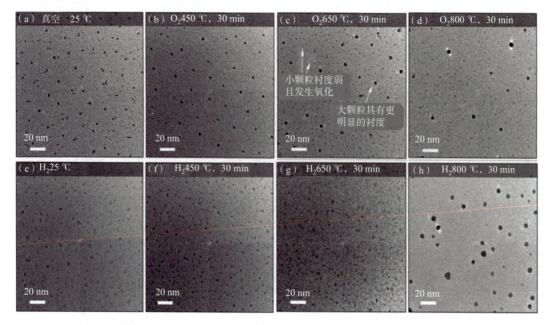

图 3-12 Pt/SiO$_2$ 在不同气氛温度环境下的一系列原位电镜图

界面接触面积较小;而在 TiO$_2$(001)表面存在优先取向关系,且接触面积较大。界面结构差异表明 Au 与 TiO$_2$(001)表面的结合较(101)表面更为紧密。进一步结合理论计算,得出了是由于 Au 颗粒在不同表面上的吸附能以及 Au 原子在不同表面上的扩散势垒不同导致了 Au 在 TiO$_2$(101)和 TiO$_2$(001)表面上截然不同的烧结行为。这项工作不仅原位揭示了载体对纳米颗粒烧结有着重大影响的直接证据,也为有效设计抗烧结催化剂提供了一种载体选择策略。

自 2011 年开始,在短短 10 年的时间里,单原子催化迅速成为催化领域的研究前沿。越来越多的研究结果表明,单原子催化剂由于其特殊的结构而呈现出显著不同于常规纳米催化剂的活性、选择性和稳定性[178]。目前原子分散的催化剂因其最大化的原子利用率和独特的结构引起学者们的极大关注。将贵金属分散成超细纳米粒子,是提高其效率和催化反应性能的有效策略。但是,超细纳米颗粒由于其较大的比表面积,在高温下具有聚集成较大颗粒,从而降低颗粒体系表面能的趋势。为了克服单原子团聚的倾向,一个关键的稳定机制就是在单原子和载体之间形成强的化学作用。清华大学李亚栋/李治团队[179]报道了一种现象:在 900 ℃以上,贵金属纳米颗粒(Pd,Pt,Au-NPs)在惰性气氛中可以转变为热稳定单原子(Pd,Pt,Au-SAs)。他们通过环境球差扫描透射电子显微镜实时观测动态转化过程,记录了 NP-SA 转化过程中烧结和分散的相互竞争;并通过 X 射线吸收精细结构和 SEM 证实了金属单原子的原子分散。图 3-14 展示了 Pd、Pt 和 Au 的单原子转变及其结构表征。此外,密度泛函理论计算表明,氮掺杂碳的缺陷可以捕获可移动的 Pd 原子,形成热力学更稳定的 Pd-N$_4$ 结构,从而驱动着 NP 向 SA 转化。热稳定单原子(Pd-SAs)表现出比纳米颗粒(Pd-NPs)更好的乙炔半氢化活性和选择性。

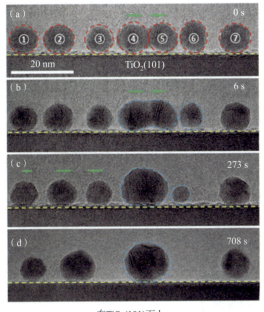
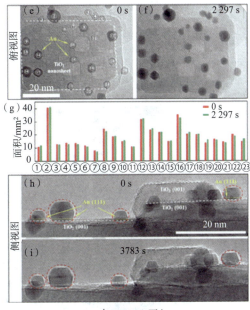

在TiO₂(101)面上　　　　　　　　在TiO₂(001)面上

图 3-13　Au 纳米颗粒负载在不同晶面锐钛矿 TiO₂ 上完全不同的烧结行为

注：500 ℃、$5×10^{-2}$ Pa 环境下一系列 ETEM 图像关于 Au 在 TiO₂(101) 面上的烧结行为[图(a)~(d)]；一系列 ETEM 图像关于 Au 在 TiO₂(001) 面上的烧结行为[图(e)~(i)]，(e)(f)为俯视图；(h)(i)为侧视图；(g)Au 颗粒的面积统计。

由于载体与负载颗粒的强相互作用，催化剂表面在环境气氛下还会发生表面包覆现象[180,181]。Tauster 等[182]在 1978 年首次提出强金属-载体相互作用(SMSI)，用来解释高温还原处理后显著抑制了 CO 和 $H_2$ 等小分子在钛负载铂基金属上的吸附。从那时起，SMSI 得到了广泛而全面的研究，并达成了一个共识，即 SMSI 源于载体对金属的包覆。Zhang 等[183]利用一个大气压下的原位环境扫描透射电镜(STEM)结合 DFT 理论计算，实时捕获了 Pd/TiO₂ 催化剂上包覆层的动态形成过程并确定了其结构。如图 3-15(a)~(f)显示了 TiO₂ 上单个 Pd 纳米颗粒在还原和氧化气氛下一系列的 ABF 图像。图 3-15(a)，在还原条件下($H_2$/Ar，$\varphi_{H_2}$=5%，1 个大气压，250 ℃)，在金属-载体界面处，被还原的 TiO$_x$ 物质从载体扩散到颗粒的表面，无定形层开始在颗粒上形成。升温至 500 ℃时，非晶层结晶形成双层，几乎与 Pd(111)面外延。图 3-15(c)(d)当气体环境变成氧化条件(150 Torr O₂)并且温度降低到 250 ℃时，有序表面氧化物层逐渐变为非晶态并解离。将温度升到 500 ℃[图 3-15(e)]，并没有发生什么变化。图 3-15(f)，当再次引入还原条件，颗粒再次被结晶双层包覆，并且晶面呈现棱角分明。根据电子能量损失谱(EELS)扫描可证实该表面层是 TiO$_x$，Ti 表现出从 $Ti^{4+}$ 到 $Ti^{3+}$ 的过渡。研究证明了非晶态还原的 TiO$_x$ 层是在低温下形成的，而结晶成单层或双层结构是由反应环境决定的。因为 Pd 表面逐渐被 TiO₂ 层包覆，金属与氧化物的接触面积可增大。高温下形成的包覆层会阻止气体进入下层金属表面。另外，由于表面能最小化，结晶包覆的过程中会伴随着 Pd 纳米颗粒晶面的重构，(110)面消失。

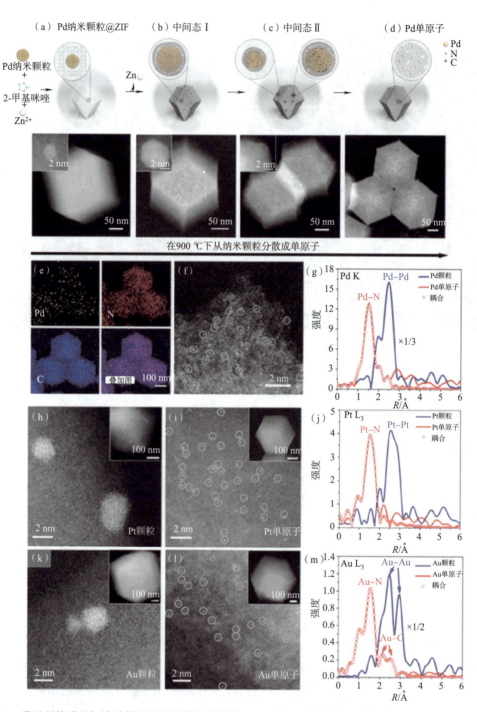

图 3-14 通过环境球差扫描透射电子显微镜实时观测 Pd、Pt 和 Au 的单原子动态转化过程及其结构表征

注:(a)~(d)为 Pd 纳米颗粒转化成单原子示意图及其透射图;(e)Pd-SAs 的元素 Mapping 图;(f)Pd-SAs 的原子分辨 HAADF-STEM 图像;(g)Pd-SAs 和 Pd-NPs 的 EXAFS 曲线。(h)(k)为 Pt-NPs、Au-NPs 的原子分辨 HAADF-STEM 图像;(i)(l)为 Pt-SAs、Au-SAs 的原子分辨 HAADF-STEM 图像;(j)Pt-SAs 和 Pd-NPs 的 EXAFS 曲线;(m)Au-SAs 和 Pd-NPs 的 EXAFS 曲线。

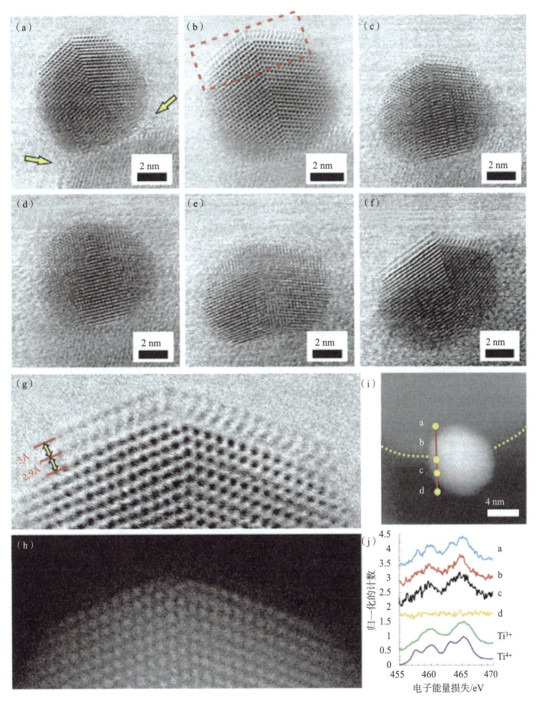

图 3-15 Pd/TiO₂ 上形成 TiO$_x$ 包覆层

注：$H_2/Ar(\varphi_{H_2}=5\%)$，1个大气压；(a)250 ℃；(b)500 ℃，10 min；(c)150 Torr $O_2$，250 ℃；(d)15 min 后；(e)500 ℃；(f)再次 $H_2/Ar(\varphi_{H_2}=5\%)$，1个大气压，500 ℃；(g)~(h)为(b)图放大版；(i)~(j)$H_2/Ar(\varphi_{H_2}=5\%)$，1个大气压，500 ℃条件下采的 EELS 光谱。

除经典的氢气条件下、还原性载体的 SMSI 外,氧气气氛、非还原性载体以及一些特殊处理得到的 SMSI 也被广泛研究和报道[184-186]。对于经典的 SMSI 体系:Pd/Pt-$TiO_2$,有的研究团队观察到高温氧气气氛中包裹层的形成,有的团队却相反地看到包裹层的消失。意识到载体表面结构这一重要因素容易被忽略,浙江大学王勇课题组[187]利用一个大气压的原位气体电镜技术及球差校正的环境扫描透射电镜技术,在原子级分辨率下原位发现了氧气气氛下受载体晶面调控的强相互作用(SMSI)。在原位气体电镜实验中(图 3-16),高温氧气条件下,负载在 $TiO_2$(101) 和 $TiO_2$(100) 晶面上的 Pd 纳米颗粒表面出现了明显的包裹层,而负载在 $TiO_2$(001) 上的 Pd 纳米颗粒没有观察到类似的包裹层。这种氧化气氛下的 SMSI 对甲烷燃烧性能产生了巨大影响。根据实验结果,研究人员提出了氧气气氛下受晶面调控的 SMSI 模型,强调了载体表面结构在包裹层形成过程中的关键作用。该工作不仅直接给出原子级分辨的受晶面调控的 SMSI 证据,理解载体表面结构对 SMSI 的影响,而且扩展了通过考虑 SMSI 来合理设计高效催化剂的思路。

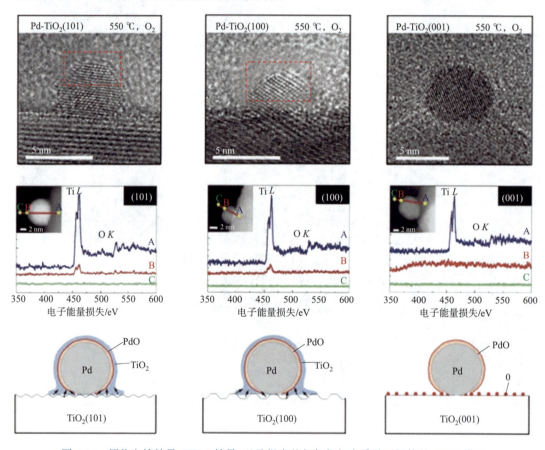

图 3-16 原位电镜结果,EELS 结果,以及提出的氧气气氛中受晶面调控的 SMSI 模型

目前,SMSI 还可以通过改变金属纳米颗粒的电子和几何结构因子来提高催化剂的催化性能。另外,在纳米颗粒-载体上引入另一涂层为覆盖层,最基本的作用是稳定纳米颗粒,类

似于碳和 $SiO_2$ 覆盖层[188]。覆盖层可以用于创建特定的界面位点,从而提高其本征活性。还可以通过在诱导 MSI 态之前吸附特定化合物来调节 MSI,不过目前该策略仅限于可还原的载体。Matsubu[189]等利用原位光谱和原位扫描透射显微镜(STEM)研究了用于 $CO_2$ 加氢反应的 $Rh/TiO_2$ 催化剂,发现在 250 ℃、20% $CO_2$、2% $H_2$ 和 78% He 气氛处理下会导致 Rh 颗粒形成 $HCO_x$ 吸附物,从而诱导载体对 Rh 纳米颗粒的包覆。这种吸附物诱导的 SMSI(A-SMSI)形成了同时含有 $Ti^{3+}$ 和 $Ti^{4+}$ 的无定型包覆层[图 3-17(a)]。而未经处理的 $Rh/TiO_2$ 催化剂,在 550 ℃ 的 $H_2$ 还原下形成了含有 $Ti^{3+}$ 的 SMSI 包覆层[图 3-17(b)]。载体上 $HCO_x$ 的高覆盖率诱导了氧空位的形成,进一步使得还原物种迁移到金属表面。所形成的这层氧化物覆盖层仍然可以使气体通过,但是减少 C—H 键的形成,从而生成更多的 CO。A-SMSI 包覆状态可抵抗 $H_2O$ 的再氧化,并修饰其余暴露的 Rh 位点的反应活性,强烈影响 Rh 的催化性能,从而可以合理动态地调节 $CO_2$ 还原选择性[图 3-17(c)~(d)]。

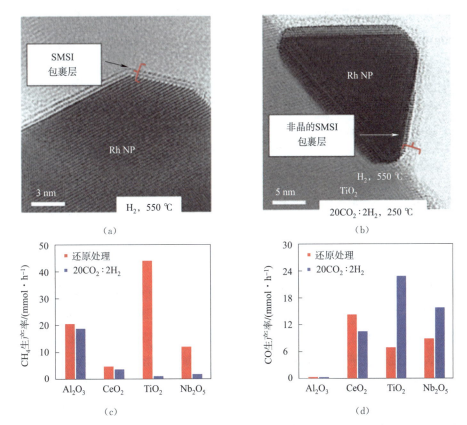

图 3-17　$Rh/TiO_2$ 催化剂在气氛处理下会导致 Rh 颗粒形成 $HCO_x$ 吸附物,诱导载体对 Rh 纳米颗粒的包覆

注:(a)6% $Rh/TiO_2$ 催化剂在 5% $H_2/N_2$,550 ℃ 下处理 10 min 的原位 STEM 图像,Rh 颗粒上形成含有 $Ti^{3+}$ 的 $TiO_x$ SMSI 双晶层;(b)在 $20CO_2:2H_2$,250 ℃ 下处理 3 h 的原位 STEM 图像,Rh 颗粒上形成同时含有 $Ti^{3+}$ 和 $Ti^{4+}$ 的非晶 A-SMSI 包覆层;不同载体负载 2%Rh 后得到的一系列催化剂,经还原($H_2$)处理以及 $\varphi_{CO_2}:\varphi_{H_2}=20:2$ 处理后,在反应条件(200 ℃,1% $CO_2$,1% $H_2$,98%He)下的 $CH_4$[图 3-17(c)]和 CO[图 3-17(d)]生产率。

研究者们一直致力于提出好的抗烧结策略从而提高纳米颗粒催化剂在高温反应中的稳定性[190-192]。强金属-载体相互作用(SMSI)可用于构建催化剂的结构,从而提高其反应性和稳定性[193-195]。Liu等[185]报道了一种超稳定Au纳米催化剂,该Au纳米颗粒可以在三聚氰胺诱导的氧化气氛下被可渗透的$TiO_x$包覆层包裹[图3-18(a)],这与Au和$TiO_2$之间经典SMSI所需的条件相反。构建$TiO_x$包覆层的关键是三聚氰胺的应用和在氮气中预处理,及随后在800 ℃的空气气氛中煅烧,从而增强Au与$TiO_2$的相互作用。同时还结合电子能量损失谱(EELS)对样品进行了探测,确定了$Au/TiO_2$@M-N-800中非晶包覆层的组成是纯$TiO_x$。EELS结果还发现,在包覆层中的Ti以$Ti^{3+}$氧化态(区域Ⅱ)存在,而在载体上的Ti则以$Ti^{4+}$氧化态(区域Ⅲ)存在[图3-18(b)~(c)]。由于包覆层的形成,该催化剂在800 ℃煅烧后具有较高的抗烧结性和优异的催化活性,而且在模拟的实际测试中表现出良好的耐久性,具有实际应用的潜力。更重要的是,这一特殊的策略可以推广到$TiO_2$负载的胶体金纳米颗粒和商用金催化剂RR2Ti上,从而为设计开发活性可控的高稳定性负载型金催化剂提供了一种新的策略。

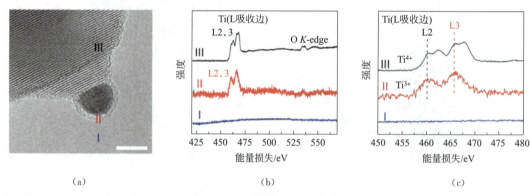

图3-18 (a)$Au/TiO_2$@M-N-800的HRTEM图像;(b~c)在450~480 eV范围内测定的EELS谱

由此可见,强金属载体相互作用对制备负载型金属催化剂是非常重要的。主流观点认为金属氧化物载体的氧化还原性是构筑强金属载体相互作用的驱动力。近来,浙江大学肖丰收课题组[196]报道了$CO_2$诱导不可还原的氧化物MgO和贵金纳米颗粒之间的强金属载体相互作用,其呈现的电子和几何特性与经典的强金属载体相互作用相似。这些相互作用的关键是通过可逆反应$MgO+CO_2 \rightleftharpoons MgCO_3$活化氧化物表面,可导致载体迁移到金纳米颗粒上,从而形成薄的覆盖层(图3-19)。该覆盖层对反应物分子是可渗透的,在氧化条件下是稳定的,甚至耐水的,从而产生耐烧结的金纳米颗粒催化剂。这项研究为基于不可还原氧化物的负载型金属催化剂的合理设计和优化提供了一种方法,并加深了我们对强金属载体形成机理的理解。

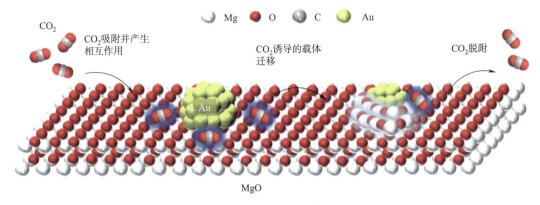

图 3-19 $CO_2$ 诱导强金属载体相互作用的流程图

## 3.4 金属纳米颗粒氧化还原、氢化和 $CO_2$ 化

### 3.4.1 氧化还原

氧化还原反应是化学反应中最基本的组成部分,可以说是人类认识的第一个反应。地球上许多元素都是以氧化物的形式被发现,无论是金属单质还是其氧化物都在人类的生产生活中扮演着重要的角色,例如:冶金、防腐、生物医药、催化工业等。因此,加深对氧化还原反应机理的理解具有十分广泛的科学意义和应用价值。从根本上说,氧化是原子或离子失去电子和氧化数升高的过程。鉴于空气中氧气和水蒸气的共同作用,材料的氧化几乎是不可避免的,而在纳米尺度下,氧化的动力学可能与宏观尺度下的氧化行为截然不同,进而产生不同成分、结构的氧化产物。利用原位电镜,研究者们可以对金属纳米材料的氧化还原行为进行原位实时观测,在氧化反应动力学变化、相界面演变等问题上提供了更直观、更深入的理解。

早在 1958 年,Ito 和 Hizaya[197] 就利用改造过的环境透射电镜研究了铝薄膜的氧化和氧化铜膜的还原。他们获得了反应前后的图像和衍射图,这些数据表明氧化和还原反应确实发生了。在随后的几十年中,类似的实验也在其他材料上展开(如石墨,Fe、Co、Ni、Pd 等金属纳米颗粒[198-200])。对于纳米颗粒来说,表面氧化物层的形成对催化活性(正或负)都有重大影响。原子尺度下对金属表面氧化的理解将带给学者们更多催化剂设计的思路。Zhang 等[201]借助低氧分压和高能电子束辐照在环境透射电镜里,原位研究了 Pd 纳米颗粒的初期氧化过程,发现氧化的形核位点和氧化物的生长取向都是具有选择性的。颗粒表面的台阶等缺陷位置具有较多的不饱和键,表面氧化倾向于先从台阶边缘或顶点部位开始。为了比较表面结构和暴露晶面对氧化的影响,研究者们选择了八面体和球形两种不同形态的钯纳米晶体来开展实验(图 3-20,图 3-21)。研究表明,Pd(111)表面可能具有更高的氧覆盖率,因此在球形 Pd 纳米颗粒上观察到了(111)表面上的优先氧化物生长。结合没有电子束辐照以及 $N_2$ 填充电镜腔体的对照实验,证明电镜腔体中残留的氧与 Pd 表面吸附的氧被高能电子解离后,氧原子吸附在 Pd 表面,导致随后的氧化。Yokosawa 等[198]在较高的气体压力下观察了不规则形状 Pd 颗粒的氧化,发现了氧化物外延生长与非外延生长两种氧化机制。在原位电镜里通过控制一些因素(例如氧气压力、电子束强度和温度)以识别和理解金属在某些位置的氧化生长,给反应途径和催化剂设计提供更多的可能性。

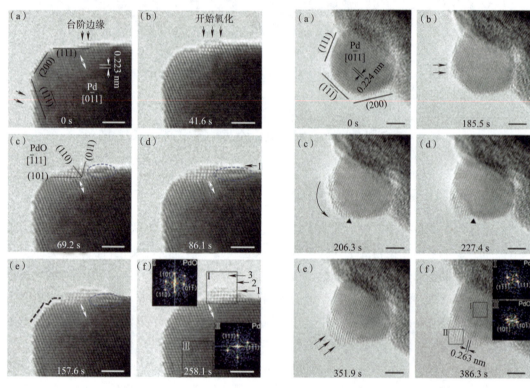

图 3-20　八面体 Pd 纳米颗粒的一系列原位 HRTEM 图像[(f)中的插图是相应正方形区域的 FFT]

图 3-21　球形 Pd 纳米颗粒的一系列原位 HRTEM 图像[(f)中的插图是相应正方形区域的 FFT]

Zhang 等[202]采用原位环境透射电子显微镜结合原子力显微镜(AFM),在操纵铜的氧化过程中,通过一级成核方式在 Cu(001)衬底上外延生长氧化物岛,随后在一级氧化岛的侧面成核另外取向的氧化物岛,获得双重结构 $Cu_2O$ 纳米晶体膜。通过研究金属氧化中纳米岛状氧化物的两阶段成核过程,证明了织构氧化膜中晶体取向的可调性。图 3-22 展示了 Cu(001)在 200 ℃、1 Torr 氧气下,表面 $Cu_2O$ 一次和二次成核过程的原位 TEM 观察结果。最初在 $H_2$ 下退火表面是干净的,随着在氧气下的暴露,在表面上清晰可见氧化物的出现和生长。15 min 后,氧化物生长到约 50~100 nm 的横向尺寸[图 3-22(c)]。岛状氧化物不断生长,在氧化 30 min 后,岛的大小约为 100~300 nm[图 3-22(d)]。同时,在一级氧化岛的侧面成核生长出不同于一级氧化岛晶体取向的二次氧化物岛[图 3-22(d)中插图]。相对应的电子衍射图中，Cu$_2$O 和 Cu(001)衬底之间的相对方向为(001)Cu$_2$O//(001)Cu 和[100]Cu$_2$O//Cu [100][图 3-22(f)]，表明一级氧化物岛与 Cu(001)衬底遵循立方对立方(cube-on-cube)外延关系。而在 Cu(001)衬底、一级氧化物岛和二次氧化物岛同时存在时(氧化 30 min 后)，出现了具有 12 次旋转对称的衍射图案[图 3-22(g)]。通过计算机模拟分析电子衍射图确定，氧化物形核的两个阶段，分别形成具有[001]和[111]面外取向的 Cu$_2$O 晶粒的织构氧化物膜，其中[111]取向的晶粒具有 30°的面内旋转，并且需要足够高的氧气压力来克服二次形核所需的能垒。该研究表明通过控制金属氧化中氧化物成核过程，可以获得特定结晶取向和微观结构的可调性的氧化物膜。这种岛状氧化物的双形核机制，预计在制备其他纳米晶金属氧化物的多层次结构中，具有广泛的适用性。

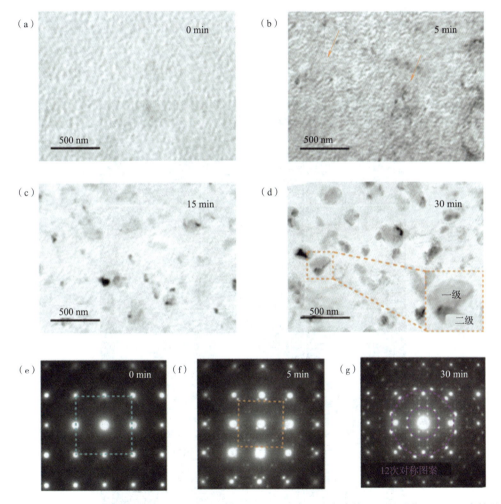

图 3-22 Cu(001)在 200 ℃、1 Torr 氧气下，表面 Cu$_2$O 一次和二次成核过程的原位 TEM 观察结果

注：(a)~(d)为 $t=200$ ℃、Cu(001)表面上，不同时间下，岛状 Cu$_2$O 成核生长的原位 TEM 观察；(e)清洁 Cu(001)表面的电子衍射图案；(f)氧化 5 min 后，Cu(001)表面的复合衍射图案；(g)氧化 30 min 后，Cu(001)表面出现具有 12 次旋转对称的衍射图案。

已有许多研究表明,纳米颗粒在完全氧化后,会形成中空的氧化物。这种结构的形成通常归因于柯肯达尔效应(Kirkendall effect)。对于 Fe、Co、Ni、Cu 等纳米颗粒,只要其颗粒尺寸合适,其氧化都会形成孔洞结构,呈现典型的 Kirkendall 效应。但是,LaGrow 等[203]利用环境扫描透射电镜(ESTEM)研究了 Cu 纳米颗粒的氧化和还原的形核和界面问题,没有观察到大家熟知的柯肯达尔效应。如图 3-23 所示,在 500 ℃、$O_2$ 环境下,首先是在 Cu 纳米颗粒的某一个面出现 $Cu_2O$ 的晶核,然后 $Cu_2O$ 晶核不断长大,最终 Cu 被完全氧化,同时金属/氧化物界面随着氧化物的形成向前推移(图中的蓝色箭头)。因为颗粒失去了特定的晶面,形成的氧化物表面结构变得粗糙,最终氧化物也没有形成空洞结构,但具体的微观机理还有待进一步研究。他们的研究还发现,纳米颗粒氧化动力学与温度和氧气压力有关。如果增加氧气分压或者升高温度,这一过程会加快,但基本过程不变,不会有多个 $Cu_2O$ 核的出现。氧化得到的 $Cu_2O$ 在还原气氛下又能够还原为 Cu,观察到的还原过程与氧化相似,同样是首先在 $Cu_2O$ 纳米颗粒上形成一个 Cu 晶核,然后逐渐长大,最终全部还原为 Cu 纳米颗粒。但是氧化和还原过程并非完全对称,氧化的位点与还原位点并不一定相同。

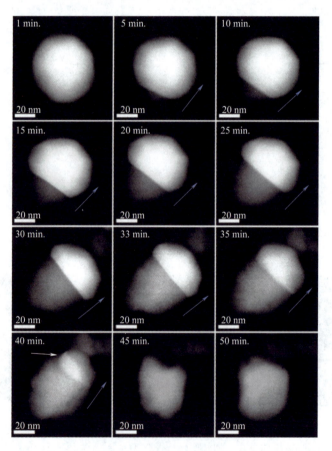

图 3-23　500 ℃、2 Pa 的 $O_2$ 环境下 Cu 的原位氧化过程,蓝色箭头指向界面移动方向

对于一个具体的反应来说,得到整个反应的动力学信息对于理解整个反应的机理具有非常重要的意义。对于纳米颗粒来说,由于晶粒小,比表面积大,其反应速率往往非常快,反应时间也非常短(或少于1 s),很难用传统的化学分析方法(如热重分析,XRD)来研究其反应动力学。到目前为止,想要获取纳米颗粒快速反应的反应动力学信息,以期更好地理解其反应机理仍然是一个挑战。最近,Yu 等[204]利用原位样品杆系统和超快电子衍射在电镜中发展了反应气氛环境下的超快原位电子衍射方法并利用该方法对 Ni 纳米颗粒在大气压下氧化的动力学行为进行了深入的研究。首次以毫秒级的时间分辨率获得定量的结构信息,得到 Ni 纳米粒子在氧气中的超快速氧化动力学。如图 3-24 展示了 Ni 氧化全过程的衍射花样的变化,从衍射花样的强度变化中可以获取该时刻纳米颗粒的物相组成(即 Ni 与 NiO 的占比),最后得到 Ni 颗粒的氧化动力学曲线。其研究结果表明,与传统认为的 Wagner 氧化模型和 Mott-Cabera 氧化模型不同,整个 Ni 纳米颗粒氧化经历两个阶段:线性反应速率的初期阶段以及用形核生长模型(Avrami-Erofeev 模型)描述的一维生长阶段。结合原位电镜观察发现,在氧化过程中,NiO 存在很多晶界,而晶界为氧化提供了快速的离子扩散通道。在一定反应条件下,Ni 颗粒的氧化并不是由扩散控制的,而是由氧化物的形核与生长主导了氧化的进程。该工作不仅揭示了 Ni 纳米颗粒快速氧化的新机制,还展示了超快原位技术可实时快速定量获取反应物与生产物比例的能力,为其他快速气-固反应的动力学研究提供了新的思路。

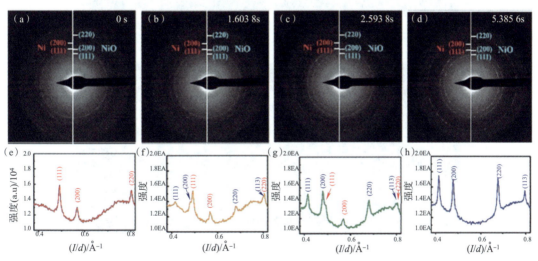

图 3-24　超快原位电子衍射观察展示 Ni 纳米颗粒在大气压环境下氧化全过程
注:(a)~(d)为一系列原位 SAED 图;(e)~(h)为整个氧化过程对应的经向轮廓。

相比于单组分的金属纳米颗粒,氧化-还原条件下双金属甚至更多组分的纳米颗粒的结构演变显得更加复杂和有趣。Han 等[205]利用原位透射电镜研究了 CoNi 双金属纳米颗粒在氧化过程中形貌的变化。图 3-25 展示了单个 CoNi 合金纳米颗粒被氧化的结构和组成演变过程。最初的颗粒具有规则几何外形且为实心,经过 61 s 后,在这个纳米颗粒的棱角处可以观察到形貌的变化。随着时间的延长,可以明显地观察到表面形成了一层衬度较低一些的氧化层。经过了大概 10 min 后,整个纳米颗粒的形貌已经发生了显著的变化,说明 Co 和

Ni 在氧化的过程中不是静止的,而是在运动。再经过一段时间,实心的纳米颗粒就会呈现一种核壳结构,氧化层和金属内核之间出现了明显的界限。逐步升高温度延长颗粒在氧气气氛中的时间,金属态的内核会进一步被氧化,直到变成一个具有多孔性质的氧化物结构[如图 3-25(b)]。EELS elemental mapping 显示了氧化过程中 Co 和 Ni 两种元素的分布情况。完全氧化后的 EELS mapping 结果表明[图 3-25(c)],本来充分混合的 NiCo 合金颗粒经过氧化后,颗粒被富含 Co 的氧化物层包裹。并且,通过对这个氧化过程进行了三维的元素分析,确认 Co 和 Ni 发生了空间上的部分分离。结合理论计算分析比较了 Co 和 Ni 氧化趋势的强弱,发现 Co 更容易被氧化。同时发现 Co 具有更强的结合 O 的能力,也更容易在氧化的过程中发生迁移,从而导致了 Co 和 Ni 发生部分的分离。

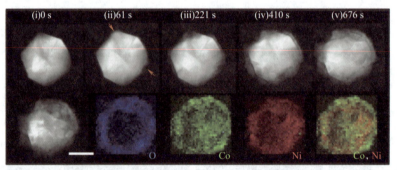

(a)氧化第一阶段的原位 ADF-STEM 图像,显示了元素从颗粒内部到表面的迁移,从而形成了核-壳结构。下排是对应的 EELS 面扫结果

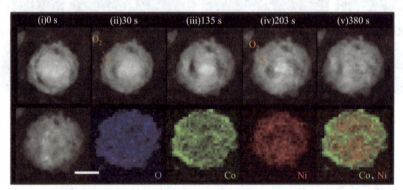

(b)进一步氧化过程中颗粒的原位 ADF-STEM 图像,显示了内核的氧化。
下排是对应的 EELS 面扫结果

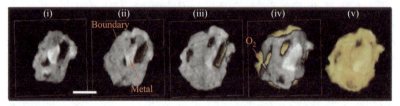

(c)电子断层扫描技术得到的一系列横截面和等值面,可以看到部分氧化的颗粒的内部结构

图 3-25　$Ni_2Co$ 氧化过程中结构和组成演变的原位 TEM 结果(标尺:50 nm)

注:图(a)和图(b)来自不同的颗粒。

在空气中,水蒸气的存在会加速金属或者合金材料的氧化过程(腐蚀生锈)。Luo 等[206]采用原子级别的原位透射电镜结合理论计算的密度函数,对镍铬合金在水蒸气中的氧化过程进行了研究,首次揭示了质子(氢离子)在合金腐蚀过程中的重要作用。如图 3-26 所示,水解离出的质子可以占据氧化物晶格中的间隙位置,促进了空位的聚集,导致氧化物中阴阳离子的扩散显著增强,使得材料极易形成多孔结构,加速了潮湿环境中合金材料的氧化速度。该研究利用原位 TEM 直接观察了水蒸气对 NiO 缺陷结构和演变的影响,为水蒸气影响合金氧化的机制提供了直接的证据。

(a) 在 $O_2$ 中,合金表面原位 NiO 晶体生长的 HRTEM 图

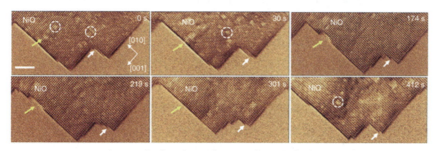

(b) 在 $H_2O$ 中,合金表面原位 NiO 晶体生长的 HRTEM 图

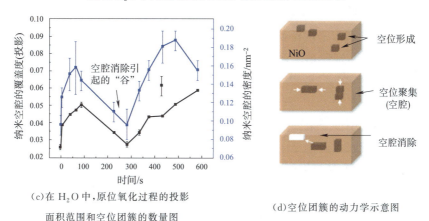

(c) 在 $H_2O$ 中,原位氧化过程的投影面积范围和空位团簇的数量图

(d) 空位团簇的动力学示意图

图 3-26　TEM 观察 Ni-Cr 合金在纯氧环境与水蒸气环境下的动态氧化过程

金属氧化物的还原过程也是十分重要的,可广泛应用于改善其相结构、配位、键合、缺陷与界面[207-209],从而扩展其在催化、电池、电子元器件等各个领域的应用前景[210-21]。Chen 等[212]采用原位环境透射电镜原子尺度下对氧化亚铜异质表面的还原过程进行了研究,发现在氧化亚铜(100)和(110)的还原过程中,氢分子优先吸附于原子台阶处,离解为氢原子,从而弱化铜氧键的结合,并与暴露在台阶边缘的氧原子反应生成水,脱离氧化亚铜表面,台阶

边缘的铜原子不再稳定,从而脱离台阶边缘形成纳米孔(图 3-27,图 3-28)。同时通过密度泛函理论(DFT)计算,对比了不同原子台阶区域氢分子的吸附能与氧化亚铜原子表面的氢吸附能,发现氢分子优先吸附于原子台阶处,从而与配位数空缺的氧原子发生反应。氢分子在原子台阶顶部,界面和底部的吸附能分别为 $-2.34$ eV、$-1.76$ eV 和 $-2.37$ eV。氧化亚铜(100)原子表面氢分子的吸附能为 $-1.22$ eV,远高于原子台阶处的氢分子吸附能。鉴于原子台阶为氧化物表面的常见缺陷,说明表面缺陷对于还原机理起着决定性作用。该研究证明块状氧化亚铜的还原过程在氧化物表面发生,且主要由表面缺陷(原子台阶)决定还原机理。一定程度上验证了样品尺寸、形貌以及表面缺陷对于还原反应具有重要的影响,可通过对氧化物还原过程的有效控制扩展金属氧化物在各个领域的应用。

尽管关于金属颗粒在氧化还原反应中的表现已经开展了广泛的研究,但这些催化剂在工作条件下的状态在很大程度上是未知的,活性位点的分配仍然是推测性的。福州大学黄兴教授和苏黎世联邦理工学院 Marc-Georg Willinger 等[213]通过球差透射电镜并结合 DENSsolutions 原位气体加热样品杆和在线质谱,使用铜作为催化剂,氢氧化生成水作为最基本的氧化还原反应,将氧化还原金属催化剂的结构动力学与其活性相关联。原位 TEM 研究结果详细揭示了温度以及气氛对 Cu 纳米颗粒的尺寸、形貌、结构、相组分以及动态行为的影响,并首次揭示出催化颗粒在反应中丰富的动力学行为,包括迁移、重构、烧结以及分裂等。这些结果表明即便是简单的模型催化也表现出复杂的反应动力学,打破了人们以往对催化剂活性状态的传统认知,强调了多相催化的普遍复杂性。进一步,作者通过与在线质谱联用,将催化剂的结构动力学与催化反应活性直接关联起来,建立了环境下真实的"构-效"关系。通过原位高分辨表征,在原子尺度下,揭示出 Cu 颗粒在不同温度下的微观结构及其动态变化(图 3-29)。利用密度泛函理论计算,阐释了水在不同温度区间的不同形成机制。此外,理论计算还表明,即使系统远离热力学相界,表面相变也是由化学动力学驱动的。

## 3.4.2 氢化和 $CO_2$ 化

氢在元素周期表中位于第一位,是结构最简单、体积最小的原子。氢通常的单质形态是氢气,氢气具有还原性,在催化反应的预处理中扮演着重要的角色。此外,氢能轻易溶解进入许多固体材料中,改变材料性能。在众多的材料和性能中,金属基材料的力学性能受氢的影响最为严重,因而长期以来受到工业界和学术界的广泛关注。若过量的氢气存在于金属(M)/保护性氧化物(MO)界面处,会导致起泡和保护材料的剥落[214,215],对金属表面的天然氧化物和涂层造成一定的破坏。生活和生产中,在燃气轮机、核电站甚至太阳帆中[216-218],氢可能带来很严重的破坏。西安交通大学单智伟团队[217]在环境透射电子显微镜(ETEM)中开展了铝金属/氧化物界面暴露在氢环境下的原位实验,揭示了金属合金/氧化层之间氢致界面失效的新机制(图 3-30)。他们研究发现,一旦铝金属/氧化物界面由于氢的偏析而被削弱,在 Wulf 重建和自由金属表面扩散的驱动下,在氧化膜下方形成了空腔(cavities),此现象被称为"起泡前空化"(pre-blister cavitation)。这些空腔的形貌和生长速率对铝基板的晶体学取向高度敏感。一旦空腔增长到临界尺寸,内部气压就会变得足够大,以致氧化层起

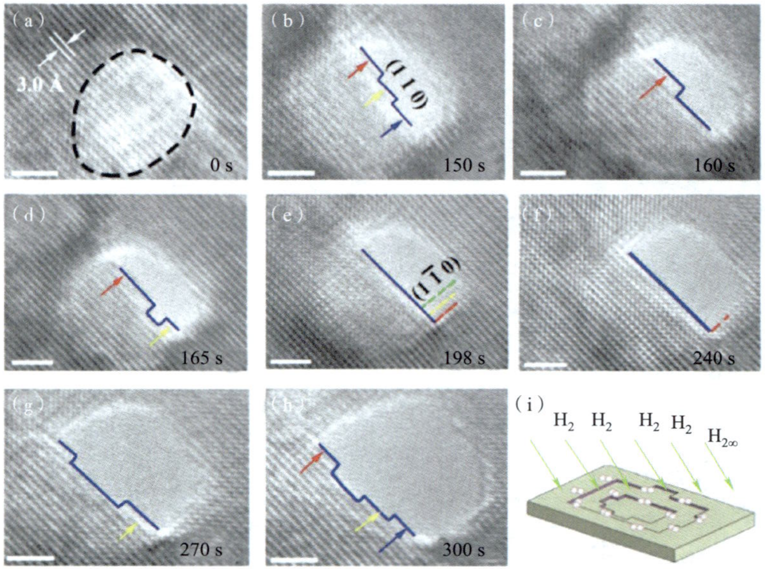

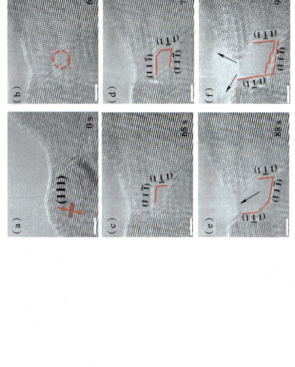

图 3-28 原位观察原子尺度(110)氧化亚铜层在还原过程中纳米孔的形成过程(标尺为 2 nm)

注:(a)~(f)为 $t=350\ ℃$,$p(H_2)=1.2×10^{-2}$ Torr 的还原条件下,时间尺度下局部区域中的氧化物还原导致氧化物膜中纳米孔的形核和生长。

图 3-27 原位观察原子尺度(100)氧化亚铜层在还原过程中纳米孔的形成过程(标尺为 2 nm)

注:(a)$t=350\ ℃$,$p(H_2)=1.2×10^{-2}$ Torr 的还原条件下,(b)~(h)为不同时间下,(100)氧化亚铜表面纳米孔的形成过程,局部区域减薄,伴随衬度变化;(i)大量氢分子吸附于原子台阶处的示意图。

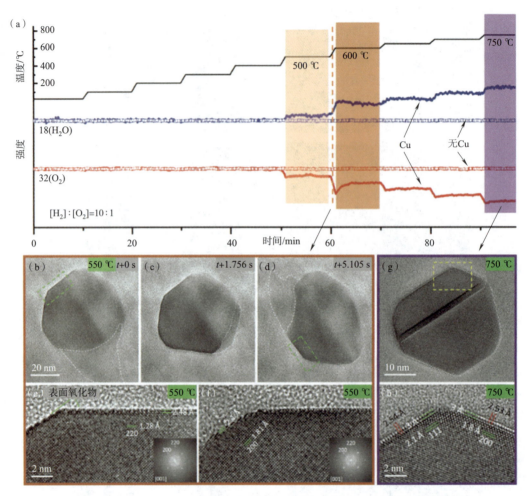

图 3-29　Cu 的结构动力学与催化活性的关系

注：(a)为温度-时间下装样和未装样的原位质谱数据。(b)~(d)为 550 ℃，$[H_2]:[O_2]=10:1$ 条件下颗粒变形的系列原位 HRTEM 图像；(e)(f)为(b)、(d)中虚线矩形框所示区域的 HRTEM 放大图；(g)为 HRTEM 图像；(h)为(g)图中虚线矩形框所示区域的 HRTEM 放大图[电子束剂量(1.3~4)×$10^5$ e nm$^{-2}$ s$^{-1}$]。

泡。此研究表明，与起泡氧化层相比，使界面弱化以进行 Wulff 重建所需的氢要少得多。这对于理解金属涂层和钝化膜的完整性/损坏具有重要意义，而在这些金属中，氢引起的界面破坏是一个主要威胁。

金属由于其较高的强度和塑韧性而被广泛用作结构材料，然而，人们发现氢会降低材料（重要的金属与合金）塑性，并命名这种现象为：氢脆。氢脆会导致材料过早断裂，从而引发安全事故。因此，人们对材料发生氢脆的机理认知直接影响到对氢脆现象的有效防护，也影响着人们的生产和生活。在揭示了金属合金/保护层之间氢致界面失效的新机制之后，单智伟团队[219]通过在环境透射电子显微镜中进行定量机械测试，证明了氢不仅能导致金属铝中的位错产生强烈钉扎，而且发现该过程可逆，即在停止供氢一段时间后，被钉扎的位错又可

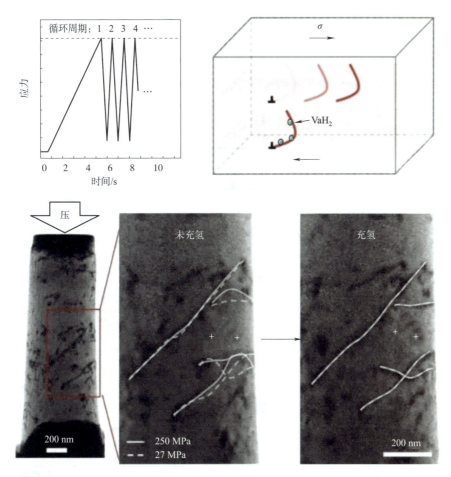

图 3-30　循环应力作用下金属铝中的位错在充氢之后运动停止（$VaH_2$：氢空位）

以在外力的作用下恢复运动能力（如图 3-31）。但出乎意料的是，这种钉扎作用需要将含氢材料静置几十分钟才有效，这与前人所预期的时间相差了至少三个量级，据此提出是充氢原子与空位的结合体而不是氢原子本身在该过程中起到了主导作用。同时还对上述机制进行了模拟计算，所得到结果与提出的机制高度吻合。上述发现颠覆了人们近 30 年来的认知，将对氢脆的预防起到积极的指导意义。

和金属材料相比，陶瓷具有耐高温、硬度高、化学稳定好以及密度小等优点，但目前还没有技术能够很好地实现陶瓷部件连接，并保持其良好的性能。因此，合适的连接技术成为陶瓷大量应用的关键，如果能将陶瓷材料连接起来并使其具有良好的性能就显得十分有意义。燕山大学黄建宇团队、西安交通大学单智伟团队和中国石油大学李永峰团队合作[220]，借助先进的球差环境透射电子显微镜（ETEM）在 $CO_2$ 氛围下，以多孔 MgO 为钎料，通过化学反应 $MgO+CO_2 \rightarrow MgCO_3$ 实现了陶瓷的连接（图 3-31）。在电子束照射下，形成的 $MgCO_3$ 分解为 MgO 纳米晶，并放出 $CO_2$。焊接接头处形成的致密的 MgO 纳米晶使得纳米线的力学性能非常好，接头强度达到 2.8 GPa。该技术不仅能够实现 MgO、CuO 和 $V_2O_5$ 纳米线的连接,并可用于原位拉伸,还可以连接宏观的陶瓷材料 $SiO_2$,这也意味着该技术未来可能用在陶瓷工具和器件上。

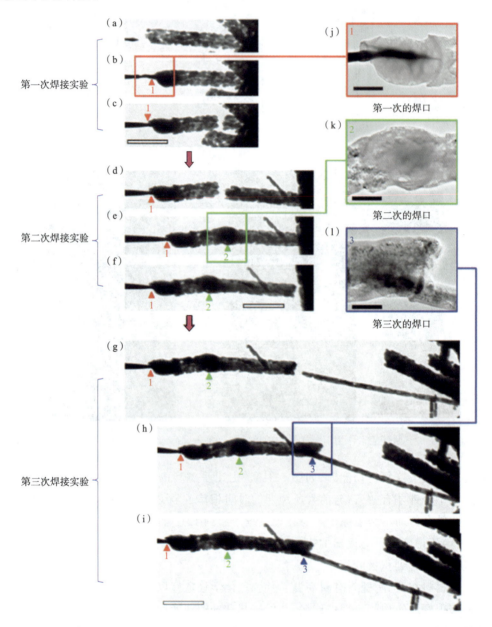

图 3-31　MgO 陶瓷纳米线的焊接过程

注:(a)~(c)为 MgO 纳米线和钨电极的第一次焊接实验;(a)钨棒靠近 MgO 纳米线;(b)MgO 纳米线和钨棒进行焊接;(c)对焊接到钨棒上的 MgO 纳米线进行拉伸实验,断裂位置在连接处的右侧。(d)~(f)为第二次焊接实验;(d)焊接到钨棒上的 MgO 纳米线靠近第二根 MgO 纳米线;(e)将第二根 MgO 纳米线和第一根焊接在一起;(f)第二根 MgO 纳米线在拉伸载荷作用下断裂在接合处右侧。(g)~(i)为第三次焊接实验;(g)第一次和第二次焊接的 MgO 纳米线靠近第三根;(h)将之前焊接好的 MgO 纳米线和第三根焊接;(i)在拉伸载荷作用下,第三根 MgO 纳米线断裂在连接处右侧。(j)为(b)图矩形区的放大图;(k)为(e)图矩形区的放大图;(l)为(h)图矩形区的放大图。(a)~(i)的标尺为 5 μm,(j)~(l)的标尺为 200 nm。

## 3.5 纳米材料生长

气体环境透射电镜最重要的应用之一就是对纳米材料生长动力学与机理进行原位研究。利用原位 ETEM,可以在纳米,甚至原子尺度清楚地看到气相中纳米材料的生长过程,同时观测到形貌、晶体结构、缺陷、化学组分等信息的动态变化,研究生长速率、形核长大模式与机理、生长调控等许多晶体生长领域的核心问题。

以纳米线和纳米管为首的一维纳米材料的生长机理一直是研究的热点。近年来,研究者们借助原位透射电镜(TEM),在纳米线和纳米管原位形核和生长方面取得了显著的进展[221-224]。气源分子与纳米颗粒反应形成合金,这些合金过饱和定向析出材料诱导一维生长。在一维生长过程中,合金纳米颗粒始终存在于材料生长方向的端部,气源分子经由表面扩散或直接溶解与纳米颗粒继续反应,导致在合金颗粒与纳米材料的界面处不断过饱和析出产生纳米线。按照合金颗粒在生长过程中是处于液态或者固态,可将催化生长模式归纳为气-液-固(vapor-liquid-solid,VLS)和气-固-固(vapor-solid-solid,VSS),如图 3-32 所示。1964 年,Wagner 等[225]利用 Au 颗粒作催化剂,采用 $SiCH_4$ 或者 $SiH_4$ 作气源生长出 Si 微米线,并提出 VLS 机制。2001 年,Wu 等[226]在透射电子显微镜(TEM)中首次观察到 Au 纳米颗粒催化不同直径 Ge 纳米线的形核与生长过程,从而证实了 VLS 生长机制。2003 年,Stach 等[227]还通过原位透射电镜发现并提出一种类似于 VLS 的自催化生长机制。在观察 GaN 纳米线生长的过程中,他们发现 GaN 在真空中高温热分解会产生纳米级的 Ga 液滴和镓/氮蒸气物质,以用于随后的 GaN 纳米线形核和生长。这一发现为很多含有低熔点元素的化合物半导体纳米线的合成提供了新的策略。

接踵而至的关于纳米线生长的原位研究带来更多对 VLS 生长机制的新见解。Ross 等[223,228-230]研究了 Si 和 Ge 纳米线的稳态生长,考虑了生长动力学、侧壁结构以及纳米线顶端催化剂的相(液体或固体)和稳定性。Si 纳米线生长中的 VLS 机制表现出一定的特征[图 3-33(a)]。纳米线顶部存在具有无定形结构和不平整表面的液滴,生长发生在 Si 纳米线末端的(111)面上。研究者们还观察并记录了生长速率对压力、温度和纳米线直径的依赖性,以推断 Si 纳米线的生长动力学。在低压条件下和罗斯实验中可实现的直径范围内,Au 催化 Si 纳米线生长的生长速率与直径无关。基于此,再加上观察到的对压力和温度的依赖性,表明限速步骤是乙硅烷的热活化、Au 催化的解离吸附,并且该解离直接发生在催化剂液滴上,没有从别处吸收和扩散。该结果与 VLS 模型完全一致,其中液滴表面被视为吸附生长物质的优先位点。Hannon 等[229]通过小心地控制实验参数(表面结构,气体清洁度和污染物),得到了与传统 VLS 生长模型假设相反的现象。他们发现在纳米线生长过程中,金扩散决定了纳米线的长度、形状和侧壁特性。生长过程中 Au 可以从一个催化剂液滴扩散到另一个催化剂液滴,即 Au 会在表面以及纳米线侧壁的上方和下方迁移,最终液滴被消耗并

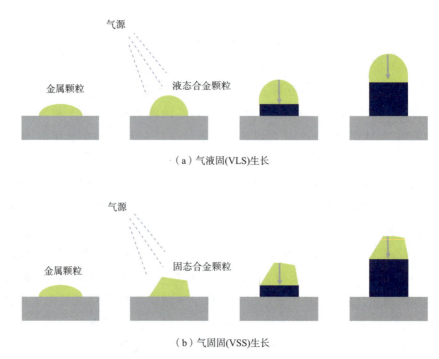

图 3-32 纳米线的气液固(VLS)和气固固(VSS)生长机理示意图

终止 VLS 的生长。并且,由于金从较小的液滴扩散到较大的液滴(奥斯特瓦尔德熟化),会导致纳米线直径在生长过程中发生变化。结果表明,Si 纳米线的生长会受到 Au 扩散的限制:如果不消除金的迁移,则无法生长光滑、任意长的纳米线。

除了经典的 Si 纳米线,在 Ge、GaN、GaP 和 InAs[231-234] 的生长中也观察到 VLS 机制。有趣的是,Kodambaka 等[235] 利用原位透射电镜研究发现,对于 Ge/Au 生长体系,在合金共熔温度以下,液态或固态催化剂均可发生纳米线生长。图 3-33(b)、(c)展示了 Ge 纳米线分别以 VLS 和 VSS 机制生长的原位图像。在 Au 催化 Ge 纳米线生长期间,液滴持续保持在低共熔温度以下,催化剂呈光滑的圆形[如图 3-33(b)]。将样品冷却以固化催化剂,在恒定的 $Ge_2H_6$ 压力下重新加热到 340 ℃,观察到在固体催化剂的作用下纳米线继续生长[如图 3-33(c)]。由于表面反应性较弱或固体的扩散率较低,VSS 生长速率比 VLS 的生长速率只有 10%~1%。在低于共熔温度时,合金颗粒的状态与颗粒中 Ge 的过饱和度有关,液滴中的高 Ge 过饱和会抑制固体团簇的成核;而 Ge 的过饱和度又与气源压力有关。Wen 等[236] 利用毛细管向 TEM 中通入反应气体,原位观察了用 Al-Au 固体合金颗粒代替传统的液体半导体-金属共晶液滴催化 Si-Ge 和 Si-SiGe 纳米线生长过程,发现了 Si 和 Ge 在固体催化颗粒中的低溶解度导致的原子级别组分突变界面,表明用固相颗粒催化可以生长出功能化的异质结构 Ⅳ 族纳米线。目前,Pd、$AlAu_2$、Cu 和 AuAg[236-238] 已被证明是用于生长 Si/Ge NWs 的有效固体催化剂。

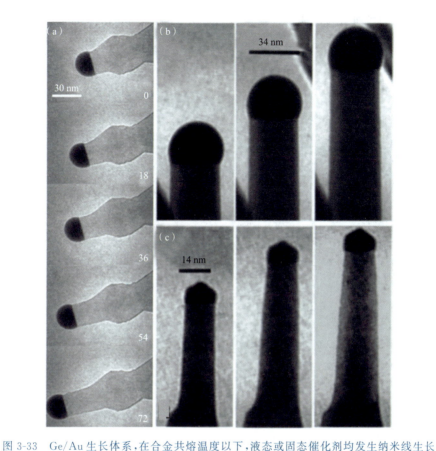

图 3-33　Ge/Au 生长体系,在合金共熔温度以下,液态或固态催化剂均发生纳米线生长

注:(a)570 ℃和 $6.2\times10^{-6}$ Torr 下,直径为 26 nm Si 纳米线的生长序列图,顶端是黑色半圆形的 AlAuSi 合金,灰色是 Si;(b)(c)为 340 ℃和 $4.6\times10^{-6}$ Torr $Ge_2H_6$ 下,Ge 纳米线生长一系列原位 TEM 图像:(b)VLS 机制下,$t=0$ s,309 s,618 s;(c)VSS 机制下,$t=0$ s,1 340 s,1 824 s。

除了上述所讲的金属颗粒催化纳米线的生长,也有一些文献报道没有催化剂参与的无催化剂纳米线生长,可以利用气相沉积的方法在衬底上直接生长纳米线[227,239-241]。其中比较典型和广为接受的是气固(VS)生长机制,利用晶体中的面缺陷(螺位错、层错、孪晶界等)、晶面能各向异性或借助氧化物辅助生长来完成。早在 1960 年 Hashimoto 等就利用透射电镜(镜筒压强约 0.3 Pa)原位加热金属钨并发现有纳米线生长出来,得到纳米线的长度与加热时间的关系曲线,提出纳米线的气固生长机理。近来,Zhang 等[224]通过环境透射电镜(ETEM)对氧化钨纳米线的无催化生长进行了原子尺度下的实时观察,发现气固机制主导着纳米线的生长,并且纳米线顶端的振荡质量传递维持着非催化的纳米线生长。如图 3-34(a)～(e)显示了纳米线顶端的振荡质量传输。$W_{18}O_{49}$ 纳米线沿着[010]方向生长[图 3-34(f)],并且为(010)面的单层生长[图 3-34(e)]。图 3-34(g)～(h)表明纳米线的生长过程中发生了周期性振荡。生长周期从原子填充了顶端边缘缺角位置开始,固体在面上成核,伴随着从顶端边缘到新形成的台阶进行的质量传输。这导致新层的生长,再次产生顶端边缘缺角位置,从而完成了循环。所有步骤都以大约相同的速率进行,该速率远高于缺角被填充的速率。因此,缺角的填充是 $W_{18}O_{49}$ 纳米线生长的限速步骤。此外,根据逐层生长动力学统计数据分析表明,VS 生长中相邻的成核是独立的。

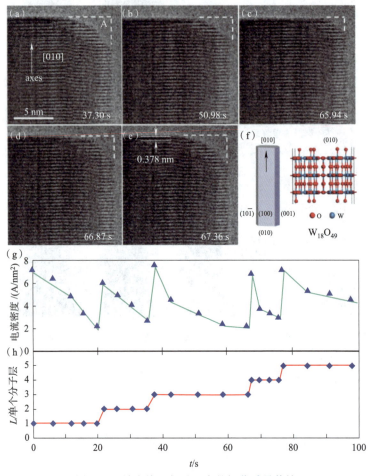

图 3-34 纳米线生长过程中的振荡质量传输

注:(a)~(e)为纳米线尖端单分子层生长的连续原位 TEM 图像;(f)为形貌的理论分析;(g)(h)为图(a)~(e)中虚线标注的三角形面积和生长的单分子层随时间变化的关系曲线。

薄膜生长作为物理化学的基础领域,也得到了广泛的研究[242-244]。普遍接受的主要有三种生长模式[245]:Volmer-Weber 模式(岛状生长),Frank-van der Merwe 模式(层状生长)和 Stranski-Krastanov 模式(混合生长)。在这些生长模式中,生长表面通常被认为是简单的体相材料的解离面。但是,晶体表面由于悬挂键的存在,往往会发生弛豫或表面重构以降低表面能。在晶体生长过程中,晶体表面也会发生表面重构,进而影响其生长过程[246,247]。Yu 等[248]利用环境透射电镜结合密度泛函理论(DFT)在原子尺度研究了 $MoO_2$(011)面的层状生长机制。研究表明,表面重构为 $MoO_2$(011)面生长过程中关键的中间相,其存在促进了 $MoO_2$ 逐层生长(layer-by-layer)的生长模式,并主导了生长过程中的震荡现象。图 3-35 展示了 $MoO_2$ 重构(011)面上的层状生长过程。TEM 图像中样品表面的"毛刺"对应重构结构,黑线则对应体相结构。整个生长过程,可以分为两个步骤:(1)重构结构转化为体相结构(如 17~18 s,黑色线变长,同时次外层重构结构消失了一个);(2)重构结构在体相结构上的生长(如 18~19 s,最外层重构结构多了一个)。在生长过程中,重构结构扮演了一个中间相的角色。图 3-35(c)中统计了重构层和体相层的生长速率。有趣的是,重构层和体相层之间的距离在不断震荡(蓝色线)。理论计算也进一步证实了 $MoO_2$ 的生长倾向于 layer-by-layer 的生长模式。当部分重构结构转化为体相结构,进一步的生长倾向于在体相层上生长重构层,解释了实验中观察到的震荡现象。作者们还研究了 $MoO_2$ 重构(011)表面的层状分解过程。作为生长的逆过程,分解也有两个步骤:(1)重构层分解,暴露体相层;(2)体相层转化为重构层。重构层在分解过程中也是作为中间相,而且这两个过程也是在震荡。

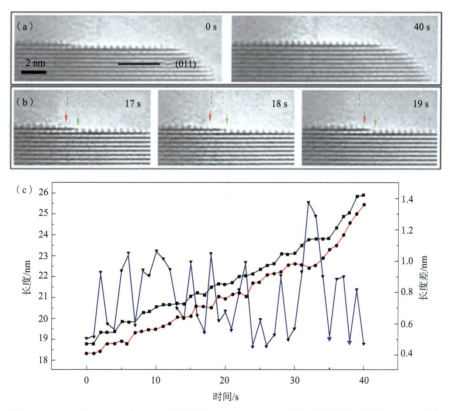

图 3-35　450 ℃、$5×10^{-2}$ Pa $O_2$ 环境下,$MoO_2$(011)表面上逐层生长的原位 TEM 观察

注:(a)0~40 s 间一系列原位 TEM 图像;(b)原位 TEM 图像显示了生长过程中重构层和体相层的长度差振荡。(绿色箭头和红色箭头指示新的体相层和新的重构层的生长前沿,红色和绿色的虚线显示新的体相层和新的重构层的初始生长前沿);(c)对整个生长过程中重构层(红色曲线)、体相层(绿色曲线)的长度及其长度差(蓝色曲线)进行量化。电子电流密度约为 $2.7×10^3$ A/$m^2$。

纳米管也是一类非常重要的一维纳米材料,主要包括碳和硅纳米管,BN 纳米管,以及金属氧化物和硫化物的纳米管等。纳米管的催化生长最初是在碳纳米管的生长中发现的,原位电镜技术在研究碳纳米管生长动力学的过程中发挥了重要的作用。Helveg 等[249]在原位透射电镜里观察到甲烷在 Ni 纳米颗粒上分解生成碳纳米纤维,发现碳纳米纤维是通过反应诱导的 Ni 纳米颗粒的重塑而形成的。图 3-36 展示了碳纳米管生长过程中 Ni 催化剂的动态行为。TEM 图像表明在纳米管生长过程中 Ni 颗粒始终是晶体的状态,并且生长过程中颗粒必须与气氛直接接触,一旦碳完全包覆 Ni 颗粒,则生长停止。他们认为,C-Ni 界面处甲烷分解形成 C—C 键释放的能量提供 Ni 由圆形到长方形所需的驱动力,一旦 Ni 被完全隔离于甲烷,则 C—Ni 界面处无法继续形成 C—C 键,生长也就会停止。从原位高分辨图片中,他们发现在生长过程中 Ni 颗粒表面的原子台阶对 C—C 键的形成和生长具有决定性的作用,这些台阶是在甲烷在 Ni 表面的分解过程中自发形成的。随着这些台阶往颗粒两端流动并消失,碳原子层逐渐长大,这一过程伴随着 Ni 原子迁离 C—Ni 生长界面和 C 原子往 C—Ni 界面处台阶的扩散。结合计算模拟结果,发现 C 原子在 C—Ni 光滑界面上的迁移是纳米管生长的限速过程。Koh 等[250]还利用球差矫正环境透射电镜研究了碳纳米管的氧化行为,发现碳纳米管的氧化是从管的末端沿着侧壁逐层进行的,仅外部的石墨烯层会被除去,若是氧气通过开口端或者裂缝渗入空心纳米管内,内壁才会被氧化。

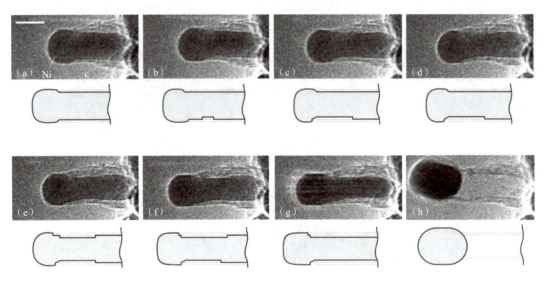

图 3-36 碳纳米管生长的一系列原位图像

注:$\varphi_{CH_4}:\varphi_{H_2}=1:1$,气压 2.1 mbar,536 ℃时,(a)~(h)为伸长或收缩过程。

Hofmann 等[251]利用改良的 Tecnai F20 ETEM 和原位时间分辨 XPS 揭示了单壁碳纳米管(SWNT)和碳纳米管(CNF)成核过程中的催化动力学。他们在电镜中观察了 Ni 纳米颗粒在乙炔气氛下催化碳纳米管的生长,生长过程中 Ni 颗粒始终处于纳米管的底部,只是颗粒的形貌会周期性地由圆变长又迅速变回圆形(图 3-37,图 3-38)。在其他的结晶过渡金属纳米颗粒上还观察到选择性乙炔化学吸附和富碳表面层的形成。由此,可通过碳网络形成与催化剂颗粒变形之间的动态相互作用来确定结构选择性。

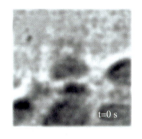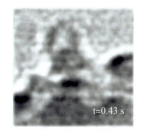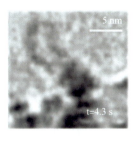

图3-37　615 ℃、$8\times10^{-3}$ mbar $C_2H_2$ 下,Ni催化CNT生长的一系列ETEM图像

图3-38　不同SWNT生长阶段的球棍模型示意图

Yoshida等[252]在环境透射电镜里(ETEM)真空加热载有沉积了1 nm Fe的$SiO_2$的碳膜微栅,再引入气压10 Pa、$\varphi_{C_2H_2}:\varphi_{H_2}=1:1$的混合气体,原位观察了碳纳米管(CNTs)的气相沉积生长过程。研究发现$Fe_3C$纳米颗粒是碳纳米管生长的催化剂,并且$Fe_3C$催化剂的结构在材料生长的过程中不断波动,表明碳原子在纳米管生长过程中的扩散是通过$Fe_3C$颗粒传递完成的。这一研究为碳纳米管的结构控制提供了新的研究思路。也有很多ETEM成果确定了碳纳米管生长过程中纳米颗粒催化剂的结构[249,252,253]。为了提高原位过程结构分析的精度,Yoshida等[254]还通过图像模拟与纳米颗粒催化剂随时间变化的ETEM图像进行比较,更进一步证明了波动的纳米颗粒催化剂的结构。

纳米颗粒的尺寸对碳纳米管的形成至关重要,许多原位电镜研究表明,颗粒尺寸小的催化剂容易催化纳米管结构生长,而尺寸较大的纳米颗粒往往催化形成纳米洋葱或者笼状结构[249,251,255]。Lin等[255]把这一尺寸相关的效应定性地归因于颗粒表面形成的碳层的应变能随碳层曲率半径的减小而增大。在生长最初阶段,较大的催化剂颗粒上首先形成石墨烯层(直径与颗粒尺寸相当),由于碳层中C—C键的扭转应力与石墨烯层的曲率半径是成反比的,随着颗粒尺寸的减小,在颗粒表面形成石墨烯包覆层会越来越难,因为需要克服的应变能越来越大。因此,在小颗粒上催化生长的时候,碳不会形成石墨烯包覆层,而是形成环形的碳管,并在碳管顶部形成封口以释放部分应力,从而造成杯状碳层的出现,杯状碳管继续生长形成纳米管。

大多原位电镜研究主要集中在碳纳米管的催化生长,对于一些化合物纳米管的无催化生长研究上也逐渐发挥了优势,带来更多形式的纳米管生长动力学研究结果。Zhang 等[256]在环境透射电镜里观察到了 $W_{18}O_{49}$ 纳米管的生长,发现 $W_{18}O_{49}$ 纳米管是通过 $W_{18}O_{49}$ 纳米线上的侧壁外延生长形成的,实验结果表明,较高的氧气压力会导致纳米管的生长,而较低的氧气压力导致纳米线的生长。如图 3-39(a),可以看到在主纳米线侧壁上有几个台阶成核。接着,这些高度从数个单分子层到 10 nm 不等的台阶流动到主纳米线顶端并且消失[图 3-39(b)~(f)]。为了形成中空结构,侧壁台阶形核发生在不止一种表面上[图 3-39(a)中黄色箭头标记],否则会形成薄片结构。在这些侧壁台阶流动期间,主纳米线的生长速率远小于侧壁台阶的生长速率,因为与顶端平台相比,气体分子更偏向吸附在台阶边缘。$W_{18}O_{49}$ 纳米管的生长机理可归纳为[图 3-39(g)]:

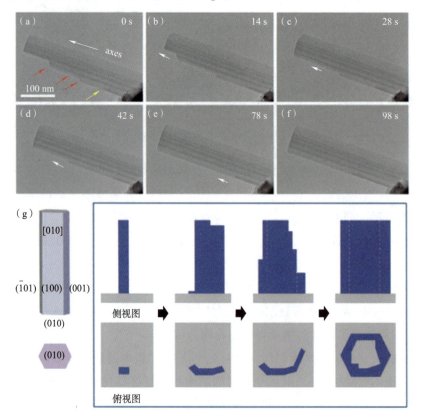

图 3-39　环境透射电镜里观察到的 $W_{18}O_{49}$ 纳米管的生长

注:(a)~(f)为 $W_{18}O_{49}$ 纳米管初期生长过程中捕捉到的系列原位 TEM 图片;(g)纳米管形成过程原理图,左侧的插图是理论预测的 $W_{18}O_{49}$ 的形状。

(1) $WO_3$ 气源沉积在钨丝表面,使 $W_{18}O_{49}$ 纳米线成核生长。

(2) 主纳米线根部发生成核,形成了外延侧壁台阶;随后,这些台阶流动到主纳米线的顶端,这些侧壁晶面包括(001)、($\bar{1}$01)和(100)。

(3) 更多的侧壁台阶形核与流动生长,最终形成纳米管状结构。

与纳米线生长类似,纳米管的生长机理与实验条件和催化剂的种类的关系也密切相关,原位电镜研究纳米管的形貌、尺寸和生长速度与温度、催化剂种类、反应气氛和气压的关系将会有助于系统建立纳米管生长的热力学与动力学,从而指导纳米管的可控生长。

## 3.6 气固相催化反应研究

### 3.6.1 原位结构-性能关联

气固相催化是现代工业的基础之一,在许多重要领域发挥着关键作用,如化学药品合成、节能大气环保和清洁能源[257-259]等。高活性、高选择性、低成本、环境友好型的催化剂是研究者开发新型催化剂的目标。催化效率提升一小步,就是许多领域发展的一大步。研究者们致力于探究非均相催化剂的基本性质(如原子结构、形貌和表面组成)以及催化活性位点的性质。过去几十年,为了研究催化反应速率的决定步骤和催化剂结构与活性/选择性之间的关联,许多原位研究方法日趋成熟,以揭示真实反应条件下催化剂的结构、形貌特征等。特别随着电子显微技术的发展,人们对于材料微观结构的辨识能力已大大提升,当前最先进的环境球差校正透射电子显微镜的分辨率已达到一个原子直径以下,理论上可以辨别出每个原子的位置。而衬度是透射电子显微镜观察质量的关键指标,是指视野内不同区域明暗的对比度。清晰的衬度能帮助科学家分辨原子的位置与排列。但是在电子显微镜中气体分子的衬度太弱了。大多数情况下,催化剂表面的活性位点分布离散,使得气体分子的分布过于平均,没法呈现理想的衬度,所以在电子显微镜中气体分子自动隐身,"实拍"一个气体化学反应非常困难。但这并不能阻止科学家们对这项极具难度的观察发起挑战:看清气体分子在催化剂表面的变化。浙江大学张泽/王勇团队联合中科院上海高等研究院高嶷团队、丹麦科技大学 Wagner 团队[10]在球差矫正环境透射电子显微镜中,原位巧妙地构筑了催化材料的活性位点列以增强气体分子的衬度,首次从分子尺度观察到了水分子在二氧化钛表面上的吸附活化和反应。

在该工作中,研究者找到了一种会发生表面重构的二氧化钛。该锐钛矿型 $TiO_2$(001) 表面发生的(1×4)重构,每四个晶格出现一个凸起,只有凸起部分是催化剂的活性位点。他们利用这种结构,让活性位点周期性排列起来,凸起在同一个方向上叠加,从而提高材料的成像衬度。如图 3-40 所示,在通入水蒸气条件下,降落于活性位点的水分子发生吸附与离解,从而形成了兔子耳朵般的"双凸起"结构。进一步的 DFT 计算研究及原位红外解释了

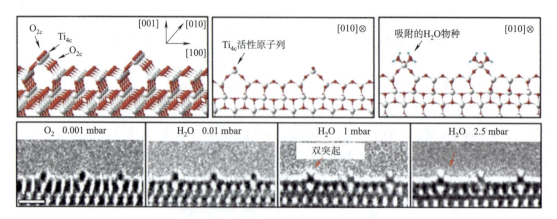

图 3-40 环境透射电镜在水蒸气环境下观察到 $TiO_2$ 形成($1\times4$)重构后的(001)表面由于水分子吸附引起的"双凸起"结构

"双凸起"的结构:水分子打开后形成的两个羟基和另外两个吸附水分子形成了一种稳定的复合结构。这种"双凸起"结构在此前的工作中从未被发现,其原因是这种结构只在实际的水汽环境中才会稳定存在,所以在目前条件下只有使用环境电镜才能够观察到。这项原创性的工作,巧妙利用规则的凸起阵列,可以直接得到水分子(羟基)的电子显微镜照片,为使用原位电镜进一步研究与水分子相关的结构或反应提供了基础。研究人员继续探索,进一步开展实验进行水煤气催化反应的实时观察。如图 3-41 所示,在吸附解离水分子后,把一氧化碳(CO)引进到体系中,原本稳定存在"双凸起"结构出现动态变化,变得时而清晰,时而模糊。某些时刻,其中的一个或两个"凸起"消失,证实了原先稳定吸附的羟基与 CO 分子发生了反应。随即在水分子的补充下,"凸起"会再次出现、消失,如此往复动态变化。在水煤气催化反应期间,这些结构的动态变化在分子水平上清晰可见。这项工作第一次在分子层次直观展示了气固催化的反应过程,有力地展示了环境透射电子显微镜可以用来在原子尺度监测在高度有序的固体催化剂活性位点上发生的气体催化反应过程。

上述描述的是催化剂表面活性位点的催化反应,还有一类催化反应其活性位点位于金属与氧化物载体的界面周围,典型的例子为用于催化一氧化碳氧化反应的 $Au-TiO_2$ 体系。长久以来,黄金一直给人以灿烂、稳定、高贵的印象,是自然界中的惰性金属,但当其尺寸小到纳米尺度并附着在氧化物载体上时,黄金是优良的催化剂,在低于室温时就能将一氧化碳氧化成二氧化碳[260,261]。关于金纳米颗粒的尺寸、表面结构、界面以及生长等已经开展了许多电镜研究[262],但在催化反应过程中,催化界面将如何演变还是未知。利用先进的球差矫正环境透射电子显微镜技术,浙江大学张泽/王勇团队联合中科院上海高等研究院高嶷团队、丹麦科技大学 Wagner 和 Hansen 团队[12]在反应环境中对金-二氧化钛构成的催化界面进行了原子尺度的原位观察。与固有的认识不同,他们发现:负载在二氧化钛表面的金颗粒并非固定不变,金颗粒在反应过程中发生了令人难以置信的外延旋转。在一氧化碳(CO)氧

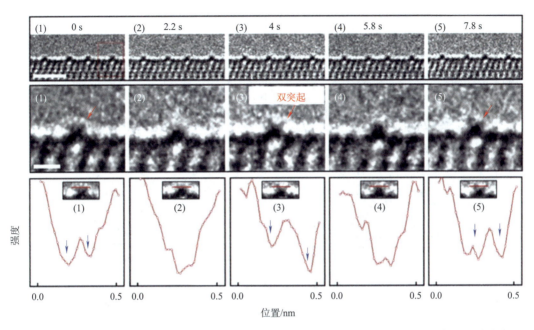

图 3-41 水煤气反应($H_2O+CO \rightarrow H_2+CO_2$)条件下($1\times4$)-(001)表面"双凸起"结构的动态演变

化过程中,金纳米粒子旋转了约 10°,但当 CO 被去除后又回到了原来的位置。Au-$TiO_2$ 界面的原子结构与 $TiO_2$ 表面上的金纳米颗粒的外延旋转有出乎意料的相关性(图 3-42)。密度函数理论计算表明,旋转是由于界面上吸附分子氧的覆盖率变化引起的。当一氧化碳与氧气发生催化反应,本质上是消耗了部分界面氧,这时本来难以推动的金颗粒转动了;而当停止通一氧化碳时,界面氧得到补充,金颗粒又转回原位了。该研究首次在原子尺度下一氧化碳催化氧化过程中观察到催化剂界面活性位点的可逆变化,并据此实现了界面活性位点的原子级别原位调控。这项成果对今后设计更好的环境催化剂、高效稳定地处理污染气体具有重要意义。若没有原位方法在实际反应环境中对催化颗粒进行动态研究,反应前后我们看到的金颗粒似乎没有显著的变化,这跟实际的反应情况严重不符,这些结果再次强调了实际反应环境中可视化研究的重要性和必要性。

在催化反应过程中,尺寸不同的颗粒可能有不同的动态行为。为了探究金催化中的尺寸效应,He 等[263]利用环境透射电镜结合理论计算模拟,提出了金催化剂的尺寸效应源于金颗粒与反应物作用后的动态变化。如图 3-43 所示,在反应条件下,Au 颗粒尺寸越小移动性更大,呈现更强烈的结构变化。大的金颗粒(>4 nm)在与 CO 分子作用时只发生表面重构,不破坏颗粒的整体结构[图 3-43(a)~(c)]。而较小的金颗粒(<2 nm)在与一氧化碳分子作用时,金颗粒的整体结构被破坏,变成无定形的动态结构[图 3-43(d)~(f)]。计算模拟表明,较小的金颗粒表面吸附了 CO 后,颗粒结构将发生有序-无序转变;且由于 CO 分子和金原子形成较为稳定的键合,两者作为一个整体在金团簇表面展现出很强的运动能力,可以源

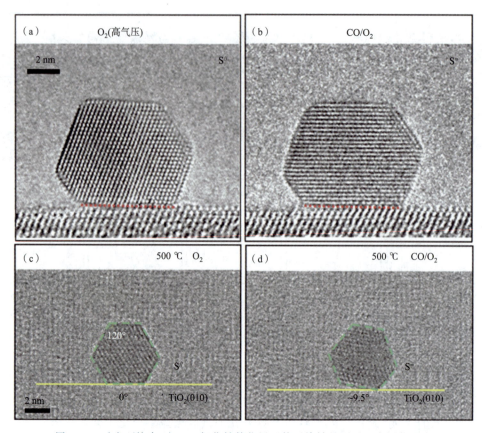

图 3-42 反应环境中,金-二氧化钛催化界面外延旋转的原子尺度原位观察

注:(a)(b)为侧视视角观察金在二氧化钛表面的转动,(a)6.5 mbar $O_2$、(b)4.4 mbar CO 氧化环境,$\varphi_{O_2}:\varphi_{CO}=1:2$。
(c)(d)为俯视视角观察金在二氧化钛表面的转动,(c)5 mbar $O_2$、(d)5 mbar CO 氧化环境,$\varphi_{O_2}:\varphi_{CO}=1:2$。

源不断地把反应分子输送到载体和金颗粒的界面附近,从而与吸附在界面及附近 $CeO_2$ 上的氧气分子发生反应,大大加快了反应速率。因此可以认为极小尺寸的金纳米金颗粒在反应条件下生成金的动态"单原子"而具有高催化活性。

有的纳米颗粒甚至在催化反应时分散成单原子。清华大学李隽团队、中科院大连化物所乔波涛研究员和张涛院士团队[264]利用原位球差电镜直接观测到 Pt 纳米颗粒在氧气中分散的过程。如图 3-44(a)~(c)所示,负载量为 1% 的 $Pt/Fe_2O_3$ 样品上,位于载体下方边缘处的两个 Pt 颗粒在 1 min 内相继消失。原位电镜实验中由于气体对电子束的散射,不能看到 Pt 纳米颗粒最终分散成单原子,但是图中剩余的纳米颗粒也并未明显变大,所以可以排除发生 Ostwald 熟化的可能。在随后的甲烷催化氧化反应中,研究人员发现其性能并没有随使用时间下降,反而在接下来的 4 h 内转化率由最初的约 20% 逐渐上升至约 70%,并趋于稳定[图 3-44(e)]。STEM 表征反应前后的催化剂,发现最初的 Pt 纳米颗粒[图 3-44(e)插图]全部消失,变成密密麻麻的 Pt 原子嵌在氧化铁的晶格条纹中[图 3-44(e)插图]。这一结果

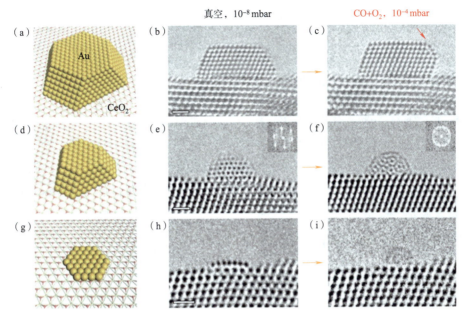

图 3-43 CeO₂ 上不同尺寸的金颗粒在一氧化碳与氧气的反应气氛下的动态变化

注：(a)~(c)为直径 4 nm 的金颗粒的模型和电镜图；(d)~(f)为直径小于 2 nm 的金颗粒的模型和电镜图，插图为 Au 的 FFT；(g)~(i)为单层的小金团簇的模型和电镜图。

说明，$Fe_2O_3$ 负载的 Pt 纳米颗粒在反应条件下原位转化成 Pt 单原子催化剂，并表现出高于纳米颗粒催化剂数倍的活性和良好的热稳定性。该工作通过实验表征结合理论计算提出，在可还原氧化物载体上，Pt 原子被载体稳定的过程与载体表面的缺陷无关。研究人员进一步有目的地对载体掺杂改性，调节载体与金属的相互作用，最终成功发展了一类制备耐高温的高载量单原子催化剂的新方法。来自加州大学圣芭芭拉分校（UCSB）Phillip Christopher 教授及其合作者[265]还借助原位透射电镜与光谱技术手段研究了反应气氛下分散在锐钛矿型 $TiO_2$ 表面的 Pt 单原子的局域配位环境、活性位结构以及催化性能的关系，发现单分散的 Pt 物种可以随着反应环境的变化采取不同的局域配位环境以及氧化状态。研究人员分别将单分散的 $Pt/TiO_2$ 催化剂置于不同气氛、不同温度下进行处理。通过原位电镜观察，单原子 $Pt/TiO_2$ 在 300 ℃下 $O_2$ 处理后以及 250 ℃下 $H_2$ 还原之后位置并未移动。而 450 ℃氢还原导致了 Pt 在 $TiO_2$ 表面位置的变化。同时以 CO 氧化反应为探针，发现 250 ℃和 300 ℃下的 CO 氧化活化能较为接近，约 70 kJ/mol，而苛刻的 450 ℃还原条件下，CO 氧化活化能更低。结合 DFT 计算结果表明，温和氧化条件下，$TiO_2$ 表面单原子 Pt 将会进入次表层，替代、占据六配位 Ti 位点；而温和还原条件下，将会把 Pt 拉出表面，形成 $PtO_2$ 物种。450 ℃还原将会使得 Pt 形成表面可移动的 PtOH。该工作阐明了单分散的 Pt 物种可以随着反应环境的变化采取不同的局域配位环境以及氧化状态。这种动态变化对反应活性有着重要的影响，可以用于催化性能的调控。

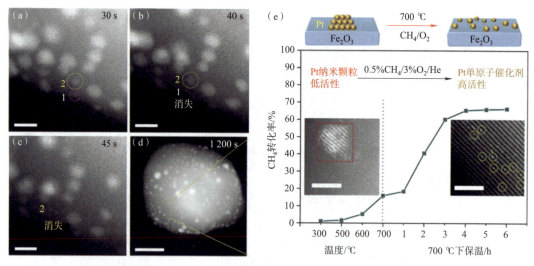

图 3-44 Pt 纳米颗粒在氧气中分散的过程

注：(a)~(d)为 Pt 纳米颗粒在 800 ℃、1 bar $O_2$ 下分散的一系列原位电镜表征；(e)为甲烷氧化反应中 Pt 纳米颗粒原位分散成 Pt 原子。左、右插图分别对应反应前、后的催化剂电镜表征。

原位气体电镜的发展完全实现了原子尺度下实时地探究反应条件下催化剂表面原子结构和电子结构的变化，若能同时结合反应物在线质谱检测分析，得到结构变化和性能的实时关联，这将是催化领域又一突破。丹麦托普索(Topsoe)公司 Stig Helveg 团队和代尔夫特理工大学 Patricia J. Kooyman 团队[266]通过原位气体样品杆系统结合质谱仪产物检测原位分析，研究了大气压下 Pt 纳米颗粒催化 CO 氧化的过程。如图 3-45 所示，反应中 CO、$O_2$ 和 $CO_2$ 的含量存在周期性的震荡变化，表明 CO 的转化率在周期性振荡[图 3-45(a)~(c)所示]。同时，原位 TEM 也观察到 Pt 纳米颗粒形状的周期性变化。随着 CO 转化率增加(CO 分压降低)，Pt 颗粒由球形向多边形转变，最后暴露(111)表面。当 CO 转化率降低时，多边形 Pt 颗粒转变回球形[图 3-45(d)]。微动力学模型结果表明，当 CO 分压下降时，催化剂表面以氧吸附为主。由于 O 原子在台阶和平坦的表面上吸附能相差不大，因此会平均吸附在颗粒上，颗粒会慢慢暴露出更多低指数面，表面变得更平坦；由于表面的位点多数被 O 占据，引起催化性能下降，气相中 CO 的分压上升，CO 会逐渐占据更多的位点。由于 CO 在 Pt 表面台阶处的吸附强度比平坦表面的吸附强度更大，因此在 CO 分压较高的情况下，吸附会引起 Pt 表面暴露更多的台阶，导致颗粒表面变得粗糙，催化性能上升，如此循环。此研究表明，CO 氧化过程中 Pt 纳米颗粒的表面结构变化与反应物、产物成分占比变化是同步的，该工作成功地将催化剂结构变化与性能关联起来。近来，德国马普学会 Fritz-Haber 研究所 Thomas Lunkenbein 团队[267]也利用透射电镜搭配 DENSsolutions 原位气体加热样品杆以及质谱仪，研究了整个催化转化率范围内 Pt 纳米颗粒上的 CO 氧化，揭示了反应物和催化剂之间不同的相互作用。如图 3-46(a)所示，在 Pt 的催化作用下，CO 氧化在 260 ℃开始发生,然后转化率随着温度升高缓慢增长,在 382 ℃(爆发点)转化率瞬间爆发式增长,温度也出现了瞬间快速增长,说明系统在瞬时出现了大量放热,跟转化率的增长信息一致。随后转化率趋于平稳,在 425 ℃达到 63%的最高阶段,不再随着温度升高而变化。在催化剂处于较低活性的阶段(328~348 ℃和 362~372 ℃),TEM 图像显示 Pt 主要是以从偏长条且尺寸差距较大的形貌向偏圆球形尺寸较均匀的形貌转变为主。相比之下,较小的颗粒(2~20 nm)表现出更快的形貌转变,而大一些的颗粒几乎是静止的。此外,还观察到了 Pt 纳米颗粒的分裂,不过没有迹象表明 Pt 颗粒会烧结。而在高活性阶段和等温处理过程中(391~406 ℃和 500 ℃),大部分 Pt 颗粒没有表现出形貌变化[图 3-45(c)]。TEM 选区衍射显示是以结构转变为主,此结构转变的晶格常数随温度非线性变化。但是,形貌转变与结构转变并不绝对。高活性阶段的震荡行为($CO_2$ 的产量出现周期性增长与降低)又是由 Pt 纳米颗粒的形貌重构引起的。该研究展示了强大的原位工作站,能够实时测量反应物/产物成分变化以及反应过程中的能量变化,以在原子级别理解催化剂结构-性能的关联。此外,还可以结合选区电子衍射对反应过程进行了动力学研究[204],充分证明选区衍射是解决催化反应过程中晶体结构变化并与催化活性构建关联的强大工具。

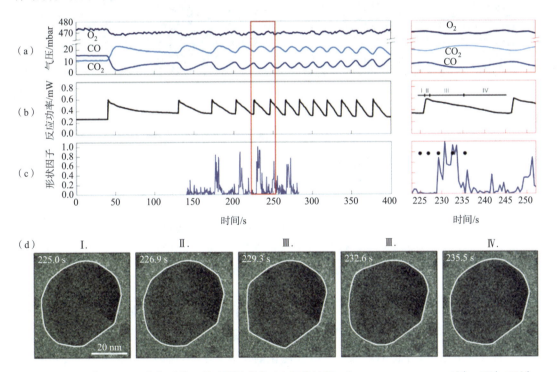

图 3-45 原位 TEM 和质谱观测 Pt 纳米颗粒催化 CO 氧化过程,1 bar,$\varphi_{CO}:\varphi_{O_2}:\varphi_{He}=3\%:42\%:55\%$

注:(a)~(c)为质谱检测的 CO、$O_2$ 和 $CO_2$;(d)一系列 TEM 图像显示对应于部分图(b)中的阶段Ⅰ~Ⅳ的 Pt 纳米颗粒的原位动态变化。从 0 到 1 的形状因子表示颗粒形状从球形到刻面形状的演变。右上方列是(a)~(c)部分中红色部分的放大图。

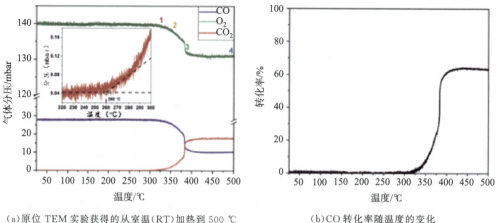

(a) 原位 TEM 实验获得的从室温(RT)加热到 500 ℃ (第一循环)的 Pt NP 上 CO 氧化的在线 MS 数据。图(a)中的插图显示了二氧化碳生产的开始

(b) CO 转化率随温度的变化

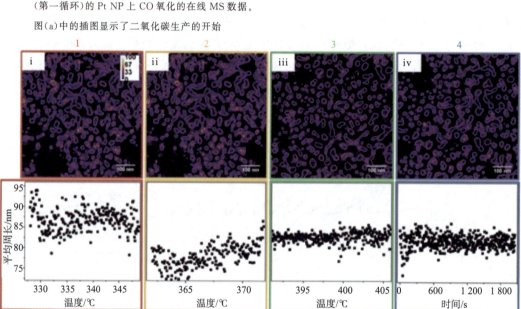

(c) 在不同温度范围内具有相应 NP 的平均周长分布的颗粒形状分析：
i. 328~348 ℃, ii. 362~372 ℃, iii. 391~406 ℃, iv. 在 500 ℃ 下恒温处理

图 3-46　原位 TEM 测试

前面提到的都是比较昂贵的单元素贵金属催化剂，为了降低成本，加入贱金属形成合金催化剂成了一种不错的选择。双金属催化剂同多相催化剂一样，其催化活性和选择性通常依赖于自身成分组成，并且常常优于单组分催化剂。Wu 等[268]借助原位常压 XPS、原位/非原位(扫描)透射电子显微镜[(S)TEM]和电子能量损失谱(EELS)等手段揭示了 PdCo 催化 CO 氧化反应中成分依赖性(composition dependence)的起源。研究发现，在氧化/还原预处理下，PdCo 合金催化剂的表面组成会发生变化。在 200 ℃ 和 300 ℃，CO 气氛下，Pd 原子往表面迁移，而 $O_2$ 气氛下，Co 原子会往外迁移。根据 STEM-EELS 谱，这种可逆的反应物驱

动的表面偏析随着 Co 含量的增加逐渐变得不明显，最终 $Co_{0.52}Pd_{0.48}$ 纳米颗粒（具有最高 Co 含量的纳米颗粒）表面被 $CoO_x$ 完全覆盖。对于 Co 含量低于 50% 的纳米颗粒，Pd 和 $CoO_x$ 共存于催化剂表面，这种协同作用有助于提升 CO 氧化的催化反应活性，且可以通过调控 Co/Pd 的比例来优化，其中 $Co_{0.24}Pd_{0.76}$ 性能最优。核壳构型的双金属催化剂也是一类非常重要的模型催化剂，在各种多相催化反应和电化学反应中表现出独特的催化性能。普遍认为它们的催化性能是由电子和几何特征协同作用决定的，这些电子和几何特征起源于核与顶层壳层之间的界面[269]。一般的研究思路是通过调控表面原子层数、金属组分、颗粒尺寸和构型来改变核壳金属界面的应力，从而改变外壳层原子的电子结构，进而调控催化活性。然而，反应过程中催化剂并不会静止不变，真实的活性结构需要依靠原位手段来揭示。近日，中科院大连化学物理研究所刘伟课题组联合上海高等研究院高嶷课题组、南方科技大学谷猛课题组[11]运用原位方法，意外地揭开了核壳型 NiAu 双金属催化剂在 $CO_2$ 加氢反应中的真实活性表面，为认识催化过程提供了新的视角。通过环境透射电子显微镜（ETEM）结合具有统计特性的先进原位谱学手段[原位 X 射线吸收谱（XAS）、原位红外（FTIR）和 DFT 理论计算模拟]，研究发现 Ni-Au 双金属纳米催化剂在 $CO_2$ 加氢中高度选择性地生成 CO，该催化剂在反应前后都呈现出 Ni 纳米球为内核、Au 原子层为壳层的核壳构型。而通过原子级动态过程的可视化，观察到核壳 Ni@Au 在 $CO_2$ 加氢反应过程中经过动力学转变为 Ni-Au 合金，并在反应降温后又可逆形成原先的核壳结构（图 3-47）。密度泛函理论（DFT）的计算还证实，在高度选择性的反向水煤气变换反应中，具有催化活性的是反应过程中动力学转变的 NiAu 合金表面而不是超薄的金壳表面。该工作综合应用了原位的微区表征方法与具有宏观统计特性的原位谱学手段，生动展示了原位观测在揭示催化剂真实活性表面从而建立构效关系中的重要性。

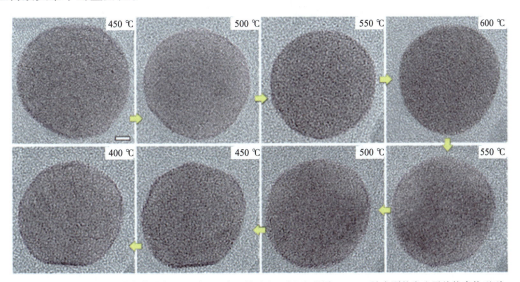

(a) 环境透射电镜，图中黄色箭头标记了升温和降温的过程，可以发现同一 NiAu 纳米颗粒发生了从核壳构型到合金结构再随着降温过程逐步退合金化形成核壳结构的过程。

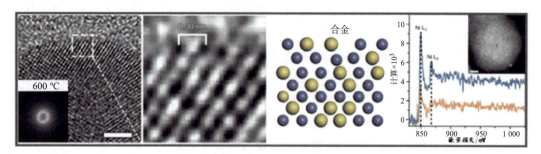

(b) 共有四部分,从左到右分别为:(左1)600 ℃下某一个 NiAu 颗粒的表面(其中该温度下的 FFT 为插入置于左下角),(左2)局部放大图可以发现表面为合金态,(左3)对左2的原子排布结构示意图,(左4)对比了表面合金态的 NiAu 颗粒(插图中)表面和内部的电子能量损失谱。

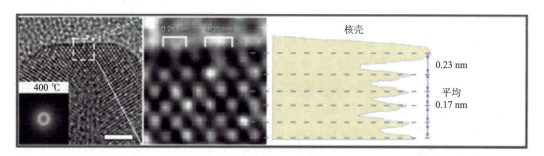

(c) 共有三部分,(左1)400 ℃下与(b)中同一个 NiAu 颗粒的表面(其中该温度下的 FFT 为插入置于左下角),(左2)局部放大图可以发现最外表面为一层 Au 原子,(左3)对应左2的衬度强度曲线;其中图(a)、(b)、(c)中的标尺均为 2 nm。

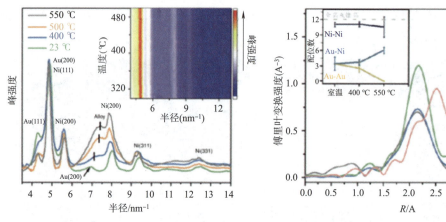

(d) 原位选区电子衍射谱(SAED),其中插图中是 300~500 ℃升温区间的二维强度分布图。

(e) 原位 X 射线吸收的扩展边精细谱(EXAFS),插入中是拟合得到的不同反应温度下的配位数信息。

图 3-47 多方法结合直接观测反应中的表面结构演变

对于其他双金属催化剂,表面偏析行为和协同作用同样影响着催化性能,而催化性能和结构之间的关联也一直是研究者们关注的热点。Fen 等[270]以双金属催化剂 Pt-Ni 纳米颗粒为研究对象,结合原位气体加热样品系统和透射电镜,通过精确控制体系温度、压力及气体组分,在纳米尺度下实时原位观察纳米颗粒在氧化还原过程中的结构及组分变化,并结合高分辨率成像、EDX 元素分析、质谱和建模,构建了氧化还原反应过程中纳米颗粒形态和组成的演变与其催化活性的关系。图 3-48 显示了温度变化下 Pt-Ni 合金(90% Ni 和 10% Pt)催化 CO 氧化的演变。温度低于 400 ℃ 时,Pt-Ni 合金没有表现明显的催化 CO 的活性[图 3-48(b)]。当温度升至 400 ℃ 时,观察到了薄 NiO 壳的形成,并且 $CO_2$ 含量逐渐增加。随着温度进一步升高至 650 ℃,Pt 出现偏析现象,同时 $CO_2$ 的含量也在增加[图 3-48(a)、(b)]。EDX 能谱也证实了在 CO 氧化之前 Pt 均匀地分布在合金中,但在反应后发生了偏析。在第二次温度循环期间,合金结构没有明显变化[图 3-48(a)]。NiO 壳的形成及 Pt 的偏析行为与 Pt-Ni 合金在氧化和还原环境下发生的变化一致,对于双金属纳米颗粒,它们的大小、成分和结构都会影响到合金表面的成分偏析。双金属纳米颗粒的催化性能很大程度上取决于它们在反应条件下的结构和组成变化。该工作原位实时动态研究了双金属催化剂 Pt-Ni 纳米颗粒在氧化还原反应过程中结构和组成变化与催化活性之间的关系,这对在反应条件下研究具有不同形状、组成的其他双金属纳米颗粒结构和组成变化对其非均相催化反应活性的作用至关重要。

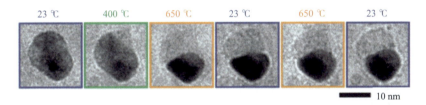

(a) Pt-Ni 合金不同 CO 氧化阶段的原位 TEM 图像

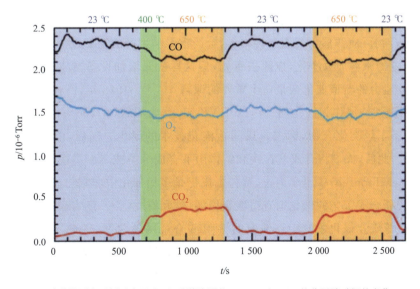

(b) 质谱检测在不同反应温度下,质谱检测的 CO、$O_2$ 和 $CO_2$ 的分压随时间的变化

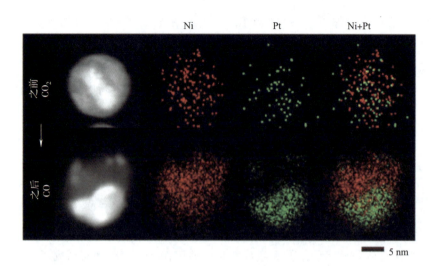

(c) 在 650 ℃下氧化 15 min 前后，Pt-Ni 合金的 STEM 图像和相应的 EDX 元素图

图 3-48　Pt-Ni 合金上的 CO 氧化

### 3.6.2　工业应用研究

催化以一种高效、绿色和经济的方式将原材料转变为具有高附加值的化工产品和燃料等，广泛应用于医药、能源、食品、化工、电子等各个领域。全世界 90% 以上的化学生产过程都离不开催化，催化领域的每一次重大突破，都极大地改变了人类的生产与生活方式。比如，合成氨工业被认为是 20 世纪最伟大的化学发明，是人工固氮的主要途径，使氮肥的大规模生产成为现实，极大地提高了粮食产量，解决了数以亿计的人口吃饭问题。合成氨催化剂主要采用铁触媒（以铁为主混合的催化剂），铁触媒在 500 ℃时活性最大。工业生产中，含 P、S、As 的化合物可使铁催化剂永久性中毒，会严重影响生产的正常进行。为了防止催化剂中毒，可把反应物原料加以净化，以除去毒物，但这样就要增加设备，提高成本。因此，研制具有较强抗毒能力的新型催化剂是一个重要的课题[271,272]。1923 年，Franz Fischer 和 Hans Tropsch 采用碱性铁屑作为催化剂[273]，以 CO 和 $H_2$ 作为原料，在 400～455 ℃，10～15 MPa 的压力下，制备了烃类化合物，标志着煤间接液化技术的诞生。随后，两人又开发了 Ni 和 Co 基催化剂。此后，人们将合成气在铁和钴作用下合成烃类或者醇类燃料的方法称为费托合成法（Fischer-Tropsch）。至今为止，费托合成仍是多相催化中非常热门的研究领域，最常见的可用于费托合成工艺的催化剂有过渡金属钴、铁和钌[274-276]。还有硝酸工业、硫酸工业、石油化工工业等工业催化领域中还涉及的 Pt/Rh 合金网催化剂、$V_2O_5$ 催化剂和合成硅酸铝催化剂等[277,278]。如今，催化研究涉及多种学科，从原子平面或单晶表面[279]、纳米颗粒[280]的表面科学研究到优化化学工业中大型设施的反应器设计和操作的工程学科[281]。在真实反应环境下了解多相催化剂的基本性质，从而优化设计低温高活性、高温稳定性、可持续性和低成本的催化剂意义重大。自环境电子显微镜技术报道以来，大部分的研究集中在

科学前沿的探索,对于工业领域中存在的难题研究相对较少,主要是实际工业中的催化剂比较复杂,其形貌不均一、成分不均匀、结构多样化。尽管如此,科学家们一直在努力突破,模拟不同的真实反应条件,同时揭示纳米催化剂在反应条件下的结构、形貌、组分和化学状态的信息。

工业生产中,有效且经济地运营工业设备的关键不是催化剂的活性达到峰值,而是增加催化剂寿命,为此催化剂的抗中毒性也是不可忽略的。当今社会,人们的环保意识愈发强烈,控制氮氧化物的排放对防治大气污染至关重要。选择催化还原技术(SCR)是一种有效的控制氮氧化物排放技术,商业催化剂的活性温度>573 K,对钢铁、陶瓷、玻璃以及其他工业过程中排出的中低温尾气(450~523 K)中的氮氧化物束手无策。除此之外,低温下烟气中残留的 $SO_2$ 会导致催化剂表面形成硫酸盐并累积覆盖活性位点,导致催化剂中毒失效。因此,寻求低温抗 $SO_2$ 中毒的 SCR 脱硝催化剂一直是脱硝领域的一个重大前沿课题。Ma 等[129]通过球差矫正电镜和原位气体样品杆系统原位揭示了 $CeO_2$ 纳米棒 $SO_2$ 中毒和解毒的机理,成功设计并制备出准工业级别的低温脱硝催化剂。如图 3-49 所示,当反应体系中通入 $SO_2$ 后,$SO_2$ 与 $CeO_2$ 发生反应并在表面形成非晶态硫酸铈盐(白色闭合虚线里的凸起)。切断 $SO_2$ 并通入 1 000 ppm(1 ppm=$1.0\times10^{-6}$)$NH_3$ 后,无定形硫酸铈盐的体积逐渐减小甚至消失,重新转变为晶态 $CeO_2$[图 3-49(d)、(f)]。该结果表明,$CeO_2$ 纳米棒表面生成的硫酸铈在低温下可与 $NH_3$ 反应转变为 $CeO_2$ 和硫酸(氢)铵盐,从而恢复 $CeO_2$ 纳米棒表面的 Ce-O 活性位。同时硫酸(氢)铵盐可与 NO 反应从而在低温下完成分解[图 3-48(g)]。基于以上结果,并结合第一性原理计算,进一步将具有优异脱硝性能(但易中毒)的 $MnO_x$ 以纳米团簇形式负载在 $CeO_2$ 表面上($MnO_x/CeO_2$)。一方面,$CeO_2$ 纳米棒表面优先形成硫酸盐并实现沉积与转化分解的动态平衡,抑制了硫酸盐在催化剂表面的持续累积;另一方面,$MnO_x$ 纳米团簇的活性位不被上方硫酸(氢)铵盐的空间位阻阻挡,保持了 $MnO_x$ 团簇的催化活性,该催化剂在 1 000 h 内表现出优异的低温抗 $SO_2$ 中毒性能,并且催化效率显著高于 $CeO_2$ 纳米棒,同时还显示出优异的 $N_2$ 选择性和抗 $H_2O$ 钝化的能力。这种从原位电镜直观出发的新的低温 SCR 脱硝催化剂抗 $SO_2$ 中毒的机理为解决其他领域中催化剂 $SO_2$ 中毒的问题提供了新的思路。以此实验结果为基础,该研究团队目前正在与浙江巨化集团合作进行中试,研发可用于水泥窑等工业产业的高质量中低温脱硝催化剂及脱硝工艺。

综上所述,纳米催化剂的结构和性能存在密切的联系,而真实反应环境下催化剂结构的动态演变,是形貌可控的纳米颗粒催化剂在应用中的巨大限制。要想获得催化剂真正的构效关系就必须在其实际反应的环境中进行原位研究。与其他原位表征技术相比,原位 ETEM 的超高空间分辨率可以获得更加细致的结构信息,如追踪单颗粒的表面变化、活性位点性质、原子扩散迁移等,特别对于单原子催化剂来说,球差矫正环境电镜是必不可少的研究手段。环境电子显微技术还可以与 EDX、EELS、电子全息、质谱等方法联用,获取反应过程中催化剂成分、电子结构及气体成分变化的信息。这些技术的创新发展将催化反应的研究提升到一个全新的阶段,这对深入理解反应条件下催化剂结构与性能的关联,进一步设计及制备结构稳定的高性能催化剂具有重要意义。

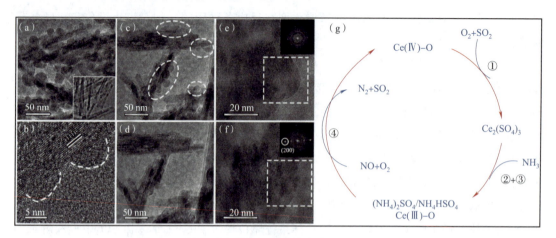

图 3-49 纳米反应器里 $CeO_2$(纳米棒)的原位电镜观察

注:(a)(c)为低倍图,(b)(e)为高倍图,$CeO_2$(纳米棒)在 1 000 ppm NO、1 000 ppm $SO_2$ 和 10% $O_2$/Ar(体积分数),523 K 下处理 30 min 后,表面形成非晶态硫酸铈盐;(d)为低倍图,(f)为高倍图,切断 $SO_2$ 通入 1 000 ppm $NH_3$ 后,无定形硫酸铈盐的体积逐渐减小甚至消失。

## 3.7 气氛环境原位电子显微技术的挑战与机遇

将气氛等环境因素引入到电镜中,在样品周围构建局域的反应环境,气氛环境电镜技术已实现了在实时反应环境中原子尺度下对催化剂的结构演变及其对性能的影响进行原位研究,获取催化剂的构效关系,指导和设计更符合工业要求的催化剂和功能材料。然而,前期的工作大部分都局限在反应环境中对材料的晶体结构演变进行成像研究,而对于材料的电子结构与化学信息研究相对较少。近年来,随着 X 射线探头技术的发展,在气氛环境中原位获取 EDS 数据已成为可能,日立最新的环境球差校正电镜 HF5000 就安装了牛津最新的原位 EDS 探头,可以实现在反应过程中获取元素的动态分布。除了 EDS 之外,EELS 和电子全息术也可以用于分析元素和电子结构,未来这两种技术可以跟气氛环境电镜技术结合,以期获得材料在反应过程中更精细的化学信息。另一方面,为获得纳米催化剂设计的关键动力学信息,需要对反应环境中纳米颗粒的结构演变进行实时研究,超快电子衍射技术为此提供了新的思路。因此,利用可控气氛环境透射电子显微镜技术获得催化剂在反应条件下的动态信息,可进一步实现设计结构稳定的高性能催化剂。尽管气氛环境电镜技术在催化方面取得了瞩目的成就,但仍然存在着一定的局限性和挑战。例如,样品与电子束和气体的相互作用是原位电镜实验所不可避免的。电子束通过样品时会以不同的方式与样品发生反应,产生的电子束辐照损伤可能会破坏样品,改变其物理化学性质,尤其是对于电子束敏感的材料(例如沸石和金属有机框架 MOF 材料等)。结合使用直接探测相机或者装配能量过滤器的低温透射电镜(Cryo-TEM)可很好地用于研究对电子束辐照敏感的催化剂[282]。此外,利用低电子剂量的原位电子衍射技术也是很好的选择。

"压力鸿沟"和"空间鸿沟"是气氛环境电镜另一大的挑战。文献报道气氛环境电镜技术气压最高约 5 bar,仍远低于一些高达十几个大气压的实际反映条件。考虑到空间分辨率和时间分辨率,想要同时获得催化剂结构和性能的变化是颇具有挑战性的。所幸的是,近年来有许多研究,通过将质谱和原位电镜结合在一起,成功获得了一些结构和性能之间相关联的动态信息演变结果。然而,由于气路的延迟和样品量的限制,还需要很多努力来增强信噪比,特别是对于负载型金属纳米催化剂的实时性能测量。

为了记录反应的动态过程,原位电镜研究需要较高的帧速率(帧/秒速)和信噪比。目前,使用直接探测相机(如 Gatan K3),可以实现 1 500 帧/s 全幅读出,足以记录许多动态化学反应,例如相变,结构演变和晶体生长。但是,有一些结构演变过程发生迅速,难以监测。为了更好地捕捉反应细节,一方面,可以调整反应条件(如温度和气体压力)来减缓反应。另一方面,随着探测和记录系统的改进,时间分辨率有望进一步提高。目前,时间分辨率主要依赖于电镜配有的相机。不过,时间分辨率也受电子源的限制,与电子束的亮度和电子-电子相互作用有关[283]。近来开发的超快电子显微镜(4D UEM)技术,它的空间和时间分辨率同时达到了具有挑战性的埃($10^{-10}$ m)和阿秒级(相当于 $10^{-18}$ s)[284]。然而,用于研究激光诱导的可逆动态过程的 4D UEM 技术可能不适用于研究催化反应。因此,为了更好地监测催化反应过程中的过渡反应,需要进一步发展 TEM 中的电子源和检测记录系统。

可控气氛环境原位电子显微技术在原子尺度上研究催化剂的局部区域是不可替代的,并且已经取得了许多成果。研究人员期待设备的改进以及各种实验和理论方法的创新,例如 AI 技术包括深度学习,以从大量的现场数据中检索有用的信息[285],从而为催化剂研究引入更多的可能性,例如探测真实反应条件下催化反应过程中的电荷转移。此外,原位电镜技术可以有益地与其他原位表征技术结合,包括扫描隧道显微镜(STM)、漫反射傅立叶变换红外光谱(DRIFTS)、X 射线光电子谱(XPS)、X 射线吸收精细结构(XAFS)和质谱分析法等。这些强大表征手段的结合将为功能性纳米材料的原位研究开辟了新的可能性,可适用于更多领域,例如多相催化、纳米加工、电化学、材料科学和生物学等。

## 参 考 文 献

[1] MEHRAEEN S, MCKEOWN J T, DESHMUKH P V, et al. A(S)TEM gas cell holder with localized laser heating for in situ experiments[J]. Microscopy and Microanalysis, 2013, 19(2): 470-478.

[2] MARTON L. La microscopie electronique des objets biologiques[J]. Bulletin de l'Academie de Belgique Classe des Sciences, 1937, 28: 672-675.

[3] RUSKA E. Article on the super-microscopic image in high pressures[J]. Kolloid-Zeitschrift, 1942, 100(2): 212-219.

[4] DE JONGE N, BIGELOW W C, VEITH G M. Atmospheric pressure scanning transmission electron microscopy[J]. Nano letters, 2010, 10(3): 1028-1031.

[5] JIANG Y, ZHANG Z, YUAN W, et al. Recent advances in gas-involved in situ studies via transmission electron microscopy[J]. Nano Research, 2018, 11(1): 42-67.

[6] HANSEN T W, WAGNER J B. Controlled atmosphere transmission electron microscopy[M]. Springer International Publishing: Cham, 2016.

[7] TANG M, YUAN W, OU Y, et al. Recent progresses on structural reconstruction of nanosized metal catalysts via controlled-atmosphere transmission electron microscopy: a review[J]. ACS Catalysis, 2020, 10(24): 14419-14450.

[8] BROWNING N D, CHISHOLM M F, PENNYCOOK S J. Atomic-resolution chemical analysis using a scanning transmission electron microscope[J]. Nature, 2006, 444(7116): 235-235.

[9] HUANG X, JONES T, FEDOROV A, et al. Phase coexistence and structural dynamics of redox metal catalysts revealed by operando TEM[J]. Advanced Materials, 2021, 33(31): 2101772.

[10] YUAN W, ZHU B, LI X Y, et al. Visualizing $H_2O$ molecules reacting at $TiO_2$ active sites with transmission electron microscopy[J]. Science, 2020, 367(6476): 428-430.

[11] ZHANG X, HAN S, ZHU B, et al. Reversible loss of core-shell structure for Ni-Au bimetallic nanoparticles during $CO_2$ hydrogenation[J]. Nature Catalysis, 2020, 3(4): 411-417.

[12] YUAN W, ZHU B, FANG K, et al. In situ manipulation of the active Au-$TiO_2$ interface with atomic precision during CO oxidation[J]. Science, 2021, 371(6528): 517-521.

[13] KAMINO T, YAGUCHI T, KONNO M, et al. Development of a gas injection/specimen heating holder for use with transmission electron microscope[J]. Microscopy, 2005, 54(6): 497-503.

[14] ITO T, HIZIYA K. A specimen reaction device for the electron microscope and its applications[J]. Journal of Electron Microscopy, 1958, 6(1): 4-8.

[15] HASHIMOTO H, TANAKA K, YODA E. A specimen treating device at high temperature for the electron microscope[J]. Journal of Electron Microscopy, 1958, 6(1): 8-11.

[16] GALLEGOS E J. Gas reactor for hot stage transmission electron microscopy[J]. Review of Scientific Instruments, 1964, 35(9): 1123-1124.

[17] HASHIMOTO H, NAIKI T, ETO T, et al. High temperature gas reaction specimen chamber for an electron microscope[J]. Japanese Journal of Applied Physics, 1968, 7(8): 946-952.

[18] MILLS J C, MOODIE A F. Multipurpose high resolution stage for the electronmicroscope[J]. Review of Scientific Instruments, 1968, 39(7): 962-969.

[19] BAKER R T K, HARRIS P S. Controlled atmosphere electron microscopy[J]. Journal of Physics E: Scientific Instruments, 1972, 5(8): 793-797.

[20] WARD P R, MITCHELL R F. A facility for electron microscopy of specimens in controlled environments[J]. Journal of Physics E: Scientific Instruments, 1972, 5(2): 160-162.

[21] SWANN P R. High voltage microscopy studies of environmental reactions[J]. Electron Microscopy and Structure of Materials, 1972: 878-904.

[22] SWANN P R, TIGHE N J. High voltage microscopy of gas oxide reactions[J]. Jernkontorets Ann, 1971, 155(8): 497-501.

[23] SWANN P R, TIGHE N J. Performance of differentially pumped environmental cell in the AE1 EM7[J]. Proc. 5th Eur. Reg. Cong Electron Microscopy, 1972: 436.

[24] RODRIGUEZ N M, OH S G, DOWNS W B, et al. An atomic oxygen environmental cell for a transmission electron microscope[J]. Review of scientific instruments, 1990, 61(7): 1863-1868.

[25] DOOLE R C, PARKINSON G M, STEAD J M. High resolution gas reaction cell for the JEM 4000 [C]. Institute of Physics Conference Series. 1991, 119: 157-160.

[26] GORINGE M, RAWCLIFFE A, BURDEN A, et al. Observations of solid-gas reactions by means of high-resolution transmission electron microscopy[J]. Faraday Discussions, 1996, 105: 85-102.

[27] BOYES E D, GAI P L, HANNA L G. Controlled Environment [Ecell] Tem for Dynamic In-situ Reaction Studies with Hrem Lattice Imaging[J]. MRS Online Proceedings Library, 1995, 404(1): 53-60.

[28] BOYES E D, GAI P L. Environmental high resolution electron microscopy and applications to chemicalscience[J]. Ultramicroscopy, 1997, 67(1-4): 219-232.

[29] SHARMA R, WEISS K. Development of a TEM to study in situ structural and chemical changes at an atomic level during gas-solid interactions at elevated temperatures[J]. Microscopy Research and Technique, 1998, 42(4): 270-280.

[30] HANSEN T W, WAGNER J B, HANSEN P L, et al. Atomic-resolution in situ transmission electron microscopy of a promoter of a heterogeneous catalyst[J]. Science, 2001, 294(5546): 1508-1510.

[31] SHARMA R, CROZIER P A. Handbook of microscopy for nanotechnology[M]. Boston, MA: Springer US, 2005: 531-565.

[32] YOSHIDA H, TAKEDA S. Image formation in a transmission electron microscope equipped with an environmental cell: Single-walled carbon nanotubes in source gases[J]. Physical Review B, 2005, 72 (19): 195428.

[33] HANSEN P L, HELVEG S, DATYE A K. Atomic-scale imaging of supported metal nanocluster catalysts in the working state[J]. Advances in Catalysis, 2006, 50: 77-95.

[34] YOSHIDA H, UCHIYAMA T, TAKEDA S. Environmental transmission electron microscopy observations of swinging and rotational growth of carbon nanotubes[J]. Japanese Journal of Applied Physics, 2007, 46(10L): L917.

[35] HANSEN T W, WAGNER J B, DUNIN-BORKOWSKI R E. Aberration corrected and monochro-

mated environmental transmission electron microscopy: challenges and prospects for materials science[J]. Materials Science and Technology, 2010, 26(11): 1338-1344.

[36] GAI P L, BOYES E D. Advances in atomic resolution in situ environmental transmission electron microscopy and 1Å aberration corrected in situ electron microscopy[J]. Microscopy research and technique, 2009, 72(3): 153-164.

[37] BOYES E D, WARD M R, LARI L, et al. ESTEM imaging of single atoms under controlled temperature and gas environment conditions in catalyst reaction studies[J]. Annalen der Physik, 2013, 525(6): 423-429.

[38] BOYES E D, GAI P L. Aberration corrected environmental STEM(AC ESTEM)for dynamic in-situ gas reaction studies of nanoparticle catalysts[C]. Journal of Physics: Conference Series, 2014, 522(1): 012004.

[39] BOYES E D, GAI P L. Visualising reacting single atoms under controlled conditions: Advances in atomic resolution in situ Environmental(Scanning)Transmission Electron Microscopy (E(S)TEM)[J]. Comptes Rendus. Physique, 2014, 15(2-3): 200-213.

[40] TANAKA N, USUKURA J, KUSUNOKI M, et al. Development of an environmental high-voltage electron microscope for reaction science[J]. Microscopy, 2013, 62(1): 205-215.

[41] TANAKA N, USUKURA J, KUSUNOKI M, et al. Development of an environmental high voltage electron microscope and its application to nano and bio-materials[C]. Journal of Physics: Conference Series, 2014, 522(1): 012008.

[42] INADA H. HF5000 Field-emission Transmission Electron Microscope: High Spatial Resolution and Analytical Capabilities for Material Science[J]. Scientific Instrument News, 2018, 11: 1-10.

[43] RUSKA E. Article on the super-microscopic image in high pressures[J]. Kolloid-Zeitschrift, 1942, 100(2): 212-219.

[44] HASHIMOTO H, TANAKA K, YODA E. A specimen treating device at high temperature for the electron microscope[J]. Journal of Electron Microscopy, 1958, 6(1): 8-11.

[45] SWANN P R, TIGHE N J. High voltage microscopy of the reduction of hematite to magnetite[J]. Metallurgical Transactions B, 1977, 8(2): 479-487.

[46] LEE T C, DEWALD D K, EADES J A, et al. An environmental cell transmission electron microscope[J]. Review of Scientific Instruments, 1991, 62(6): 1438-1444.

[47] HAIDER M, UHLEMANN S, SCHWAN E, et al. Electron microscopy image enhanced[J]. Nature, 1998, 392(6678): 768-769.

[48] FREITAG B, KUJAWA S, MUL P M, et al. Breaking the spherical and chromatic aberration barrier in transmission electron microscopy[J]. Ultramicroscopy, 2005, 102(3): 209-214.

[49] TAKEDA S, YOSHIDA H. Atomic-resolution environmental TEM for quantitative in-situ microscopy in materials science[J]. Microscopy, 2013, 62(1): 193-203.

[50] FREITAG B, KNIPPELS G, KUJAWA S, et al. First performance measurements and application results of a new high brightness Schottky field emitter for HR-S/TEM at 80-300kV acceleration voltage[J]. Microscopy and Microanalysis, 2008, 14(S2): 1370-1371.

[51] TIEMEIJER P C. Measurement of Coulomb interactions in an electron beam monochromator[J]. Ultramicroscopy, 1999, 78(1-4): 53-62.

[52] SHARMA R. An environmental transmission electron microscope for in situ synthesis and characterization of nanomaterials[J]. Journal of Materials Research, 2005, 20(7): 1695-1707.

[53] SHIRAI M, HANAWA A, KIKUCHI H, et al. In-situ observation of catalytic reaction in gas atmosphere using an aberration corrected STEM[J]. Microscopy and Microanalysis, 2019, 25(S2): 1526-1527.

[54] HANAWA A, KUBO Y, KIKUCHI H, et al. Evaluation of high-resolution STEM imaging advancement under gas-environment with open window MEMS holder and gas injection system[J]. Microscopy and Microanalysis, 2019, 25(S2): 694-695.

[55] HANSEN T W, WAGNER J B. Environmental transmission electron microscopy in an aberration-corrected environment[J]. Microscopy and Microanalysis, 2012, 18(4): 684-690.

[56] JINSCHEK J R, HELVEG S. Image resolution and sensitivity in an environmental transmission electron microscope[J]. Micron, 2012, 43(11): 1156-1168.

[57] CREEMER J F, HELVEG S, HOVELING G H, et al. Atomic-scale electron microscopy at ambient pressure[J]. Ultramicroscopy, 2008, 108(9): 993-998.

[58] YOKOSAWA T, ALAN T, PANDRAUD G, et al. In-situ TEM on(de)hydrogenation of Pd at 0.5~4.5 bar hydrogen pressure and 20~400 ℃ [J]. Ultramicroscopy, 2012, 112(1): 47-52.

[59] GIORGIO S, SAO J S, NITSCHE S, et al. Environmental electron microscopy(ETEM)for catalysts with a closed E-cell with carbon windows[J]. Ultramicroscopy, 2006, 106(6): 503-507.

[60] YAGUCHI T, SUZUKI M, WATABE A, et al. Development of a high temperature-atmospheric pressure environmental cell for high-resolution TEM[J]. Journal of Electron Microscopy, 2011, 60(3): 217-225.

[61] ABRAMS I M, MCBAIN J W. A closed cell for electron microscopy[J]. Journal of Applied Physics, 1944, 15(8): 607-609.

[62] HEIDE H G. Electron microscopic observation of specimens under controlled gas pressure[J]. The Journal of Cell Biology, 1962, 13(1): 147-152.

[63] FUKAMI A, ADACHI K. A new method of preparation of a self-perforated micro plastic grid and its application(1)[J]. Microscopy, 1965, 14(2): 112-118.

[64] FUKAMI A, ADACHI K, KATOH M. On a study of new micro plastic grid and its applications [J]. Proc. 6th Int. Congr. Electron Microscopy, Kyoto, 1966: 262-264.

[65] FUKAMI A, ADACHI K, KATOH M. Micro grid techniques(continued)and their contribution to specimen preparation techniques for high resolution work[J]. Microscopy, 1972, 21(2): 99-108.

[66] DUPOUY G. Electron microscopy at very high voltages[J]. Advances in Optical and Electron Microscopy, 1968, 2, 167-250.

[67] ESCAIG J, SELLA C. A new microchamber for observations in electron microscopy at high temperature and controlled atmosphere[J] Comptes Rendus Hebdomadaires des Seances de L Academie des Sciences Serie B, 1969, 268(7): 532.

[68] ESCAIG J, SELLA C. Observation in-situ with Electron-microscope on Oxidation of Thin Metal-films [J] Comptes Rendus Hebdomadaires des Seances de L Academie des Sciences Serie B, 1972, 274(1): 27.

[69] FUJITA H, KOMATSU M, ISHIKAWA I. A universal environmental cell for a 3MV-class electron

microscope and its applications to metallurgical subjects[J]. Japanese Journal of Applied Physics, 1976, 15(11): 2221.

[70] PARKINSON G M. High resolution, in-situ controlled atmosphere transmission electron microscopy (CATEM) of heterogeneous catalysts[J]. Catalysis Letters, 1989, 2(5): 303-307.

[71] KOMATSU M, MORI H. In situ HVEM study on copper oxidation using an improved environmental cell[J]. Microscopy, 2005, 54(2): 99-107.

[72] HO C M, TAI Y C. Micro-electro-mechanical-systems(MEMS) and fluid flows[J]. Annual Review of Fluid Mechanics, 1998, 30(1): 579-612.

[73] KAWASAKI T, UEDA K, ICHIHASHI M, et al. Improvement of windowed type environmental-cell transmission electron microscope for in situ observation of gas-solid interactions[J]. Review of Scientific Instruments, 2009, 80(11):113701.

[74] CREEMER J F, HELVEG S, KOOYMAN P J, et al. A MEMS reactor for atomic-scale microscopy of nanomaterials under industrially relevant conditions[J]. Journal of Microelectromechanical Systems, 2010, 19(2): 254-264.

[75] VENDELBO S B, KOOYMAN P J, CREEMER J F, et al. Method for local temperature measurement in a nanoreactor for in situ high-resolution electron microscopy[J]. Ultramicroscopy, 2013, 133: 72-79.

[76] PÉREZ-GARZA H H, MORSINK D, XU J, et al. The "Climate" system: Nano-Reactor for in-situ analysis of solid-gas interactions inside the TEM[C]. 2016 IEEE 11th Annual International Conference on Nano/Micro Engineered and Molecular Systems(NEMS), 2016: 85-90.

[77] PÉREZ-GARZA H H, MORSINK D, XU J, et al. MEMS-based nanoreactor for in situ analysis of solid-gas interactions inside the transmission electron microscope[J]. Micro & Nano Letters, 2017, 12(2): 69-75.

[78] VAN OMME J T, ZAKHOZHEVA M, SPRUIT R G, et al. Advanced microheater for in situ transmission electron microscopy: enabling unexplored analytical studies and extreme spatial stability [J]. Ultramicroscopy, 2018, 192: 14-20.

[79] FRENCH P J, SARRO P M, MALLÉE R, et al. Optimization of a low-stress silicon nitride process for surface-micromachining applications[J]. Sensors and Actuators A: Physical, 1997, 58(2): 149-157.

[80] DOLL T, HOCHBERG M, BARSIC D, et al. Micro-machined electron transparent alumina vacuum windows[J]. Sensors and Actuators A: Physical, 2000, 87(1-2): 52-59.

[81] VAN RIJN C, VAN DER WEKKEN M, NIJDAM W, et al. Deflection and maximum load of microfiltration membrane sieves made with silicon micromachining[J]. Journal of Microelectromechanical Systems, 1997, 6(1): 48-54.

[82] BRIAND D, BEAUDOIN F, COURBAT J, et al. Failure analysis of micro-heating elements suspended on thin membranes[J]. Microelectronics Reliability, 2005, 45(9-11): 1786-1789.

[83] FIREBAUGH S L, JENSEN K F, SCHMIDT M A. Investigation of high-temperature degradation of platinum thin films with an in situ resistance measurement apparatus[J]. Journal of Microelectromechanical Systems, 1998, 7(1): 128-135.

[84] BRIAND D, KRAUSS A, VAN DER SCHOOT B, et al. Design and fabrication of high-temperature

micro-hotplates for drop-coated gas sensors[J]. Sensors and Actuators B: Chemical, 2000, 68(1-3): 223-233.

[85] DENS solutions. Climate[EB/OL]. (2023-12-29)[2024-04-15]. https://denssolutions.com/products/climate/.

[86] SPRUIT R G. Netherlands: Department of precision and microsystems engineering[J]. Delft University of Technology, 2017: 1-2.

[87] PROTOCHIPS. In situ TEM solutions[EB/OL]. (2023-12-14)[2024-04-15] https://www.protochips.com/products/.

[88] XIN H L, NIU K, ALSEM D H, et al. In situ TEM study of catalytic nanoparticle reactions in atmospheric pressure gas environment[J]. Microscopy and Microanalysis, 2013, 19(6): 1558-1568.

[89] ALAN T, YOKOSAWA T, GASPAR J, et al. Micro-fabricated channel with ultra-thin yet ultra-strong windows enables electron microscopy under 4-bar pressure[J]. Applied Physics Letters, 2012, 100(8): 081903.

[90] ZHANG X F, KAMINO T. Imaging gas-solid interactions in an atomic resolution environmental TEM[J]. Microscopy Today, 2006, 14(5): 16-19.

[91] UEDA K, KAWASAKI T, HASEGAWA H, et al. First observation of dynamic shape changes of agold nanoparticle catalyst under reaction gas environment by transmission electron microscopy[J]. Surface and Interface Analysis, 2008, 40(13): 1725-1727.

[92] DE JONGE N, BIGELOW W C, VEITH G M. Atmospheric pressure scanning transmission electron microscopy[J]. Nano Letters, 2010, 10(3): 1028-1031.

[93] HANSEN T W, WAGNER J B. Environmental transmission electron microscopy in an aberration-corrected environment[J]. Microscopy and Microanalysis, 2012, 18(4): 684-690.

[94] WAGNER J B, CAVALCA F, DAMSGAARD C D, et al. Exploring the environmental transmission electron microscope[J]. Micron, 2012, 43(11): 1169-1175.

[95] JINSCHEK J R, HELVEG S. Image resolution and sensitivity in an environmental transmission electron microscope[J]. Micron, 2012, 43(11): 1156-1168.

[96] YAGUCHI T, SUZUKI M, WATABE A, et al. Development of a high temperature-atmospheric pressure environmental cell for high-resolution TEM[J]. Journal of Electron Microscopy, 2011, 60(3): 217-225.

[97] SUZUKI M, YAGUCHI T, ZHANG X F. High-resolution environmental transmission electron microscopy: modeling and experimental verification[J]. Microscopy, 2013, 62(4): 437-450.

[98] SIMONSEN S B, CHORKENDORFF I, DAHL S, et al. Direct observations of oxygen-induced platinum nanoparticle ripening studied by in situ TEM[J]. Journal of the American Chemical Society, 2010, 132(23): 7968-7975.

[99] SIMONSEN S B, CHORKENDORFF I, DAHL S, et al. Ostwald ripening in a $Pt/SiO_2$ model catalyst studied by in situ TEM[J]. Journal of Catalysis, 2011, 281(1): 147-155.

[100] VAN DORP W F, LAZI I, BEYER A, et al. Ultrahigh resolution focused electron beam induced processing: the effect of substrate thickness[J]. Nanotechnology, 2011, 22(11): 115303.

[101] EGERTON R F, LI P, MALAC M. Radiation damage in the TEM and SEM[J]. Micron, 2004, 35(6): 399-409.

[102] EGERTON R, WANG F, MCLEOD R, et al. Basic questions related to Electron-induced sputtering[J]. Microscopy and Microanalysis, 2009, 15(S2): 1356-1357.

[103] SMITH B W, LUZZI D E. Electron irradiation effects in single wall carbon nanotubes[J]. Journal of Applied Physics, 2001, 90(7): 3509-3515.

[104] EGERTON R F. Choice of operating voltage for a transmission electron microscope[J]. Ultramicroscopy, 2014, 145: 85-93.

[105] SU D S, WIESKE M, BECKMANN E, et al. Electron beam induced reduction of $V_2O_5$ studied by analytical electron microscopy[J]. Catalysis Letters, 2001, 75(1): 81-86.

[106] LU Y, GENG J, WANG K, et al. Modifying surface chemistry of metal oxides for boosting dissolution kinetics in water by liquid cell electron microscopy[J]. ACS Nano, 2017, 11(8): 8018-8025.

[107] LU Y, WANG K, CHEN F R, et al. Extracting nano-gold from $HAuCl_4$ solution manipulated with electrons[J]. Physical Chemistry Chemical Physics, 2016, 18(43): 30079-30085.

[108] ZHANG Z, GUO H, DING W, et al. Nanoscale engineering in $VO_2$ nanowires via direct electron writing process[J]. Nano Letters, 2017, 17(2): 851-855.

[109] KUWAUCHI Y, YOSHIDA H, AKITA T, et al. Intrinsic catalytic structure of gold nanoparticles supported on $TiO_2$[J]. Angewandte Chemie International Edition, 2012, 51(31): 7729-7733.

[110] YOSHIDA H, OMOTE H, TAKEDA S. Oxidation and reduction processes of platinum nanoparticles observed at the atomic scale by environmental transmission electron microscopy[J]. Nanoscale, 2014, 6(21): 13113-13118.

[111] DUCHSTEIN L D L, DAMSGAARD C D, HANSEN T W, et al. Low-pressure ETEM studies of Au assisted MgO nanorod growth[C]. Journal of Physics: Conference Series, 2014, 522(1): 012010.

[112] DIEBOLD U, LI S C, SCHMID M. Oxide surface science[J]. AnnualReview of Physical Chemistry, 2010, 61: 129-148.

[113] YUAN W, WANG Y, LI H, et al. Real-time observation of reconstruction dynamics on $TiO_2$(001)surface under oxygen via an environmental transmission electron microscope[J]. Nano Letters, 2016, 16(1): 132-137.

[114] MANN A K P, WU Z, OVERBURY S H. The characterization and structure-dependent catalysis of ceria with well-defined facets[M]//Catalysis by Materials with Well-Defined Structures. Elsevier, 2015: 71-97.

[115] TIAN N, ZHOU Z Y, SUN S G, et al. Synthesis of tetrahexahedral platinum nanocrystals with high-index facets and high electro-oxidation activity[J]. Science, 2007, 316(5825): 732-735.

[116] LI G, FANG K, OU Y, et al. Surface study of the reconstructed anatase $TiO_2$(001)surface[J]. Progress in Natural Science: Materials International, 2021, 31(1): 1-13.

[117] CHEN S, XIONG F, HUANG W. Surface chemistry and catalysis of oxide model catalysts from single crystals to nanocrystals[J]. Surface Science Reports, 2019, 74(4): 100471.

[118] INUKAI J, TRYK D A, ABE T, et al. Direct STM elucidation of the effects of atomic-level structure on Pt(111)electrodes for dissolved CO oxidation[J]. Journal of the American Chemical Society, 2013, 135(4): 1476-1490.

[119] NÖRENBERG H, HARDING J H. The surface structure of $CeO_2$(001)single crystals studied by

elevated temperature STM[J]. Surface Science, 2001, 477(1): 17-24.

[120] MONIG H, TODOROVIC M, BAYKARA M Z, et al. Understanding scanning tunneling microscopy contrast mechanisms on metal oxides: a case study[J]. ACS Nano, 2013, 7(11): 10233-10244.

[121] SETVÍN M, ASCHAUER U, SCHEIBER P, et al. Reaction of $O_2$ with subsurface oxygen vacancies on $TiO_2$ anatase(101)[J]. Science, 2013, 341(6149): 988-991.

[122] BEINIK I, BRUIX A, LI Z, et al. Waterdissociation and hydroxyl ordering on anatase $TiO_2$(001)-(1×4)[J]. Physical Review Letters, 2018, 121(20): 206003.

[123] LI G, LI S, HAN Z K, et al. In situ resolving the atomic reconstruction of $SnO_2$(110)surface[J]. Nano Letters, 2021, 21(17): 7309-7316.

[124] ENG P J, TRAINOR T P, BROWN JR G E, et al. Structure of the hydrated α-$Al_2O_3$(0001)surface[J]. Science, 2000, 288(5468): 1029-1033.

[125] WITTSTOCK A, BIENER J, BÄUMER M. Nanoporous gold: a new material for catalytic and sensor applications[J]. Physical Chemistry Chemical Physics, 2010, 12(40): 12919-12930.

[126] YANG C, YU X, HEIßLER S, et al. Surface faceting and reconstruction of ceria nanoparticles[J]. Angewandte Chemie International Edition, 2017, 56(1): 375-379.

[127] CHEN S, LI S, YOU R, et al. Elucidation of active sites for $CH_4$ catalytic oxidation over Pd/$CeO_2$ via tailoring metal-support interactions[J]. ACS Catalysis, 2021, 11(9): 5666-5677.

[128] NIE L, MEI D, XIONG H, et al. Activation of surface lattice oxygen in single-atom Pt/$CeO_2$ for low-temperature CO oxidation[J]. Science, 2017, 358(6369): 1419-1423.

[129] MA Z, SHENG L, WANG X, et al. Oxide catalysts with ultrastrong resistance to $SO_2$ deactivation for removing nitric oxide at low temperature[J]. Advanced Materials, 2019, 31(42): 1903719.

[130] CROZIER P A, WANG R, SHARMA R. In situ environmental TEM studies of dynamic changes in cerium-based oxides nanoparticles during redox processes[J]. Ultramicroscopy, 2008, 108(11): 1432-1440.

[131] BUGNET M, OVERBURY S H, WU Z L, et al. Direct visualization and control of atomic mobility at {100} surfaces of ceria in the environmental transmission electron microscope[J]. Nano Letters, 2017, 17(12): 7652-7658.

[132] SHAHVARANFARD F, ALTOMARE M, HOU Y, et al. Engineering of the electron transport layer/perovskite interface in solar cells designed on $TiO_2$ rutile nanorods[J]. Advanced Functional Materials, 2020, 30(10): 1909738.

[133] YANG Y, LIU G, IRVINE J T S, et al. Enhanced photocatalytic $H_2$ production in core-shell engineered rutile $TiO_2$[J]. Advanced Materials, 2016, 28(28): 5850-5856.

[134] MEJIA M I, MARÍN J M, RESTREPO G, et al. Preparation, testing and performance of a $TiO_2$/polyester photocatalyst for the degradation of gaseous methanol[J]. Applied Catalysis B: Environmental, 2010, 94(1-2): 166-172.

[135] SONG S, SONG H, LI L, et al. A selective Au-ZnO/$TiO_2$ hybrid photocatalyst for oxidative coupling of methane to ethane with dioxygen[J]. Nature Catalysis, 2021, 4(12): 1032-1042.

[136] TANNER R E, SASAHARA A, LIANG Y, et al. Formic acid adsorption on anatase $TiO_2$(001)-(1×4)thin films studied by NC-AFM and STM[J]. The Journal of Physical Chemistry B, 2002,

106(33): 8211-8222.

[137] WANG Y, SUN H, TAN S, et al. Role of point defects on the reactivity of reconstructed anatase titanium dioxide(001)surface[J]. Nature communications, 2013, 4(1): 2214.

[138] YUAN W, WANG Y, LI H, et al. Real-time observation of reconstruction dynamics on $TiO_2$ (001)surface under oxygen via an environmental transmission electron microscope[J]. Nano Letters, 2016, 16(1): 132-137.

[139] FANG K, LI G, OU Y, et al. An environmental transmission electron microscopy study of the stability of the $TiO_2$(1×4)reconstructed(001)surface[J]. The Journal of Physical Chemistry C, 2019, 123(35): 21522-21527.

[140] YOSHIDA H, KUWAUCHI Y, JINSCHEK J R, et al. Visualizing gas molecules interacting with supported nanoparticulate catalysts at reaction conditions[J]. Science, 2012, 335(6066): 317-319.

[141] SUN Y, XIA Y. Shape-controlled synthesis of gold and silver nanoparticles[J]. Science, 2002, 298 (5601): 2176-2179.

[142] JIN M, ZHANG H, XIE Z, et al. Palladium nanocrystals enclosed by {100} and {111} facets in controlled proportions and their catalytic activities for formic acid oxidation[J]. Energy & Environmental Science, 2012, 5(4): 6352-6357.

[143] ZHANG H, JIN M, XIONG Y, et al. Shape-controlled synthesis of Pd nanocrystals and their catalytic applications[J]. Accounts of Chemical Research, 2013, 46(8): 1783-1794.

[144] KAMIUCHI N, SUN K, Aso R, et al. Self-activated surface dynamics in gold catalysts under reaction environments[J]. Nature communications, 2018, 9(1): 2060.

[145] CHMIELEWSKI A, MENG J, ZHU B, et al. Reshaping dynamics of gold nanoparticles under $H_2$ and $O_2$ at atmospheric pressure[J]. ACS Nano, 2019, 13(2): 2024-2033.

[146] NOLTE P, STIERLE A, JIN-PHILLIPP N Y, et al. Shape changes of supported Rh nanoparticles during oxidation and reduction cycles[J]. Science, 2008, 321(5896): 1654-1658.

[147] TAO F, GRASS M E, ZHANG Y, et al. Reaction-driven restructuring of Rh-Pd and Pt-Pd core-shell nanoparticles[J]. Science, 2008, 322(5903): 932-934.

[148] DAI S, ZHANG S, KATZ M B, et al. In situ observation of $Rh-CaTiO_3$ catalysts during reduction and oxidation treatments by transmission electron microscopy[J]. ACS Catalysis, 2017, 7(3): 1579-1582.

[149] WANG T, LEE C, SCHMIDT L D. Shape and orientation of supported Pt particles[J]. Surface Science, 1985, 163(1): 181-197.

[150] GRAOUI H, GIORGIO S, HENRY C R. Shape variations of Pd particles under oxygen adsorption [J]. Surface Science, 1998, 417(2-3): 350-360.

[151] CABIÉ M, GIORGIO S, HENRY C R, et al. Direct observation of the reversible changes of the morphology of Pt nanoparticles under gas environment[J]. The Journal of Physical Chemistry C, 2010, 114(5): 2160-2163.

[152] HANSEN P L, WAGNER J B, HELVEG S, et al. Atom-resolved imaging of dynamic shape changes in supported copper nanocrystals[J]. Science, 2002, 295(5562): 2053-2055.

[153] GIORGIO S, CABIE M, HENRY C R. Dynamic observations of Au catalysts by environmental electron microscopy[J]. Gold Bulletin, 2008, 41(2): 167-173.

[154] UCHIYAMA T, YOSHIDA H, KUWAUCHI Y, et al. Systematic morphology changes of gold nanoparticles supported on $CeO_2$ during CO oxidation[J]. Angewandte Chemie International Edition, 2011, 50(43): 10157-10160.

[155] TA N, LIU J, CHENNA S, et al. Stabilized gold nanoparticles on ceria nanorods by strong interfacial anchoring[J]. Journal of the American Chemical Society, 2012, 134(51): 20585-20588.

[156] YOSHIDA H, MATSUURA K, KUWAUCHI Y, et al. Temperature-dependent change in shape of platinum nanoparticles supported on $CeO_2$ during catalytic reactions[J]. Applied Physics Express, 2011, 4(6): 065001.

[157] JIANG Y, LI H, WU Z, et al. In situ observation of hydrogen-induced surface faceting for palladium-copper nanocrystals at atmospheric pressure[J]. Angewandte Chemie International Edition, 2016, 55(40): 12427-12430.

[158] ZHANG X, MENG J, ZHU B, et al. In situ TEM studies of the shape evolution of Pd nanocrystals under oxygen and hydrogen environments at atmospheric pressure[J]. Chemical Communications, 2017, 53(99): 13213-13216.

[159] ZHANG X, MENG J, ZHU B, et al. Unexpected refacetting of palladium nanoparticles under atmospheric $N_2$ conditions[J]. Chemical Communications, 2018, 54(62): 8587-8590.

[160] ZHU B, MENG J, YUAN W, et al. Reshaping of metal nanoparticles under reaction conditions[J]. Angewandte Chemie International Edition, 2020, 59(6): 2171-2180.

[161] MENG J, ZHU B, GAO Y. Shape evolution of metal nanoparticles in binary gas environment[J]. The Journal of Physical Chemistry C, 2018, 122(11): 6144-6150.

[162] DUAN M, YU J, MENG J, et al. Reconstruction of supported metal nanoparticles in reaction conditions[J]. Angewandte Chemie International Edition, 2018, 57(22): 6464-6459.

[163] ZHU B, MENG J, GAO Y. Equilibrium shape of metal nanoparticles under reactive gas conditions[J]. The Journal of Physical Chemistry C, 2017, 121(10): 5629-5634.

[164] ZHU B, XU Z, WANG C, et al. Shape evolution of metal nanoparticles in water vapor environment[J]. Nano Letters, 2016, 16(4): 2628-2632.

[165] WULFF G. On the question of speed of growth and dissolution of crystal surfaces[J]. Zeitschrift fur Krystallographie und Mineralogie, 1901, 34(5/6): 449-530.

[166] FOWLER R H. Statistical thermodynamics[M]. CUP Archive, 1939.

[167] LANGMUIR I. The adsorption of gases on plane surfaces of glass, mica and platinum[J]. Journal of the American Chemical society, 1918, 40(9): 1361-1403.

[168] HENRY C R. Morphology of supported nanoparticles[J]. Progress in Surface Science, 2005, 80(3-4): 92-116.

[169] VAN DEELEN T W, HERNÁNDEZ M C, DE JONG K P. Control of metal-support interactions in heterogeneous catalysts to enhance activity and selectivity[J]. Nature Catalysis, 2019, 2(11): 955-970.

[170] RO I, RESASCO J, CHRISTOPHER P. Approaches for understanding and controlling interfacial effects in oxide-supported metal catalysts[J]. ACS Catalysis, 2018, 8(8): 7368-7387.

[171] PAN C J, TSAI M C, SU W N, et al. Tuning/exploiting strong metal-support interaction(SMSI)in heterogeneous catalysis[J]. Journal of the Taiwan Institute of Chemical Engineers, 2017, 74:

154-186.

[172] FARMER J A, CAMPBELL C T. Ceria maintains smaller metal catalyst particles by strong metal-support bonding[J]. Science, 2010, 329(5994): 933-936.

[173] DAI S, ZHANG S, KATZ M B, et al. In situ observation of Rh-CaTiO$_3$ catalysts during reduction and oxidation treatments by transmission electron microscopy[J]. ACS Catalysis, 2017, 7(3): 1579-1582.

[174] BEHAFARID F, PANDEY S, DIAZ R E, et al. An in situ transmission electron microscopy study of sintering and redispersion phenomena over size-selected metal nanoparticles: environmental effects[J]. Physical Chemistry Chemical Physics, 2014, 16(34): 18176-18184.

[175] LIU L, GE C, ZOU W, et al. Crystal-plane-dependent metal-support interaction in Au/TiO$_2$[J]. Physical Chemistry Chemical Physics, 2015, 17(7): 5133-5140.

[176] SPEZZATI G, BENAVIDEZ A D, DELARIVA A T, et al. CO oxidation by Pd supported on CeO$_2$(100) and CeO$_2$(111)facets[J]. Applied Catalysis B: Environmental, 2019, 243: 36-46.

[177] YUAN W, ZHANG D, OU Y, et al. Direct in situ TEM visualization and insight into the facet-dependent sintering behaviors of gold on TiO$_2$[J]. Angewandte Chemie International Edition, 2018, 57(51): 16827-16831.

[178] WANG A, LI J, ZHANG T. Heterogeneous single-atom catalysis[J]. Nature Reviews Chemistry, 2018, 2(6): 65-81.

[179] WEI S, LI A, LIU J C, et al. Direct observation of noble metal nanoparticles transforming to thermally stable single atoms[J]. Nature Nanotechnology, 2018, 13(9): 856-861.

[180] YUAN W, JIANG Y, WANG Y, et al. In situ observation of facet-dependent oxidation of graphene on platinum in an environmental TEM[J]. Chemical Communications, 2015, 51(2): 350-353.

[181] ZHANG L, MILLER B K, CROZIER P A. Atomic level in situ observation of surface amorphization in anatase nanocrystals during light irradiation in water vapor[J]. Nano Letters, 2013, 13(2): 679-684.

[182] TAUSTER S J, FUNG S C, GARTEN R L. Strong metal-support interactions. Group 8 noble metals supported on titanium dioxide[J]. Journal of the American Chemical Society, 1978, 100(1): 170-175.

[183] ZHANG S, PLESSOW P N, WILLIS J J, et al. Dynamical observation and detailed description of catalysts under strong metal-support interaction[J]. Nano Letters, 2016, 16(7): 4528-4534.

[184] TANG H, WEI J, LIU F, et al. Strong metal-support interactions between gold nanoparticles and nonoxides[J]. Journal of the American Chemical Society, 2016, 138(1): 56-59.

[185] LIU S, XU W, NIU Y, et al. Ultrastable Au nanoparticles on titania through an encapsulation strategy under oxidative atmosphere[J]. Nature Communications, 2019, 10(1): 5790.

[186] LIU S, QI H, ZHOU J, et al. Encapsulation of platinum by titania under an oxidative atmosphere: contrary to classical strong metal-support interactions[J]. ACS Catalysis, 2021, 11(10): 6081-6090.

[187] TANG M, LI S, CHEN S, et al. Facet-dependent oxidative strong metal-support interactions of palladium-TiO$_2$ determined by in situ transmission electron microscopy[J]. Angewandte Chemie International Edition, 2021, 60(41): 22339-22344.

[188] XU C, CHEN G, ZHAO Y, et al. Interfacing with silica boosts the catalysis of copper[J]. Nature Communications, 2018, 9(1): 3367.

[189] MATSUBU J C, ZHANG S, DERITA L, et al. Adsorbate-mediated strong metal-support interactions in oxide-supported Rh catalysts[J]. Nature Chemistry, 2017, 9(2): 120-127.

[190] ZHAN W, SHU Y, SHENG Y, et al. Surfactant-Assisted Stabilization of Au Colloids on Solids for Heterogeneous Catalysis[J]. Angewandte Chemie International Edition, 2017, 56(16): 4494-4498.

[191] LI W Z, KOVARIK L, MEI D, et al. Stable platinum nanoparticles on specific $MgAl_2O_4$ spinel facets at high temperatures in oxidizing atmospheres[J]. Nature Communications, 2013, 4(1): 2481.

[192] ARNAL P M, COMOTTI M, SCHÜTH F. High-temperature-stable catalysts by hollow sphere encapsulation[J]. Angewandte Chemie International Edition, 2006, 45(48): 8224-8227.

[193] TANG H, LIU F, WEI J, et al. Ultrastable hydroxyapatite/titanium-dioxide-supported gold nanocatalyst with strong metal-support interaction for carbon monoxide oxidation[J]. Angewandte Chemie International Edition, 2016, 55(36): 10606-10611.

[194] TANG H, SU Y, ZHANG B, et al. Classical strong metal-support interactions between gold nanoparticles and titanium dioxide[J]. Science Advances, 2017, 3(10): e1700231.

[195] ZHANG J, WANG H, WANG L, et al. Wet-chemistry strong metal-support interactions in titania-supported Au catalysts[J]. Journal of the American Chemical Society, 2019, 141(7): 2975-2983.

[196] WANG H, WANG L, LIN D, et al. Strong metal-support interactions on gold nanoparticle catalysts achieved through Le Chatelier's principle[J]. Nature Catalysis, 2021, 4(5): 418-424.

[197] ITO T, HIZIYA K. A specimen reaction device for the electron microscope and its applications[J]. Journal of Electron Microscopy, 1958, 6(1): 4-8.

[198] YOKOSAWA T, TICHELAAR F D, ZANDBERGEN H W. In-situ TEM on Epitaxial and Non-Epitaxial Oxidation of Pd and Reduction of PdO at $p=0.2-0.7$ bar and $t=20-650$ ℃[J]. European Journal of Inorganic Chemistry, 2016, 2016(19): 3094-3102.

[199] CHENNA S, BANERJEE R, CROZIER P A. Atomic-scale observation of the Ni activation process for partial oxidation of methane using in situ environmental TEM[J]. ChemCatChem, 2011, 3(6): 1051-1059.

[200] CHENNA S, CROZIER P A. In situ environmental transmission electron microscopy to determine transformation pathways in supported Ni nanoparticles[J]. Micron, 2012, 43(11): 1188-1194.

[201] ZHANG D, JIN C, TIAN H, et al. An In situ TEM study of the surface oxidation of palladium nanocrystals assisted by electron irradiation[J]. Nanoscale, 2017, 9(19): 6327-6333.

[202] ZHANG H, LUO L, CHEN X, et al. Tailoring the formation of textured oxide films via primary and secondary nucleation of oxide islands[J]. Acta Materialia, 2018, 156: 266-274.

[203] LAGROW A P, WARD M R, LLOYD D C, et al. Visualizing the $Cu/Cu_2O$ interface transition in nanoparticles with environmental scanning transmission electron microscopy[J]. Journal of the American Chemical Society, 2017, 139(1): 179-185.

[204] YU J, YUAN W, YANG H, et al. Fast gas-solid reaction kinetics of nanoparticles unveiled by millisecond in situ electron diffraction at ambient pressure[J]. Angewandte Chemie International Edi-

tion, 2018, 57(35): 11344-11348.

[205] HAN L, MENG Q, WANG D, et al. Interrogation of bimetallic particle oxidation in three dimensions at the nanoscale[J]. Nature Communications, 2016, 7(1): 13335.

[206] LUO L, SU M, YAN P, et al. Atomic origins of water-vapour-promoted alloy oxidation[J]. Nature Materials, 2018, 17(6): 514-518.

[207] LAGROW A P, WARD M R, LLOYD D C, et al. Visualizing the Cu/Cu$_2$O interface transition in nanoparticles with environmental scanning transmission electron microscopy[J]. Journal of the American Chemical Society, 2017, 139(1): 179-185.

[208] POTTER K C, BECKERLE C W, JENTOFT F C, et al. Reduction of the Phillips catalyst by various olefins: Stoichiometry, thermochemistry, reaction products and polymerization activity[J]. Journal of Catalysis, 2016, 344: 657-668.

[209] CHAKRABARTI A, GIERADA M, HANDZLIK J, et al. Operando molecular spectroscopy during ethylene polymerization by supported $CrO_x/SiO_2$ catalysts: active sites, reaction intermediates, and structure-activity relationship[J]. Topics in Catalysis, 2016, 59: 725-739.

[210] BABER A E, XU F, DVORAK F, et al. In situ imaging of $Cu_2O$ under reducing conditions: Formation of metallic fronts by mass transfer[J]. Journal of the American Chemical Society, 2013, 135(45): 16781-16784.

[211] KIM J Y, RODRIGUEZ J A, HANSON J C, et al. Reduction of CuO and $Cu_2O$ with $H_2$: H embedding and kinetic effects in the formation of suboxides[J]. Journal of the American Chemical Society, 2003, 125(35): 10684-10692.

[212] CHEN X, WU D, ZOU L, et al. In situ atomic-scale observation of inhomogeneous oxide reduction[J]. Chemical Communications, 2018, 54(53): 7342-7345.

[213] HUANG X, JONES T, FEDOROV A, et al. Phase coexistence and structural dynamics of redox metal catalysts revealed by operando TEM[J]. Advanced Materials, 2021, 33(31): 2101772.

[214] HAYNES J A, UNOCIC K A, PINT B A. Effect of water vapor on the 1 100 ℃ oxidation behavior of plasma-sprayed TBCs with HVOF NiCoCrAlX bond coatings[J]. Surface and Coatings Technology, 2013, 215: 39-45.

[215] ROZENAK P. Hemispherical bubbles growth on electrochemically charged aluminum with hydrogen[J]. International Journal of Hydrogen Energy, 2007, 32(14): 2816-2823.

[216] SMIALEK J L. Moisture-induced TBC spallation on turbine blade samples[J]. Surface and Coatings Technology, 2011, 206(7): 1577-1585.

[217] XIE D G, WANG Z J, SUN J, et al. In situ study of the initiation of hydrogen bubbles at the aluminium metal/oxide interface[J]. Nature Materials, 2015, 14(9): 899-903.

[218] LU G H, ZHOU H B, BECQUART C S. A review of modelling and simulation of hydrogen behaviour in tungsten at different scales[J]. Nuclear Fusion, 2014, 54(8): 086001.

[219] XIE D, LI S, LI M, et al. Hydrogenated vacancies lock dislocations in aluminium[J]. Nature Communications, 2016, 7(1): 13341.

[220] ZHANG L, TANG Y, PENG Q, et al. Ceramic nanowelding[J]. Nature Communications, 2018, 9(1): 96.

[221] SHARMA R, REZ P, TREACY M M J, et al. In situ observation of the growth mechanisms of

carbon nanotubes under diverse reaction conditions[J]. Journal of Electron Microscopy, 2005, 54 (3): 231-237.

[222] SHARMA R, REZ P, BROWN M, et al. Dynamic observations of the effect of pressure and temperature conditions on the selective synthesis of carbon nanotubes[J]. Nanotechnology, 2007, 18 (12): 125602.

[223] ROSS F M. Controlling nanowire structures through real time growth studies[J]. Reports on Progress in Physics, 2010, 73(11): 114501.

[224] ZHANG Z, WANG Y, LI H, et al. Atomic-scale observation of vapor-solid nanowire growth via oscillatory mass transport[J]. ACS Nano, 2016, 10(1): 763-769.

[225] WAGNER R S, ELLIS W C. Vapor-liquid-solid mechanism of single crystal growth[J]. Applied Physics Letters, 1964, 4(5): 89-90.

[226] WU Y, YANG P. Direct observation of vapor-liquid-solid nanowire growth[J]. Journal of the American Chemical Society, 2001, 123(13): 3165-3166.

[227] STACH E A, PAUZAUSKIE P J, KUYKENDALL T, et al. Watching GaN nanowires grow[J]. Nano Letters, 2003, 3(6): 867-869.

[228] ROSS F M, TERSOFF J, REUTER M C. Sawtooth faceting in silicon nanowires[J]. Physical Review Letters, 2005, 95(14): 146104.

[229] HANNON J B, KODAMBAKA S, ROSS F M, et al. The influence of the surface migration of gold on the growth of silicon nanowires[J]. Nature, 2006, 440(7080): 69-71.

[230] ROSS F M, WEN C Y, KODAMBAKA S, et al. The growth and characterization of Si and Ge nanowires grown from reactive metal catalysts[J]. Philosophical Magazine, 2010, 90(35-36): 4769-4778.

[231] GAMALSKI A D, TERSOFF J, KODAMBAKA S, et al. The role of surface passivation in controlling Ge nanowire faceting[J]. Nano Letters, 2015, 15(12): 8211-8216.

[232] GAMALSKI A D, TERSOFF J, STACH E A. Atomic resolution in situ imaging of a double-bilayer multistep growth mode in gallium nitride nanowires[J]. Nano Letters, 2016, 16(4): 2283-2288.

[233] CHOU Y C, HILLERICH K, TERSOFF J, et al. Atomic-scale variability and control of Ⅲ-Ⅴ nanowire growth kinetics[J]. Science, 2014, 343(6168): 281-284.

[234] LENRICK F, EK M, DEPPERT K, et al. Straight and kinked InAs nanowire growth observed in situ by transmission electron microscopy[J]. Nano Research, 2014, 7(8): 1188-1194.

[235] KODAMBAKA S, TERSOFF J, REUTER M C, et al. Germanium nanowire growth below the eutectic temperature[J]. Science, 2007, 316(5825): 729-732.

[236] WEN C Y, REUTER M C, BRULEY J, et al. Formation of compositionally abrupt axial heterojunctions in silicon-germanium nanowires[J]. Science, 2009, 326(5957): 1247-1250.

[237] HOFMANN S, SHARMA R, WIRTH C T, et al. Ledge-flow-controlled catalyst interface dynamics during Si nanowire growth[J]. Nature Materials, 2008, 7(5): 372-375.

[238] CHOU Y C, WEN C Y, REUTER M C, et al. Controlling the growth of Si/Ge nanowires and heterojunctions using silver-gold alloy catalysts[J]. ACS Nano, 2012, 6(7): 6407-6415.

[239] PAN Z W, DAI Z R, WANG Z L. Nanobelts of semiconducting oxides[J]. Science, 2001, 291 (5510): 1947-1949.

[240] YAN H, HE R, JOHNSON J, et al. Dendritic nanowire ultraviolet laser array[J]. Journal of the American Chemical Society, 2003, 125(16): 4728-4729.

[241] LAW M, GOLDBERGER J, YANG P. Semiconductor nanowires and nanotubes[J]. Annual Review of Materials Research, 2004, 34: 83-122.

[242] SMITH J B, HAGAMAN D, JI H F. Growth of 2D black phosphorus film from chemical vapor deposition[J]. Nanotechnology, 2016, 27(21): 215602.

[243] JEON J, JANG S K, JEON S M, et al. Layer-controlled CVD growth of large-area two-dimensional $MoS_2$ films[J]. Nanoscale, 2015, 7(5): 1688-1695.

[244] KIM K S, ZHAO Y, JANG H, et al. Large-scale pattern growth of graphene films for stretchable transparent electrodes[J]. Nature, 2009, 457(7230): 706-710.

[245] VENABLES J A, SPILLER G D T. Surface Mobilities on Solid Materials[M]. Boston, MA: Springer, 1983: 341-404.

[246] HACKE P, FEUILLET G, OKUMURA H, et al. Monitoring surface stoichiometry with the($2\times2$)reconstruction during growth of hexagonal-phase GaN by molecular beam epitaxy[J]. Applied Physics Letters, 1996, 69(17): 2507-2509.

[247] GILING L J, VAN ENCKEVORT W J P. On the influence of surface reconstruction on crystal growth processes[J]. Surface Science, 1985, 161(2-3): 567-583.

[248] YU J, LI X Y, MIAO J, et al. Atomic mechanism in layer-by-layer growth via surface reconstruction[J]. Nano Letters, 2019, 19(6): 4205-4210.

[249] HELVEG S, LOPEZ-CARTES C, SEHESTED J, et al. Atomic-scale imaging of carbon nanofibre growth[J]. Nature, 2004, 427(6973): 426-429.

[250] KOH A L, GIDCUMB E, ZHOU O, et al. Observations of carbon nanotube oxidation in an aberration-corrected environmental transmission electron microscope[J]. ACS Nano, 2013, 7(3): 2566-2572.

[251] HOFMANN S, SHARMA R, DUCATI C, et al. In situ observations of catalyst dynamics during surface-bound carbon nanotube nucleation[J]. Nano Letters, 2007, 7(3): 602-608.

[252] YOSHIDA H, TAKEDA S, UCHIYAMA T, et al. Atomic-scale in-situ observation of carbon nanotube growth from solid state iron carbide nanoparticles[J]. Nano Letters, 2008, 8(7): 2082-2086.

[253] SHARMA R, CHEE S W, HERZING A, et al. Evaluation of the role of Au in improving catalytic activity of Ni nanoparticles for the formation of one-dimensional carbon nanostructures[J]. Nano Letters, 2011, 11(6): 2464-2471.

[254] YOSHIDA H, KOHNO H, TAKEDA S. In situ structural analysis of crystalline Fe-Mo-C nanoparticle catalysts during the growth of carbon nanotubes[J]. Micron, 2012, 43(11): 1176-1180.

[255] LIN M, YING TAN J P, BOOTHROYD C, et al. Direct observation of single-walled carbon nanotube growth at the atomistic scale[J]. Nano Letters, 2006, 6(3): 449-452.

[256] ZHANG Z, CHEN J, LI H, et al. Vapor-solid nanotube growth via sidewall epitaxy in an environmental transmission electron microscope[J]. Crystal Growth & Design, 2017, 17(1): 11-15.

[257] EDWARDS J K, FREAKLEY S J, LEWIS R J, et al. Advances in the direct synthesis of hydrogen peroxide from hydrogen and oxygen[J]. Catalysis Today, 2015, 248: 3-9.

[258] WANG J, CHEN H, HU Z, et al. A review on the Pd-based three-way catalyst[J]. Catalysis Reviews, 2015, 57(1): 79-144.

[259] ZHANG H, CHUNG H T, CULLEN D A, et al. High-performance fuel cell cathodes exclusively containing atomically dispersed iron active sites[J]. Energy & Environmental Science, 2019, 12(8): 2548-2558.

[260] HARUTA M, YAMADA N, KOBAYASHI T, et al. Gold catalysts prepared by coprecipitation for low-temperature oxidation of hydrogen and of carbon monoxide[J]. Journal of Catalysis, 1989, 115(2): 301-309.

[261] HARUTA M, TSUBOTA S, KOBAYASHI T, et al. Low-temperature oxidation of CO over gold supported on $TiO_2$, $\alpha-Fe_2O_3$, and $Co_3O_4$[J]. Journal of Catalysis, 1993, 144(1): 175-192.

[262] AKITA T, KOHYAMA M, HARUTA M. Electron microscopy study of gold nanoparticles deposited on transition metal oxides[J]. Accounts of Chemical Research, 2013, 46(8): 1773-1782.

[263] HE Y, LIU J C, LUO L, et al. Size-dependent dynamic structures of supported gold nanoparticles in CO oxidation reaction condition[J]. Proceedings of the National Academy of Sciences, 2018, 115(30): 7700-7705.

[264] LANG R, XI W, LIU J C, et al. Non defect-stabilized thermally stable single-atom catalyst[J]. Nature Communications, 2019, 10(1): 234.

[265] DERITA L, RESASCO J, DAI S, et al. Structural evolution of atomically dispersed Pt catalysts dictates reactivity[J]. Nature Materials, 2019, 18(7): 746-751.

[266] VENDELBO S B, ELKJAE R C F, FALSIG H, et al. Visualization of oscillatory behaviour of Pt nanoparticles catalysing CO oxidation[J]. Nature Materials, 2014, 13(9): 884-890.

[267] PLODINEC M, NERL H C, GIRGSDIES F, et al. Insights into chemical dynamics and their impact on the reactivity of Pt nanoparticles during CO oxidation by operando TEM[J]. ACS Catalysis, 2020, 10(5): 3183-3193.

[268] WU C H, LIU C, SU D, et al. Bimetallic synergy in cobalt-palladium nanocatalysts for CO oxidation[J]. Nature Catalysis, 2019, 2(1): 78-85.

[269] GAWANDE M B, GOSWAMI A, ASEFA T, et al. Core-shell nanoparticles: synthesis and applications in catalysis and electrocatalysis[J]. Chemical Society Reviews, 2015, 44(21): 7540-7590.

[270] TAN S F, CHEE S W, BARAISSOV Z, et al. Real-time imaging of nanoscale redox reactions over bimetallic nanoparticles[J]. Advanced Functional Materials, 2019, 29(37): 1903242.

[271] LLOYD L. The First Catalysts. Handbook of Industrial Catalysts[M]. Boston, MA: Springer, 2011: 23-71.

[272] HABER F, KLEMENSIEWICZ Z. Concerning electrical phase boundary forces[J]. Zeitschrift fur Physikalische Chemie, 1909, 67(4): 385-431.

[273] FISCHER F, TROPSCH H. Concerning the synthesis of upper links in the aliphatic sequence from carbon oxide[J]. Berichte Der Deutschen Chemischen Gesellschaft, 1923, 56(11): 2428-2443.

[274] XU Y, LI X, GAO J, et al. A hydrophobic FeMn@Si catalyst increases olefins from syngas by suppressing C1 by-products[J]. Science, 2021, 371(6529): 610-613.

[275] WANG T, XU Y, LI Y, et al. Sodium-mediated bimetallic Fe-Ni catalyst boosts stable and selective production of light aromatics over HZSM-5 zeolite[J]. ACS Catalysis, 2021, 11(6):

3553-3574.

[276] MENG G, SUN J, TAO L, et al. Ru1Co n Single-Atom Alloy for Enhancing Fischer Tropsch Synthesis[J]. ACS Catalysis, 2021, 11(3): 1886-1896.

[277] KAKAEI K, ESRAFILI M D, EHSANI A. Introduction to catalysis[M]//Interface Science and Technology. Elsevier, 2019, 27: 1-21.

[278] WISNIAK J. The history of catalysis. From the beginning to Nobel Prizes[J]. Educación Química, 2010, 21(1): 60-69.

[279] O'MULLANE A P. From single crystal surfaces to single atoms: investigating active sites in electrocatalysis[J]. Nanoscale, 2014, 6(8): 4012-4026.

[280] LIU L, CORMA A. Metal catalysts for heterogeneous catalysis: from single atoms to nanoclusters and nanoparticles[J]. Chemical Reviews, 2018, 118(10): 4981-5079.

[281] BERGMANN A, ROLDAN C B. Operando insights into nanoparticle transformations during catalysis[J]. ACS Catalysis, 2019, 9(11): 10020-10043.

[282] WANG Y. Cryo-electron microscopy finds place in materials science[J]. Science China Materials, 2017, 61(1): 129-130.

[283] LI R K, MUSUMECI P. Single-shot MeV transmission electron microscopy with picosecond temporal resolution[J]. Physical Review Applied, 2014, 2(2): 024003.

[284] ZEWAIL A H. Four-dimensional electron microscopy[J]. Science, 2010, 328(5975): 187-193.

[285] GE M, SU F, ZHAO Z, et al. Deep learning analysis on microscopic imaging in materials science[J]. Materials Today Nano, 2020, 11: 100087.

# 第二篇

# 液体环境原位电子显微学

纳米材料在液相中的形核、生长及相互作用涉及多种中间态结构转变和纳米材料的运动。传统的分段取样、再表征的非原位方法存在不少限制。为深入理解这些动态过程和动力学行为,有必要开展原位表征。常用的原位研究手段包括:小角 X 射线散射[1-4]、X 射线衍射[5,6]、X 射线吸收精细结构谱[7]、原子力显微镜[8-10]和紫外/可见光光谱[11]。基于 X 射线的方法可提供颗粒的结构、形貌和尺寸信息,空间和时间分辨率分别可达 0.7~2.0 nm 和 $10^{-4}$~10 s;紫外/可见光光谱可测定大于 3 nm 的颗粒的尺寸变化,但它们都无法在实空间下观察颗粒的动态过程,也无法探测单个颗粒的结构演变。原子力显微镜观察液相样品的空间分辨率可达 10 nm,但时间分辨率较低,约为 3 s[12,13]。目前,原位液体透射电镜由于具有亚纳米级的空间分辨率、良好的时间分辨率(可达 $10^{-3}$ s)以及可施加多种外场激励(如电场、热场和流动场)等特点,已被成功应用于纳米材料的形核生长[14-29]、相互作用(聚集、自组装)[30-38]、氧化刻蚀[39-42]和电化学反应[43-45]等多个领域。除直接成像外,配合 X 射线能谱、电子能量损失谱、电子衍射和三维重构等技术还可进一步提供样品成分与结构的信息[46-49]。近年来,超快成像技术、高帧率的直接电子探测相机以及光纤的引入,使得在极高时空分辨率和低电子束剂量下研究纳米颗粒的运动[50,51]、电子束敏感样品[52]和光催化反应[53]等成为可能。本章将论述目前原位液体透射电镜技术的发展、构造及其在诸多领域的应用情况。

# 第 4 章 液体原位电子显微技术的发展历史与现状

## 4.1 液体池的发展与构造

传统的透射电镜要求在镜筒内维持高真空度以减少气体分子对电子的散射。常用的水溶液具有很高的饱和蒸汽压,在真空环境下会迅速挥发[54],这导致无法在透射电镜中直接对水溶液成像。为了在透射电镜内实现溶液中的物理化学反应的动态观察,一个关键先决条件是构建可容纳液体样品的密封腔室,以隔离溶液样品和电镜的真空环境。为此,研究人员通过改造电镜样品室的真空系统或引入特殊设计的样品杆,采用差分抽气法(differential pumping)和封闭式液体池法(liquid cell),使样品能在透射电镜中处于液体环境中。这种电镜特别适用于研究气-液-固三相的相互作用及相关的物理或化学反应,能够揭示原子层次的反应机制。在纳米材料的成核、生长、催化反应、纳米力学及高温相变等现代材料研究领域中具有广泛应用前景。

差分抽气法通过在透射电镜上安装多级涡轮分子泵(TMP)和离子泵(IGP)系统来实现。每一级之间通过限压光阑分隔(图 4-1)。以防止液体挥发,同时保持电子枪的高真空环境($10^{-6}$ Pa)[55,56],这样可以在相对较高的压力下(约 2 000 Pa)下观察液相样品。目前,该方法已成功应用于研究原位液相催化反应[57]和纳米颗粒自组装[58]等。然而,由于施加在液体样品的压力有限,差分抽气法仍然存在一定的局限性,主要包括:①液体的几何形状难以可控[59];②不适用于高饱和蒸汽压的有机溶液。

封闭式液体池法(liquid cell)通过使用上下两片窗口材料构建密封的液体池,与差分抽气法相比,该方法能够兼容大多数常规透射电镜。构建封闭液体池的关键在于窗口材料的选择,必须满足以下两个条件:①具有足够高的机械强度,以防止由于电镜腔室内外压差导致的窗口膨胀变形和液体池破裂;②对入射电子束透明[59]。基于这些设计要求,液体池结构的原型可追溯到 1934 年,当时比利时布鲁塞尔自由大学 Morton 等人使用金属铝箔封装液体观察生物样品。然而,由于铝片及液层较厚,其分辨率仅能达到微米级[54]。随着半导体薄膜材料、微纳加工技术及微流控技术的发展,液体池的制备在后续取得了突破性发展。

2003 年,液体池技术迎来了具有里程碑意义的发展,Williamson 等人[23]首次利用两片带有 100 nm 厚的 $SiN_x$ 薄膜的硅基芯片成功构建了原位电化学液体池芯片。其结构如图 4-2(a)

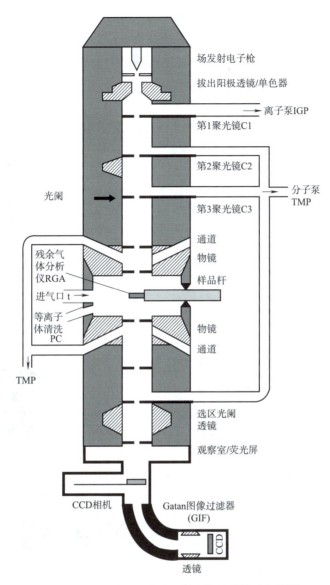

图 4-1 差分泵真空系统的透射电镜的结构示意图[56]

所示,底层的硅片上沉积有一层多晶金电极,通过 $SiO_2$ 垫片与顶层硅片胶合,形成电化学反应池,垫片隔开 0.5~1.0 μm 厚的空间,顶层硅片设计有两个玻璃容器,用于注入液,且并引出两个电极施加电偏压。使用时,液体样品被注入,并通过毛细作用流入到 $SiN_x$ 观察窗口,然后用环氧树脂黏合密封液体池,放入电镜中进行观察。在成像过程中,由于电子束需要透过 100 nm 厚的 $SiN_x$ 薄膜窗口及接近 1 μm 厚的液层,观察到的铜的电化学形核生长过程中,空间分辨率仅为 5 nm。这种结构,利用两层硅片叠加形成液体腔室并采用 $SiN_x$ 薄膜作为观测窗口,成为了后续液体池改进的原型。

为进一步提高空间分辨率,Zheng 等人[25]在上述工作的基础上,采用了更薄的 $SiN_x$ 窗口(25 nm)和垫层(100 nm),制作了类似结构的自支撑液体池[图 4-2(b)]。通过这种改进,他们观察到 Pt 纳米晶的生长,将空间分辨率提升至 1 nm。此外,为提高 SiN$_x$ 窗口在真空中的稳定性并减小由内外压差导致的液体池鼓胀,他们还将窗口尺寸由 100 μm ×100 μm 缩小至 50 μm ×5 μm。

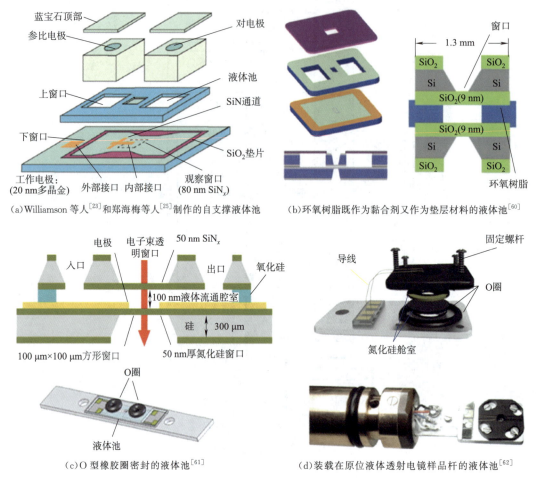

图 4-2 封闭式液体池构造图

使用 SiO$_2$ 作为窗口材料,Liu 等人[60]制备了 9 nm 厚的 SiO$_2$ 薄膜硅基芯片,并用于生物样品研究。在该构造[图 4-2(c)]中环氧树脂既作为黏合剂,还作为上下层芯片间的垫层,厚度为 2~5 μm。

上述液体池[图 4-2(a)~(c)]均使用环氧树脂进行芯片黏合和封装液体。这种方法操作简单,适配普通的透射电镜样品杆,但缺点是只能构筑静态液体池,无法实现液体流动。此外,受手动装配精度的限制,环氧树脂可能会进入窗口区域,污染样品并影响电镜成像,且环氧树脂的厚度也难以精确控制。不仅如此,还可能存在环氧树脂密封不完全、液体缓慢泄漏的情况[63]。

针对上述问题,研究人员开发了使用 O 型橡胶密封圈来封装液体池的方法。为了将液体池也兼容扫描电子显微镜,Grogan 等人[61]利用 O 圈和自制夹具进行液体封装。其结构如图 4-2(d)所示,这种液体池具有良好的密封性,在封装完成后 13 天内未出现溶液泄漏。此外,它还能支持液体流动和电化学功能。目前,基于这种设计的液体池已可将液体芯片装载到特制的透射电镜样品杆上,使用 O 型圈和盖片进行封装[图 4-2(c)],在透射电镜中实现了液体流动[64]、通电[62]及加热[65]等功能。该方案目前已经被多家公司商业化,并成为当前最常用的液体池构造方式。

为进一步降低窗口材料厚度并提高空间分辨率,原子层厚的二维材料开始被用作窗口材料。Yuk 等人[24]选用两片石墨烯作为窗口材料,并利用它们之间的范德华相互作用封装溶液[图 4-3(a)],首次实现了原子尺度的成像分辨率。在此基础上,衍生出一系列新型液体池[66,67],例如二硫化钼液体池[68]、使用六方氮化硼作为中间层的石墨烯液体池[图 4-3(b)][69]和上层石墨烯下层氮化硅的复合液体池[图 4-3(c)][70]等。虽然这类液体池能够提供高空间分辨率并直接兼容常规电镜样品杆,无须额外改造,但它们也存在一些缺点。例如,高能电子束辐照可能会损伤石墨烯窗口材料,造成液体泄漏。此外,对于没有中间层的石墨烯液体池,控制封装液体的体积、位置和厚度也较为困难。

目前,学界和市场上已能提供多种设计与功能不同的液体池,供原位液体透射电镜实验选择。根据实验需求,可选择使用几十纳米厚的薄膜材料,如氮化硅($SiN_x$)和二氧化硅($SiO_2$)等,或者原子层厚度的二维材料,如石墨烯和二硫化钼,来作为窗口材料封装液体。

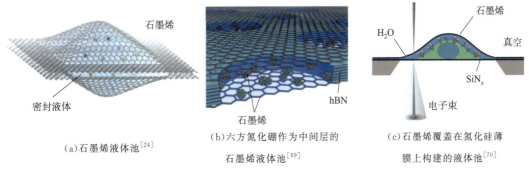

(a)石墨烯液体池[24]　　(b)六方氮化硼作为中间层的石墨烯液体池[69]　　(c)石墨烯覆盖在氮化硅薄膜上构建的液体池[70]

图 4-3　三种石墨烯作为窗口材料的液体池的示意图

## 4.2　液层厚度的控制及影响

液体电镜技术的空间分辨率,除受电镜本身电子光学参数和窗口材料性质影响外,也受液层厚度制约。较厚的液层会引起入射电子的多重散射,从而降低分辨率。如前文所述,当液体池置入透射电镜后,由于液体池内外存在压差,窗口易形成鼓包,导致液体池中心及其附近液层的实际厚度,大于窗口间垫层的设计高度[47]。针对该问题,可通过电子束辐解水产生气泡来减薄液层。如图4-4(a)所示,Zhu等人[71]在液体池内引入气泡,成功实现液层减薄,获得了Pd纳米颗粒的高分辨晶格像[图4-4(b)和(c)]。然而,该方法难以精确控制剩余液层厚度。尤其当剩余液层厚度小于颗粒的尺寸时,会形成溶液-颗粒-气体的三相界面,使颗粒的运动行为变得复杂。此外,这样的实验结果也无法与体相溶液中的现象直接关联。

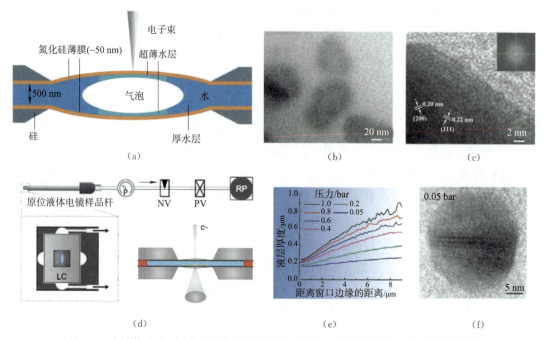

图4-4 在液体池内引入气泡,实现液层减薄,获得Pd纳米颗粒的高分辨晶格照片

注:(a)液体池的截面示意图,通过电子束辐照液体引入气泡。(b)未引入气泡前和(c)引入气泡后Pd纳米颗粒的透射电镜图[71]。(d)控制液体池内部压力的真空系统的示意图。(e)不同内部压力下,液层厚度随至窗口边缘的距离的变化。(f)0.05 bar的内部压力下,溶液中Au纳米颗粒的透射电镜图[72]。

Keskin等人[72]发展了一种新方法来减少窗口鼓胀。他们使用液体流动样品杆,将抽气装置与液体池腔室相连[图4-4(d)],通过降低液体池内部压力减小内外压差。结果表明,当内部压力降至0.05 bar时,窗口中心处的液层厚度接近设计的垫层高度,且保持35 min内不变,对应的空间分辨率达2.4 Å[图4-4(e)~(f)]。

# 第 5 章 液体电镜中电子束与溶液的相互作用

在液体环境中对纳米尺度过程的直接观察可以让我们对纳米科学和工业中的许多重要问题有新的认识。纳米科学的一个重大挑战是控制合成条件,以开发新颖形状和尺寸的纳米材料。这些可以通过使用液体透射电子显微镜(LCTEM)技术来提供纳米空间分辨率的实时成像来实现。

对纳米材料等物质在其功能状态和自然环境下进行微观观察,对于了解它们的行为和功能至关重要。利用该技术解决了电化学沉积、纳米材料合成、液体中的扩散和生物组件的结构等问题。所以 LCTEM 技术不但能够使液相纳米结构材料的动力学可视化,而且具有原子到纳米尺度的分辨率。

但 LCTEM 技术有两个主要的局限性:图像分辨率和电子束效应[73]。在许多的 LCTEM 实验中,由于电子在液体层和窗口材料中的多次散射以及液体池内部与显微镜真空之间的压力差使窗口向外凸出,使液体层通常比期望的要厚而使图像分辨率降低。LCTEM 的第二个主要局限是电子束的影响,在 TEM 中使用的能量下,电子束的辐射易将能量转移到照射的物质上,使得受辐照的物质产生热量以及自由基等物质甚至发生化学反应,从而改变液体介质的化学环境。在 LCTEM 实验中,电子束引起的温度变化通常不明显,相反,辐射诱导的化学变化将使溶液发生重大的变化。液体在与电子束的相互作用下部分分解,尤其是对于水溶液来说,电子束引起包括水在内的液体辐射分解为许多氧化性的自由基,例如 OH·(表示自由基),$HO_2^-$,$O_2^-$,$H_2O_2$ 等,这些辐照产物会影响液体中纳米材料的形态和动态反应过程。

电子束与样品的相互作用具有诱导环境变化的潜力,导致纳米材料在 LCTEM 中发生生长或降解。通过从根本上理解电子束与样品的相互作用,一方面利用电子束作为驱动纳米尺度动力学的主要外加激励;另一方面,在不需要电子束诱导反应的 LCTEM 实验中,考虑电子束损伤对样品的影响。在 LCTEM 过程中,控制和减缓电子束产生的影响对于获得定量数据至关重要,并为观测到的现象是代表整体尺度材料的行为提供了信心。

## 5.1 LCTEM 中电子束诱导的水辐射分解

### 5.1.1 LCTEM 中电子束诱导的辐射分解

辐射化学是研究电离辐射对流体的化学效应的学科,它为理解电子辐射对 LCTEM 样品的影响提供了一个框架。LCTEM 常用溶剂(水和其他有机溶剂)的辐射化学,以及如何使用添加剂对其进行修饰对研究纳米材料的性能和行为至关重要。

电离辐射,包括 TEM 中使用的数百 keV 范围内的电子,沿其路径沉积能量,诱导溶剂的辐射分解,从而产生活性自由基。因此,我们认为在 LCTEM 成像过程中,有许多电子束诱导的过程,如纳米晶体的形成和有机分子的损伤,都是由自由基-溶质反应引起的间接相互作用,而不是电子束对溶质的直接影响[74]。LCTEM 中使用的大多数溶液都存在较低浓度的溶质,这意味着液体层的非弹性电子散射将主要导致溶剂的辐射分解[75,76]。在本章,我们将重点讨论水溶液的辐射分解。

### 5.1.2 水的辐射分解

在被电子照射的水系统中发生的主要反应是水的辐射分解,当入射电子与水分子相互作用时,入射电子会将能量传递给水分子并激发其核外电子。在能量传递的最初阶段(约 10 ps),水分子会分解成水合电子 $e_h^-$、氢自由基 $H·$、羟基自由基 $OH·$、氢气 $H_2$ 等产物。这些产物均属于初始产物,它们会不均匀地分布于入射电子路径周围[77,78]。在能量传递过程中($<1$ μs),初始产物通过扩散和进一步反应,产生一系列主产物[79],如式(5-1)所示。

$$H_2O \rightarrow e_h^-, H·, H_2, H_2O_2, OH·, HO_2^-, H_3O^+ \tag{5-1}$$

电子保持负电,然后被水合壳层包围,有效地变成离子[75,80]。反应如式(5-2):

$$e_{入射}^- + H_2O \rightarrow H_2O^+ + e_{sub}^- \tag{5-2}$$

$$H_2O^+ + e_{sub}^- \rightarrow H_2O^* \tag{5-3}$$

$$e_{sub}^- + n_{H_2O} \rightarrow e_h^- \tag{5-4}$$

这里,$e_{入射}^-$ 是入射电子,$H_2O^+$ 是离子化的水分子,$e_{次}^-$ 是次激励电子,$H_2O^*$ 是激发态的水分子,$e_h^-$ 是水合电子,$n_{H_2O}$ 水化层。亚激发态电子在电离水分子后有两条路径:与离子水分子复合;热化和溶剂化作用形成水合电子。在溶液中,辐解物质有强烈的还原性($e_h^-$ 和 $H·$)或氧化性($OH·$),并与其他辐解物质以及有机和无机物质发生反应[79]。辐射分解物质的形成以及物质间相互反应后的消除会达到平衡(包括扩散到辐射区域之外的物质),使得每种物质维持在一个稳定的浓度。

## 5.2 在 LCTEM 中模拟辐射化学

在将辐照化学概念应用到 LCTEM 上时,目的是分析电子束在样品内每个位置引起的化学变化,并探究这些变化与辐照条件、液体成分和整体样品几何形状的关系。首先计算了均匀辐照的水层中电子束诱导的 LCTEM 的化学变化。我们注意到,目前只有水系可以被详细模拟,因为有机溶剂的辐解产物和化学动力学尚没有得到充分的研究证实。最近在

LCTEM 领域内,已经开始考虑涉及有机溶剂辐射分解的反应,包括对醇[81]和极性有机溶剂[82,83]的辐射分解。

对于适合 LCTEM 条件的水溶液来说,每一种辐解物质的产生速率与水或其他辐解物质的化学反应的去除速率是平衡的。计算表明,在几秒内,辐射分解产物在辐照区域达到平衡浓度[84],如图 5-1(a)所示,描述了不同时间归一化后 $H_2$ 和 $e_h^-$ 浓度的空间分布,这些浓度取决于电子束剂量率、辐照面积、液体厚度和总液体体积,并可能影响研究中的结构或过程。该模型也解释了辐照时间的作用,当 $c_{稳态氢} > c_{饱和氢}$,过饱和的 $H_2$ 通过扩散从电子束区域扩散到液体池的其他地方。随着时间的推移,这增加了非均相形核的可能性,并提供了更多的 $H_2$ 分子来形成气泡。当辐解产生的 $H_2$ 超过其溶解极限并形成气泡时,会改变液体的几何形状。反应性的辐射分解产物,如水合电子($e_h^-$),扩散距离短,因此只有在辐照区域才以高浓度存在,高度活性的水合(或溶剂化)电子在可控地形成纳米结构方面有着重要的应用,水合电子可以通过还原盐水溶液中的金属阳离子来驱动金属纳米粒子的生长[85],使电子束写入成为可能[84,86]。结合起来,辐射分解的物质可以产生复杂的影响。

为了定量得到辐照产物在 LCTEM 中的含量,Schneider 等人[87]通过建立动力学模型来确定在不同条件下,各种辐射分解产物的浓度变化。图 5-1(b)是辐照产物 $e_h^-$、$H·$、$H_2$、$H_2O_2$、$OH·$ 和 $O_2$ 的浓度随辐照时间的变化,针对在 300 keV 电子束加速电压下,半径为 1 μm 的电子束和 1 nA 的束流,$7.5 \times 10^7$ Gy/s 相关剂量率下均匀照射整个液体进行模拟。电子束刚开始辐照时,水中的 $H_2$、$H_2O_2$、$OH·$ 和 $O_2$ 的浓度持续增加,在 1 ms 时间内达到稳态值,在化学变化发生之前没有可用的延迟或过渡时间。图 5-1(c)则是在电子束持续辐照的条件下,稳态状态的 $e_h^-$、$H·$、$H_2$、$H_2O_2$、$OH·$ 和 $O_2$ 的浓度随电子束剂量的变化,随着剂量率的增加,几乎所有的辐射分解产物的浓度也随之增加。一个值得注意的方面是剂量率轴上的刻度,典型的 TEM 成像条件为 $10^6 \sim 10^7$ Gy/s;低剂量成像技术可以在一定程度上减少辐照反应的发生,但不能完全消除电子束辐照引起的溶液辐解化学变化。

辐射分解物质对溶液具有复杂的作用,例如产生的 $H_2$ 和 $O_2$ 等混合气体可能超过电解池溶解度的极限从而形成气泡,改变液体的几何形状;辐射产生的水合电子会将溶液中的金属阳离子还原,并在某些条件下沉淀;辐照产物 $H_3O^+$ 和 $H^+$ 的产生,改变了溶液的 pH 值等。图 5-1(d)是具有不同初始 pH 的水在不同剂量率电子束辐照下其稳定状态 pH 的变化,当电子束剂量率比较低时($<10^3$ Gy/s),水中的 pH 几乎不受电子束辐照的影响。当电子束剂量率比较高时,水溶液的 pH 会发生明显的改变,初始 pH 大于 3 的水溶液的 pH 随着辐照电子束剂量率的增加而趋向于 3。碱性溶液在低剂量率下也会受到影响,但酸性溶液可以承受较高的剂量率。在 LCTEM 中,辐射分解对纯水的主要影响是降低 pH,增加离子强度,增加溶解的 $H_2$ 和 $O_2$ 的浓度。这些反应相互关联的本质也推动了其他物种依赖于溶液的变化。

事实上,我们注意到,在纯水中,当电子束辐照停止时,系统将平衡回到未辐照的稳定状态,但这不是有溶质存在时的情况。虽然这些动力学模型定性地解释了观察到的重要现象,如纳米粒子的生长/溶解和纳米粒子的聚集,但还没能定量地与实验情况保持一致。这是由于模型中不包含额外的影响,比如窗口膜和其他界面的存在(如在膜间产生气泡的典型情况下,它在膜附近形成了两层液层)或者辐射区域内自由基的快速扩散[83]。

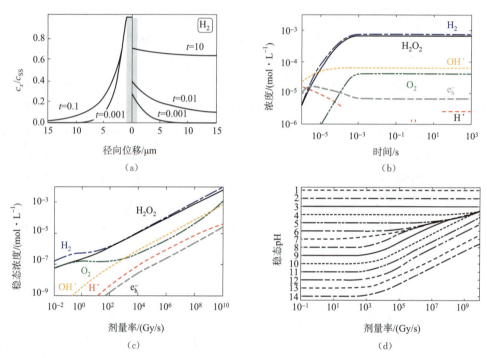

图 5-1 通过建立动力学模型来确定在不同条件下各种辐射分解产物的浓度变化

注:(a)在不同时间(s),在半径为 1 μm(灰色条纹)的辐照区域及其周围,$H_2$(右)和 $e_h^-$(左)的预测浓度 $c_x/c_{SS}$ 与电子束中心距离的函数[84]。(b)(c)为辐照产物与辐照时间和电子束剂量的关系。其中的水为纯水,不含溶解氧及其他气体;(b)辐照产物 $e_h^-$、$H^·$、$H_2$、$H_2O_2$、$OH^·$ 和 $O_2$ 的浓度随辐照时间的变化;(c)电子束持续辐照的条件下,稳定状态的 $e_h^-$、$H^·$、$H_2$、$H_2O_2$、$OH^·$ 和 $O_2$ 的浓度随电子束剂量率的变化;(d)具有不同初始 pH 的水在不同剂量率电子束辐照下其稳定状态 pH 的变化[87]。

## 5.3 影响辐射分解的主要因素

电子剂量诱导形核和生长等重要的物理和化学现象可以被系统地利用来校准电子剂量对原位液体成像实验的影响。除了电子剂量之外,界面效应、加速电压、成像模式(如 TEM、STEM、SEM)、液层厚度和溶液组成等因素也会影响原位实验的结果。

### 5.3.1 电子束剂量率的影响

计算证实,即使在最低剂量的成像条件下,溶液中也会发生一系列辐照化学变化;与典型的图像采集或原位实验相比,这些变化发生得很快而且各辐射分解物质的稳态浓度是由剂量率决定。剂量率又由电流密度(即单位辐照面积上的总电子束电流)和电子束在水中沉积能量的速率控制。因此,剂量率或每秒(每单位质量)储存的能量是决定溶液化学变化的关键参数,对了解反应机制至关重要[83,88]。

研究表明,通过控制电子束剂量,可以改变溶液中化学还原反应的速率,进而调节纳米颗粒的生长机制[89]。对于更广泛的 LCTEM 实验来说,需要尽量降低电子束辐照对溶液中化学反应的影响。因此,确定透射电镜的成像参数,如电子束电流、像素停留时间和放大倍数(像素大小)等,使辐照剂量保持在能激发纳米晶形核或刻蚀的临界值下,进而将电子束的影响降到最低是非常重要的。

通过对原位视频的每一帧进行分析,可确定一个阈值电子束剂量,在此剂量下纳米晶体不会在视场中形核或生长。在纳米颗粒形成的情况下,束流诱导形核的感应阈值提供了满足形成稳定晶核所必需的过饱和条件。研究表明,电子剂量率相对于阈电子剂量率存在两种不同的生长状态,剂量率接近阈值(约 1.2×阈值),纳米颗粒的生长主要是由反应限制的生长模式控制,导致具有规则形貌的纳米颗粒形成。对于高剂量率(~7×阈值),纳米晶体的生长是通过扩散限制机制实现的,其尺寸的增长速度大约是纯反应限制情况下预测的三倍[76,89]。

## 5.3.2 水溶液中成像模式和电子束能量的影响

为了便于在不同仪器上进行 LCTEM 实验的比较,下面探讨成像模式(TEM 或 STEM)和加速电压的影响。虽然电子束均匀辐照液层的模型在计算上很方便,甚至对石墨烯液体池的 TEM 来说也是如此,但在 STEM 实验和使用氮化硅液体池的 LCTEM 中,电子束只能辐照较大液体层的小部分,这改变了辐射分解产物的空间分布。在 TEM 中,辐射分解的物质会在辐射区域外扩散,并使用局部浓度值计算每个点上物质之间的反应[87]。对于 STEM,可以使用类似的方法或通过计算整个扫描的平均剂量率来求得近似值。然而,对于 STEM 最精确的模型不仅应该考虑光斑的大小,还应该考虑随着光斑路径长度的弹性和非弹性散射而引起的被辐照区域的展宽。这种复杂性,使得 STEM 计算比 TEM 更具挑战性。如图 5-2 所示,在相同的累积剂量下,300 kV 的 STEM 辐照可形成高浓度的小尺寸银纳米晶,而 300 kV 的 TEM 辐照形成数量较少的近球形纳米晶[76]。在每个扫描点上,STEM 辐照在数微秒内对液体样品进行点激发,在局部产生较大的自由基浓度。这解释了在 STEM 辐照下形成的纳米晶体的高覆盖率:在每个点激发处,形核所需的电子剂量迅速且局部超过了所需值[76],然而,TEM 连续地向样品传递平行扩散电子束,这比 STEM 更慢地超过阈值剂量,导致原子核的形成更少。

辐射分解物质的不均匀产生也驱动了一些有趣的现象。某些物种($e_h^-$)由于其高反应性,只能在电子束外很短的距离内扩散。因此,尽管有些反应发生在辐照区域之外[90],但用电子束书写可以描绘电子束引起的反应,如金属沉积[91]。其他物质($H_2$)在远离辐照区域的

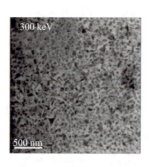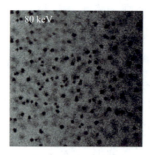

图 5-2　电镜成像模式(TEM 与 STEM 对比)和加速电压对电子束诱导银纳米晶生长的影响[76]

地方扩散,当电子束移动到样品上的一个新点时,溶液的化学性质可能已经受到先前观察到的影响[92]。

我们注意到,在理解和模拟实验中的辐射化学方面,STEM 和 TEM 既有优点也有缺点,在某些方面可以看作是互补的成像技术。宽平行 TEM 电子束的径向对称性便于模拟辐射分解中的反应-扩散过程;然而,TEM 通常会照射观察区域之外的区域,并可能导致不必要的反应和前体损耗。但也可以设置 TEM 模式,使平行电子束完全包含在观察区域内,因此相对于电子辐照的区域而言,与 STEM 等效。然而,这些成像条件并不实际,因为它们会导致非常大的剂量率,或者如果电子束电流减少,图像对比度就会降低。另一个使模型复杂化的 TEM 实验是,它们通常是在使用电子束在液体池中产生一个大气泡,在薄膜表面形成两层薄液体层之后进行实验。这些额外的层和界面增加了要建模的整体几何形状的复杂性,并可能改变夹层薄液体层的性能(如化学性质、黏度等)。STEM 通过改变放大倍数和像素停留时间以及电子剂量传递位置,对电子剂量率提供了更直接的控制。然而,模拟与 STEM 扫描中发生的微秒长点激发相关的反应-扩散过程是一项艰巨的任务[5]。

控制反应所需的电子剂量条件,与另一个影响因素即在不同加速电压下工作的 TEM 的联系也较为复杂。改变束流或放大倍数只是改变了辐照样品的电子通量;然而,改变电子的加速电压则改变了电子流体相互作用的基本物理,即流体中非弹性散射和弹性散射的横截面。例如,增加电子能量可以减少辐射分解损伤,因为非弹性散射和相关的电离效应的横截面会更小[93]。此外,由于弹性散射的横截面将减少,电子束展宽将降低,从而提高分辨率。然而,其他类型的损伤,如撞击损伤,在较高的加速电压下可能会增加,而使用较小的加速电压则会使辐射分解损伤更加严重。电子能对纳米粒子生长的影响如图 5-2 所示,正如 Abellan 等人[76]所讨论的,300 keV 电子束诱导了近球形纳米颗粒、多面三角形、针和立方体纳米晶体的混合生长,几乎覆盖了 100% 的观察区域。80 keV 电子束形成的纳米晶体数量相对较少,均为近球形形貌。电子能对纳米颗粒生长的影响被认为是由于在较高电子能(300 keV)下自由基浓度降低,从而在较低电子能(80 keV)下表现为更显著的氧化反应,可能抑制了纳米晶体的生长。这些差异归因于 300 keV 电子在水中较低的停止功率,这最终导致较少自由基的产生。

### 5.3.3 界面的影响

假定辐照水中的剂量率在空间上是均匀的,因为每个电子在其通过的水中沉积的能量是由高能电子在水中的停止功率(单位路径长度的能量损失)决定的。但是,对于LCTEM来说,剂量均匀性是一个未经检验的假设,特别是因为已知辐射分解现象在其他情况下表现出空间变化。在氧化物/水界面上,水的吸附、带隙和氧化物的掺杂等改变了界面附近的辐射分解效应[78]。在X射线的情况下,在水和高密度金属之间的界面附近的剂量增强是已知的,因为二次和背散射电子(SEs和BSEs)在被辐照的金属中产生,然后将它们的能量沉积到附近的水中[94]。由于电子与材料相互作用时会产生(SEs)和(BSEs),因此类似的效应有望应用于LCTEM。然而,发生在纳米尺度上的现象比在微米尺度上的空间变化的现象具有更大的实际意义。考虑到液体池的几何形状,液体处于薄层中,许多现象都是在液体/窗口界面研究的,这些界面附近化学环境的任何变化都会强烈影响实验数据[95]。

考虑到液体电池膜的影响,因为这些膜的原子序数和密度高于液体,并将作为二次电子的额外来源,促进辐射分解[75,76]。$SiN_x$的薄膜厚度可以从10到50 nm不等,石墨烯的薄膜厚度可以达到单个原子层的厚度[96]。在实验中,纳米颗粒的形核和生长几乎完全发生在膜表面或其附近,因此利用等离子体来清洗膜的步骤很关键,可以去除可能影响辐射分解的潜在有机污染物,从而实现可重复实验[75]。同时也证明了薄膜的存在显著降低了纳米粒子的流动性[97,98],这被认为是由于纳米粒子和膜表面之间的强烈相互作用。当大量的纳米晶体最初覆盖在膜表面时,膜将影响生长中的纳米晶体附近反应物的化学扩散分布,甚至影响反应速率,所以薄膜在LCTEM中观察到的辐射化学衍生过程中发挥了作用。目前,膜和固/液界面对自由基产生或反应动力学的影响尚不完全清楚,尽管石墨烯薄膜的结果似乎表明,较厚的膜会导致更大的自由基产量,因此二次自由基反应的生成率更高。

对于诸如$SiN_x$窗口之类的材料而言,入射电子束会从中产生二次和背散射电子,其中一些进入水中储存能量。这可能会导致水中电子的产率改变,因为在$SiN_x$窗口表面存在的薄层氧化硅可能会促进电子在界面上的转移。另一种去除水中电子的方法是加入电子清除物质,比如溶解氧和过氧化氢,它们会在对样品造成损害之前与电子发生反应[79]。计算表明化学环境中的不均匀性,由于SEs和BSEs的影响,在一个界面附近的水中,剂量率可以有可测量的变化。如图5-3(a)所示,在金电极附近的剂量率的变化[95],由SEs和BSEs产生的更大的剂量率改变了靠近壁面的辐射分解物质的局部浓度。每个物种的稳态浓度都有变化,但影响的大小差别很大,对于低反应性物种如$H_2$,由于扩散距离长,所以空间变化的生成率对稳态浓度的影响不大。但高反应性物质更容易受到界面邻近性的影响,因为$e_h^-$的极端反应性不允许它在远离产生区域的高浓度中存在,所以$e_h^-$表现出最强的浓度位置依赖性。图5-3(b)表明了界面效应如何依赖于溶液的初始pH值。对于$e_h^-$来说,在所有pH值下,界面附近都有增强,但在pH值的两种极端情况下,这种增强作用更强。而其他在温和

pH 下仅表现出弱界面效应的物种($H^+$、$OH^*$)在起始溶液为强碱性时表现出较大的界面增强。这可能与这些物种在碱性环境中的快速反应有关。虽然界面效应是不可忽略的,但 pH 值在 5~8 范围内是使界面效应最小化的最佳选择。考虑到许多过程是在界面处开始的,例如在电化学 LCTEM 实验中,当重质材料如 Au 或 Pt 靠近水层时,会产生最强的效应;在石墨烯液体电池的界面,预期会出现较小或不存在的效应。所以在解释形核过程或反应速率时,应该考虑界面依赖剂量率的可能性。

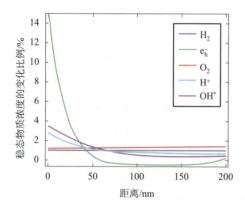 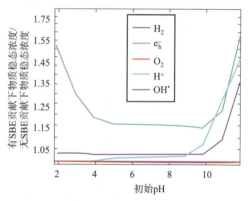

(a) 当考虑二次电子和背散射电子的影响时,几种放射性溶解物种稳态浓度(SS)(与整体溶液相比)作为水/金界面距离的函数

(b) 在水/金界面上有和没有 SBE 贡献的情况下计算的几种放射性溶解物种的 SS 浓度与溶液初始 pH 的比值[95]

图 5-3　放射性溶解物种稳态浓度(SS)及其与溶液初始 pH 的比值

目前几乎所有的放射性分解计算都是在纯水中进行的,所以仍需做大量的工作来了解电子束效应在多种溶解物质的溶液中,以及在非水溶液中,如离子液体。幸运的是,以现有的辐射物理学知识作为指导,测量放射性分解引起的化学变化的策略正在讨论中。而且已经表明,电子束效应可以通过清除策略来减轻[99]。由于显微镜专家越来越熟悉液体中的电子束效应,结合计算、校准测量和实验设计,使电子束效应在生物低温电子显微镜开发低剂量技术和开发减少每幅图像所需剂量的高灵敏度探测器中得到运用。

# 第6章 液体原位电子显微技术在纳米晶形核与生长领域的应用

纳米晶在溶液中的生长可以追溯到1857年,法拉第用磷还原氯化金制备了红宝石色的Au纳米晶[100]。过去的数十年间,在溶液中合成纳米晶的相关技术取得了长足的发展。一方面,不同种类、不同性质的材料在纳米尺度下被成功制备出来;另一方面,这些纳米材料可以拥有多种多样的形状和结构,如球体、四面体、立方体、八面体、十面体、二十面体、棒状、线状和薄板状等[101-103]。前驱体浓度、温度、表面活性剂、还原电位等因素能够改变溶液中纳米晶形成的化学势,以至于在不同的生长条件下,制得的纳米晶的形貌也会不同[104-111]。但是对于这些因素如何在微观上调控纳米晶的形貌仍然不清楚。

为了更好地控制纳米晶的形貌,理解它们在真实环境中的生长动力学和时间依赖的行为是至关重要的[112]。溶液中发生的很多物理过程,例如形核、生长和相转变,都影响着纳米晶最后的物化性质。但传统的研究方法很难在纳米尺度上解释这些过程。在过去的几十年里,许多原位的实验方法已经被发展并且取得了巨大的成功[1,113,114]。这些原位实验比非原位实验分析提供了更多的机理信息。由于LCTEM可以提供时间分辨的结构和形貌等信息,所以被广泛用于多种纳米晶在真实环境下的动力学行为的研究,通过追踪单个晶的运动轨迹,在纳米甚至原子尺度揭示纳米晶的形核与生长机理[59]。

本章首先论述利用LCTEM观察纳米晶形核与生长的方法;然后论述通过LC-TEM验证、揭示的纳米晶的经典与非经典形核生长机制;最后对LC-TEM在纳米晶形核与生长中的应用前景进行展望。

## 6.1 LC-TEM中纳米晶的形成

对于过饱和溶液,有非常多的手段可以使纳米晶在其中形核并生长,例如加热、化学还原、电子束辐照、高能粒子辐照、激光辐照等。目前,绝大多数的LCTEM实验利用电子束诱导纳米晶的形成,当然,也有部分研究采用加热或其他方式驱动纳米晶的出现[115,116]。

当使用电子束辐照来生成纳米晶时,电子束剂量往往需要达到一定的阈值。不过,值得注意的是,电子束除了可以导致纳米晶的生成,还会与溶剂相互作用,引发许多反应。对于水来说,典型的成像条件下会生成水合氢离子、水合电子、氢气等辐解产物[117]。而在足够高的电子束剂量下,气体产物达到一定的浓度,便会在液体池中产生气泡。气泡的存在会改变扩散途径,因而可能对纳米晶的生长动力学产生影响。

此外,电子束在原则上可以加热样品。当然,这一加热效应是微不足道的,一般可以忽略。电子束也可以改变纳米晶间的相互作用,导致聚集[118]、排斥或晶格变化[119]等。电子束还会对样品产生其他类型的影响,这些影响往往通过改变液体和液体池的薄膜之间的界面来改变纳米晶的生长过程。总之,在分析纳米晶的形核与生长现象时,要适当考虑电子束带来的副作用。

不论是由硅基微芯片组成的液体池,还是由石墨烯构成的液体池,都封装了一层很薄的液膜。纳米晶便在这个液膜中发生形核与生长。纳米晶在液体池中的形核位点主要分为两类。一类是液体池的壁上,此时,纳米晶非均匀形核,并固定在形核位点处;另一类是液体池的溶液中,此时,纳米晶均匀形核,可以保持自由运动。

纳米晶的形核与生长过程可以通过 TEM 实时成像,通过跟踪单个晶体的生长轨迹,我们可以测量纳米晶尺寸、形状等随时间的演变,研究晶体的运动、聚集和旋转动力学。同时,借助于 EELS、EDS 以及电子衍射等分析手段,可以获得关于这些过程的更多有用信息,如生长过程中纳米晶的结构、组分变化。

## 6.2 纳米晶的形核与生长机制

作为传统的晶体形核与生长途径,单体吸附生长被普遍认为在纳米晶的生长和形貌控制中起着主导作用[120]。近些年来,LCTEM 技术的发展使追踪纳米晶的生长轨迹成为可能,进而加深了对纳米晶合成过程中形状控制的理解[59]。其中,大多数利用 LC-TEM 来研究金属纳米晶生长行为的工作通常使用电子束与水相互作用产生的水合电子作为还原剂,将前驱体溶液中的金属离子还原成原子。电子束诱导的纳米晶形核与生长能够提供更多反应早期的信息[121-123]。尽管这些或许与传统胶体合成当中使用的化学试剂还原有不同之处,但电子束辐照条件下的纳米晶生长机制的阐述对于传统的纳米晶生长的理解是非常有价值的[124]。Pt 纳米晶通过单体吸附的原位生长过程在原子尺度上被成功揭示(图 6-1)[125]。Pt 纳米晶在形成初期的形状接近球形,包含很多共存的低指数晶面({111}、{100}和{110})和高指数晶面({411}、{233}、{522}、{144}和{433})。然而,这些高指数晶面逐渐消失;相比之下,低指数晶面{111}和{100}保留了下来。同时{110}晶面也消失了,这是因为它有着更高的表面能。这些原位结果表明,高能表面比低能表面生长得更快,导致其随着纳米晶的生长而消失。进一步地,这些晶面的生长是通过台阶生长形成的。在台阶生长过程中,位错也会形成,但最终会消失。在生长完成后,不完美的{100}或者{111}晶面台阶会在结构弛豫过程中被稳定。这些发现有助于理解单体吸附在纳米晶生长过程中的机理。

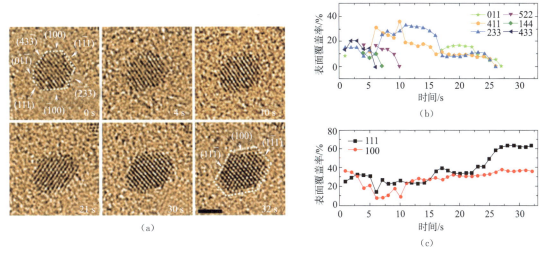

图 6-1 Pt 纳米晶通过单体吸附的原位生长过程

注：(a)Pt 纳米晶通过单体吸附生长的时间序列 HR-TEM 图像，标尺：2 nm；(b)纳米晶{011}、{411}、{233}、{522}、{144}和{433}晶面的覆盖率变化；(c)纳米晶{111}和{100}晶面的覆盖率的变化[125]。

为了研究电子束对纳米晶生长过程的形貌控制，Woehl 等人使用流动液体池研究了 Ag 纳米晶的生长[126]，发现电子束剂量对于纳米晶的形貌控制至关重要（图 6-2）。在低的电子束剂量条件下，反应受限的生长占优势，导致了片状结构的形成；相比之下，在高的电子束剂量下，扩散受限的生长占主导，导致了复杂形貌的纳米晶形成。这两种不同生长条件对应着两种不同的生长行为，暗示着电子束可以调控纳米晶的生长。此外，Au 纳米片的 LCTEM 实验结果表明当金单体的临界提供速率小于每秒三层时，纳米片的形成才有可能[127]。而且在低的电子束剂量下，纳米片的生长是被热力学驱动的，并且它们的最后的形状取决于在生长过程中形成的孪晶面[128]。与此同时，Au 纳米片的生长是由反应扩散控制的，在此反应扩散模型中必须考虑其他物质的影响。

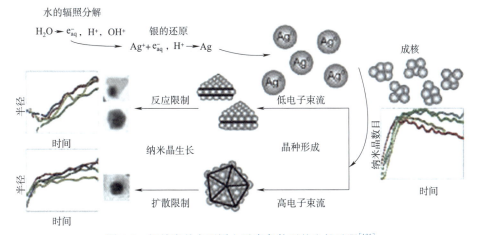

图 6-2 银纳米晶在不同电子束条件下的生长过程[126]

除此之外，由非热能驱动的化学过程在未来的能量转换、合成和光催化等领域中有着非常好的前景[129-131]。其中，表面局部等离子共振介导的各向异性的金属纳米结构的生长就是一个典型的例子。然而，对相关的生长机理和金属纳米结构中的等离子热点的可能作用的理解仍然知之甚少。为此，Sutter等人使用LCTEM模拟了等离子体驱动的三角形Ag纳米片在水溶液中的生长过程（图6-3）[132]。通过纳米级分辨率的实时观察定量了纳米片横向尺寸和厚度的变化，他们发现了早期均匀的Ag原子只吸附到纳米片侧面，随后纳米片只在厚度方向上进行快速增长。主要的不同在于在晚期阶段Ag原子的吸附率与局部等离子体增强相关，这暗示了等离子体热点传递的电荷载体可以驱动化学反应。通过调查等离子体介导的原位生长，发现了氧化还原反应首先发生在最强的场强区域，开辟了使用局部等离子共振模式结构和等离子热点的分布控制溶液中纳米晶生长的可能性。

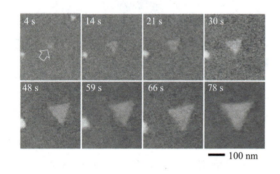 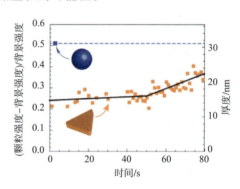

(a) 时间序列STEM图表明Ag纳米片的生长过程　　(b) 通过分析STEM图像对比度得到的厚度变化[132]

图6-3　三角形的Ag纳米片的生长

合成特定形貌的纳米晶一直是化学家们努力的方向。由于LCTEM可以实时观察动态生长过程，因此它也被用于理解纳米晶形成过程中的晶面演变机理。Pt立方体在液体池中生长的原位观察表明原子在不同晶面上的吸附速率在生长过程中会发生变化（图6-4）[133]。在生长早期，所有的低指数晶面，它们的生长速率几乎一致。随后，{100}晶面停止生长，然而其他晶面的连续生长导致了纳米立方体的形成。结合计算模拟结果，配体在{100}晶面上更低的流动性是阻止{100}晶面连续生长的主要原因。星形的Au纳米晶的形成过程的原位观察也揭露了生长速率、籽晶形貌、表面活性剂以及表面扩散动力学对于纳米晶的形貌和形成机制的关键作用[134]。这些发现为纳米晶的形状控制机制和纳米材料的设计提供了新的视野。

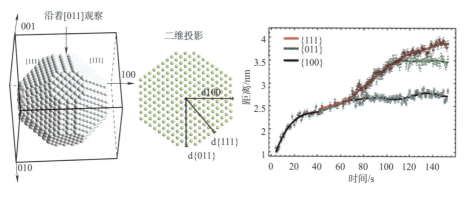

(a) Pt 截角纳米立方体的原子模型及其沿[011]晶带轴的投影  (b) Pt 纳米立方体中心到每个晶面的平均距离随时间的变化

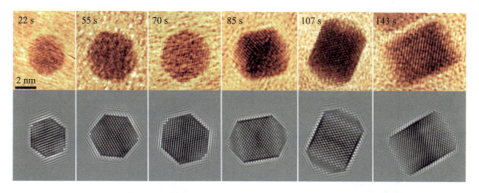

(c) 时间序列 TEM 图像显示 Pt 纳米立方体的形成过程以及 Pt 纳米立方体的模拟图像[133]

图 6-4　沿着[011]晶带轴观察 Pt 纳米立方体的形成过程

## 6.3　非经典形核与生长过程

### 6.3.1　合并或聚集过程诱导的纳米晶生长

尽管单体吸附的生长方式在纳米晶的生长中占着很重要的地位,但以纳米晶为基本单元的合并或聚集生长过程的研究已经被频繁报道[135-137]。合并生长在金属纳米晶的生长过程当中非常常见,现在已经发展成为了纳米晶尺寸控制的一个重要的方法。金属纳米晶合并的生长动力学已经通过测量整体的纳米晶尺寸分布变化被定量化了[1,113,114]。然而,合并在生长过程中的作用一直没达成共识。郑海梅等人在 2009 年第一次使用 LCTEM 实现了 Pt 纳米晶生长轨迹的实时观察[图 6-5(a)][138]。原位结果表明单体吸附和合并生长同时发生在 Pt 纳米晶的生长过程当中。值得注意的是,不论是合并生长还是单体吸附,最终形成的纳米晶的尺寸几乎保持一致。同时,发生合并的纳米晶随后会经历重结晶和形状演变,最终形成了一个单晶的球形纳米晶。相似地,Ag 纳米立方体和长方体的生长分别通过传统的单体吸附和粒子合并的方式形成。随后科学家们又调查了 Ag 在 Au 立方体种子上的生长过程[图 6-5(b)][139],结果表明 Au-Ag 核壳结构可以通过两种途径形成,一种是 Ag 的纳米晶在 Au 立方体表面发生合并并吸附,另一种是 Ag 原子通过单体吸附直接沉积在 Au 立方体表面,而且这两种不同的途径会导致相同的 Au-Ag 核壳结构。

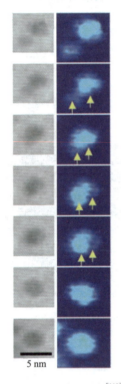 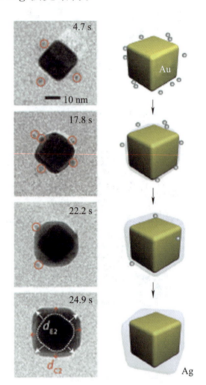

(a) Pt 纳米晶的合并过程[138]　　(b) Ag 单体吸附和纳米晶合并介导的 Ag-Au 核壳结构的形成过程[139]

图 6-5　LC-TEM 观察到的合并过程

LCTEM 对单个纳米晶生长轨迹的研究可以获得很多准确有用的信息,例如,纳米晶的合并生长行为在复杂形貌的纳米晶形成过程中扮演着重要的作用[140]。Liao 等人系统地研究了油胺浓度对 $Pt_3Fe$ 纳米晶的形状演变的影响(图 6-6)[141],发现 $Pt_3Fe$ 纳米晶在不同油胺浓度条件的形貌有着明显的区别。在 20% 的油胺浓度的条件下,$Pt_3Fe$ 纳米晶从溶液中形核,然后端部依次连接成纳米线,但是该纳米线的结构并不稳定。他们会断裂成大尺寸的纳米晶。当油胺的浓度被提高到 30% 时,$Pt_3Fe$ 纳米线可以通过纳米晶的吸附过程实现,并且这些纳米线一直稳定存在而不会发生断裂。当油胺的浓度被提高到 50% 时,起初形成的单个 $Pt_3Fe$ 纳米晶稳定分散在溶液中,而且不会发生任何合并过程。这个实验第一次证明了纳米晶之间的偶极矩作用对于纳米晶的一维吸附是至关重要的。通过对纳米晶的运动和重排的测量量化了这种相互作用是导致晶体纳米晶晶格匹配的重要原因。

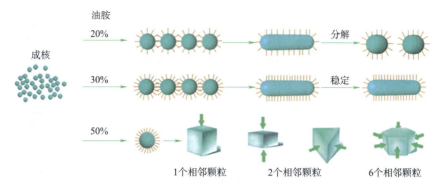

图 6-6　LCTEM 揭示的表面活性剂(油胺)浓度对 $Pt_3Fe$ 纳米晶生长和形貌的影响[141]

对于纳米晶合并过程的细节,例如取向和溶剂的影响,LCTEM 也起到了很大的作用。石墨烯液体池的发展使得我们在原子分辨率下观察纳米晶的生长轨迹。Yuk 等人利用这种新型液体池封装技术进一步探索了 Pt 纳米晶的生长机理[图 6-7(a)、(b)][96],他们发现纳米晶会在特点的位点发生选择性合并和结构重排。Utkur 等人使用 LCTEM 发现 Au 纳米晶在溶液中的合并可以通过两个不同的途径实现[图 6-7(c)、(d)][142]:一是当两个纳米晶合并前晶格取向角小于 15°临界角时发生无缺陷的合并;二是当取向角超过这个临界角时形成缺陷。这个临界角可以帮助我们在纳米尺度预测可能的结构。此外,他们也通过原位观察发现,当两个 Au 纳米晶在水中相互靠近到两个水分子的距离,约 0.5 nm 时,它们可以形成空间稳定的纳米晶二聚体[图 6-7(e)][122]。只有在这些纳米晶的表面完全脱水后,相互作用的纳米晶的表面才会接触并开始发生合并。通过对相互作用的纳米晶合并过程的观察,揭示了水化层介导的纳米晶二聚体的形成,这对纳米材料的合成有着重要的指导意义。

同时通过合并和聚集过程形成的复杂形貌的纳米晶往往具有类单晶的结构,暗示着这些纳米晶在合并时取向几乎保持一致[143]。当合并过程中纳米晶的取向相同时,这种生长过程被定义为定向吸附(oriented attachment,OA)。为了理解 OA 生长过程中的动力学和取向力,LCTEM 也展现了巨大的潜力。De Yoreo 等人使用原位观察了羟基氧化铁纳米晶的生长过程并在纳米尺度揭示了合并细节[图 6-8(a)~(h)][144]。这些纳米晶首先经历了连续的旋转和运动。在寻找到完美的晶格取向之后,纳米晶的跳跃式接触发生在 1 nm 以内,紧接着在接触点处侧向的原子吸附过程发生了。而且界面排除的速率取决于曲率和吉布斯自由能。平移和旋转加速度的测量表明强大的、高度方向性的相互作用通过 OA 驱动晶体生长。而越来越多的证据表明表面配体在 OA 主导的过程扮演着重要的作用。为了理解配体在 OA 过程中的影响,Sun 等人在原子尺度调查了柠檬酸盐稳定的 Au 纳米晶的 OA 过程[图 6-8(i)、(j)][145]。他们发现当纳米晶的距离大于配体吸附层厚度两倍的间隔距离时,相互作用的纳米晶可以随机移动和旋转。随着晶相互靠近,这些配体发生重叠使得旋转进入

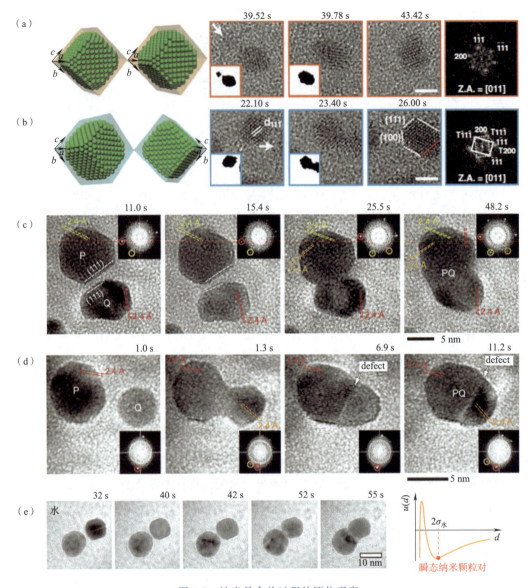

图 6-7 纳米晶合并过程的原位观察

注:(a)(b)为纳米晶合并成单晶和孪晶的示意图和相应的 TEM 图像[96];(c)两个晶格失配 9°的 Au 纳米晶沿着[111]方向接触并发生合并;(d)两个晶格失配 32°的 Au 纳米晶沿着晶面[111]方向接触并发生合并,最后形成了面缺陷[142];(e)两个 Au 纳米晶在纯水中合并的时间序列 TEM 图像[122]。

定向模式。直到共同取向为{111}方向时,它们才发生跳跃式接触,并且也伴随着纳米晶表面配体的快速排出。这些工作在微观尺度深度理解了 OA 过程,这对于 OA 介导的纳米材料合成和配体介导的胶体合成是有一定借鉴意义的。

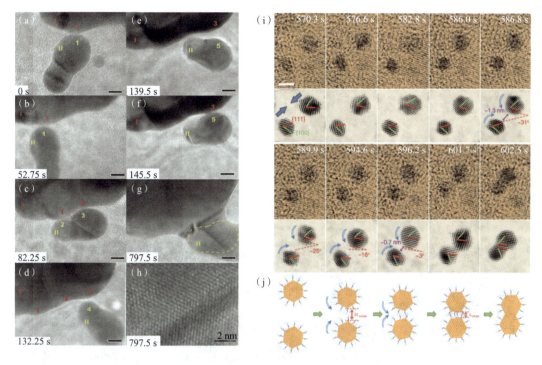

图 6-8 通过 LC-TEM 观察纳米晶的合并过程

注:(a)~(g)为羟基氧化铁纳米晶的聚集合并过程,两个晶在合并(位置3~5)之前其表面经过多次接触(位置1-1,1-2,2-3 和 3-4),标尺:5 nm。(h)为(g)中孪晶区域的 HRTEM 图像[144]。(i)原子尺度上原位观察金纳米晶的 OA 过程。(j)金纳米晶 OA 过程的示意图[145]。

### 6.3.2 多步形核与生长过程

除了合并或聚集诱导的纳米晶生长过程之外,新发展的多步形核与生长理论进一步完善了晶体形核与生长理论[146]。例如,在碳酸钙和蛋白质结晶过程中,多个中间相优先于结晶相出现。为了进一步发展多步形核理论,形核过程中纳米动力学的更多直接实验证据需要被进一步研究。通过使用 LC-TEM,Utkur 等人发现 Au 和 Ag 纳米晶从过饱和水溶液中的形核是多步的[图 6-9(a)][121]:首先旋节线分离成富含溶质的液相和少含溶质的液相,然后无定形纳米团簇从富含金属的液相中形核,最后这些无定形团簇结晶。这些形核早期中间步骤对于理解晶体材料和无定形材料的形成和生长过程都有重要帮助。

对无定形相介导的纳米晶形成机制的理解仍然面临巨大的挑战,尤其是对于不同的研究体系。为此 Park 等人使用石墨烯液体池直接在溶液中揭示了 Ni 纳米晶的形成过程[图 6-9(b)][123]。在早期,无定形相从均匀的溶液当中沉淀出来,随后小的结晶微区从无定形相中形成并且逐渐长大,最后整个无定形相都演变成了面心立方的单晶相。同时,在无定形相到结晶相转变的过程中也观察到多个结晶微区的形成和位错弛豫。这些结果表明无定形相介导的非经典的纳米晶生长机制对于纳米晶的形成十分重要。金彪等人发现 Pd 纳米晶和 Au 纳米晶的结晶过程分为三个阶段[147]。首先出现无定形的"团簇云"结构，随后该结构快速坍塌形核，最后通过多次"团簇云"的"out"和"in"弛豫形成单晶（图 6-10）。

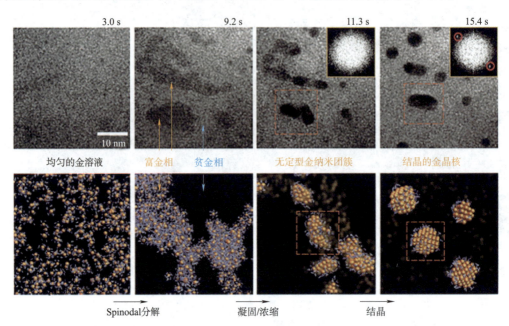

(a) 时间序列 TEM 图像和相应的示意图表明了金纳米晶从过饱和的 Au 原子的水溶液中的形核：液-液相分离成贫金相和富金相；无定形相从富金相中形成；无定形相结晶形核[121]

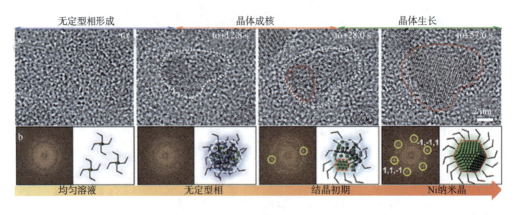

(b) 无定形相介导的 Ni 纳米晶的形成。时间序列 TEM 图像和对应的示意图详细揭示了多步形核过程[123]

图 6-9　金属纳米晶多步形核过程的原位观察

实际上，无定形相介导的纳米晶的形成过程在生物矿物体系非常普遍，例如碳酸钙和磷酸钙。De Yoreo 等人采用流动液体池系统研究了碳酸钙的形成路径（图 6-11）[148,149]。原位实验结果表明，碳酸钙晶体的形成可以通过多种路径实现。第一种形成路径是方解石物相直接从溶液中形成[图 6-11(a)]；另一种通路是首先形成无定形碳酸钙并且持续长大到微米级

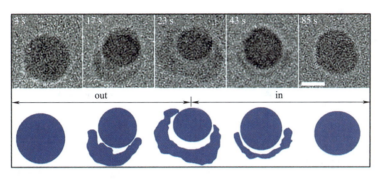

图 6-10 "团簇云"介导的 Pd 纳米晶的弛豫过程

注:时间序列 TEM 图像和相应的示意图显示了"团簇云"的"out"和"in"行为[147],标尺:5 nm。

别,然后无定形碳酸钙开始发生溶解,与此同时文石物相开始出现和逐渐长大[图 6-11(b)][148]。值得注意的是,文石和无定形相始终保持物理上的接触,意味着在多步形核过程当中,晶体是通过无定形相直接转变,而不是溶解再结晶形成的。在此基础上,考虑到有机基底会在很大程度上影响生物矿物的形成,De Yoreo 等人进一步研究了碳酸钙在有机添加剂聚苯乙烯磺酸盐(PSS)存在下的形核过程[图 6-11(c)][149]。首先 PSS 和前驱相溶液中的钙离子形成 Ca-PSS 胶状复合物,这意味着有机物的引入可以增加局部过饱和度,进而诱导随后的矿化过程。随着碳酸根离子的引入,无定形碳酸钙从 Ca-PSS 胶状复合物当中形成并快速生长。当足够多的碳酸根离子参与反应时,这些无定形碳酸钙最后可以转变成球霰石结晶相。这个研究强调了 Ca-PSS 能够提供无定形碳酸钙形成的化学环境。

  LCTEM 技术因其较高的时空分辨率为研究溶液中纳米晶的形核与生长提供了有力工具,也为研究液相环境中材料的动态过程提供了巨大机会。不过,考虑到 LC-TEM 的发展时间尚短,仍然还有许多问题需要解决。例如,如何解决包括水溶液在内的高蒸汽压的液体在封装过程及电子束辐照过程中的蒸发问题。又比如胶体合成实验中多采用热注射方法(前驱相在一定温度下混合一起反应),但是目前的液体池装置的设计还没达到这个水平。此外,将光热电等外界因素整合到液体池中的技术也不成熟。虽然超薄氮化硅膜和石墨烯已被纳入新的液体池设计,但在许多情况下仍需要改进分辨率。其中电子束散射主要来自厚液体层,因此控制液体层厚度是有必要的。当然最关键的是原位 LCTEM 实验的可控性比较差,如何可靠地控制液体环境、减少电子束的副作用需要更多的实验摸索。未来,快速成像技术、先进感光元件、图像处理算法的发展,将进一步提高 LCTEM 提取和量化液相中动力学过程的能力,人们有望在液体中掌握单分子相互作用。毫无疑问,LCTEM 技术将在纳米晶生长机制和其他广泛的材料科学中发挥越来越重要的作用。

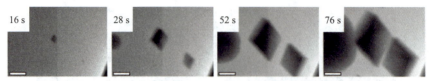

(a)时间序列 TEM 图像表明了方解石物相直接从溶液中形成的过程

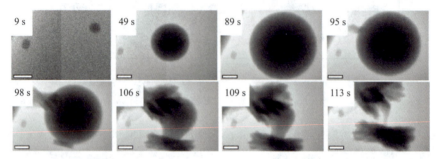

(b)时间序列 TEM 图像表明了初始无定形前驱相的形成,然后文石相以消耗无定形相为代价形核与生长

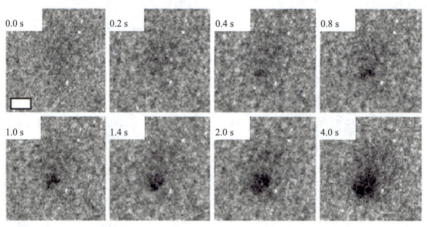

(c)时间序列 TEM 图像表明了无定形碳酸钙在 Ca-PSS 胶体球内的形核与生长过程

图 6-11　碳酸钙的形核与生长过程[148,149]

# 第 7 章 液体原位电子显微技术在电化学领域的应用

电化学反应在材料合成与储能研究上都有着不可或缺的作用。在材料合成上，电化学沉积在半导体器件制造中常用来形成集成电路中用于互联的铜"线"，或用于沉积涂层等，其阳极蚀刻也用于材料、器件的图案化。在储能研究领域，在电循环过程中沉积材料的形态变化对于储能材料的能量密度、使用寿命、应用前景等息息相关。例如在充放电过程中，电极材料的形态改变会导致电池性能的衰减，尤其是电极材料的枝晶状生长会对电池产生巨大影响。

因此控制电化学反应的发生位置及电沉积过程中的材料形貌，理解复杂的电化学反应和阐明电化学能量存储和转换过程的机制都具有至关重要的意义。近年来，原位液体技术的现世为人们在纳米尺度上研究瞬时的电化学过程提供了新的可行性。

## 7.1 电化学液体池

电化学液体池可以选用各种不一样的电极材料形成流通电路，在液体环境中进行电化学反应，商用芯片一般制造三电极足以满足大多数测量工作，当然根据需求也可以选两电极或者四电极系统。这一节主要论述了现在常用的电化学液体池。目前常用的商用厂家有 Protochips，Hummingbird Scientific，DENS solution，Bruker，Gatan 等。

工作电极为研究反应发生的电极，另外的为一个大面积的对电极和参比电极。液体池安装到样品杆上后，外部通过接触垫进行连接，样品杆前段的接触垫通过杆内部的电引线连接到电化学工作站（图 7-1）。

由于原位实验的样品量较小，一般选择的电解质量较少，与实际电化学反应体系有一定差别。其电位窗口及实际电流与普通电化学曲线有一定区别（电流值一般在纳安级别）。故而选择合适的电位窗口，接地及减小环境噪声对获得高信噪比的曲线是必不可少的。

## 7.2 液体原位电子显微技术在电化学中的应用

在电化学循环过程中，金属锂沉积在阳极上并且形成枝晶，这些树突状晶体的形成不仅会导致可逆容量的急剧损失，而且会引起短路和热失控等现象。故其研究对化学储能材料有极大意义。

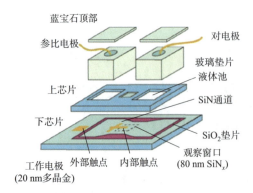

(a) 最早期的用于电沉积研究的密封 SiN$_x$ 液体池示意图，电极由引线接出，液体池用胶水密封

(b) 最早期的电化学液体池实物图[23]

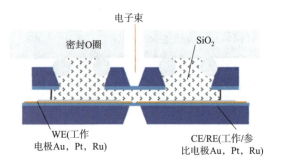
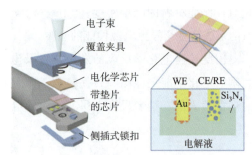

(c) 由 O-ring 密封的示意图，电极沉积在下方芯片上

(d) O-ring 密封，电极沉积在上方窗口芯片上，由接触点与样品杆内引线相互连通[150]

图 7-1　液体电化学芯片的发展

由于 Li 元素较为活泼，早期的相关研究都是基于其他金属进行的，这些研究为后续实现锂体系的研究奠定了基础（例如 Au,Pd,Cu,Pd 等）。White 等人用 STEM 研究了在硝酸铅[Pb(NO$_3$)$_2$]水溶液中，铅(Pb)原子在 Au 电极上的电沉积过程（图 7-2、图 7-3）[151]。他们观察到由于 Pb 枝晶的生长，电极发生短路现象。在充放电过程中，Pb 枝晶会出现生长－溶解的可逆行为，且枝晶生长的形核位置基本保持不变。通过对电化学反应过程中所获 STEM 图像和电流、电压变化曲线的定量分析，得到了循环电路中通过的电流与 Pb 的沉积量的直接关系。此外，通过对 STEM 图像的定量分析，得到 Pb$^{2+}$ 离子在电循环过程中的定性分布。

Sun 等人研究了在偏压情况下，液体 TEM 中 Pb 枝晶在 Au 电极上的原位生长过程[152]。在 Pb 枝晶的生长过程中，其尖端部分由起初的多晶结构逐渐演变成最终的单晶结构。此外他们也发现电解质溶液中 Pb$^{2+}$ 离子的含量会极大影响 Pb 枝晶的生长形态。此外，Radisic 等人观察 Cu 的原位电沉积过程[153,154]。铜(Cu)原子的前驱体来自电解质溶液中的硫酸铜(CuSO4)，在 Radisic 等人研究的实验条件中，Cu 呈现岛状生长。Cu 的生长形

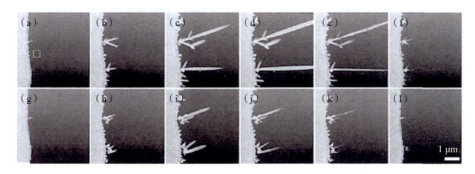

图 7-2 枝晶的生长和塌缩

注：图(a)~(f)和(g)~(l)是代表两个连续的循环；特定位点能够生长较大枝晶。

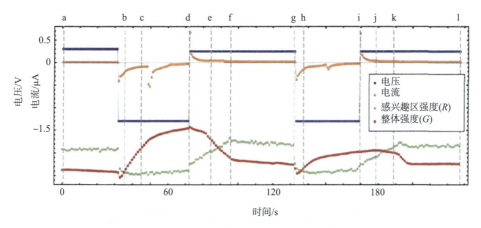

图 7-3 对应的电流、电压随时间的变化图，STEM 图的总衬度 $G$ 和图 a 中所选区域的衬度 $R$ 随时间的变化曲线[151]

态可以通过通电条件调控。

锂离子电池是能量存储领域非常重要的一个类别。在进行相关研究时，存在的其中一个难点是无法将电池充放电过程中材料的形貌结构、成分变化与电池的性能直接联系起来。Gu 等人用带有电化学功能的液体 TEM 技术研究了单根 Si 纳米线在电解质溶液中的锂化/脱锂过程(图 7-4)[155]。并将得到的结果与开放式的原位电化学研究结果相比较，发现不同的研究方法得到的锂化过程存在一定的差异，液体 TEM 中纳米线的锂化过程是整根浸泡在电解质中的纳米线同步发生的，反应方向由外而内(图 7-4)。而开放式的原位电化学研究结果中纳米线的键化方向是从纳米线的一端开始，反应界面不断向另外一端推进。

稳定的固态电解质间(SEI)层的形成对储能器件的性能至关重要，J. Y. Lee 等人用石墨烯液体池在原位 TEM 中实时观察了纳米尺度下，含有 $SnO_2$ 纳米管的电解液中锂盐与还原电解液发生反应，形成胶状团聚，沉积在活性 $SnO_2$ 表面作为钝化层，最后稳定下来使得整体厚度比较均匀[156]，如图 7-5 所示。

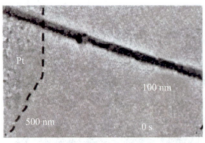
(a)初始状态(0 s)时 Cu-Si 纳米线的 TEM 图

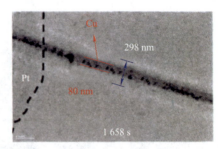
(b)进行锂化过程中,1 658 s 时 Cu-Si 纳米线的核壳结构形成

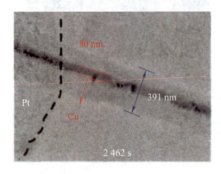
(c)2 462s Cu-Si 纳米线的核壳结构

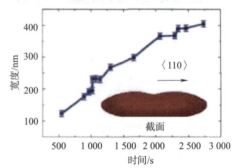
(d)纳米线在锂化反应过程中的宽度变化
注:插图部分表示 Si 纳米线在各向异性膨胀过程中横截面的⟨110⟩晶向膨胀幅度最大[155]

图 7-4 液体 TEM 中 Cu 包 Si 纳米线的原位锂化过程

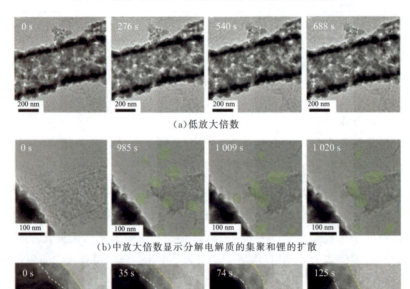

(a)低放大倍数

(b)中放大倍数显示分解电解质的集聚和锂的扩散

(c)高放大倍数下显示非晶层的形成过程和电解质的扩散稳定形成更均匀的钝化层

图 7-5 使用石墨烯液体池对 $SnO_2$ 纳米管进行形态观察的时间序列

在面对全球环境和能源问题的挑战中,燃料电池以其巨大的潜能脱颖而出。在 PEMFC 中,Pt 基催化剂常被用于加速阴极缓慢的 ORR(氧化还原反应)反应。但由于长期处于电解质的恶劣环境中,催化剂的降解和使用过程中的负载材料的腐蚀都是亟待解决的问题。基于贵金属催化剂的昂贵成本,近年来科学家们也探索了各种各样的新型催化剂,Zhu 等人用 LCTEM 对燃料电池中 Pt-Fe 催化剂在 CV 测量条件下的结构演变进行了实时观测[157]。Pt-Fe 纳米粒子的粗化(包括形核生长)在时间和空间上都是无序的,并且通过图 7-6 中的(m)(n)两图中的曲线能够确定纳米粒子的熟化条件。

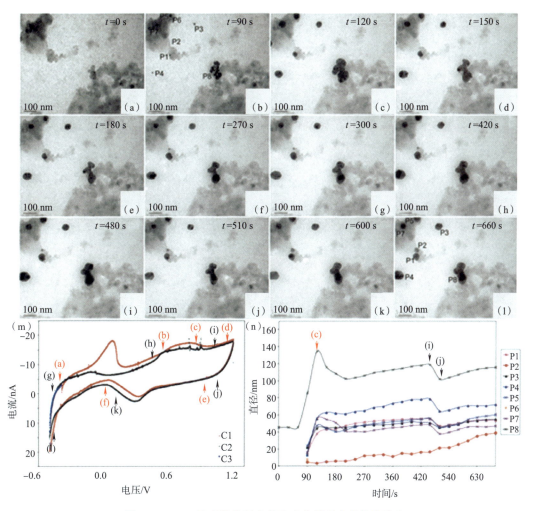

图 7-6　Pt-Fe 纳米催化剂在单个电位循环中的结构演变

注:图(a)~(l)是在电化学循环的不同阶段拍摄的 TEM 图像。P1~P8 标记的跟踪颗粒显示在(b)中。图(m)部分显示了对应于图(a)~(l)不同阶段的 CV 曲线。图(n)为循环过程中的粒径。平均直径是通过测量单个粒子的面积来计算的,假设这些粒子是球形的[157]。

在这些实验中值得一提的需要考虑到电子束对电解质的影响。前文已经提到,电子束可以形成水合电子、还原剂等,这可能会导致电解质的降解或者在无电偏置的情况下发生沉积。Abellan 等人测试了电子束对几种常见电解质的影响,$LiAsF_6$ 有较强的电子束影响,而 $LiPF_6$ 为受影响较小的一种电解质。一般为了保证原位实验结果的代表性,最好是进行实验检查这种电子束对所用电解质产生的影响是否过于严重[158]。

# 第8章 液体原位电子显微技术在腐蚀科学领域的应用

腐蚀是指金属和非金属材料在周围介质(水、空气、酸、碱、盐、溶剂等)作用下产生损耗与破坏的过程。腐蚀不但会导致大型基础设施中的结构材料失效,而且会造成微电子器件的损坏,但如果能够合理地利用腐蚀工艺,腐蚀也能被用来制备新型器件,例如半导体工业中,干法刻蚀和湿法腐蚀是一种被广泛用来制造各种几何形状半导体器件的技术[159-160]。

由于较差的耐腐蚀性能,目前的腐蚀研究大多集中在金属和合金体系上。其中,金属腐蚀是一种电化学过程,涉及电解液中金属的氧化和其他物质的还原以及相应的电荷转移。一般来说,金属或合金的耐腐蚀性能是由其结构和成分决定的,然而,因为腐蚀反应基本都发生在金属表面和溶液之间的界面上,所以在腐蚀过程中探测化学成分和结构变化的技术很有限。现有的用于腐蚀研究的原位技术包括同步加速器、X射线辐射和各种扫描探针显微镜[161]。但是,这些表征技术通常是在真空环境中检测样品,会影响人们对溶液环境中腐蚀行为的认知。因此,发展新技术,如原位液体电镜技术,可直接原位观察液体环境中材料的腐蚀过程,并且可获得原子级别分辨率的结构以及组成信息[47,54,162]。同时,兼容更多的功能时,如化学分析和电化学测量,可提供关于电化学腐蚀过程中更多有价值的信息。

本章论述利用液体原位电子显微技术研究材料腐蚀科学的相关工作,包括:单金属、合金、金属薄膜材料等在溶液中腐蚀行为及溶液环境因素的复杂作用,等等。

## 8.1 溶液环境中的化学腐蚀行为

根据溶液环境中金属腐蚀机理的不同,可以分为化学腐蚀和电化学腐蚀两类。其中,化学腐蚀通常是指金属材料与干燥气体或非电解质溶液直接发生化学反应而造成破坏,例如钢铁材料的高温氧化。其特点是金属表面腐蚀的随机性以及腐蚀过程的不可控。此外,根据腐蚀现象不同腐蚀也可分为均匀腐蚀和局部腐蚀两种类型。其中,均匀腐蚀是指腐蚀过程在金属表面均匀地进行且速率可以相对容易地测量和预测,通常对结构材料的损害较小。局部腐蚀则是最危险的一类腐蚀,又包括电偶腐蚀、小孔腐蚀、选择性腐蚀和应力腐蚀,等等[161,163]。

纳米晶在溶液环境中的腐蚀溶解主要是氧化刻蚀造成的,因为大多数纳米晶液相实验中都会有卤素离子和氧气的存在,而纳米晶表面的原子会被氧化成离子从而溶解扩散到周围溶液中,进而导致纳米晶的尺寸和形貌发生很大的改变。因为这样的形貌转变过程往往很快且会出现非平衡的中间产物,所以在以往的烧杯实验中很难捕捉到准确的中间态信息[164-166]。而利用液体原位电镜就可以捕捉到刻蚀过程中的中间态形状演变过程,而不只是弛豫后的最终刻蚀产物。以 Pd 纳米立方体为例,它在溴化钾溶液中的刻蚀优先从立方体的顶点和棱开始,导致 Pd 纳米立方体逐渐转变成球形[41][图 8-1(a)]。通过与石墨烯液体池技术相结合,其较高的空间分辨率可以帮助人们直接观察到钯立方体和金菱形十二面体在氧化刻蚀过程中不同晶面的演变过程[167],如图 8-1(b)所示。

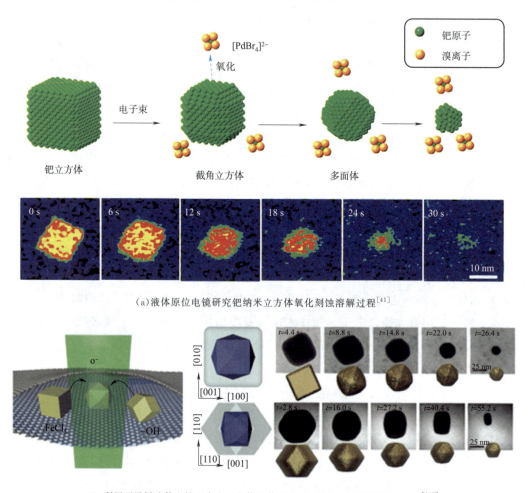

(a)液体原位电镜研究钯纳米立方体氧化刻蚀溶解过程[41]

(b)利用石墨烯液体电镜观察金立方体和菱形十二面体纳米晶体的刻蚀过程[167]

图 8-1 利用液体原位电镜捕捉刻蚀中的中间态形状演变过程

相比于单金属纳米晶,由于合金中不同金属的还原电势差异,合金的腐蚀现象更为复杂。图 8-2 显示在反应温度 90 ℃下,Pt-Ni 核壳菱形十二面体在醋酸水溶液中的原位腐蚀过程,纳米晶从富 Ni 的菱形十二面体逐渐转变为富 Pt 的 tetradecapods 结构[168]。蚀刻开始于菱形十二面体的一个侧面,并形成凹坑(图中红色箭头所指)。之后,凹坑逐渐扩大,从菱形十二面体的其他晶面上,依次刻蚀掉 Ni 原子[图 8-2(b),$t=58.7$ s;图 8-2(c),$t=67.2$ s],并最终转化为富 Pt 的 tetradecapods 结构[图 8-2(b),$t=153.1$ s;图 8-2(c),$t=167.1$ s]。原位化学刻蚀过程中,凹坑的形成是金属局部腐蚀的结果,这进一步说明局部腐蚀是化学腐蚀的主要原因。

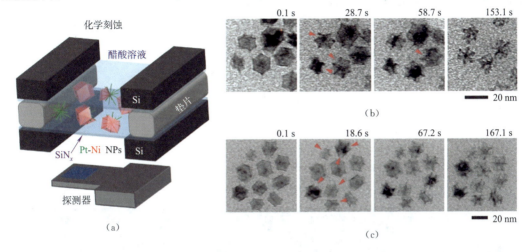

图 8-2 Pt-Ni 菱形十二面体在溶液中的原位化学腐蚀

注:(a)Pt-Ni 菱形十二面体纳米晶在加热的液体池内的原位化学蚀刻实验示意图;(b)(c)为时间序列的原位 TEM 图像显示,在 90 ℃的条件下,Pt-Ni 菱形十二面体纳米晶在 5%(体积分数)醋酸水溶液中的刻蚀过程。红色箭头指出纳米晶上形成的凹坑[168]。

研究合金纳米晶在蚀刻过程中的形貌和成分变化,对于理解纳米尺度下的去合金过程也至关重要,并可指导制备多孔合金纳米颗粒。图 8-3 是 Au-AuAg 合金纳米颗粒在硝酸溶液中的化学腐蚀过程[169]。在刻蚀的初始阶段,合金表面会先形成富金的钝化层,而在蚀刻过程中,在这层钝化层下面会形成孔洞并不断扩大,但随着这些孔的扩大,两个相邻孔之间的孔壁会形成韧带(白色箭头),进而连接纳米晶的内核和最外层壳,形成多孔壳层结构。

金属腐蚀是金属薄膜工艺中的重要流程之一。原位液体电镜可以用来研究腐蚀在薄膜微结构中是如何开始和传播的。如图 8-4 所示,Cu 和 Al 薄膜被分别沉积到电子束透明的氮化硅窗口上,并在液体池中流入氯化钠溶液,氯化钠溶液的浓度和浸泡时间都会影响薄膜的腐蚀现象[170]。在 6 mol/L 氯化钠溶液中冲刷 2 h,50 nm 厚的铜膜上被刻蚀出了大小不均的凹坑。而在 0.01 mol/L 和 1.0 mol/L 的氯化钠溶液中分别浸泡 15 h 和 4 h,100 nm 厚的铝膜分别出现了水疱和弯曲的腐蚀痕迹。这些结果都揭示了金属薄膜中不同腐蚀结构的形成和发展过程。

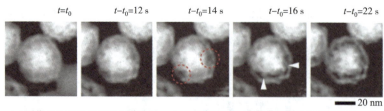

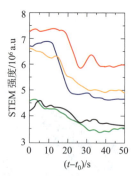

(a) 原位 HAADF-STEM 图像显示一个 Pt-Ni 纳米晶在硝酸溶液中的结构演变。首先在纳米晶表面附近形成两个明显的孔洞(红色虚线圈)并在合金外壳内逐渐变大。同时,随着这些孔的扩大,两个相邻孔之间的孔壁形成韧带(白色箭头),连接纳米晶的内核和最外层壳(即富金钝化层)。

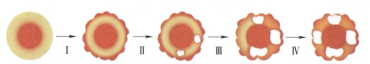

(c) 示意图显示在 Ag 的选择性化学蚀刻过程中,纳米晶的形态和元素组成是如何演变的。红色代表金,黄色代表银富集,橙色代表金富集的金银合金[169]。

(b) 原位化学刻蚀过程中,单个纳米颗粒 STEM 累积强度的变化。

图 8-3 Au-AuAg 合金纳米颗粒在硝酸溶液中的化学腐蚀

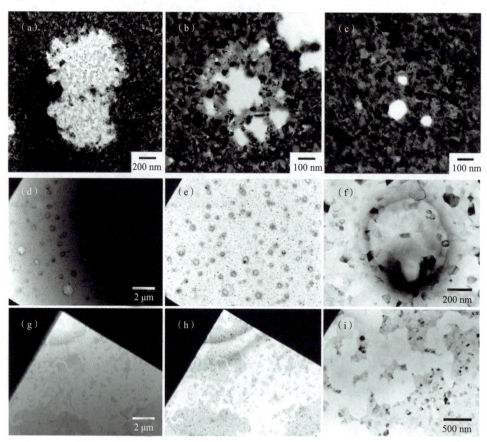

图 8-4 铜和铝薄膜在氯化钠溶液中的腐蚀现象

注:(a)~(c)为 50 nm 厚的铜膜在经过 6 mol/L 氯化钠溶液冲刷 2 h 后逐渐形成凹坑。(d)~(f)为 100 nm 厚的铝膜在 0.01 mol/L 氯化钠溶液中暴露 15 h 后形成的水疱。(g)~(i)为 100 nm 厚的铝膜在 1 mol/L 氯化钠溶液中暴露 4 h 后形成的弯曲腐蚀痕迹[170]。

## 8.2 溶液环境中的电化学腐蚀行为

溶液环境中材料的腐蚀除了化学腐蚀,也包含电化学腐蚀。电化学腐蚀通常是因为金属材料与电解质溶液接触发生原电池反应,较活泼的金属被氧化且伴随电荷转移。例如:钢铁表面产生铁锈和海水腐蚀。其特点是腐蚀过程的可控且易发生局部腐蚀。根据金属的氧化还原电位的差异,原位电化学刻蚀已经发展成为一种通用和直接的方法来调节催化合金纳米晶的表面结构和组成。

图 8-5 显示原位液体电镜研究 Pt-Ni 菱形十二面体纳米晶在电化学刻蚀过程中形貌的演变过程,研究发现,相比于不可控的化学刻蚀,电化学刻蚀可以获得更均匀的溶解过程,从而获得电极材料表面结构的精确可控调节[168]。

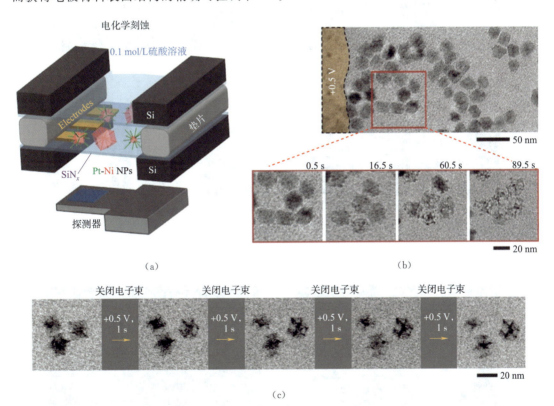

图 8-5　Pt-Ni 菱形十二面体在 0.1 mol/L 的硫酸电解质溶液中的电化学刻蚀

注:(a)原位电化学刻蚀的实验示意图。(b)(c)为时间序列的 TEM 图显示在+0.5 V 持续电势下 Ni 从 Pt-Ni 菱形晶上溶解的过程[168]。

此外,电化学刻蚀产生的多孔合金纳米晶的孔径大小也要比化学刻蚀的更均匀,且通过调节电化学电位可调节合金纳米晶的孔隙率。图 8-6 显示在有工作电极、参比电极和对电极的液体池中,在+0.5~+0.8 V的电化学电位下,研究Au-AuAg合金的选择性电化学蚀刻行为[169]。当电压值为+0.8 V时,由于Ag原子的快速剥离,纳米晶在不到2 s内迅速收缩,且在合金外壳中形成许多小孔,但之后,没有进一步的结构变化。将电压值从+0.8 V降到+0.5 V,Ag原子同样发生了刻蚀,且初始的刻蚀进行的很快,纳米晶尺寸迅速收缩,但只有很少的孔洞形成。与高电压下的腐蚀相比,低电压下腐蚀的孔洞更少但更大(+0.5 V时约为5 nm,+0.8 V时约为3 nm)。结果表明,在去合金过程中,Ag的溶解和Au的扩散形成了细小的孔洞,而Au的扩散促进了孔洞的合并,因此,可以通过控制电化学刻蚀的电压值来改变Ag的溶解速率和Au在去合金过程中的扩散速率,进而调节孔洞大小。

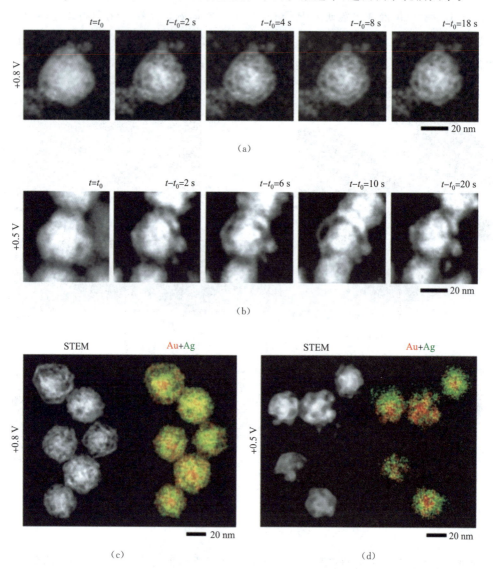

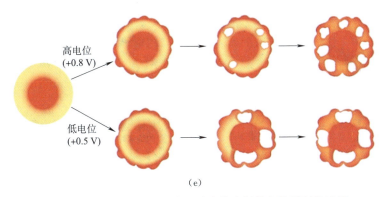

(e)

图 8-6　Au-AuAg 纳米晶在乙酸中的选择性电化学刻蚀过程

注：原位 HAADF-STEM 图像显示在体积分数为 0.1% 乙酸水溶液中，Au-AuAg 纳米晶在电化学电位为 +0.8 V[图(a)]和 +0.5 V[图(b)]下的结构演化过程。在 +0.8 V[图(c)]和 +0.5 V[图(d)]电位的作用下，纳米晶在原位电化学蚀刻后的 STEM 图像和相应的 EDX 图。这两种情况下的最终纳米晶分别含有原子分数约 70% 和约 30% 的 Au 和 Ag。(e)为在高电压和低电压下的选择性电化学蚀刻过程中，纳米晶的形貌和元素组成演变的示意图[169]。

## 8.3　腐蚀对纳米晶尺寸和结构的调控

利用氧化刻蚀原则上可以任意调节纳米晶的结构、尺寸与形貌等参数。目前关于贵金属纳米晶的氧化刻蚀研究主要集中在贵金属纳米晶的形核与长大过程中氧化刻蚀对其结构、形貌与尺寸的调节，以及合成后对某些特殊位点或者晶面的选择性氧化刻蚀行为。研究人员发现了更多关于贵金属纳米晶的结构、尺寸与形貌等参数调控的条件要求。同时合成具有理想尺寸、形状的纳米材料一方面可以通过可控地在生长的晶体中添加新原子，也可以选择性地从较大的纳米晶体中移除部分原子来实现[166]（图 8-7）。移除原子的过程就是纳米晶体溶解或氧化刻蚀的过程。但传统的蚀刻反应大多在烧瓶中进行，所以可提供的有关纳米晶体形貌、尺寸演变的信息很少。

首先，氧化刻蚀可在原子水平上对纳米晶的成核和生长进行控制，并且能够在其合成期间直接改变晶种、团簇和纳米晶的数量[171-173]。其次，可严格控制纳米晶体的尺寸或形貌，而保持其他参数（如表面化学）最小程度地改变，进而研究尺寸或形状与性质的关系，而不受其他因素的感染[174-176]。第三，它提供了通过原子刻蚀重塑贵金属纳米晶的可能性，从而改进了它们在特定应用中的功能[163,177-179]。总的来说，作为原子还原的逆过程，氧化刻蚀是贵金属纳米晶合成过程中一种非常重要的现象。由于贵金属纳米晶的物理和化学性质与其参数有很强的相关性，所以通过氧化蚀刻来调整贵金属纳米晶的参数无疑会扩大其在各个研究领域的应用。

目前已经报道的关于液体电子显微镜对贵金属纳米晶的氧化刻蚀的研究还是很缺乏，主要的研究对象也只是一些结构对称的贵金属纳米晶，如 Pd、Au 和 Pt 纳米立方体[41,42,180]。在

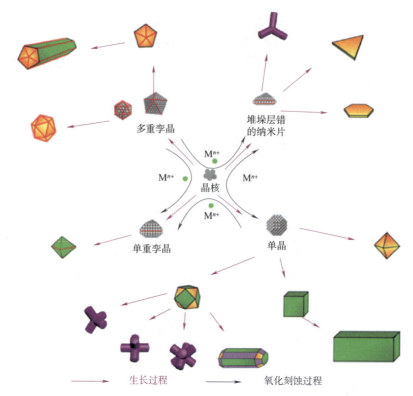

图 8-7　氧化刻蚀在不同形貌的面心立方贵金属纳米晶合成过程中的作用示意图[166]

这些研究中,原位观察与定量分析的结合可以直接计算出二十面体和立方体纳米晶的不同位点,如顶点、棱的溶解速率,给出 Pt 纳米晶体定量的溶解动力学模型,有助于提高纳米晶溶解过程的可控性[180](图 8-8)。

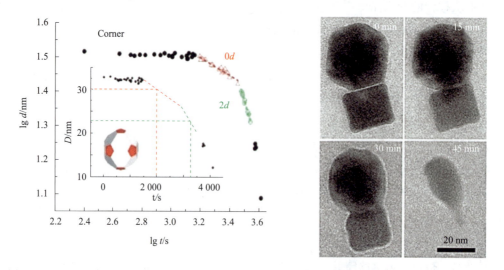

图 8-8　铂二十面体和立方体纳米晶在氯金酸和氯化钾混合溶液中的氧化刻蚀过程和定量分析[180]

## 8.4 影响纳米晶氧化刻蚀行为的不同因素

材料与周围环境因素(包括卤素离子、表面配体、pH 和温度等)的复杂相互作用会影响人们对材料腐蚀行为的基本认识,所以需要研究复杂环境中不同的因素的具体影响。其中,卤素离子(如 $Cl^-$、$Br^-$)的作用主要体现在通过选择性吸附到纳米晶的特定位点或晶面位置,从而促进纳米晶的局部刻蚀[164,181,182]。而表面配体吸附的影响可归结成两种:(1)保护该晶面免于刻蚀或减缓刻蚀;(2)促进该晶面的刻蚀[183]。这主要与表面配体的性质相关。表面配体会影响纳米晶的物理和化学性质,但观察配体的结合位点及其对纳米晶体形状转变的影响仍极具挑战性。而通过利用原位液体电镜来观察表面吸附不同配体的金纳米晶在蚀刻过程中的体积变化轨迹,人们可以通过纳米晶形貌和刻蚀速率的变化来判断出表面配体吸附的位点[183],如图 8-9 所示。

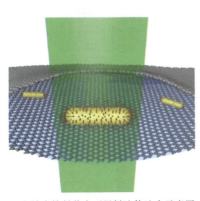

(a) 金纳米棒封装在石墨烯液体池中示意图

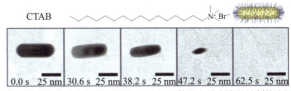

(b) 表面带有溴化十六烷基三甲铵(CTAB)配体的金纳米棒的蚀刻轨迹图像

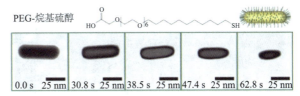

(c) 表面存在聚乙二醇-烷基硫醇配体(PEG-alkanethiol)的金纳米棒的蚀刻轨迹图

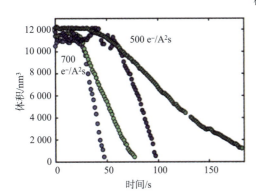

(d) 表面分别吸附 CTAB(蓝色)和聚乙二醇-烷基硫醇(绿色)配体的金纳米棒的蚀刻体积轨迹图

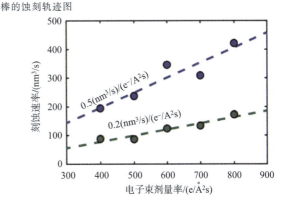

(e) 表面分别吸附 CTAB(蓝色)和聚乙二醇-烷基硫醇(绿色)配体的纳米棒均显示纳米棒蚀刻速率与电子束剂量率线性相关,但表面吸附聚乙二醇-烷基硫醇的纳米棒的蚀刻速度要慢两倍以上[183]

图 8-9 表面吸附不同配体的金纳米晶在蚀刻过程中的体积变化轨迹

除了受配体的影响，溶液氧化强度的改变也会直接导致纳米晶氧化刻蚀行为的剧烈变化。图 8-10 显示钯五重孪晶纳米棒在不同氧化强度的溶液中的溶解行为[184]。在弱氧化条件下（去离子水），钯五重孪晶纳米棒出现近平衡的氧化刻蚀行为，伴随着在纳米棒端部出现低指数晶面。而在中等或强氧化条件下（氯化铁溶液），纳米棒的刻蚀逐渐往非平衡方向进行，出现各种非平衡刻蚀中间体，如高指数晶面的针状尖端、表面存在大量凹槽、逐渐缩短或变细的纳米棒。这些特殊刻蚀中间体的出现，主要是由于在更强的氧化条件下，纳米棒的溶解速率逐渐加快，而纳米棒本身特殊的五重孪晶结构和生长过程中产生的均匀或不均匀的内部应力在这样更快的溶解动力学下会出现局部优先刻蚀，最终导致纳米棒发生对称或不对称的溶解行为。

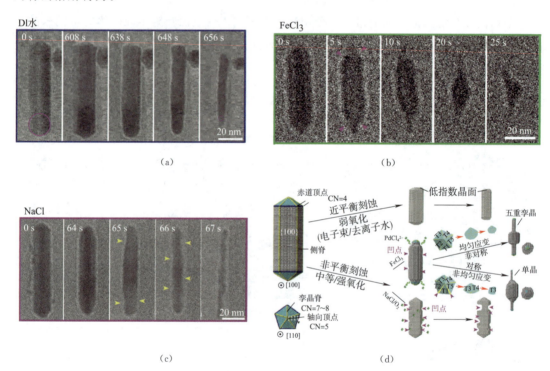

图 8-10　钯五重孪晶纳米棒在不同氧化强度的溶液中的溶解行为

注：钯五重孪晶纳米棒在(a)去离子水、(b)氯化铁溶液和(c)氯化钠溶液中分别出现的近平衡和非平衡氧化刻蚀行为；(d)为不同刻蚀反应过程的示意图[184]。

纳米晶本身的结构特征，如应变、曲率和孪晶结构等，也会影响到腐蚀动力学。研究人员通过对 Pd@Pt 核壳八面体的腐蚀过程进行实时研究，发现局部应变和不断变化的曲率会同时影响纳米晶的腐蚀动力学[169]（图 8-11）。具体来说，在具有拉伸应变和高局部曲率的位置，蚀刻过程要快得多。同时，计算结果表明，随着应变的增大，Pd 纳米晶的溶解会减小，更容易被腐蚀；而 Pd 原子在拉伸应变下比在压缩应变下更容易被腐蚀。

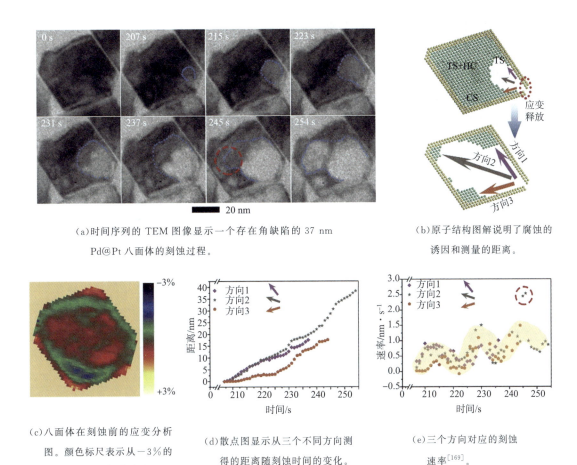

(a) 时间序列的 TEM 图像显示一个存在角缺陷的 37 nm Pd@Pt 八面体的刻蚀过程。

(b) 原子结构图解说明了腐蚀的诱因和测量的距离。

(c) 八面体在刻蚀前的应变分析图。颜色标尺表示从 $-3\%$ 的压应力到 $+3\%$ 的拉应力。

(d) 散点图显示从三个不同方向测得的距离随刻蚀时间的变化。

(e) 三个方向对应的刻蚀速率[169]。

图 8-11　Pd@Pt 核壳八面体从角缺陷位置开始的刻蚀过程

## 8.5　液体原位电子显微技术在腐蚀科学领域的挑战与机遇

如前所述，液体原位电镜技术有助于全面且深入的理解液相中材料的腐蚀行为，但是其在腐蚀科学中的应用仍处于起步阶段，还有很多问题亟待解决。其中的问题主要包括：(1) 液体原位电镜实验中，不可避免地要使用电子束来成像，但电子束与水的辐照产物会影响材料腐蚀行为，因此理解电子束的影响很重要。(2) 目前的液体原位电镜工作大都只是通过调节溶液化学环境和电势来研究材料的腐蚀行为，如果还能拓展温度和应力等多种原位刺激的手段，如金属的高温氧化现象，将更能指导实际环境中的腐蚀科学研究。

未来，得益于计算机模拟、机器学习、超薄液体池和超快相机等技术的迅猛发展[167,185,186]，人们可以在更高的时间和空间分辨率上捕捉到纳米晶的非平衡刻蚀中间态及更细节的刻蚀过程，并且能从理论的角度来更好地解释纳米晶特殊的腐蚀现象，由此，液体原位电镜在腐蚀科学领域将迎来更大的发展。

  总之，液体原位电镜技术在纳米材料科学领域的应用，极大地提高了人们对纳米材料的认识，为今后不同纳米材料的形核生长及材料在服役过程中的腐蚀防护等提供了指导。同时，基于这些基础研究，一方面可以合成具有特定尺寸、形貌、结构与性能的纳米材料，另一方面也能制造特殊几何结构的半导体器件，从而应用到光学、传感、集成电路与信息等领域。

## 参 考 文 献

[1] TAKESUE M, TOMURA T, YAMADA M, et al. Size of elementary clusters and process period in silver nanoparticle formation[J]. Journal of the American Chemical Society, 2011, 133(36): 14164-14167.

[2] HARADA M, TAMURA N, TAKENAKA M. Nucleation and growth of metal nanoparticles during photoreduction using in situ time-resolved SAXS analysis[J]. The Journal of Physical Chemistry C, 2011, 115(29): 14081-14092.

[3] BAHADUR J, SEN D, MAZUMDER S, et al. Colloidal nanoparticle interaction transition during solvent evaporation investigated by in-situ small-angle X-ray scattering[J]. Langmuir, 2015, 31(16): 4612-4618.

[4] NARAYANAN S, WANG J, LIN X M. Dynamical self-assembly of nanocrystal superlattices during colloidal droplet evaporation by in situ small angle X-ray scattering[J]. Physical Review Letters, 2004, 93(13): 135503.

[5] NORBY P, JOHNSEN S, IVERSEN B B. In situ X-ray diffraction study of the formation, growth, and phase transition of colloidal $Cu_{2-x}S$ nanocrystals[J]. ACS Nano, 2014, 8(5): 4295-4303.

[6] PENG S, OKASINSKI J S, ALMER J D, et al. Real-time probing of the synthesis of colloidal silver nanocubes with time-resolved high-energy synchrotron X-ray diffraction[J]. The Journal of Physical Chemistry C, 2012, 116(21): 11842-11847.

[7] HARADA M, IKEGAMI R. In situ quick X-ray absorption fine structure and small-angle X-ray scattering study of metal nanoparticle growth in water-in-oil microemulsions during photoreduction[J]. Crystal Growth & Design, 2016, 16(5): 2860-2873.

[8] RAMESH G V, SREEDHAR B, RADHAKRISHNAN T P. Real time monitoring of the in situ growth of silver nanoparticles in a polymer film under ambientconditions[J]. Physical Chemistry Chemical Physics, 2009, 11(43): 10059-10063.

[9] WEI Z, ZAMBORINI F P. Directly monitoring the growth of gold nanoparticle seeds into gold nanorods[J]. Langmuir, 2004, 20(26): 11301-11304.

[10] PYRGIOTAKIS G, BLATTMANN C O, PRATSINIS S, et al. Nanoparticle-nanoparticle interactions in biological media by atomic force microscopy[J]. Langmuir, 2013, 29(36): 11385-11395.

[11] KOERNER H, MACCUSPIE R I, PARK K, et al. In situ UV/Vis, SAXS and TEM study of single-phase gold nanoparticle growth[J]. Chemistry of Materials, 2012, 24(6): 981-995.

[12] CHEN J, ZHU E, LIU J, et al. Building two-dimensional materials one row at a time: Avoiding the nucleation barrier[J]. Science, 2018, 362(6419): 1135-1139.

[13] SLEUTEL M, LUTSKO J, VAN DRIESSCHE A E S, et al. Observing classical nucleation theory at work by monitoring phase transitions with molecular precision[J]. Nature Communications, 2014, 5(1): 5598.

[14] ALIYAH K, LYU J, GOLDMANN C, et al. Real-time in situ observations reveal a double role for

ascorbic acid in the anisotropic growth of silver on gold[J]. The Journal of Physical Chemistry Letters, 2020, 11(8): 2830-2837.

[15] LIAO H G, ZHENG H. Liquid cell transmission electron microscopy study of platinum iron nanocrystal growth and shape evolution[J]. Journal of the American Chemical Society, 2013, 135(13): 5038-5043.

[16] LIAO H G, ZHEREBETSKYY D, XIN H, et al. Facet development during platinum nanocube growth[J]. Science, 2014, 345(6199): 916-919.

[17] LOH N D, SEN S, BOSMAN M, et al. Multistep nucleation of nanocrystals in aqueous solution[J]. Nature Chemistry, 2017, 9(1): 77-82.

[18] NIELSEN M H, ALONI S, DE YOREO J J. In situ TEM imaging of $CaCO_3$ nucleation reveals coexistence of direct and indirect pathways[J]. Science, 2014, 345(6201): 1158-1162.

[19] NIELSEN M H, LI D, ZHANG H, et al. Investigating processes of nanocrystal formation and transformation via liquid cell TEM[J]. Microscopy and Microanalysis, 2014, 20(2): 425-436.

[20] PATTERSON J P, ABELLAN P, DENNY JR M S, et al. Observing the growth of metal-organic frameworks by in situ liquid cell transmission electron microscopy[J]. Journal of the American Chemical Society, 2015, 137(23): 7322-7328.

[21] WANG M, PARK C, WOEHL T J. Quantifying the nucleation and growth kinetics of electron beam nanochemistry with liquid cell scanning transmission electron microscopy[J]. Chemistry of Materials, 2018, 30(21): 7727-7736.

[22] WANG Y, WANG S, LU X. In situ observation of the growth of ZnO nanostructures using liquid cell electron microscopy[J]. The Journal of Physical Chemistry C, 2018, 122(1): 875-879.

[23] WILLIAMSON M J, TROMP R M, Vereecken P M, et al. Dynamic microscopy of nanoscale cluster growth at the solid-liquid interface[J]. Nature Materials, 2003, 2(8): 532-536.

[24] YUK J M, PARK J, ERCIUS P, et al. High-resolution EM of colloidal nanocrystal growth using graphene liquid cells[J]. Science, 2012, 336(6077): 61-64.

[25] ZHENG H, SMITH R K, JUN Y, et al. Observation of single colloidal platinum nanocrystal growth trajectories[J]. Science, 2009, 324(5932): 1309-1312.

[26] ZHU G, JIANG Y, LIN F, et al. In situ study of the growth of two-dimensional palladium dendritic nanostructures using liquid-cell electron microscopy[J]. Chemical Communications, 2014, 50(67): 9447-9450.

[27] JIN B, LIU Z, TANG R, et al. Quantitative investigation of the formation and growth of palladium fractal nanocrystals by liquid-cell transmission electron microscopy[J]. Chemical Communications, 2019, 55(56): 8186-8189.

[28] JIN B, SUSHKO M L, LIU Z, et al. Understanding anisotropic growth of au penta-twinned nanorods by liquid cell transmission electron microscopy[J]. The Journal of Physical Chemistry Letters, 2019, 10(7): 1443-1449.

[29] JIN B, WANG Y, LIU Z, et al. Revealing the cluster-cloud and its role in nanocrystallization[J]. Advanced Materials, 2019, 31(16): 1808225.

[30] LIN G, CHEE S W, RAJ S, et al. Linker-mediated self-assembly dynamics of charged nanoparticles [J]. ACS Nano, 2016, 10(8): 7443-7450.

[31] TAN S F, ANAND U, MIRSAIDOV U. Interactions and attachment pathways between functionalized gold nanorods[J]. ACS Nano, 2017, 11(2): 1633-1640.

[32] CHEN Q, CHO H, MANTHIRAM K, et al. Interaction potentials of anisotropic nanocrystals from the trajectory sampling of particle motion using in situ liquid phase transmission electron microscopy [J]. ACSC entral Science, 2015, 1(1): 33-39.

[33] KIM J, OU Z, JONES M R, et al. Imaging the polymerization of multivalent nanoparticles in solution[J]. Nature Communications, 2017, 8(1): 761.

[34] LUO B, SMITH J W, OU Z, et al. Quantifying the self-assembly behavior of anisotropic nanoparticles using liquid-phase transmission electron microscopy[J]. Accounts of Chemical Research, 2017, 50(5): 1125-1133.

[35] LEE J, NAKOUZI E, SONG M, et al. Mechanistic understanding of the growth kinetics anddynamics of nanoparticle superlattices by coupling interparticle forces from real-time measurements[J]. ACS Nano, 2018, 12(12): 12778-12787.

[36] LEE J, NAKOUZI E, XIAO D, et al. Interplay between short-and long-ranged forces leading to the formation of Ag nanoparticle superlattice[J]. Small, 2019, 15(33): 1901966.

[37] LI D, NIELSEN M H, LEE J R I, et al. Direction-specific interactions control crystal growth by oriented attachment[J]. Science, 2012, 336(6084): 1014-1018.

[38] SONG M, ZHOU G, LU N, et al. Oriented attachment induces fivefold twins by forming and decomposing high-energy grain boundaries[J]. Science, 2020, 367(6473): 40-45.

[39] HAUWILLER M R, ONDRY J C, CHAN C M, et al. Gold nanocrystal etching as a means of probing the dynamic chemical environment in graphene liquid cell electron microscopy[J]. Journal of the American Chemical Society, 2019, 141(10): 4428-4437.

[40] JIANG Y, ZHU G, DONG G, et al. Probing the oxidative etching induced dissolution of palladium nanocrystals in solution by liquid cell transmission electron microscopy[J]. Micron, 2017, 97: 22-28.

[41] JIANG Y, ZHU G, LIN F, et al. In situ study of oxidative etching of palladium nanocrystals by liquid cell electron microscopy[J]. Nano Letters, 2014, 14(7): 3761-3765.

[42] YE X, JONES M R, FRECHETTE L B, et al. Single-particle mapping of nonequilibrium nanocrystal transformations[J]. Science, 2016, 354(6314): 874-877.

[43] ZENG Z, ZHENG W, ZHENG H. Visualization of colloidal nanocrystal formation and electrode-electrolyte interfaces in liquids using TEM[J]. Accounts of Chemical Research, 2017, 50(8): 1808-1817.

[44] ZENG Z, LIANG W I, CHU Y H, et al. In situ TEM study of the Li-Au reaction in an electrochemical liquid cell[J]. Faraday Discussions, 2014, 176: 95-107.

[45] ZENG Z, LIANG W I, LIAO H G, et al. Visualization of electrode-electrolyte interfaces in $LiPF_6$/EC/DEC electrolyte for lithium ion batteries via in situ TEM[J]. Nano Letters, 2014, 14(4): 1745-1750.

[46] ZALUZEC N J, BURKE M G, HAIGH S J, et al. X-ray energy-dispersive spectrometry during in situ liquid cell studies using an analytical electron microscope[J]. Microscopy and Microanalysis, 2014, 20(2): 323-329.

[47] HOLTZ M E, YU Y, GAO J, et al. In situ electron energy-loss spectroscopy in liquids[J]. Microscopy and Microanalysis, 2013, 19(4): 1027-1035.

[48] PARK J, ELMLUND H, ERCIUS P, et al. 3D structure of individual nanocrystals in solution by electron microscopy[J]. Science, 2015, 349(6245): 290-295.

[49] KIM B H, HEO J, KIM S, et al. Critical differences in 3D atomic structure of individual ligand-protected nanocrystals in solution[J]. Science, 2020, 368(6486): 60-67.

[50] CHEE S W, BARAISSOV Z, LOH N D, et al. Desorption-mediated motion of nanoparticles at the liquid-solid interface[J]. The Journal of Physical Chemistry C, 2016, 120(36): 20462-20470.

[51] FU X, CHEN B, TANG J, et al. Imaging rotational dynamics of nanoparticles in liquid by 4D electron microscopy[J]. Science, 2017, 355(6324): 494-498.

[52] DE JONGE N, HOUBEN L, DUNIN-BORKOWSKI R E, et al. Resolution and aberration correction in liquid cell transmission electron microscopy[J]. Nature Reviews Materials, 2019, 4(1): 61-78.

[53] LU Y, YIN W J, PENG K L, et al. Self-hydrogenated shell promoting photocatalytic $H_2$ evolution on anatase $TiO_2$[J]. Nature Communications, 2018, 9(1): 2752.

[54] LIAO H G, ZHENG H. Liquid cell transmission electron microscopy[J]. Annual Review of Physical Chemistry, 2016, 67: 719-747.

[55] PU S, GONG C, ROBERTSON A W. Liquid cell transmission electron microscopy and its applications[J]. Royal Society Open Science, 2020, 7(1): 191204.

[56] HANSEN T W, WAGNER J B, DUNIN-BORKOWSKI R E. Aberration corrected and monochromated environmental transmission electron microscopy: challenges and prospects for materials science[J]. Materials Science and Technology, 2010, 26(11): 1338-1344.

[57] GAI P L. Development of wet environmental TEM(wet-ETEM) for in situ studies of liquid-catalyst reactions on the nanoscale[J]. Microscopy and Microanalysis, 2002, 8(1): 21-28.

[58] DAI L L, SHARMA R, WU C. Self-assembled structure of nanoparticles at a liquid-liquid interface[J]. Langmuir, 2005, 21(7): 2641-2643.

[59] ROSS F M. Liquid cell electron microscopy[M]. Cambridge University Press, 2017.

[60] LIU K L, WU C C, HUANG Y J, et al. Novel microchip for in situ TEM imaging of living organisms and bio-reactions in aqueous conditions[J]. Lab on a Chip, 2008, 8(11): 1915-1921.

[61] GROGAN J M, BAU H H. The nanoaquarium: a platform for in situ transmission electron microscopy in liquid media[J]. Journal of Microelectromechanical Systems, 2010, 19(4): 885-894.

[62] CHEN X, NOH K W, WEN J G, et al. In situ electrochemical wet cell transmission electron microscopy characterization of solid-liquid interactions between Ni and aqueous $NiCl_2$[J]. Acta Materialia, 2012, 60(1): 192-198.

[63] ZHENG H, CLARIDGE S A, MINOR A M, et al. Nanocrystal diffusion in a liquid thin film observed by in situ transmission electron microscopy[J]. Nano Letters, 2009, 9(6): 2460-2465.

[64] JONGE N, PECKYS D B, KREMERS G J, et al. Electron microscopy of whole cells in liquid with nanometer resolution[J]. Proceedings of the National Academy of Sciences, 2009, 106(7): 2159-2164.

[65] TAN S F, BISHT G, ANAND U, et al. In situ kinetic and thermodynamic growth control of Au-Pd

core-shell nanoparticles[J]. Journal of the American Chemical Society, 2018, 140(37): 11680-11685.

[66] TEXTOR M, DE JONGE N. Strategies for preparing graphene liquid cells for transmission electron microscopy[J]. Nano Letters, 2018, 18(6): 3313-3321.

[67] RASOOL H, DUNN G, FATHALIZADEH A, et al. Graphene-sealed Si/SiN cavities for high-resolution in situ electron microscopy of nano-confined solutions[J]. Physica Status Solidi(b), 2016, 253(12): 2351-2354.

[68] YANG J, CHOI M K, SHENG Y, et al. $MoS_2$ liquid cell electron microscopy through clean and fast polymer-free $MoS_2$ transfer[J]. Nano letters, 2019, 19(3): 1788-1795.

[69] KELLY D J, ZHOU M, CLARK N, et al. Nanometer resolution elemental mapping in graphene-based TEM liquid cells[J]. Nano Letters, 2018, 18(2): 1168-1174.

[70] DAHMKE I N, VERCH A, HERMANNSDORFER J, et al. Graphene liquid enclosure for single-molecule analysis of membrane proteins in whole cells using electron microscopy[J]. ACS Nano, 2017, 11(11): 11108-11117.

[71] ZHU G, JIANG Y, HUANG W, et al. Atomic resolution liquid-cell transmission electron microscopy investigations of the dynamics of nanoparticles in ultrathin liquids[J]. Chemical Communications, 2013, 49(93): 10944-10946.

[72] KESKIN S, KUNNAS P, DE JONGE N. Liquid-phase electron microscopy with controllable liquid thickness[J]. Nano Letters, 2019, 19(7): 4608-4613.

[73] ROSS F M. Opportunities and challenges in liquid cell electron microscopy[J]. Science, 2015, 350(6267): aaa9886.

[74] COLLINSON E, SWALLOW A J. The radiation chemistry of organic substances[J]. Chemical Reviews, 1956, 56(3): 471-568.

[75] WOEHL T J, JUNGJOHANN K L, EVANS J E, et al. Experimental procedures to mitigate electron beam induced artifacts during in situ fluid imaging of nanomaterials[J]. Ultramicroscopy, 2013, 127: 53-63.

[76] ABELLAN P, WOEHL T J, PARENT L R, et al. Factors influencing quantitative liquid(scanning) transmission electron microscopy[J]. Chemical Communications, 2014, 50(38): 4873-4880.

[77] PASTINA B, LAVERNE J A. Effect of molecular hydrogen on hydrogen peroxide in water radiolysis[J]. The Journal of Physical Chemistry A, 2001, 105(40): 9316-9322.

[78] LE CAËR S. Water radiolysis: influence of oxide surfaces on $H_2$ production under ionizing radiation[J]. Water, 2011, 3(1): 235-253.

[79] WOEHL T J, JUNGJOHANN K L, EVANS J E, et al. Experimental procedures to mitigate electron beam induced artifacts during in situ fluid imaging of nanomaterials[J]. Ultramicroscopy, 2013, 127: 53-63.

[80] HART E J. The Hydrated Electron: Properties and reactions of this most reactive and elementary of aqueous negative ions are discussed[J]. Science, 1964, 146(3640): 19-25.

[81] COOKMAN J, HAMILTON V, PRICE L S, et al. Visualising early-stage liquid phase organic crystal growth via liquid cell electron microscopy[J]. Nanoscale, 2020, 12(7): 4636-4644.

[82] ABELLAN P, MEHDI B L, PARENT L R, et al. Probing the degradation mechanisms in electro-

lyte solutions for Li-ion batteries by in situ transmission electron microscopy[J]. Nano Letters, 2014, 14(3): 1293-1299.

[83] WOEHL T J, ABELLAN P. Defining the radiation chemistry during liquid cell electron microscopy to enable visualization of nanomaterial growth and degradation dynamics[J]. Journal ofMicroscopy, 2017, 265(2): 135-147.

[84] GROGAN J M, SCHNEIDER N M, ROSS F M, et al. Bubble and pattern formation in liquid induced by an electron beam[J]. Nano Letters, 2014, 14(1): 359-364.

[85] ZHENG H, SMITH R K, JUN Y, et al. Observation of single colloidal platinum nanocrystal growth trajectories[J]. Science, 2009, 324(5932): 1309-1312.

[86] DEN HEIJER M, SHAO I, RADISIC A, et al. Patterned electrochemical deposition of copper using an electron beam[J]. APL Materials, 2014, 2(2): 022101.

[87] SCHNEIDER N M, NORTON M M, MENDEL B J, et al. Electron-water interactions and implications for liquid cell electron microscopy[J]. The Journal of Physical Chemistry C, 2014, 118(38): 22373-22382.

[88] ABELLAN P, MOSER T H, LUCAS I T, et al. The formation of cerium(Ⅲ)hydroxide nanoparticles by a radiation mediated increase in local pH[J]. RSC Advances, 2017, 7(7): 3831-3837.

[89] WOEHL T J, EVANS J E, ARSLAN I, et al. Direct in situ determination of the mechanisms controlling nanoparticle nucleation and growth[J]. ACS Nano, 2012, 6(10): 8599-8610.

[90] EVANS J E, JUNGJOHANN K L, BROWNING N D, et al. Controlled growth of nanoparticles from solution with in situ liquid transmission electron microscopy[J]. Nano Letters, 2011, 11(7): 2809-2813.

[91] UNOCIC R R, LUPINI A R, BORISEVICH A Y, et al. Direct-write liquid phase transformations with a scanning transmission electron microscope[J]. Nanoscale, 2016, 8(34): 15581-15588.

[92] MOSER T H, MEHTA H, PARK C, et al. The role of electron irradiation history in liquid cell transmission electron microscopy[J]. Science Advances, 2018, 4(4): eaaq1202.

[93] KHAN M. The Transmission Electron Microscope[J]. In Technology, 2012, 5:86-96.

[94] REGULLA D, FRIEDLAND W, HEIBER L, et al. Spatially limited effects of dose and let enhancement near tissue/gold interfaces at diagnostic x ray qualities[J]. Radiation Protection Dosimetry, 2000, 90(1-2): 159-163.

[95] GUPTA T, SCHNEIDER N M, PARK J H, et al. Spatially dependent dose rate in liquid cell transmission electron microscopy[J]. Nanoscale, 2018, 10(16): 7702-7710.

[96] YUK J M, PARK J, ERCIUS P, et al. High-resolution EM of colloidal nanocrystal growth using graphene liquid cells[J]. Science, 2012, 336(6077): 61-64.

[97] WOEHL T J, PROZOROV T. The mechanisms for nanoparticle surface diffusion and chain self-assembly determined from real-time nanoscale kinetics in liquid[J]. The Journal of Physical Chemistry C, 2015, 119(36): 21261-21269.

[98] VERCH A, PFAFF M, DE JONGE N. Exceptionally slow movement of gold nanoparticles at a solid/liquid interface investigated by scanning transmission electron microscopy[J]. Langmuir, 2015, 31(25): 6956-6964.

[99] SUTTER E, JUNGJOHANN K, BLIZNAKOV S, et al. In situ liquid-cell electron microscopy of

silver-palladium galvanic replacement reactions on silver nanoparticles[J]. Nature Communications, 2014, 5(1): 4946.

[100] FARADAY M. X. The Bakerian Lecture: Experimental relations of gold(and other metals)tolight [J]. Philosophical Transactions of the Royal Society of London, 1857(147): 145-181.

[101] DANIEL M C, ASTRUC D. Gold nanoparticles: assembly, supramolecular chemistry, quantum-size-related properties, and applications toward biology, catalysis, and nanotechnology[J]. Chemical Reviews, 2004, 104(1): 293-346.

[102] MURPHY C J, SAU T K, GOLE A M, et al. Anisotropic metal nanoparticles: synthesis, assembly, and optical applications [J]. The Journal of Physical Chemistry B, 2005, 109(29): 13857-13870.

[103] XIA Y, XIONG Y, LIM B, et al. Shape-controlled synthesis of metal nanocrystals: simple chemistry meets complex physics? [J]. Angewandte Chemie International Edition, 2009, 48(1): 60-103.

[104] HUANG H, ZHANG L, LV T, et al. Five-Fold twinned Pd nanorods and their use as templates for the synthesis of bimetallic or hollow nanostructures[J]. ChemNanoMat, 2015, 1(4): 246-252.

[105] DA SILVA R R, YANG M, CHOI S I, et al. Facile synthesis of sub-20 nm silver nanowires through a bromide-mediated polyol method[J]. ACS Nano, 2016, 10(8): 7892-7900.

[106] RUDITSKIY A, ZHAO M, GILROY K D, et al. Toward a quantitative understanding of the sulfate-mediated synthesis of Pd decahedral nanocrystals with high conversion and morphology yields [J]. Chemistry of Materials, 2016, 28(23): 8800-8806.

[107] CHU H C, KUO C H, HUANG M H. Thermal aqueous solution approach for the synthesis of triangular and hexagonal gold nanoplates with three different size ranges[J]. Inorganic Chemistry, 2006, 45(2): 808-813.

[108] HUANG W L, CHEN C H, HUANG M H. Investigation of the growth process of gold nanoplates formed by thermal aqueous solution approach and the synthesis of ultra-small gold nanoplates[J]. The Journal of Physical Chemistry C, 2007, 111(6): 2533-2538.

[109] LI C R, LU N P, XU Q, et al. Decahedral and icosahedral twin crystals of silver: Formation and morphology evolution[J]. Journal of Crystal Growth, 2011, 319(1): 88-95.

[110] ZENG J, TAO J, LI W, et al. A mechanistic study on the formation of silver nanoplates in the presence of silver seeds and citric acid or citrate ions[J]. Chemistry-An Asian Journal, 2011, 6(2): 376-379.

[111] ZHANG Q, YANG Y, LI J, et al. Citrate-free synthesis of silver nanoplates and the mechanistic study[J]. ACS Applied Materials & Interfaces, 2013, 5(13): 6333-6345.

[112] MCDOWELL M T, JUNGJOHANN K L, CELANO U. Dynamic nanomaterials phenomena investigated with in situ transmission electron microscopy: A nano letters virtual issue[J]. Nano Letters, 2018, 18(2): 657-659.

[113] POLTE J, AHNER T T, DELISSEN F, et al. Mechanism of gold nanoparticle formation in the classical citrate synthesis method derived from coupled in situ XANES and SAXS evaluation[J]. Journal of the American Chemical Society, 2010, 132(4): 1296-1301.

[114] HARADA M, KAMIGAITO Y. Nucleation and aggregative growth process of platinum nanoparticles studied by in situ quick XAFS spectroscopy[J]. Langmuir, 2012, 28(5): 2415-2428.

[115] NIU K Y, PARK J, ZHENG H, et al. Revealing bismuth oxide hollow nanoparticle formation by the Kirkendall effect[J]. Nano Letters, 2013, 13(11): 5715-5719.

[116] XIN H L, ZHENG H. In situ observation of oscillatory growth of bismuth nanoparticles[J]. Nano Letters, 2012, 12(3): 1470-1474.

[117] GROGAN J M, SCHNEIDER N M, ROSS F M, et al. Bubble and pattern formation in liquid induced by an electron beam[J]. Nano Letters, 2014, 14(1): 359-364.

[118] LIU Y, LIN X M, SUN Y, et al. In situ visualization of self-assembly of charged gold nanoparticles[J]. Journal of the American Chemical Society, 2013, 135(10): 3764-3767.

[119] WOEHL T J, PARK C, EVANS J E, et al. Direct observation of aggregative nanoparticle growth: Kinetic modeling of the size distribution and growth rate[J]. Nano Letters, 2014, 14(1): 373-378.

[120] KARTHIKA S, RADHAKRISHNAN T K, KALAICHELVI P. A review of classical and nonclassical nucleation theories[J]. Crystal Growth & Design, 2016, 16(11): 6663-6681.

[121] LOH N D, SEN S, BOSMAN M, et al. Multistep nucleation of nanocrystals in aqueous solution[J]. Nature Chemistry, 2017, 9(1): 77-82.

[122] ANAND U, LU J, LOH D, et al. Hydration layer-mediated pairwise interaction of nanoparticles[J]. Nano Letters, 2016, 16(1): 786-790.

[123] YANG J, KOO J, KIM S, et al. Amorphous-phase-mediated crystallization of Ni nanocrystals revealed by high-resolution liquid-phase electron microscopy[J]. Journal of the American Chemical Society, 2019, 141(2): 763-768.

[124] FUKAMI A, FUKUSHIMA K, KOHYAMA N. Observation technique for wet clay minerals using film-sealed environmental cell equipment attached to high-resolution electron microscope[M]// Microstructure of Fine-Grained Sediments: From Mud to Shale. New York, NY: Springer New York, 1991: 321-331.

[125] JEONG M, YUK J M, LEE J Y. Observation of surface atoms during platinum nanocrystal growth by monomer attachment[J]. Chemistry of Materials, 2015, 27(9): 3200-3202.

[126] WOEHL T J, EVANS J E, ARSLAN I, et al. Direct in situ determination of the mechanisms controlling nanoparticle nucleation and growth[J]. ACS Nano, 2012, 6(10): 8599-8610.

[127] PARK J H, SCHNEIDER N M, GROGAN J M, et al. Control of electron beam-induced Au nanocrystal growth kinetics through solution chemistry[J]. Nano Letters, 2015, 15(8): 5314-5320.

[128] ALLOYEAU D, DACHRAOUI W, JAVED Y, et al. Unravelling kinetic and thermodynamic effects on the growth of gold nanoplates by liquid transmission electron microscopy[J]. Nano Letters, 2015, 15(4): 2574-2581.

[129] LANGILLE M R, PERSONICK M L, MIRKIN C A. Plasmon-mediated syntheses of metallic nanostructures[J]. Angewandte Chemie International Edition, 2013, 52(52): 13910-13940.

[130] ATWATER H A, POLMAN A. Plasmonics for improved photovoltaic devices[J]. Nature Materials, 2010, 9(3): 205-213.

[131] LINIC S, CHRISTOPHER P, INGRAM D B. Plasmonic-metal nanostructures for efficient conversion of solar to chemical energy[J]. Nature Materials, 2011, 10(12): 911-921.

[132] SUTTER P, LI Y, ARGYROPOULOS C, et al. In situ electron microscopy of plasmon-mediated nanocrystal synthesis[J]. Journal of the American Chemical Society, 2017, 139(19): 6771-6776.

[133] LIAO H G, ZHEREBETSKYY D, XIN H, et al. Facet development during platinum nanocube growth[J]. Science, 2014, 345(6199): 916-919.

[134] AHMAD N, WANG G, NELAYAH J, et al. Exploring the formation of symmetric gold nanostars by liquid-cell transmission electron microscopy[J]. Nano Letters, 2017, 17(7): 4194-4201.

[135] CHEN J S, ZHU T, LI C M, et al. Building hematite nanostructures by oriented attachment[J]. Angewandte Chemie International Edition, 2011, 3(50): 650-653.

[136] WANG C, DU G, STAHL K, et al. Ultrathin $SnO_2$ nanosheets: oriented attachment mechanism, nonstoichiometric defects, and enhanced lithium-ion battery performances[J]. The Journal of Physical Chemistry C, 2012, 116(6): 4000-4011.

[137] LIU Z, PAN H, ZHU G, et al. Realignment of nanocrystal aggregates into single crystals as a result of inherent surface stress[J]. Angewandte Chemie International Edition, 2016, 55(41): 12836-12840.

[138] ZHENG H, SMITH R K, JUN Y, et al. Observation of single colloidal platinum nanocrystal growth trajectories[J]. Science, 2009, 324(5932): 1309-1312.

[139] TAN S F, CHEE S W, LIN G, et al. Real-time imaging of the formation of Au-Ag coreshell nanoparticles[J]. Journal of the American Chemical Society, 2016, 138(16): 5190-5193.

[140] DE YOREO J J, GILBERT P U P A, SOMMERDIJK N A J M, et al. Crystallization by particle attachment in synthetic, biogenic, and geologic environments[J]. Science, 2015, 349(6247): aaa6760.

[141] LIAO H G, ZHENG H. Liquid cell transmission electron microscopy study of platinum iron nanocrystal growth and shape evolution[J]. Journal of the American Chemical Society, 2013, 135(13): 5038-5043.

[142] AABDIN Z, LU J, ZHU X, et al. Bonding pathways of gold nanocrystals in solution[J]. Nano Letters, 2014, 14(11): 6639-6643.

[143] KIM Y Y, SCHENK A S, IHLI J, et al. A critical analysis of calcium carbonatemesocrystals[J]. Nature Communications, 2014, 5(1): 4341.

[144] LI D, NIELSEN M H, LEE J R I, et al. Direction-specific interactions control crystal growth by oriented attachment[J]. Science, 2012, 336(6084): 1014-1018.

[145] JIA Q, WU W, WANG Y, et al. Local mutational diversity drives intratumoral immune heterogeneity in non-small cell lung cancer[J]. Nature Communications, 2018, 9(1): 5361.

[146] VEKILOV P G. The two-step mechanism of nucleation of crystals in solution[J]. Nanoscale, 2010, 2(11): 2346-2357.

[147] JIN B, WANG Y, LIU Z, et al. Revealing the cluster-cloud and its role in nanocrystallization[J]. Advanced Materials, 2019, 31(16): 1808225.

[148] NIELSEN M H, ALONI S, DE YOREO J J. In situ TEM imaging of $CaCO_3$ nucleation reveals coexistence of direct and indirect pathways[J]. Science, 2014, 345(6201): 1158-1162.

[149] SMEETS P J M, CHO K R, KEMPEN R G E, et al. In situ TEM shows ion binding is key to directing $CaCO_3$ nucleation in a biomimetic matrix[J]. Nature Materials, 2015, 14: 394-399.

[150] YANG C, HAN J, LIU P, et al. Direct Observations of the Formation and Redox-Mediator-Assisted Decomposition of $Li_2O_2$ in a Liquid-Cell $Li-O_2$ Microbattery by Scanning Transmission Electron Microscopy[J]. Advanced Materials, 2017, 29(41): 1702752.

[151] WHITE E R, SINGER S B, AUGUSTYN V, et al. In situ transmission electron microscopy of lead dendrites and lead ions in aqueous solution[J]. Acs Nano, 2012, 6(7): 6308-6317.

[152] SUN M, LIAO H G, NIU K, et al. Structural and morphological evolution of lead dendrites during electrochemical migration[J]. Scientific Reports, 2013, 3(1): 3227.

[153] RADISIC A, VEREECKEN P M, HANNON J B, et al. Quantifying electrochemical nucleation and growth of nanoscale clusters using real-time kinetic data[J]. Nano Letters, 2006, 6(2): 238-242.

[154] RADISIC A, ROSS F M, SEARSON P C. In situ study of the growth kinetics of individual island electrodeposition of copper[J]. The Journal of Physical Chemistry B, 2006, 110(15): 7862-7868.

[155] GU M, PARENT L R, MEHDI B L, et al. Demonstration of an electrochemical liquid cell for operando transmission electron microscopy observation of the lithiation/delithiation behavior of Si nanowire battery anodes[J]. Nano Letters, 2013, 13(12): 6106-6112.

[156] UNOCIC R R, SUN X G, SACCI R L, et al. Direct visualization of solid electrolyte interphase formation in lithium-ion batteries with in situ electrochemical transmission electron microscopy[J]. Microscopy and Microanalysis, 2014, 20(4): 1029-1037.

[157] ZHU G Z, PRABHUDEV S, YANG J, et al. In situ liquid cell TEM study of morphological evolution and degradation of Pt-Fe nanocatalysts during potential cycling[J]. The Journal of Physical Chemistry C, 2014, 118(38): 22111-22119.

[158] ABELLAN P, MEHDI B L, PARENT L R, et al. Probing the degradation mechanisms in electrolyte solutions for Li-ion batteries by in situ transmission electron microscopy[J]. Nano Letters, 2014, 14(3): 1293-1299.

[159] ASPNES D E, STUDNA A A. Chemical etching and cleaning procedures for Si, Ge, and some Ⅲ-Ⅴ compound semiconductors[J]. Applied Physics Letters, 1981, 39(4): 316-318.

[160] SEIDEL H, CSEPREGI L, HEUBERGER A, et al. Anisotropic etching of crystalline silicon in alkaline solutions: I. Orientation dependence and behavior of passivation layers[J]. Journal of the electrochemical society, 1990, 137(11): 3612.

[161] National Research Council, Division of Behavioral, Board on Testing, et al. Successful K-12 STEM education: Identifying effective approaches in science, technology, engineering, and mathematics [M]. National Academies Press, 2011.

[162] KELLY D J, ZHOU M, CLARK N, et al. Nanometer resolution elemental mapping in graphene-based TEM liquid cells[J]. Nano Letters, 2018, 18(2): 1168-1174.

[163] RUDITSKIY A, XIA Y. The science and art of carving metal nanocrystals[J]. ACS Nano, 2017, 11(1): 23-27.

[164] NALAJALA N, CHAKRABORTY A, BERA B, et al. Chloride($Cl^-$)ion-mediated shape control of palladium nanoparticles[J]. Nanotechnology, 2016, 27(6): 065603.

[165] ZHENG Y, ZENG J, RUDITSKIY A, et al. Oxidative etching and its role in manipulating the nucleation and growth of noble-metal nanocrystals[J]. Chemistry of Materials, 2014, 26(1): 22-33.

[166] LONG R, ZHOU S, WILEY B J, et al. Oxidative etching for controlled synthesis of metal nanocrystals: atomic addition and subtraction[J]. Chemical Society Reviews, 2014, 43(17): 6288-6310.

[167] YE X, JONES M R, FRECHETTE L B, et al. Single-particle mapping of nonequilibrium nano-

crystal transformations[J]. Science, 2016, 354(6314): 874-877.

[168] TAN S F, CHEE S W, BARAISSOV Z, et al. Intermediate structures of Pt-Ni nanoparticles during selective chemical and electrochemical etching[J]. The Journal of Physical Chemistry Letters, 2019, 10(20): 6090-6096.

[169] JIANG Y, WANG L, MEUNIER M, et al. Formation pathways of porous alloy nanoparticles through selective chemical and electrochemical etching[J]. Small, 2021, 17(17): 2006953.

[170] CHEE S W, PRATT S H, HATTAR K, et al. Studying localized corrosion using liquid cell transmission electron microscopy[J]. Chemical Communications, 2015, 51(1): 168-171.

[171] XIONG Y, CHEN J, WILEY B, et al. Size-dependence of surface plasmon resonance and oxidation for Pd nanocubes synthesized via a seed etching process[J]. Nano Letters, 2005, 5(7): 1237-1242.

[172] WILEY B, HERRICKS T, SUN Y, et al. Polyol synthesis of silver nanoparticles: use of chloride and oxygen to promote the formation of single-crystal, truncated cubes and tetrahedrons[J]. Nano Letters, 2004, 4(9): 1733-1739.

[173] LI B, LONG R, ZHONG X, et al. Investigation of size-dependent plasmonic and catalytic properties of metallic nanocrystals enabled by size control with HCl oxidative etching[J]. Small, 2012, 8(11): 1710-1716.

[174] TSUNG C K, KOU X, SHI Q, et al. Selective shortening of single-crystalline gold nanorods by mild oxidation[J]. Journal of the American Chemical Society, 2006, 128(16): 5352-5353.

[175] SREEPRASAD T S, SAMAL A K, PRADEEP T. Body-or tip-controlled reactivity of gold nanorods and their conversion to particles through other anisotropic structures[J]. Langmuir, 2007, 23(18): 9463-9471.

[176] WENG G, DONG X, LI J, et al. Halide ions can trigger the oxidative etching of gold nanorods with the iodide ions being the most efficient[J]. Journal of Materials Science, 2016, 51: 7678-7690.

[177] LU X, AU L, MCLELLAN J, et al. Fabrication of cubic nanocages and nanoframes by dealloying Au/Ag alloy nanoboxes with an aqueous etchant based on $Fe(NO_3)_3$ or $NH_4OH$[J]. Nano Letters, 2007, 7(6): 1764-1769.

[178] WANG Z, WANG H, ZHANG Z, et al. Synthesis of Pd nanoframes by excavating solidnanocrystals for enhanced catalytic properties[J]. ACS Nano, 2017, 11(1): 163-170.

[179] ZHANG L, ROLING L T, WANG X, et al. Platinum-based nanocages with subnanometer-thick walls and well-defined, controllable facets[J]. Science, 2015, 349(6246): 412-416.

[180] WU J, GAO W, YANG H, et al. Dissolution kinetics of oxidative etching of cubic and icosahedral platinum nanoparticles revealed by in situ liquid transmission electron microscopy[J]. ACS Nano, 2017, 11(2): 1696-1703.

[181] ALMORA-BARRIOS N, NOVELL-LERUTH G, WHITING P, et al. Theoretical description of the role of halides, silver, and surfactants on the structure of gold nanorods[J]. Nano Letters, 2014, 14(2): 871-875.

[182] ISLAM M. Effects of metal cations on mild steel corrosion in 10 mM $Cl^-$ aqueous solution[J]. Corrosion Science the Journal on Environmental Degradation of Material & its control, 2018, 131: 17-27.

[183] HAUWILLER M R, YE X, JONES M R, et al. Tracking the effects of ligands on oxidative etch-

ing of gold nanorods in graphene liquid cell electron microscopy[J]. ACS Nano, 2020, 14(8): 10239-10250.

[184] MA X, LIN F, CHEN X, et al. Synergy between structure characteristics and the solution chemistry in a near/non-equilibrium oxidative etching of penta-twinned palladium nanorods[J]. The Journal of Physical Chemistry C, 2021, 125(7): 4010-4020.

[185] YAO L, OU Z, LUO B, et al. Machine learning to reveal nanoparticle dynamics from liquid-phase TEM videos[J]. ACS Central Science, 2020, 6(8): 1421-1430.

[186] CHEN L, LEONARDI A, CHEN J, et al. Imaging the kinetics of anisotropic dissolution of bimetallic core-shell nanocubes using graphene liquid cells[J]. Nature Communications, 2020, 11(1): 3041.

# 第三篇
# 电学原位电子显微学

电子器件、半导体工业与信息、能源产业的高速发展推动了原位电子显微技术的萌芽与进步。材料与器件的宏观特性与其多尺度的微结构特征,如畴结构、原子结构、电子结构都具有强关联性。在材料与器件的使役过程中,微结构也会对环境、外场响应、电子结构和物理化学性质发生相应的动态变化。仅依靠非原位微结构表征技术进行静态与准静态研究,无法直观地展示动态演变规律与动力学行为,无法有效揭示使役过程中的耦合关联。在这一背景下,原位电子显微技术应运而生,其对于纳米材料、功能材料与器件研究的重要性亦不言而喻。原位电子显微技术的研究起源于 20 世纪 60 年代,目前已进入成熟的商业化发展阶段。该技术是指依托原位电学测试实现纳米甚至原子尺度上对材料电致动力学过程的精确观察和记录[2-3]。原位电子显微技术在电致相变、电致迁移、场发射和机械共振等领域被广泛应用[4-8]。在原位电子显微技术发展过程中,主要的挑战在于如何在透射电镜有限的空间中,搭建纳米电学器件和电极系统,进而实现高精度结构表征与精确物性测量。目前国际上通用的原位电学测试技术,包括 STM-TEM 电学测试以及基于 MEMS 器件的电学加载技术,在不同层面解决了上述的难点并将电学技术发展应用到各个领域。

# 第 9 章 电学原位电子显微技术的发展历史与现状

## 9.1 概 述

1982 年，Gerd Binnig 和 Heinrich Rohrer 研制出了世界上第一台扫描隧道显微镜（scanning tunneling microscope，STM），并因此获得 1986 年度诺贝尔物理学奖[9]。STM 首次实现了单个原子结构的观察以及相关性能的研究，在极大地推动表面科学发展的同时，也间接促进了原位电镜技术的发展。实际上 TEM 中 STM 技术的引入为原位透射电镜技术的发展提供了一个强有力的武器[2]，实现了 TEM 中纳米电极的设计和操控。由于透射电镜的分辨率很大程度上取决于物镜极靴间隙的大小，而样品通常放置于物镜上下极靴之间的狭小区域，要将 STM 探针驱动与控制系统置于如此狭小的区域内并不是一项简单任务。最初将 STM 加入到 TEM 中的尝试并不顺利，1993 年，Lo 等尝试了将 STM 安装到 TEM 中，但过厚的样品在透射模式下无法观察，进而使用了反射显微镜，而作为牺牲，电镜的分辨率也大大降低[10]。1995 年，Lutwyche 等利用微机械加工设计了一种微型 $\mu$-STM 探头，其中针尖与样品部分厚度低于 500 nm，可实现 200 kV 电子束的观测，这就是原位 STM-TEM 技术的雏形[11]。

首次尝试将 STM 与 TEM 技术结合进行电学研究的是 Takayanagi 等人，1998 年，他们将 STM 的金针尖与样品杆内部的金电极压在一起，通过控制金针尖与电极的尺寸成功地将其放入 TEM 中，在 TEM 观测下控制距离直至得到原子尺寸的金原子链。随后在原子链两端进行电学测量[2]。STM-TEM 技术在当时还略显粗糙，一是因为针尖的三维运动步长很大，尤其是在电镜极靴狭小的空间内，稍微过大的步长都容易对电镜造成致命性损害，因而实验过程中基本只能实现水平方向的进退。二是针尖在运动过程中的振动传递，极大限制了原位观测的分辨能力。

2000 年，Zettle 课题组利用原位操控技术在电场作用下实现了多壁碳纳米管端部的逐层剥落与层间滑动。用此方法制备的纳米探针在扫描探针显微镜、生物插入和机械纳米支撑等领域具有广阔的应用前景[12-13]。但此前所述该技术的问题一直没有得到很好地解决，直到 2003 年，Svensson 等利用针尖的惯性滑移机制实现了压电管在三维方向上纳米精度的移动和扫描，并设计出尺寸不到 1 cm³ 的 STM，使得小体积 STM 能被放置到 TEM 的样品杆中，减少了与物镜极靴的碰撞几率，同时紧凑的设计和内部的弹簧设置可有效确保振动隔离,最大限度地减少了外部振动阻尼,因而最大效率地维持了 TEM 成像的原子级分辨率[14]。该设备可通过在压电管上施加锯齿状或回旋状的电压脉冲来实现较为粗糙的步长运动,其中每一步长的大小取决于脉冲电压的大小和形状,在垂直于轴的方向可实现 0.5～30 μm 步长,在沿轴方向可实现 0.05～1.5 μm 步长的精密运动,因而能够通过外接控制器操控探针的三维运动。

此外,具体应用的需求也进一步开发了部分具备特殊功能的透射电镜原位电学器件。例如在磁阻与自旋电子材料的研究中,电导率和磁性测试为在透射电镜中原位操控两个微探针系统的开发提供了契机。2006 年,日本东北大学和 JEOL 公司制造了双探头电杆,实现了纳米尺度的电导率和磁性的同时测量[18]。经过进一步的发展,2008 年,Xu 等将纳米压电驱动器扩展成具有一个转动自由度和三个平移自由度的纳米器件,这对在全视场范围内进行纳米结构电子层析的研究起了很大的推动作用[19]。

为了进一步提升控制精度与缩小操作空间,Medford 等于 2010 年对原位电驱动平台进行了改造,提出了一种基于线性电机倾转平台的原位电学 STM-TEM 步进体系,如图 9-1 所示。该设计不同于以往堆叠的同轴 $x$、$y$ 和 $z$ 电机的排列方式,其中的驱动电机高度紧凑地合并在一个离轴配置中,而前端 STM 针尖与电机的连接控制通过电缆与光纤来实现,有效地缩小了需要进入到物镜极靴区域的体积[20]。如今主流的 STM-TEM 原位电学测试平台均使用了类似的原理与结构设计。

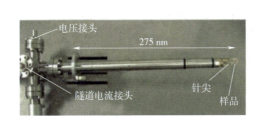
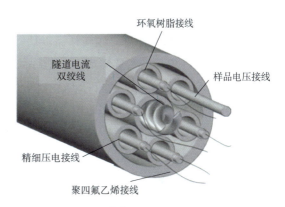

图 9-1　电机驱动原位样品杆的结构示意图[20]

综上,STM-TEM 电学测量技术利用 TEM 表征悬空纳米材料的结构,通过 STM 压电陶瓷系统的压电驱动位移,控制探针在三维空间的精细移动,进而实现通过操控探针与样品相搭接,使样品发生应变,并可以实时加载偏压,对样品施加电载荷并同步输出电学信号,实现原位应变下的电学性能测试。STM 与 TEM 的结合,开辟了在原子尺度操控材料的同时进行观察的新途径,实现了在高空间分辨率和精确度下实时地记录电场调控的动力学过程[3]。近年来,STM-TEM 技术随着微加工技术的进步迅速发展,利用该技术在纳米材料结构相关的电学测量方面取得的成果也越来越多[21]。其中包括纳米材料电学性能研究[22-24]、电极材料充放电循环中的结构演变和电化学反应研究[25-28]、电学器件结构演变和微观工作机制分析[29]、纳米存储器件的物理机制和存储性能研究[31]等。

目前原位 TEM 电学测量主要使用 STM-TEM 技术，这是因为该技术中样品处于悬空状态以便于对其进行结构表征，且 STM 灵活精确的位置控制也便于对样品施加电激励。然而，该技术的主要局限在于纳米材料与 STM 针尖易形成肖特基接触，接触电阻无法忽略，这极大地影响电学测量结果的准确性；其次，该技术仅能实现对纳米材料的两端电学测量，难以扩展多端电学测量，无法研究场效应晶体管等多电极器件的电学性能；此外，该技术在电学测量时难以与其他原位外场模式进行整合，例如改变样品温度场，难以测量材料电导对温度的响应规律。

随着微纳加工技术的发展，基于微芯片（MEMS）的原位 TEM 电学技术受到了广泛关注。MEMS 是指对微/纳米材料进行控制和测量的技术，它可将电学、力学、热学、光学等集成为一个整体单元的微型控制系统。原位 TEM 技术的使用受限于极靴之间有限的空间，而利用微纳加工技术搭建电学加载平台，即将整个微电路设计于 MEMS 器件上为解决该问题提供了有效途径[32]。利用微纳加工技术可制备出电子束透明的薄膜芯片，能够进行 TEM 成像的同时支撑电极，为 TEM 原位电学提供电学通路。相较于 STM-TEM 技术，基于 MEMS 器件的电学加载技术易于对纳米材料进行多端电学测量、优化纳米材料与电极的接触以及实现多场耦合。原位 TEM 实验主要受限于物镜极靴之间放置样品的空间，如图 9-2 所示，为了减小 TEM 聚焦长度，物镜极靴之间的距离需尽可能小，通常在 1～10 mm[33]。而在 TEM 观测中，往往需要倾转样品以从特定的带轴来观测样品，这就要求安装了原位电学芯片的样品杆尖端的长宽高均小于 10 mm。

2002 年，Saif 提出了一种利用 MEMS 力传感器对亚微米尺度薄膜在 SEM 和 TEM 中的原位力学特性进行测试的新方法，该 MEMS 芯片如图 9-3 所示，这也是应用于原位 TEM 中 MEMS 器件的雏形[34]。由于没有真正实现电子传感和驱动，这一装置并非严格意义上的 MEMS[35]。

为了改进这一缺陷，2005 年，Espinosa 等开发了一种结合电子传感和驱动的 MEMS 器件，该设备包含一个热激励器和一个电容式负载传感器，使得亚纳米级的试样变形和破坏的连续观测成为可能，并成功应用于多晶硅薄膜、金属纳米线和碳纳米管的原位电镜测试[36]。

早期的 MEMS 器件在电镜上的应用都是基于热学或力学加载平台，由于 STM-TEM 原位电学技术受限于其固有缺陷，愈加难以满足一些纳米材料与功能材料的研究需求。因此开发基于 MEMS 器件的电学加载技术成为必然趋势。2004 年，飞利浦研究所通过将商用 TEM 热杆改造成电杆，首次实现了将 MEMS 器件应用于原位电学加载，其结构如图 9-4 所示[37]。

相比于热杆，改进的电杆在原有用于加热的热电偶四根线基础上另外增加了四根直通引线，在进行四点电阻测试的过程中能够和样品有更好的电学接触。2005 年，Kim 等人在 TEM 内测量了碳纳米管场效应晶体管（CNTFETs）的电学性质，并实现了 TEM 原位表

第 9 章 电学原位电子显微技术的发展历史与现状 | 157

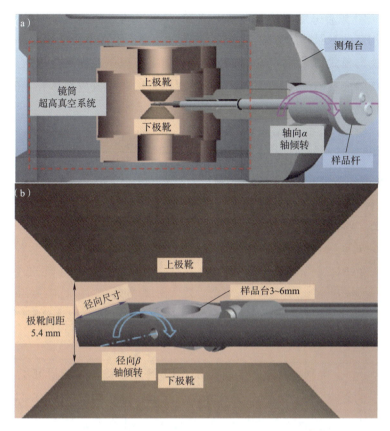

图 9-2 样品杆进入到物镜上下极靴中的原理图[33]

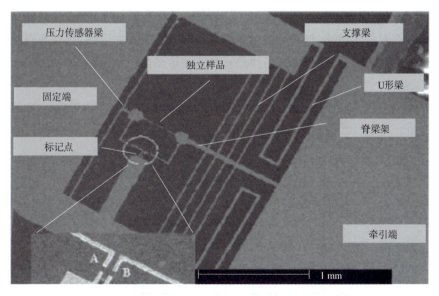

图 9-3 早期用于应力测试的 MEMS 芯片示意图[34]

征[38]。该设计是在金属电极顶部生长碳纳米管,避免了在碳纳米管生长之后的加工处理。利用这种原位构建纳米器件的方式,生产器件阵列。相比于在电镜外部非原位构建多电极电子器件的方法与模式,其操作简单,避免了在后加工过程中对样品造成的损伤,同时显著提高了器件加工的成功率。这样的设计可以实现原位构建场效应晶体管等的多电极器件,进而研究多电极器件的电学性能。

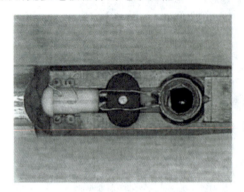 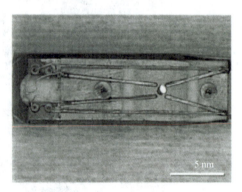

(a)底部视图:样品载物台　　　　　(b)顶部视图:与样品电接触的四根铂铑电偶热丝

图 9-4　改造电杆的尖端示意图[37]

2013 年,Rudneva 等利用自制的样品架和 MEMS 原位测试系统研究了电流对多晶 Pt 纳米线晶粒生长的影响[39]。2014 年,王跃林课题组通过基于传统 MEMS 芯片的透射电镜对纳米材料的机电性能进行了原位观察研究[40]。但彼时使用的 MEMS 芯片仅有双电极端,如图 9-5 所示,电流电压的测试精度均较为粗糙;另一个问题是对于施加偏压的 MEMS 芯片,尤其是同时进行偏压和加热实验时,芯片的温度升高是不可避免的,而这会导致整个芯片基底产生严重的热飘移,进而对整个实验过程的成像有较大影响,因此在进行偏压或加热实验时,确保温度场不会导致样品的热漂移是至关重要的。

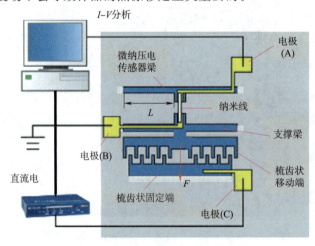

图 9-5　双电极 MEMS 机电测试示意图[40]

基于此，Garza 等于 2017 年设计了一种基于 MEMS 芯片的原位测试样品台，通过将微加热器和偏压丝置于悬浮氮化硅薄膜上，后者作为热绝缘体，可使芯片的硅框架温度维持在室温之下，避免了不必要的热漂移[41]。如图 9-6 所示，该芯片共有 8 个电极接口，其中四个电极接口用于加热，另外四个电极接口用于施加偏置电压。此外的两个接口充当"电源"线路，这样的设计可以为样品施加偏置电压，而另外两个接口充当"感应"线路，可以读出通过样品的电压电流等电学信号。多电极端口的设置，使得整个芯片的灵敏度和精确性均大幅提升。

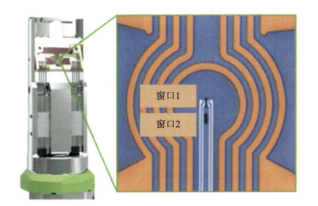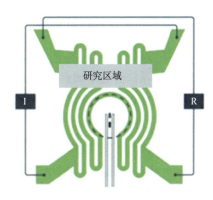

图 9-6　热电结合的多电极 MEMS 芯片示意图[41]

随着原位 TEM 电学技术的推广与应用，为了适应更多纳米材料与器件的研究，MEMS 芯片的基底材料由硅薄膜发展为碳薄膜、氮化硅薄膜等无定形超薄基底。但该体系存在一个无法避免的现实问题，即基底材料的衬度会对某些成像质量要求很高的原位实验产生较大干扰。针对此问题，2014 年，张超等采用聚焦离子束(focused ion beam，FIB)将待观察窗口的氮化硅薄膜刻蚀掉，自制了用于原位电学测试的 MEMS 芯片，样品集成在多孔隙的薄膜上，薄膜上的电极能够为样品的电学性质表征提供电学通路，而多孔隙的薄膜使样品处于悬空状态，以便于高质量地 TEM 成像[42]。基于此，DENS 和 Protochips 等厂商也为了适应市场需求开发了带有中空介孔和基底全覆盖基底材料的、多种通用类型的 MEMS 芯片。

在能源材料的研究发展如火如荼的背景下，针对微电池体系的原位电学技术顺势萌生。由于大多数电池材料处于液态电解质环境，为了最大程度还原材料的工作环境，需要开发适用于液体环境的 MEMS 芯片。在液体环境电化学芯片中，液体被封装在微型腔室内，芯片两侧附有电极，可通过外电路施加偏压。该芯片实现了在 TEM 中搭建液体-电化学测试环境，从而可以对样品在复杂液态化学、电化学环境中进行原位观测与同步电化学测试[43-44]。

基于 MEMS 的原位电学技术易于与纳米材料形成优良的欧姆接触，从而减小接触电阻对电学测量的影响；其次，该技术实现了电极数量、尺寸、间距等可调，能够利用多端电学测量获取接触电阻信息，进一步提高电学测量的精确度；此外，该技术可实现多种外场耦合，并可在封闭气体、液体等环境中对样品进行电学性能测量,极大丰富了原位电学的实验手段。当然,MEMS 的原位电学技术也有多种限制因素,如制样困难等制约了该技术更广泛的使用。利用 FIB 是 TEM 样品常用的制备方法,然而用 FIB 在芯片上制样存在取向、减薄、污染、损伤等诸多问题,这使得部分样品无法使用 MEMS 芯片式样品杆进行原位研究。

## 9.2 电学原位电子显微技术可解决的问题

原位电子显微技术的发展为各类材料的结构与性能研究开启了前所未有的新方向,以往许多难以解决的科研难题、难以探究的方向都因原位技术得到了相应的发展,并取得了许多突破性的成果[45-47]。其中,电学原位电镜技术的发展,包括 STM-TEM 电学测试,以及基于 MEMS 器件的电学加载技术,实现了纳米尺度上研究材料电致动力学过程的精确观察和记录[2,3]。利用多样的原位电学加载系统,结合 FIB 等微纳加工技术,可以研究材料在外加电场作用下可能发生的微观动力学行为,解析材料在外场作用下出现的多尺度结构演变规律,为新材料的开发与应用提供理论与实验支持。

在电致迁移领域,利用电学原位 TEM 技术可以在微观尺度上实现粒子在相应介质中的传输,继而能够探究粒子传输机理与影响因素,并能以此来微观调控粒子的迁移性质。譬如 Regan 等最早利用配备了压电驱动纳米操作台的 TEM 设备实现了在碳纳米管中可控、可逆的输运铟粒子[15]。此后 Zhao 等将原位 STM-TEM 系统应用于碳纳米管电致输运的研究,并证实了热梯度力对质量传输的重要影响[17]。

纳米器件的应用与发展离不开在各种应用环境中稳定性的研究,许多纳米电子材料在电流下的热稳定性与失效机理的探究一直是难以解决的问题。STM-TEM 电学加载技术能够实现原位电学信号的实时加载测量,同时可以进行纳米尺度的操纵与测量,从而能够研究材料在通电流情况下的热稳定性与断裂机理。这一技术的发展为许多材料的电致失效与稳定性研究打开了新的局面,包括 BN 纳米管、ZnO 纳米线、碳纳米管以及各种金属纳米线等[48-51]。其中 Zhao 等通过搭建原位 STM-TEM 研究了不同纳米线的电致断裂过程和断裂原因[52],为不同材料纳米线的断裂机制提供了理论指导。

在储能材料领域,以常见的碱金属离子电池为例,电池中的功率密度、库伦效率、循环寿命和循环稳定性往往取决于离子和电子的输运性能,电极微结构以及电极/电解液界面动态反应[53]。在电化学循环过程中,电极材料内部结构形貌和元素均发生很大变化,包括离子迁移、晶格膨胀收缩、相变、枝晶生长等,这些不可逆变化往往是导致电池性能衰减与损坏甚至爆炸的主要原因[54-56]。电子原位 TEM 技术的发展为动态展示电极材料发生在特定的纳米甚至原子尺度局域的结构和化学演变提供了可能,包括缺陷、电极材料的固固界面以及电解液表面和电极材料形成的固液界面研究等[57-59]。这对于深刻理解电极结构-性能之间的关联以及耦合机制至关重要。从最初应用原位 TEM 电学技术进行电极材料研究到开发各种能够还原实际电化学环境的液体样品台,原位电学技术的发展始终与能源材料微结构研究的深入开展息息相关,而正在开展的先进技术,包括多场耦合原位加载技术、液体电池原位电学样品台的构建等等,将会扩展更多能源材料的观察与研究[60]。

利用原位 TEM 系统,Huang 等研究了 $SnO_2$ 纳米线在充放电过程中的微观结构变化,首次原位观察到 $SnO_2$ 纳米线的膨胀、拉伸和扭转等现象,提出了锂电池充放电时充锂和脱锂的应变机理,对锂电池在使用中出现的体积膨胀、塑性变形和破碎爆炸等现象有了直观的认识,为商业化锂电池的发展与性能改进提供了实验与理论基础[61]。

此外,目前许多电致相变材料可以在电场下实现可控相变,有些优异材料的相变反应时间甚至达到纳秒级别,这对于利用这些材料开发新的相变存储器、电容器和一些特殊功能的电子器件有着重要的意义[62-66]。但由于许多材料的相变机理、微观结构、开关弛豫等信息甚少,大多数的研究只局限于宏观的材料性能变化,而原位 TEM 电学技术可以为这些电致相变材料的深入研究开启新的局面。利用该技术可以实现在可控电场下相变材料的实时观察与记录,探究电场作用下材料的相变机制、阈值电压、失效机理、离子扩散等因素的影响,为材料的性能调控和开发应用提供理论指导。

Kyungjoon 等结合电学原位技术探究了 Ge-Sb-Te 相变材料电场驱动开关效应过程中的电压与结构转变之间的联系,以及场效应下元素迁移引起的相分离机理[67]。此后 Byeong-Seon 等研究了碳掺杂的 Ge-Sb-Te 相变材料的相变稳定性机理,为设计稳定可逆的相变材料指导了方向[68]。

Li 等将电子全息技术、能量过滤像技术和电学原位 TEM 技术相结合,实时观察了 $HfO_2$ 基阻变存储器的阻态翻转过程,如图 9-7 所示[69]。结果表明,该阻变存储器的阻态翻转发生在 $HfO_x$ 层的上界面,氧空位在绝缘的 $HfO_x$ 层逐渐产生,并形成通道连接两个电极。该结果阐明阻变存储器的电学性能与氧空位的微观分布之间的关系,为理解阻变机制提供了直观证据。

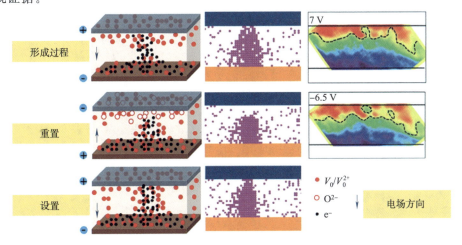

图 9-7　$HfO_2$ 基阻变存储器的阻态翻转示意图[69]

对于大多数的铁电材料,由于其独特的介电、压电和铁电特性,在电容器、传感器、储能器件和随机存取存储器等领域有着广泛的应用[70]。在大多数情况下,这些材料在工作状态下会受到强电场的作用,而铁电材料在电场作用下可能发生极化改变、磁畴翻转等现象。当这些材料结合先进的电学原位 TEM 技术研究时,可以实现在原子尺度成像的同时揭示磁畴的动态转变过程与响应关系,这对于研究开发与调控这些铁电材料的性能有着深远的意义[71]。

现如今,电学原位 TEM 技术在科学研究领域所能发挥的作用难以估量,其与纳米器件、能源材料、相变材料和铁电陶瓷等的结合产生了广泛影响,并创造出了大量的研究成果与科学结论。未来的电学原位 TEM 技术将进一步致力于在电学原位实验中还原材料真实的工作环境,提升电学响应速度,并结合其他力、热、光、场等多场耦合技术实现发展与进步。

# 第 10 章 原位电子显微纳米电学技术

原位电镜分析技术是实时观测和记录位于电镜内部的样品对于外部激励信号的动态响应过程的技术,是当前物质结构表征科学中最新颖和最具发展空间的研究领域之一。根据外部激励信号的不同,原位电子显微学技术可分为电学、热学、力学、磁学以及光学等电子显微技术。

其中,电学原位电子显微技术即对样品施加电信号,研究样品在电场作用下结构和性质的变化,可以在高空间分辨率下实时地记录电场调控的动力学过程。电学原位电子显微技术在很多领域都有广泛的应用,如电致迁移、电致机械共振氧空位的迁移、铁电体中铁电畴的翻转过程以及能源材料中的原位电化学等。控制纳米材料尺寸、测量纳米材料的结构相关电学性能,对于实现特定电学性能的纳米器件至关重要。通过一些针对性设计的电学实验方法对纳米材料与器件实现原位操控、原位观察、原位测量,可原位研究纳米材料或器件的电学性能随结构演变过程。

原位表征测试可以通过样品杆设计改造来实现,从而在微小样品区域上实现电外场驱动的调控。目前根据电学电镜样品杆类别不同,可大致分为两大类:

第一类探针式 TEM-STM 样品杆。这是基于扫描隧道显微镜(STM)纳米操纵技术的原位解决方案。这类方案利用集成于原位样品杆头部的扫描探针单元,在透射电镜(TEM)中实现原位亚纳米级操纵及电学测量等功能。

第二类芯片式 TEM-MEMS 样品杆。这是基于微芯片(MEMS)技术的原位解决方案。这类方案利用原位样品杆搭载微芯片,在电镜中可实现原位加热、电学测量、液体和气氛环境等功能。

本章主要论述这两类原位电学电镜的实验方法。

## 10.1 探针式 TEM-STM 样品杆

探针式样品杆来源于扫描隧道显微镜(scanning tunneling microscope,STM),因此探针式样品杆又被称为 TEM-STM 样品杆。STM 作为一种扫描探针显微学工具,可以观察和定位单个原子,具有比原子力显微镜(一种利用探针与原子之间作用力来检测样品表面形貌与特征的显微镜)更加高的分辨率。STM 利用电子在原子间的量子隧穿效应,能够将物质表面原子的排列状态转换为图像信息。在量子隧穿效应中,原子间距离与隧穿电流关系相应。通过移动着的探针与物质表面的相互作用,表面与针尖间的隧穿电流反馈出表面某个原子间电子的跃迁,由此可以确定出物质表面的单一原子及它们的排列状态。隧道电流强度对针尖和样品之间的距离有着指数依赖关系,当距离减小 0.1 nm,隧道电流即增加约一个数量级。因此,根据隧道电流的变化,可得到样品表面微小的高低起伏变化的信息,如果同时对平面内 $x$ 轴、$y$ 轴两个方向进行扫描,就可以直接得到三维的样品表面形貌[72-73]。

图 10-1 为 STM 系统基本结构图。当对 STM 施加电场时,压电陶瓷可以将电压信号转换成纳米到微米级别的位移。扫描器将探针移动到样品表面上,反馈回路保持隧穿电流恒定。STM 的工作模式主要有用于成像的恒电流、恒高度模式,以及操控模式。操控模式是指在材料表面上重新定位或移除原子的操作,如图 10-2 所示。用探针把单个原子从表面提起而脱离表面束缚,横向移动到预定位置,再把原子从探针重新释放到表面上,可以获得原子级别的图案。

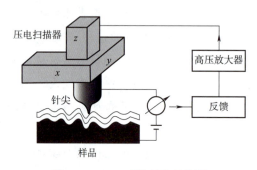

图 10-1　STM 系统基本结构图

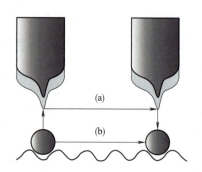

图 10-2　STM 操控模式

将 STM 与透射电镜(TEM)结合可以很好地利用各自方法的优势,兼具一定的操控、电学测量能力与高空间分辨率,同时具有较高时间响应的动态结构演化的观测保证。基于原位电镜的电学测试,除了在电镜外部非原位构建电子器件外,还可以在电镜内部原位构建多电极电子器件。随着精密加工工艺、材料工艺的发展,2000 年后 STM-TEM 样品杆迅速发展。TEM 的高空间分辨率要求使得物镜极靴之间的间隙空间十分受限,能够将 STM 放入 TEM 物镜极靴之间是首先要解决的问题。一种解决方案是设计足够小的 STM,使其能够直接放进 TEM 样品杆中,避免重新设计昂贵的 TEM[74]。

2003 年,瑞典查尔姆斯理工大学和哥德堡大学的 Svensson 等人利用针尖的惯性滑移机制,实现了压电管在三维方向上纳米精度的移动和扫描,设计出了尺寸不到 1 cm³ 的 STM,如图 10-3 所示,这使得这一装置能够被放置到 TEM 的样品杆中,并且机械噪声可以较好地控制,保持了 TEM 和 STM 成像的原子级分辨率。这一设计可以被看成是在 TEM 中加载了一个微小的导电探针,这一设计方案可以很容易地测试样品不同位置的电学性质,而不需要另外准备样品使其与针尖对接,为目标样品测量回路的构建提供了极大的便利。

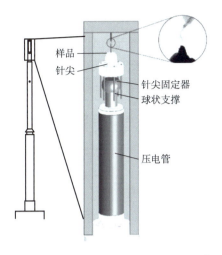

图 10-3　TEM-STM 样品杆针尖原理示意图

随着探针式原位方案的不断发展,目前已有成熟的商用样品杆设计。图 10-4 所示是一款可外加电负载的 STM-TEM 电学测试样品杆,由 Nanofactory Instruments 公司生产。整套 STM-TEM 装置由电学样品杆、手柄、控制器、电脑等部件构成。内部包含可控移动端和固定端,可以在两端加载正负直流偏压,在外接了信号源后则可施加多种交流信号。在实验中,可通过压电陶瓷管精确地操纵探针的水平和垂直位置,操控的最大精度可以达到 2.5 pm。该样品杆有接触、隧道和场发射三种模式可供选择,外加偏压的范围可拓展为 ±140 V。

在进行原位电学实验操作时,可通过结合粗调与细调移动步长,控制移动端接触固定端的样品,对样品进行原位电学加载。加载过程中,钨针尖接地,铜网端施加偏压。样品杆外接电学测试系统可以控制施加偏压大小、波形、频率等,并同步记录电学特性曲线等。如果将多个样品装载到固定端,还可通过外部控制系统移动探针,接触多个样品形成回路进行电学测试,实现多样品测试[75]。

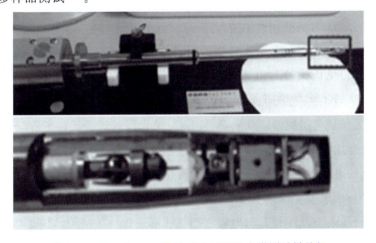

图 10-4　Nanofactory 公司 STM-TEM 电学测试样品杆

图 10-5 展示了由日本东北大学和 JEOL 公司制造的一种双探头电杆。双探头结构如图框中所示,两个探头均可通过位于支架尾部的千分尺和压电元件驱动的臂架,在三维空间中独立运动。将微探针和电子全息技术结合,能够实现纳米尺度的电导率和磁性的同步测量,对于磁阻,以及电子自旋材料中电子输运和磁化分布的联合研究至关重要。

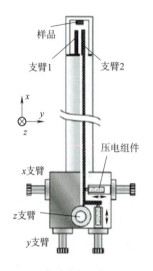
(a)双探头电杆示意图

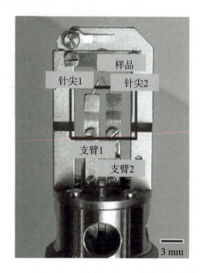
(b)样品杆针尖部分的光学显微镜图像

图 10-5 日本东北大学和 JEOL 公司制造的双探头电杆

图 10-6 展示了 Hysitron 公司设计的用于进行拉伸、压缩、弯曲等力学实验的探针式样品杆,可在实现原位成像的同时,同步获得力学数据。其针尖部分的导电压头支架允许用户装载自己的导电探针。应用于原位电学测试时,通过控制电流电压等参数调控其施加电场大小,可获得伏安特性曲线、电阻等电学参数。Wang 等人使用此系统对 ZnO 纳米线的单轴拉伸-电耦合测试表明,对于相似的直径,六角形 ZnO 纳米线的杨氏模量和电阻率始终大于圆柱形,圆柱形 ZnO 纳米线的压阻系数通常较高[76]。

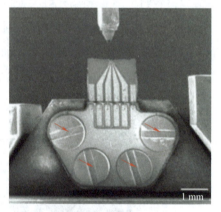
图 10-6 Hysitron 样品杆针尖示意图

Ma 等人通过此系统研究了拉伸应变的 Si 和 SiGe 纳米线载流子迁移率的变化[77]。Chen 等人使用此系统对弛豫铁电体进行机械加载,研究了加载过程中产生的 90°四方纳米畴的非均匀铁弹性转变及铁电畴转换,发现相变使铁电畴开关所需的电负载阈值降低了 40%[78]。

TEM-STM 技术取得了较多的成果,然而也面临着一些难题:

其一,TEM-STM 方法中样品与电极之间往往形成肖特基接触,影响纳米材料电学性质的测量。肖特基接触是指金属和半导体材料相接触的时候,在界面处半导体的能带弯曲,形成肖特基势垒。势垒的存在导致了大的界面电阻,与之对应的是欧姆接触,界面处势垒非常小。目前,TEM-STM 通过施加合适电流产生的焦耳热来优化纳米材料与电极之间的接触。这样得到的接触肖特基电阻较大,难以改进到欧姆接触。并且不同接触之间的电阻差异明显,不同公司生产的样品杆内阻不同,测量得出电学数据也有差异。

其二,TEM-STM 方法仅能实现对纳米材料的单电极电学测量,难以扩展多电极电学测量。多电极电学测量可以减小甚至消除接触电阻对材料电学性质的影响,提高测量精度。而 TEM-STM 方法扩展到多电极电学测量,对样品杆的设计以及使用都面临很大的挑战[79]。

而另一种方案,芯片式样品杆,能够从一定程度上弥补探针式样品杆的缺陷,实现技术方案的互补。以下对芯片式样品杆进行介绍。

## 10.2 芯片式 TEM-MEMS 样品杆

微机电系统(micro electro mechanical system,MEMS)是指对微米或纳米材料进行控制和测量的技术,可以将电、力、热、光等集成为一个整体单元的微型控制系统。将 MEMS 应用于 TEM,也就是利用电学芯片对样品进行原位操控与测量。透射电子显微镜电学芯片系统是在标准外形的透射电镜样品杆内安装由 MEMS 工艺制成的电学测量芯片。此外,芯片还可以对样品引入温度可控的热场加载,或在封闭气体、液体等环境中对样品进行电学性质测量,并可在施加外场和电学测量的同时,动态、高分辨地对样品的晶体结构、化学组分、元素价态进行综合表征,能够有效地拓展透射电镜的功能和应用范围[80-82]。

原位 TEM 实验最主要的限制因素是在物镜极靴之间放置样品的空间受限。为了减小电子束聚焦长度,极靴之间的距离需要保持尽量小,通常在 1~10 mm。而在实验中,往往需要倾转样品杆以从特定的带轴来观测样品,这就要求安装了原位电学系统的样品杆尖端的长宽高都小于 10 mm。而芯片作为微型集成系统,能够整合功能性(加热、倾转等),同时满足有限尺度下的空间要求。

一种基础的芯片结构原理如图 10-7 所示。为了减少氮化硅薄膜衬底(通常厚度小于 300 nm)对样品成像影响,薄膜中央处有孔隙结构,使会聚电子束(平行电子束经过复杂的聚光系统后被汇聚成的电子束斑)穿过。将待研究的样品材料集成在两侧带有电极的薄膜上,电极可以为样品电学性质表征提供电学通路。当芯片安装在原位电学样品杆上后,可以对样品同时完成结构表征以及电学性质测量。电子束通过孔隙对材料进行高分辨率成像,利用电极对材料施加电激励,从而可观测原子分辨率下材料对电信号的实时响应[83]。

TEM-MEMS 样品杆的优势之一在于可以在芯片上搭建多电极对材料进行电学测量。在多电极的原位实验中,不仅要在 TEM 内部构建有电源的实验空间,并且要能够返回控制、测量信号,这就需要在内部实验空间和外部控制器之间建立简单可靠稳健的电接触。随着 MEMS 技术的不断发展,2005 年美国 Illinois 大学 Zhang 等人设计了第一个基于 MEMS 的 TEM 原位样品杆,如图 10-8 所示。此样品杆中的 MEMS 器件利用八根信号接线,与样品形成了可靠的电接触。此样品杆可以实现对材料的快速加热,并在成像的同时原位测试电阻、热容等。

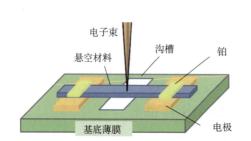

图 10-7 一种基础的芯片结构原理图

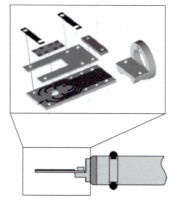

图 10-8 基于 MEMS 的 TEM 原位样品杆

图 10-9 展示了可以同时实现加热及加电的 TEM 原位实验的八电极芯片,由 DENS Solutions 公司研发。该纳米芯片使用 4 个电极对样品进行加热,使用另外四个电极为样品提供电学输入、输出信号。有三种不同的型号芯片可以满足纳米线、片状等样品需求。此电学芯片可同时加热并施加电场,900 ℃ 的高温下,电场可达 100 kV/cm,拓宽了电学测试的范围。Zhang 等人[84]用此电学芯片样品杆研究了薄膜的电致氧迁移过程及随后的重构结构转变。采用此样品杆可以实现相对良好的欧姆接触,同时进行 I-V 测量[85]。Jeangros 等人在 TEM 中对钙钛矿太阳能电池的薄样品施加偏压,通过同步获得的 I-V 测试曲线,对偏压诱导降解机理进行了研究,并确定可能导致操作过程中电池效率降低的几种方式[86]。此外,Protochips 公司的 fusion 芯片也与此相类似,可在施加热场条件下进行原位的电学实验。

图 10-9 热电八电极芯片

除了加热外,TEM-MEMS 系统还可实现其他环境下对材料的原位电学测量。例如在液体环境中,芯片的结构设计有所不同。图 10-10 为典型的液体环境电化学芯片结构。液体由上下芯片封装在微型腔室内,中间窗口区为液体样品层,由超薄薄膜封装,以使电子束能够穿透。窗口层在要求极薄的同时具有高机械强度,且化学性质稳定,通常为小于 50 nm

的氮化硅薄膜。两侧电极连通外接电路控制器,可对样品施加偏压,液体流速等可通过外部泵动态控制。由此在 TEM 中搭建了液体-电化学测试环境,实现了对样品在复杂液态化学、电化学环境中原位电学测量[87-90]。

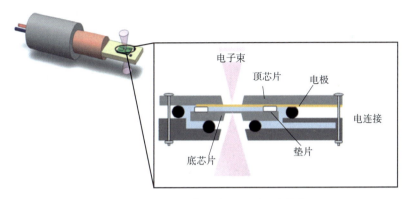

图 10-10　典型液体环境电化学芯片结构

目前,原位液体电学芯片在电化学、纳米材料合成、腐蚀研究、细胞生物学等研究领域中都有着广泛应用。在材料领域,主要通过电化学阻抗谱、循环伏安法、计时电流法、循环极化、充放电曲线及分析,研究电化学成核生长、腐蚀与电沉积、电池充放电过程等问题。Radisic 等人用此方法,展示了电化学成核和纳米团簇的实时生长,如图 10-11 所示。在酸性硫酸铜溶液中将铜纳米团簇电沉积到金电极上时,所获得的一系列图像可以与原位电学数据进行联合研究。结构和电学信息的比较揭示了单个纳米级铜团簇的生长动力学测量与模型预测之间的差异,有助于改善电化学生长初始阶段的不稳定性,这对电化学方法制备纳米材料的定量控制具有重要意义[91]。

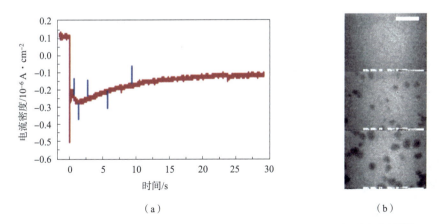

图 10-11　金电极上纳米团簇的生长图像及其对应电流密度时间瞬态曲线[91]

芯片式 TEM-MEMS 样品杆可在原位施加不同外场的条件下对材料进行观测及测量,且可进行多电极测量,从而极大地丰富了原位电学的实验手段。但在芯片式样品杆的应用中也存在一些限制因素,其中制样是主要的困难之一。聚焦离子束(focused ion beam,FIB)是 TEM 制样中的常用方法,然而使用 FIB 在芯片上制样时,样品的取向、厚度等存在诸多问题,使得部分样品无法使用芯片式样品杆进行原位研究。

对 STM、MEMS 两种原位电学技术进行简单总结:探针式 STM-TEM 样品杆的设计相对简单,但应用范围较为单一,主要能够实现电学和力电结合的测试,还存在接触电阻较大和仅能进行单极测量的问题;芯片式 MEMS-TEM 样品杆的应用范围和测量方式更为丰富,不仅能够进行电学测试,还能将热场、液体环境等与电学测试相结合,然而样品制样较为困难。

目前,已有商用样品杆将 STM、MEMS 两种技术结合,成为 MEMS-STM-TEM 一体化系统。图 10-12 展示了泽攸科技公司的原位多场测量系统。通过 MEMS 与 STM 集成,可以在透射电子显微镜中构建一个可控的多场环境(包括力、热、光、电等),从而实现样品多重激励下的原位表征。

图 10-12 泽攸科技公司原位 MEMS-STM-TEM 多场测量系统

## 10.3 影响材料原位电学测试的因素

影响材料原位电学测试的因素除了仪器构造外,还与材料样品质量、制样方法、电子束辐照等因素相关。样品由于合成工艺等导致质量不一,自身内部缺陷等会使得电学测量结果产生差异。TEM 制样过程中也可能会对样品产生不同影响,如用 FIB 制样可能会有少量离子注入以及非晶化问题。此外,TEM 中高能电子束的轰击可能会对测量系统运行以及测量结果产生影响;电子束辐照对样品也会产生不同的影响,如使得半导体样品产生电子空穴对,金属样品产生等离子体,绝缘区域产生电荷积累等,都会导致测得的电学数据准确性等受到影响。真空系统中存在的微量气体也会产生微量辐射效应等。影响材料原位电子测试的主要影响因素如下:

**1. 样品质量**

样品的电学性质往往是由电活性缺陷和杂质决定的。有研究者通过霍尔-范德堡方法测量了不同来源的非掺液封直拉生长硅——砷化镓（LEC Si-GaAs）单晶的电参数及其分布，发现所有样品的电阻率、霍尔迁移率和载流子浓度沿直径方向均成不均匀分布，且具有一定的规律性[92]。这是由于电活性中心的不均匀分布对电参数的分布产生了影响，电参数取决于缺陷和杂质电活性中心的补偿[93]。而晶体缺陷的变化对多晶硅电学性能具有一定的影响。多晶硅中位错缺陷密度的降低、晶界对杂质的吸附以及杂质间的相互复合等因素的共同作用下，少数载流子寿命和电阻率的大小都有提升[94]。缺陷与杂质决定着样品质量和电学参数，而相比大块材料，在 TEM 原位电学实验中，尺寸越小的样品，局部缺陷对电学参数的测量影响越大。缺陷程度不同的样品被测量得到的电学参数往往相差较大，因此更需要质量均一的样品，也需要通过大量实验数据验证得到的结果。样品质量是影响 TEM 原位电学实验的一个重要因素。

**2. 制样方法**

对于原位 TEM 实验而言，聚焦离子束（FIB）是常用的制样方法，但 FIB 制样的过程可能对样品以及后续的电学性质测量产生影响。用离子束轰击固体材料时，离子与固体材料晶格上的原子碰撞形成晶格损伤。如果使用高能离子束（如常用的 30 kV，束流 nA 级以上），材料表层的晶格阵列将不可避免地被破坏，形成一定厚度的非晶层。非晶电子能带结构与晶态有显著差异，使得非晶与晶态的电学性质也有所不同，如高电阻、低电阻温度系数等电阻行为[95]。对于尺寸较小，尤其是对厚度要求足够薄的 TEM 样品，非晶层的存在无论对观察成像还是电学测量都产生不利影响。因此在使用 FIB 制备 TEM 样品时，需尽量控制制备参数，减少非晶化的引入。

除了晶格损伤、非晶化之外，固体材料中被离子注入了其他元素，使得材料的组分也发生了变化。离子注入及杂质引入也必将对电学性质的测量产生影响[96]。

**3. 电子束辐照**

由于 TEM 使用高能量和高电流密度的电子束来成像，在部分情况下会给材料的本征性质表征带来无法忽略的影响。例如，电子束辐照破坏材料的晶体结构，引入空位、缺陷、位错、晶体结构的改变[97-99]甚至破坏样品造成不可逆转的结构损伤。电子束辐照主要有撞击损伤、辐照分解等。在实际情况中，多种辐照机制往往会同时存在。

撞击损伤主要对于材料表层产生较大影响。位于样品表面的原子，其表面键能相对较低，在入射电子的撞击下更容易直接脱离样品，进入真空中。这种影响会发生在原子序数比较小的元素。例如，碳纳米管可以在 100 kV 加速电压下的 TEM 中较为稳定存在，但是在 200 kV 下，其结构会被电子束破坏[100]。

电子束的辐照分解属于非弹性散射导致的结果。入射的电子将部分能量传递给原子的外层电子。在金属导体中，发生辐照分解的几率很小[101]。而在半导体和绝缘体中，原子的外层电子会从价带激发到导带，形成电子-空穴对。由于电子密度较低，空穴被重新填充的时间会相对较长，时间长度在微秒量级，有可能超过原子震荡的时间。在这段时间内，电子的波函数会发生变化,一些激发能会作为势能存储在样品中,这就会导致原子之间构成的键长、键能等发生变化。最终,会使得样品中的长程有序结构破坏,而形成一些短程有序的结构[102]。

已有研究者对TEM原位实验中电子束辐照对材料结构的改变进行研究,如周奕龙等[103]研究表明,电子束辐照的驱动作用下,负载于石墨烯上的铜氧颗粒会演变成为单原子厚度的二维铜氧结构。对于铜氧纳米颗粒,非弹性碰撞引起的温度升高和辐照损伤会加速铜氧颗粒的分解而产生自由原子,这为二维单原子层的形成提供了原子;电子和原子的弹性碰撞产生了自由原子并驱动自由原子的迁移。铜原子和氧原子通过在石墨烯表面重构成新结构,而这种新结构对电子束破坏的抵御能力得到提高,能够在石墨烯表面稳定。因此,电子辐照对面内原子的破坏使得形成的二维单原子层稳定存在。此外,王维等[104]研究发现,TbCuPdO化合物在电子束辐照下,随着电子束剂量率大小的变化,发生了近晶相(多层平面内分子位置有序取向的液晶结构)-向列相(分子长轴方向有序、位置无序的液晶结构)的可逆的相变过程。通过原位的升温、降温、降电压的实验,发现电子束辐照分解是诱导相变过程的主要因素。

这些实验现象说明,在TEM原位实验中,电子束辐照是对样品微观结构产生变化及实验结果准确性的一个重要影响因素。原位实验中应通过调整实验参数将电子束对样品本征结构的影响降低到最小,且需要根据不同的样品做出不同的判断,从而得到更加可信的实验结果。

# 第11章 电学原位电子显微技术应用实例

近些年来,随着电学原位电子显微技术的快速发展,很多材料的微观结构及性能得到了深入研究。本章将详细论述利用电学原位电子显微学对各种材料性能表征,例如对材料的电输运性质、各种电池、相变材料、铁电材料以及斯格明子等方面的研究,阐述这种技术对材料科学发展的贡献。

## 11.1 测量微纳结构材料的电输运性能

一维纳米线材料由于特殊的电子结构,且相较于二维、三维材料具有很多独特的电学性质,所以被广泛应用于纳米器件。近些年来,关于金属、半导体、超导体等各纳米线材料快速发展。其中,半导体纳米线在纳米光子学、能量转换和存储以及量子计算等方面应用十分广泛。众所周知,半导体材料中有较大的压阻效应。通过外加应力能够改变半导体材料的能带结构,使得半导体材料的电阻对应变十分敏感且纳米尺度下半导体材料的弹性形变是其他材料的数十倍。这里主要阐释利用原位 TEM 测试 GaAs、Si 半导体纳米线及存储器件的电学性质。

Ⅲ～Ⅴ族化合物半导体纳米线如 InAs 或 GaAs 纳米线具有比较高的载流子迁移率,使其成为微电子领域中重要的材料基础。目前制备 GaAs 纳米线的主要方法有气相化学沉积和分子束外延法。随着实际应用中对 GaAs 纳米线的电输运性质要求变高,研究人员利用原位透射电镜下对弯曲应变下单根 GaAs 纳米线的电学性质以及电输运性能进行测试[105]。实验方法是通过带动钨针尖前沿的 GaAs 纳米线移动并与固定端的钨针尖接触,然后利用电子束诱导碳沉积技术使 GaAs 纳米线与钨针尖连接,由此建立电流回路,如图 11-1 所示。通过下压钨针尖使得纳米线发生弯曲,并在弯曲的过程中实时进行电流-电压关系曲线的测试,并且不断地对纳米线施加 −5 V 到 +5 V 的连续电压,记录电学输出电流-电压曲线,如图 11-2 所示。通过结果分析,纳米线的电导率随着应变增大而小幅度提高,电流-电压曲线几乎都接近于线性。少量的拉伸应变促进带隙减小从而改善了纳米线整体的电输运性能,而压缩应变几乎不影响带隙的改变,并且引入的伪间接带隙使得电子难以跃迁。正是由于两种拉伸与压缩应变的共同作用,在原位装置下加电发生弯曲变形后的 GaAs 纳米线电输运性能仅小幅提升了 55%。

作为另一重要的半导体,Si 在纳米尺度下的电学性能备受关注。⟨100⟩取向是研究 Si

纳米线电学性能的重要晶向，通过原位电学研究 p 型⟨100⟩取向的硅纳米线弯曲应变下电输运特性[106]。实验装置大体是探针(钨针尖)与压电陶瓷连接，样品同 Au 丝固定于样品杆上，当探针接触到样品上时，就形成了一个闭合电路系统。利用探针对硅纳米线施加一个侧应力，随着应变的增大，流电压曲线越来越陡峭，在不同弯曲应变下的电压电流曲线如图 11-2 所示。

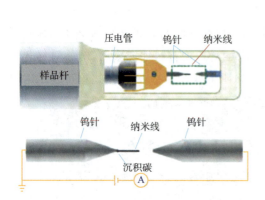
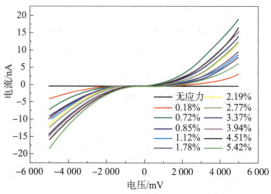

图 11-1　STM-TEM 实验装置及样品杆示意图[105]　　图 11-2　Si 纳米线应变过程中的 I-V 曲线[106]

通过观察纳米线在施加应力和外电压过程中 I-V 曲线，可以发现 Si 纳米线在应变下电输运性能越来越好。通过结果分析表明，当弯曲应变达到 5.42% 时，电导率增大至最初的数倍，结合理论综合得出纳米线电导率的变化是由于侧应力引起弯曲应变导致能带结构变化。对半导体来说，电导率是由其载流子的迁移率和密度导致的。硅的价带可分为有效质量较小的轻空穴和有效质量较大的重空穴，应变会使轻空穴和重空穴之间的能级发生改变，导致能带中的空穴重排，影响输运性能，这为纳米 Si 应变用途提供了实验和理论基础。并且随着对于 Si 纳米线单轴拉伸应变和压缩应变的增加[107]，沿⟨100⟩取向的空穴载体迁移率会增强，空穴迁移率上升的主要原因是打破了重空穴和轻空穴价带的简并性以及有效运输质量的降低。

除了上述利用电学原位电镜技术研究半导体纳米线材料电学性质以外，此技术还可应用于其他一维纳米材料，例如一维碳基纳米材料。由于独特的电学性能，一维碳纳米基材料在纳米电子器件中得到了广泛的应用，而这其中最重要的是垂直阵列生产的碳纳米管(CNT)和碳纳米纤维(CNF)。由于其电学性能的微观机制尚未很清楚，应用电学原位电镜技术测试一维碳纳米材料的电荷输运性质很大地加深了人们对其电学性能的理解[108]，对比 CNT 和 CNF，发现它们二者之间电荷输运性质并不相同，通过利用 STM-TEM 样品杆进行原位电学测量发现，CNT 的电阻率远小于 CNF 的电阻率，且 CNT 的断裂电压比 CNF 的断裂电压高。通过对结果的分析发现，尽管两种材料都是碳基纳米结构，但是不同形貌和电子结构的 CNT 和 CNF 有较为明显的电输运性能差异，CNT 的氧化基团比 CNF 少，轻度的氧化会让内部结构有序从而具有更好的导电性,但是大幅度的氧化会使得电荷的弹性平均自由程变大,从而降低导电性[109]。

以上介绍了利用电学原位电镜技术测量一维纳米线的实例,但利用原位电学研究材料不仅仅限于一维纳米线,还可以测量其他很多纳米材料的电学性能,这里就不进行详细的阐述。

异质结构的研究对于提高电子器件的性能和发展各种器件的应用具有重要意义。研究人员设计了一种基于 $NbS_2$ 的双功能垂直异质结构,该结构是由在 $MoS_2$ 上外延生长的 $NbS_2$ 经氧化($MoS_2$-$NbS_2$-$NbO_x$)形成的,具有高效的隧穿导电和记忆表面[110]。利用原位电学的方法对其特性进行研究,当两个 Au 电极接触隧穿导电表面时,电流可以通过超薄的单分子层 $MoS_2$ 隧穿导电表面,并通过内部 $NbS_2$。$I$-$V$ 曲线没有滞后现象,由于没有氧化物层,其电导率高于记忆面的低电阻状态(如图 11-3 所示)。当 $NbS_2$ 基异质结构用作 $MoS_2$ 单层横向场效应管的接触电极时,异

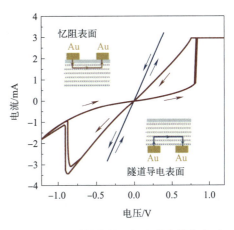

图 11-3 异质结构的记忆和隧穿导电表面测量的电流-电压曲线[110]

质结在横向晶体管中起着接近欧姆的接触电极和二维通道的作用。同时这种异质结构具有记忆表面,可用于构建低工作电压、低突触功能的高性能横向或纵向记忆器。为了进一步证明基于异质结记忆表面的均匀电阻开关,实验设计了一个由 9 个单元组成的忆阻管阵列,显示出相似的电阻开关曲线。表明忆阻管阵列具有良好的均匀性。通过组合两种类型的表面,可以进一步开发一种非易失性存储器的存储器阵列。

另外,电学原位电镜技术测试还广泛应用于新型存储器件的研究。在外加电场作用下过渡金属氧化物中氧空位的形成、迁移和随后向导电丝的聚集被广泛认为是导致存储器件电铸的原因。电铸过程是氧在电场下的迁移和积聚,导致形成具有非化学计量比、缺氧导电相的局部区域的一个过程,在电铸过程中,直接实时观察氧空位等点缺陷的动态变化是一项极具挑战性的挑战。Ritesh 等利用原位 TEM 观察了 $Pt/TiO_2/Pt$ 横向器件中的电铸过程[111],在这个 $Pt/TiO_2/Pt$ 横向器件上施加一个偏置电压,通过原位电学技术实时观察电铸形成过程,清楚地观察到 Pt 从阳极逐渐向阴极迁移,并且形成一条连续连接的路径,这是通过增强 $Pt$-$TiO_2$ SMSI(强金属-载体相互作用)来驱动 Pt 迁移从而研究电铸过程中氧空位动力学,这将进一步帮助我们认识在典型的电阻存储设备中可能发生的复杂过程,有助于开发下一代纳米级存储系统。

## 11.2 研究电池充放电过程中反应机理及离子迁移

近些年来,随着传统能源材料的急剧减少,锂离子电池(lithium-ion batteries,LIBs)被认为是新的绿色能源之一,受到了研究人员的广泛关注。锂离子电池具有很多优点,例如:充放电速度快,工作电压高,能量密度大等。1991年Sony公司首次研发出锂离子电池之后,锂离子电池迅速发展并且普遍应用于各种电子设备,且已经在各种消费类移动电子产品中得到了广泛应用。对锂离子电池材料在充放电过程中微观结构和相的变化深入研究,发现锂离子电池中电极材料的锂化和脱硫导致基体材料产生较大的应变,从而导致塑性和断裂。

锂化也常常伴随着相变,如电化学驱动的固态非晶化。这些电化学反应诱导的微观结构限制了锂离子电池的能量容量和循环寿命,从而产生了一些关于有关电池的原位表征技术,比如扫描电子显微镜、原子力显微镜、扫描隧道显微镜等技术。原位透射电子显微镜已在材料科学中广泛应用,但直到最近才进行原位TEM电池研究,这是因为常规LIB通常是不能直接放入高真空TEM柱中的液体电解质。Huang等[112]首次利用原位透射电子显微镜成功观察到了锂离子电池纳米线在充放电过程中的变化,构建了一个由单个$SnO_2$纳米线作为负极,离子液体电解液(ILE)和$LiCoO_2$为正极的原位实验装置(图11-4),可以直接实时观察电化学反应引起的微观结构的变化。

通过研究充放电过程发现,起始时$SnO_2$纳米线笔直光滑,与ILE接触后,形成弯月面。充电过程中,设置$SnO_2$纳米线对$LiCoO_2$端的相对电压为-3.5 V,放电电压为0 V。随着反应前沿的传播,纳米线的直径和长度增加,在第625 s的时候,纳米线开始快速弯曲,形成了螺旋状结构。在第1 860 s之后,最初的直线纳米线呈现出扭曲且平均弯曲的形态,显示出来剧烈的塑性形变和微观结构的变化。实验表明,一根初始长度为16 nm,直径为188 nm的纳米线充电需要大约半个小时。充电完成后,纳米线延长60%,直径增大约45%,总体积增大约240%。反应前端是充电后纳米线没有发生反应的接触区和具有高密度的位错区。经过长时间的充电后,纳米线由分散在非晶基体中的小纳米晶体组成,通过分析电子衍射花样和电子能量损失显微镜(EELS)的结果表明充电后的纳米线由纳米晶$Li_xSn$和分散在无定形$Li_2O$基体中的Sn颗粒组成。当$SnO_2$纳米线被极化到与$LiCoO_2$相对的足够负的电位时,$SnO_2$最初被还原为纳米晶Sn。充Li后,纳米线有明显位错区域。

本实验通过原位电镜研究发现位错首先在晶体区形成,沿着纳米线向前移动,并且发现位错的产生给锂离子的输运提供了重要的道路。通过理论的计算得出锂离子在电化学反应的初始和末尾扩散时具有相近的势垒,并且大约都在0.4 eV。锂离子通过表层的传输要比通过非晶区传输小得多。这为商业化锂电池的发展提供了实验和理论基础。

上一种锂电池的材料虽然有很高的电容量,但是在充电过程中会产生较为明显的体积

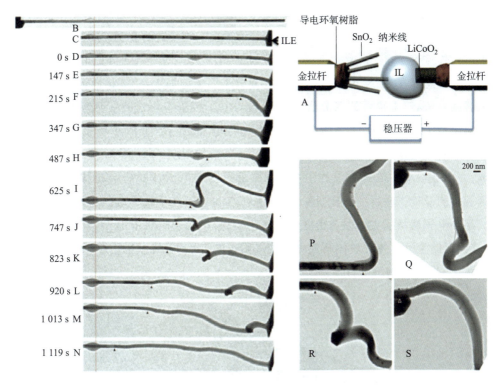

图 11-4 原位充放电实验[112]

膨胀,因此通常在电池中加入石墨材料以极大地提高电池的充电速率,改善 $SnO_2$ 纳米线的脱 Li 行为[113]。通过利用原位电学测量来研究镀碳 $SnO_2$ 纳米线在充电放电过程中的变化发现纳米线被碳包覆时电子输运速率显著提高,导电性大幅度提升。还有,与未镀碳膜 $SnO_2$ 不同的是,镀碳后的纳米线嵌锂在充电过程中沿着径向膨胀消失,只有沿着轴向增大。

以上是利用原位电学对未镀碳和镀碳 $SnO_2$ 锂离子电池充放电过程的观察。这里再介绍下利用原位电学测量 Si 基负极材料充放电性能,诸多研究显示嵌 Li 的过程中,此材料会产生显著的体积膨胀,且在多次充放电之后,电池容量快速下降。虽然 Si 纳米颗粒已被广泛用于制备锂离子电池电极材料,但仍不清楚何种尺寸下 Si 纳米颗粒可以嵌 Li 而不产生裂纹和粉化。为深入理解 Si 纳米颗粒在嵌 Li 之后的体积变化行为,Liu 等[114]应用原位 TEM 技术对不同直径的 Si 纳米颗粒的充电过程中嵌 Li 行为进行表征。原始的 Si 颗粒是圆形的,但嵌 Li 之后变为多边形。嵌 Li 行为是各向异性的,仅能在 Si 颗粒的某些晶面看到膨胀,$Li^+$ 会优先沿着这些晶向嵌入。统计结果表明,低于 Si 颗粒临界尺寸的颗粒在嵌 Li 时没有裂纹产生,也不会断裂。若超过这个尺寸,Si 颗粒首先在表面形成裂纹,然后由于嵌 Li 产生膨胀而断裂、粉化。表面断裂行为的出现归咎于嵌锂产生的拉伸应力(hoop stress)超过了 Si 材料的屈服强度,驱动了裂纹扩展。这些结果直接证明了小尺寸 Si 纳米颗粒在 LIBs 电池循环过程中的结构稳定性,这为宏观电池的设计提供了重要依据。

Kühne 等人则研究了 $Li^+$ 在原位低压透射电子显微镜下可逆嵌入双层石墨烯的过程[115]。原位 TEM 中实验装置图如图 11-5 所示。在实验装置的右侧,通过 $Li^+$ 导电固体聚合物电解质连接到 $Si_3N_4$ 芯片表面的金属电极上,形成电化学电池。TEM 观察区域是在双层石墨烯部分悬浮在 $Si_3N_4$ 的一个孔上。在双分子层上施加 $I=100$ nA 的低频(13.33 Hz)交流电激励电流,对未覆盖的双分子层石墨烯的电子传输特性进行了四端原位电学测量。在金属对电极上施加恒压 $U_G=5$ V($U_G=0$ V),诱导 Li 化(或脱 Li)来研究 $Li^+$ 的迁移(图 11-6)。在电解液未覆盖区域施加纵向电压 $U$ 和外加电流 $I$。在 Li 化/脱 Li 循环中,观察到 $\rho_{xx}$ 的可逆变化。在锂化过程中,$\rho_{xx}$ 的降低反映了电子密度的增加,即电子-离子对在探测区域中的双极扩散特征。在脱 Li 过程中,$Li^+$ 和电子离开双层膜,从而恢复其初始电阻率值。结合电子能量损失谱以及密度泛函理论发现,在两个碳层中 Li 原子采取多层的紧密排列,其锂存储量远远超过块体石墨材料中最紧密的 $LiC_6$ 排列。这是在原子分辨率下进行原位电学 TEM 实验的一个特殊例子。

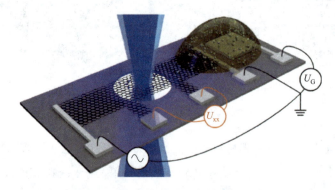

图 11-5 由双层石墨烯、多电子探针和液滴储备构成的原位 TEM 器件示意图[115]

此外,Lee 等在原位 TEM 上直接观察了氧化还原介质辅助氧化锂电池的液相放电过程,并提出了溶解介导的 $Li_2O_2$ 的生长机制[116]。Lee 等在 TEM 样品杆上构建了一个微型锂氧电池来实时监测放电过程(图 11-7)。通过透射电镜原位观察到显示,氧化还原介质在放电时在电解液中会逐渐生长出环形的 $Li_2O_2$ 放电产物。此外,对生长曲线的定量分析表明,其生长机制包括两个步骤:初期以侧向生长为主形成圆盘状;随后以垂直生长为主,形态转变为环状结构。结合理论分析,得到 $Li_2O_2$ 的生长速率取决于离阴极之间的距离,利用原位液体透射电镜可以为复杂的 $Li-O_2$ 电池电化学的理解提供直接的观察。

Zhang 等则开发了一种基于离子液体电解质(ILE)可用于透射电镜(TEM)观察的原位电池[117](图 11-8),基于离子液体电解质(ILE)能够真正实现在不同倍率下充放电,同时能够使用原位电学技术探测充放电过程中 LTO 中的 $Li^+$ 的传输动力学,其电化学性能可与普通 LIB 电池相媲美。利用原位电镜技术实时跟踪 $Li^+$ 在 LTO 纳米颗粒中的迁移,在锂化过程中不同锂化态的 LTO 的 Li-EELS 图谱表示锂离子从最开始的 $Li_4Ti_5O_{12}$ 中的四面体 8a

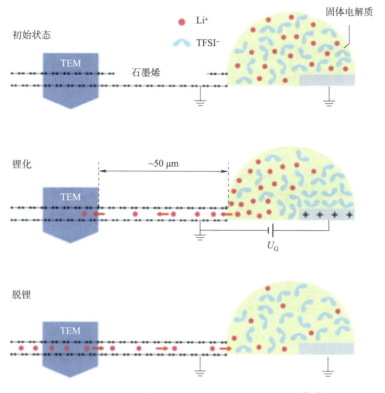

图 11-6 锂化和脱锂过程中锂离子迁移的示意图[115]

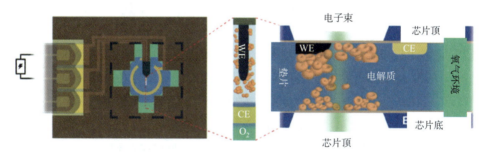

图 11-7 液体 TEM 中 Li-O$_2$ 微型电池示意图[116]

位点迁移到中间相中多面体位点,最后再到 Li$_7$Ti$_5$O$_{12}$ 的八面体 16c 位点。通过研究不同倍率下的 Li-EELS 图谱,并结合第一性原理确定了具有代表性的亚稳态 Li$_{4+x}$Ti$_5$O$_{12}$ 结构,提供了明显的 Li$^+$ 迁移途径,其活化能大大低于其他相,在 LTO 的 Li$^+$ 传输动力学中占主导地位。这项研究为实现快速充放电材料的设计指明了方向。

原位 TEM 技术作为一项探究电化学反应的重要技术,可在原子层面上对许多电池的电化学反应过程进行原位表征。但是与宏观电池反应条件还略有不同,例如通过控制电流来控制充放电,使其与宏观电池充放电过程相对应。我们相信原位 TEM 可以在未来更好地解释电池充放电过程存在的一些问题,推进各类电池的快速发展。

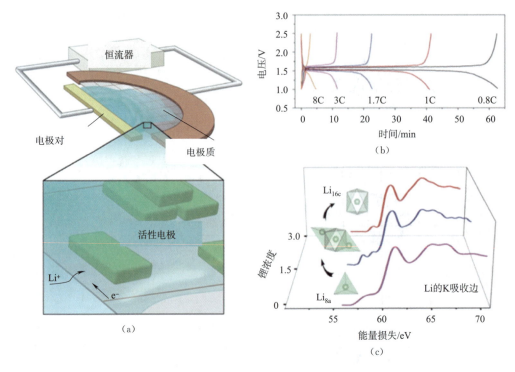

图 11-8　用于 TEM 中表征电池材料的原位电池装置[117]

## 11.3　测量相变材料的电学性能

自 21 世纪以来,全球存储器的市场越来越大。存储器是半导体信息产业的重要组成部分,尤其是非易失性存储器是移动电子产品和计算机技术的关键组成部分。基于相变材料的存储技术,因为具有非易失性、可重复写入、高稳定性、可微缩性和制作工艺简单等特点成为最有前途的选择之一。这里主要介绍用原位电学方法测量在施加连续直流电压后相变材料 $In_2Se_3$ 的电阻率与晶体缺陷的关系。$In_2Se_3$ 是一种直接能带(带宽为 1.7 eV)的 n 型半导体化合物,其块材料的熔点为 890 ℃。$In_2Se_3$ 材料中也具有层状结构,层中原子之间是通过共价键连接,原子层中间是由范德华力连接,具有多态性和金属离子缺陷结构,其晶体结构一般属于六方晶系,是相变存储应用中最常用的材料之一。很多工作根据此材料研究了其相变和电学性能之间的关系[118-122]。

这里阐释利用 Nanofactory Instruments 公司生产的 STM-TEM 样品杆系统来探究 $In_2Se_3$ 的原位电学性能[108],其中样品杆的探针部分由一个固定端和一个可移动端组成,固定端上有一个小螺丝可将探针固定在样品杆上,另一端是将探针先固定在一个四爪 Au 帽托上,然后将帽托装配到样品杆的陶瓷小球上,通过振动陶瓷小球后的压电陶瓷来控制 Au 帽托的移动。本系统可以实现样品在 $x,y,z$ 三个方向上纳米级的移动。通过 I-V 曲线计算得出该根纳米线的电阻值为 15 Ω,在纳米线上施加连续直流电压,电阻相比加压之前有明显的提高,并且纳米线由原来的单晶变为非晶。通过改变连续递增电压大小可以影响纳米线加压过程相变后的晶体结构和晶体均匀性。利用高分辨像分析得出纳米线微观结构在连续的直流电作用下,$In_2Se_3$ 纳米线中的晶体缺陷减小,电阻降低。随着外加电压的不断增大,晶体缺陷又随之增多,且伴随电阻值增大,这说明 $In_2Se_3$ 纳米材料的电学性质和晶体内部缺陷有关。

其次相变材料原子组分也会影响其电学性质[108]。研究者通过不同的实验条件下得出不同组分 $In_xSe_y$。通过原位 STM-TEM 观察得到:当 In/Se 原子比为 2∶3 时纳米线的电阻率最高,其中当 In 原子占比较小或者 Se 原子占比较大的时候,其纳米线的电阻率都会下降。这表明此相变材料的原子占比对其电学性质会有影响。

综上,利用原位电学测试,对相变材料的电荷输运性质以及结构演变行为进行研究,发现 $In_xSe_y$ 相变材料的电学性质不仅与晶体缺陷有关,还和原子占比有关。原位电学技术的高空间分辨率和化学成分表征推动了对于相变材料的进一步理解。

## 11.4 研究铁电材料的性能

铁电材料是一种具有自发极化并且在外电场的作用下极化方向可以翻转的材料。但自发极化并不是铁电性的充分条件,只有在外电场的作用下自发极化改变取向时,才表明材料具有铁电性。当温度超过居里温度时自发极化消失,铁电体变为顺电体。1920 年,J. Valasek 在酒石酸钾钠(罗息盐)中发现铁电性。铁电材料除了具有铁电性之外,还有压电性、介电性以及热释电性等性质。这里阐释利用原位电学技术来研究铁电薄膜的微观结构。

基于可控的铁电或者铁磁的拓扑畴结构,有望发展新型高密度存储器。但是,以往的工作多在宏观、非原位条件下进行,原子尺度上对拓扑结构的观察与控制仍面临巨大挑战。研究发现,不同厚度的 PTO/ZTO 多层膜结构中存在随着 PTO 层厚度的增大铁电拓扑结构发生了变化,但是这种变化很难应用于调控畴结构。Tian 等设计了利用原位非接触电压技术以及结合 STEM 在施加电压时铁电薄膜材料的畴结构实现实时观察以及对铁电拓扑结构的操纵[123],如图 11-9 所示。

实验中在钨电极(作为移动电极)和导电 SRO 底部电极(连接到地面)施加偏置电压。输入电压施加在尖锐的导电尖端和样品之间,结合原子尺度空间分辨率的 STEM 得到了在外加电场的作用下铁电拓扑结构演化的清晰图像。考虑到涡旋畴具有很短的周期性,在外加因素的调控下可以实现调控各种各样的畴结构,因此实验中利用原位电学的方法来实现对畴结构的调控。选取 10 u.c.(单层晶胞)厚度的带有涡旋的 PTO,在施加不同的电压 0~5 V 情况下发现铁电畴结构从最开始的涡旋极化态转变为稳定波状态,最终转变为单畴极

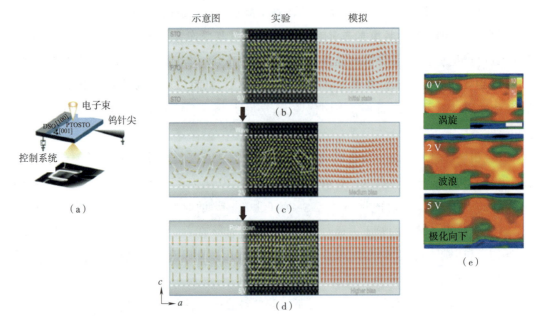

图 11-9　PTO/STO 多层膜铁电拓扑结构转变的实时观察和操控[123]

化向下的状态。利用 EELS 发现,在铁电拓扑结构转变过程中不同畴结构的电子信息,这是原位电学技术在高性能铁电拓扑结构方面应用的新探索。

近些年来随着在原子水平控制铁电薄膜生长的发展,在大量的单晶衬底上外延生长高质量的铁电薄膜成为可能。大量研究表明,极化反转可以和电子输运、光电、应变等物理参数耦合。因此,铁电材料在高密度存储器、机电、光电等领域都具有潜在的应用前景。但在铁电材料极化偏转的时候会产生一个自发的反极化反转的过程,即"存储失败",这会导致存储数据的丢失。Pan 等利用原位电学技术和 STEM 表征,发现 $BiFeO_3$ 储存失败是由于纳米尺度下杂质缺陷引起的[124]。利用原位电学的方法观察到了在 $BiFeO_3/La_{0.7}Sr_{0.3}MnO_3$ 界面上一系列平面缺陷的畴转换。在探针表面和 $La_{0.7}Sr_{0.3}MnO_3$ 底部电极施加偏置电压。电压先是从 0~10 V 之后返回到 0 V。薄膜在 0 V 起始状态时为极化向下。可以看出,虽然施加的电压可以产生一个极化向上的畴,但是在移去偏置电压 15 s 后这个畴很快地变成亚稳态,在这个阶段一个自发的反极化转变仅仅发生在界面上方一个很薄的层。最后在 20 min 后电压为 0 V 的时候又极化向下(图 11-10)。从 TEM 图像测量的反转畴的面积随时间和外加电压的变化曲线,可以更好地展示这一过程。而引起这种存储失败现象的主要原因是存在一个指向薄膜下方的强内置电场。这个内置场是界面肖特基场和其上方的平面缺陷引起的内置场的组合。本工作利用原位电学手段发现了杂质缺陷引起的极化结构的变化,为铁电性质的调整提供了新的途径,而这些是通过传统方法难以实现的。

铁电材料具有自发极化的特性,在外加电场的作用下,极化可以发生翻转。极化畴之间

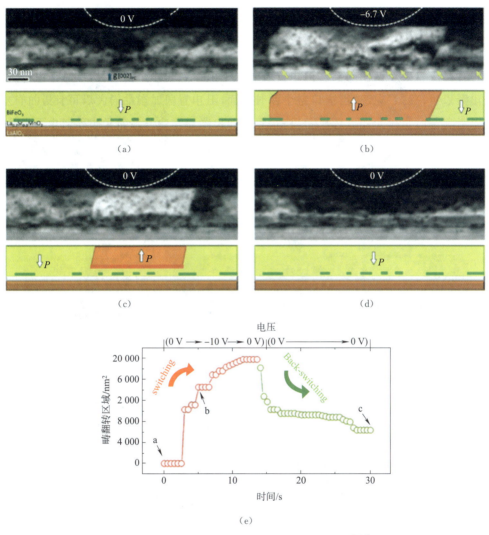

图 11-10 施加和撤去偏置电压下极化畴变化[124]

的转换是由位错缺陷介导的[125-128]。了解缺陷在铁电开关中的作用对于非易失性存储器等实际应用至关重要,在铁电转变过程中铁弹性畴边界的迁移一直存在问题。很多的实验表明,90°畴壁在薄膜中是不可以移动的。但 Ehara 等表明[126] $Pb(Zr_{0.2}Ti_{0.8})O_3$ 薄膜中的铁弹性畴可以在很短的时间内以数百纳秒的量级移动。利用原位透射电子显微镜技术研究在外加电场的作用下 PZT 薄膜中单个铁弹性畴的微观结构变化。图 11-11 和图 11-12 分别为自由表面的 a 畴和 PZT 底部的 a 畴在原位外加电场下的变化。

实验结果表明,薄膜自由表面的 a 畴在外加电压 $-18$ V 时依旧稳定,但是电压升至 $-19$ V 时,a 畴消失。薄膜底部 a 畴随着偏置电压的增大,部分 a 畴会消失,但不会完全消失。通过对比可以发现,起源与自由表面的 a 畴没有被强烈的钉扎,所以更易移动,并且在

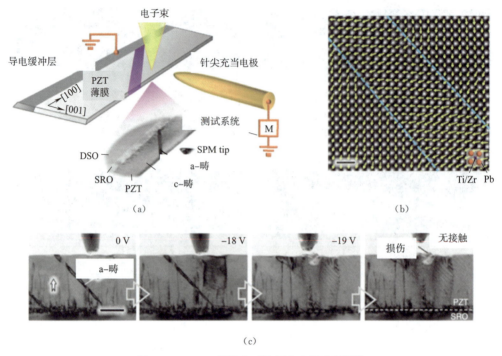

图 11-11　PZT 薄膜表面的原位电学分析[126]

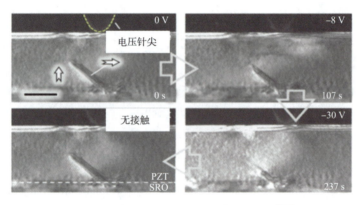

图 11-12　PZT/SRO 界面的原位电学分析[126]

外加中等电压的情况下 a 畴消失。而由于基底界面附近位错的存在，在针尖施加偏置电压可以导致部分 a 畴减小，但是不能完全改变位错附近极化。当去除外加电压后，稳定的铁弹性畴将会恢复到原来的程度。消除铁弹性畴可以提高薄膜器件的铁电响应，这样的 a 畴是作为部分畴存在，还是完全通过薄膜延伸，都是由钉扎缺陷控制的。

除了上述利用原位电学实验在探头处施加外部电压来观测铁弹性畴以外，还可以利用原位电镜技术验证蠕动公式在铁电系统的通用性。由于探针针尖独特的倒金字塔形状，施加在针尖上的电压会产生不均匀分布的电场，电场从针尖与样品的接触点向外迅速减弱，在电场减弱的过程中,畴壁将经历从流动区向钉扎松动区直到蠕动区的变化。T. Tybell 等[129]验证了在施加外电场的作用下,PZT 铁电畴壁的运动速度在某一个范围内符合蠕动公式。

利用原位电学实验研究铁电材料不局限于以上应用,还可以利用原位电学实验研究单一电畴扩张过程中畴壁形貌的演变规律以及铁电薄膜电容分布等[87]相关问题。

## 11.5 研究斯格明子体系

人们已经探索了各种自旋结构,例如磁畴壁和涡流。近年来关于涡旋状自旋结构,即所谓的磁泡越来越受关注。磁泡具有有趣的电磁性质,例如超低电流密度。

这里,我们介绍利用原位洛伦兹透射电镜研究纳米结构 $Fe_3Sn_2$ 磁体在电流驱动的作用下磁泡的螺旋度反转(图 11-13)。Hou 等利用聚焦离子束(FIB)制作了一种可以直接在 LTEM 中观察电流驱动 $Fe_3Sn_2$ 单晶的磁泡动力学的实验装置[130]。该器件由 $Fe_3Sn_2$ 薄片、硅片和钨线组成。为了测量器件的电阻,沿着纳米线架的平面方向注入直流电流。该器件表现出线性 $I$-$V$ 依赖性,即欧姆传导,计算出电阻的对应值(R)低至 45 Ω。在 $H=160$ mT 的外部平面外磁场下,$Fe_3Sn_2$ 可以产生密集排列的单链磁泡,此时沿着纳米线的纵向注入电流脉冲。脉冲宽度($\tau$)和频率($f$)分别固定在 100 ns 和 1 Hz,电流密度 $j$ 范围从 0 到 $4.2\times10^{10}$ A m$^{-2}$。当 $j=0\sim2.6\times10^{10}$ A m$^{-2}$ 时,没有观察到磁泡的显著运动。

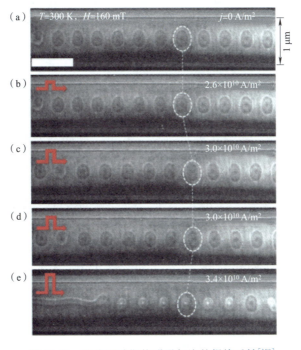

图 11-13 电流驱动斯格明子气泡的螺旋反转[130]

然而，当 $j$ 增加到 $3\times10^{10}$ A m$^{-2}$ 时，观察到磁泡的不连续运动，首先以平均速度 $v\approx 0.1$ ms$^{-1}$ 沿纳米线方向移动，然后停止。当 $j=3.4\times10^{10}$ Am$^{-2}$ 注入时，磁泡的螺旋度开始在顺时针和逆时针方向之间反转。在初始状态（即无电流注入）下的斯格明子的 LTEM 图像显示出清晰的黑色（核心区域）和白色（边缘区域），且面内磁化是逆时针旋转的。第一次电流脉冲后，图像的对比度完全相反，即内部区域变白，外部区域变黑。这表明，平面内的磁化旋涡从逆时针转为顺时针，意味着在施加电流驱动下，磁泡的螺旋度是相反的。结合模拟发现局部钉扎效应和 DDI 相互作用对磁泡的螺旋度反转起着关键作用。这是利用原位电学电流驱动下研究磁泡动力学机制的一个典型实例。

和此实验方法类似，Shibata 等还利用 FIB 制备了 FeGe 薄片[131]。不同点是由于 FeGe 和 Si 之间的热膨胀系数不同，在室温以下冷却会导致 FeGe 薄片沿桥接方向产生单轴应变，从而导致各向异性变形。为了减小应变效应，制备了应力松弛结构。利用原位洛伦兹透射电镜观察在电流驱动下斯格明子晶格和螺旋磁结构之间畴边界的移动，并用不同宽度的电流脉冲研究了磁畴分布的变化。实验结果显示畴界运动的方向和电流运动（与电流平行）相反，并且运动的长度取决于电流密度和脉冲宽度。这表明自旋扭转机制中存在铁磁 s-d 交换耦合。这为迄今未知的斯格明子晶格集成的电流诱导动力学提供了有价值的信息。

通过电场的局部调控，Huang 等在电磁体 Cu$_2$OSeO$_3$ 中产生了斯格明子[132]。利用原位 TEM 洛伦兹模式，斯格明子在螺旋-自旋的状态下产生。H 型棒 LTEM 样品结构如图 11-14 所示，150 nm 厚的 LTEM 片层垂直于 $[1\bar{1}0]$ 方向，沿该方向施加平面外磁场。正电场沿样品平面上的 $[11\bar{1}]$ 方向。实验结果表明施加一个正向的电场可以产生斯格明子，但是当施加一个反向的电场的时候并不会产生斯格明子。这意味着可以将斯格明子集成到纳米电子学器件中，例如场效应晶体管，有望实现更低能耗，推动斯格明子器件的实际应用。

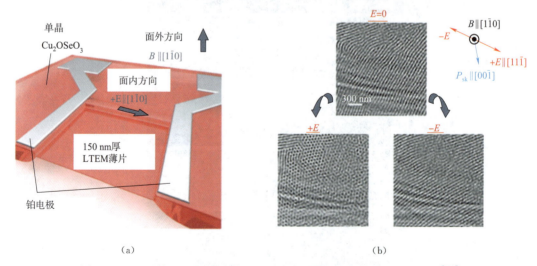

图 11-14 H 型棒 LTEM 实验装置以及改变不同的电场斯格明子的变化[132]

# 第12章 电学原位电子显微技术的挑战与机遇

在借助透射电镜得到材料结构信息的同时检测该结构对应的电学、光学、热学、力学等性质,属于透射电镜原位观察。目前实现透射电镜原位观察的工具主要有环境透射电镜(ETEM)、透射电镜原位样品杆、原位 MEMS 芯片等。透射电镜原位分析方法按照实现方案和功能大致分为两大类:

(1)基于 MEMS 芯片技术的原位解决方案。这类方案利用原位样品杆搭载 MEMS 芯片,在 TEM 中可实现原位加热、电学测量、液体和气氛环境等功能。

(2)基于 STM 纳米操纵技术的原位解决方案。这类方案利用集成于原位样品杆头部的扫描探针单元,结合 $I$-$V$ 测量、光学-光电测量、低温或者力学测量单元,在 TEM 中实现原位亚纳米级操纵、电学测量、光谱学-光电测量、低温环境以及力学测量等功能。

这两种方案几乎覆盖了所有原位施加激励的可能性,也给予了原位电学分析方法更广阔的应用前景。

## 12.1 原位光电测试

光电材料是目前受到关注最多的功能材料之一,其应用涉及新能源、照明、通信环保、医疗等各个方面[133]。透射电子显微镜(TEM)是一种强大的现代材料表征手段,用于分析光学显微镜下无法看清的小于 0.2 μm 的细微结构。如今的透射电镜能够达到亚埃级分辨率,是分析纳米材料的有力手段。纳米材料在电学、热学、力学等领域都有奇特的效应,随着微机电系统(micro electromechanical system,MEMS)和纳机电系统(nano electromechanical system)的发展,从纳米尺度揭示材料的结构和在以上领域中各种效应的关系,在微纳层面观察光电材料的工作行为和失效机制,成为迫切需要解决的问题。

### 12.1.1 原位光电测试在忆阻器中的应用

得益于 MEMS 技术的发展,现有原位 MEMS 芯片上可以集成越来越多的物理、化学功能,而且芯片小体积、通电即可工作的特点与进行透射电镜原位测试的要求符合得很好。但现有原位 MEMS 芯片在应用上仍有其局限性,其中一个比较突出的局限性即其无法进行光电原位测试,满足不了光电材料实际工作状态和行为的纳米尺度表征的需求。因此十分希望可以在原位光电测试平台上开展相关材料和器件的原位研究,从微观层面支持材料的开发与器件性能改进。Songhua Cai 等人[134]采用了原位 MEMS 芯片的技术方案,由于需要同时对样品施加电学作用或接收样品在光辐照下所产生的电信号,因此芯片上也需要设置电极与样品进行电学连接。利用现有双倾原位样品杆拥有的四探针可以组成两路独立的电学通道,这样就可以利用一路电学通道对微型 LED 供电,

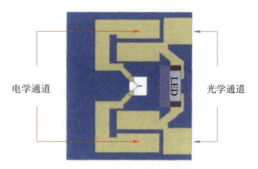

图 12-1　原位光电 MEMS 芯片的平面示意图

通过控制输入电流大小来调整发光强度,另一路电学通道与样品连接,提供及接收电信号(图 12-1),并通过芯片与原位样品杆、源测量单元以及控制电脑的集成,搭建了完整的原位光电测试平台。

忆阻器是一种具有记忆功能的非线性电阻,可以通过控制电流改变阻值,被认为是继电阻、电容、电感之外的第四种基本电路元件。由于忆阻器可达到的理论尺寸小[135]、工作能耗低[136],同时具备非易失性,所以相比传统大规模应用在数字电路中的金属-氧化物半导体场效应晶体管(metal-oxide-semiconductor field-effect transistor,MOSFET)在某些方面表现出了十分明显的优势,能很好地储存和处理信息,有望用于更新现有电路设计、实现新型廉价大容量低能耗存储[137]。同时由于忆阻器的工作方式与生物神经十分相似[138,139],因此也被视为未来实现存储/逻辑一体化、变革计算机架构以及硬件模拟生物记忆/思考行为、实现人工智能跨越式发展的契机。

石墨烯/$MoS_{2-x}O_x$/石墨烯光电忆阻结构(GMG)作为全新的拥有优异性能的忆阻功能结构,对其工作机制的深入了解对于今后在二维材料体系中开发新型电子器件具有重要意义。已经成功开发的原位光电测试平台所具备的高稳定性的优势使得在透射电镜中通过高分辨 STEM 及 EDS 表征对导电沟道形成及元素迁移情况进行精确表征成为可能。利用原位光电测试平台的电学测试功能,可以实现对忆阻器原位样品工作状态的原位调控及表征。

Songhua Cai 等人[134]首先使用 Graphene 和 $MoS_2$ 两种典型的二维材料对传统忆阻器的金属、金属氧化物、金属结构进行了替换,构建了具备原子级平整度异质结界面的 GMG 结构纯二维材料忆阻器。对这一忆阻器的性能测试显示其具备良好的开关次数、读写速度和保持能力,同时高达 340 ℃的耐热能力已经远超过现有忆阻器的最高水平。对 $MoS_{2-x}O_x$ 进行的透射电镜原位加热实验证明,$MoS_{2-x}O_x$ 的高温稳定性直接决定了 GMG 忆阻器优秀的耐热能力。为探明这一结构的开关机制,在原位光电芯片上制备了 GMG 忆阻器的透射电镜截面样品,通过自行开发的透射电镜原位光电测试平台在电镜中对该忆阻器进行了原位开关,并利用 STEM-EDS 表征了器件在初态、低阻态和高阻态下导电沟道区

域的产生及元素分布变化情况,证实了 GMG 忆阻器优异性能的来源。对该器件成功进行的透射电镜原位测试也显示出原位 MEMS 光电芯片及平台在获取高质量图像及谱学数据上的优势,为原位电镜技术在光电器件研究中的应用提供了有益参考。

### 12.1.2 原位光电测试在量子点太阳能电池的应用

能源是满足人类社会基本需求和可持续发展的重要物质保障,因化石能源的不可再生性和全球对温室效应的关注,太阳能的有效利用正成为越来越多国家的首要选择。量子点太阳电池不仅是第三代太阳能电池,也是目前最尖端、最新的太阳能电池之一,其具有制备成本低廉[140]、带隙可调[141]、理论转换效率高[142]等诸多优点,在太阳能转换领域有着巨大的应用潜力,理论上预测的量子点电池效率可以达到 75%。量子点太阳能电池为什么蕴含着大幅提高转换效率的可能性呢? 首先,从普通太阳能电池的基本原理开始解释。我们可模式化地将太阳能电池看作这样一种结构:太阳能电池分为充满了电子的"价带"、电子可自由运动的"价带",当价带的电子移动到导带时,即可将电子作为电能输出。电子要从价带移动到导带,必须克服位于两者之间的名为"带隙"的能量差。这一过程所需的能量可以从太阳光中吸收。电子穿越的带隙越大,可获得的电能也会增大。带隙的大小,可以通过在太阳能电池的材料上下功夫来进行调整。不过,如果为了获得更大的电能而使带隙变得过大,那么能够移动到导带的电子便会减少,转换效率因而降低。电子能否穿越带隙,取决于照射到价带的光能是否够大。从波长较短的紫外线直至较长的红外线,太阳光由多种波长的光混合而成。而这些光的能量,波长越短则能量越大,波长越长则能量越小。当光能小于带隙时,则不能将电子推送到导带,也就无法产生电能。虽然我们也有为了获取这些光能而将带隙减小的想法,但那样获得的电能会变得很小。而且,大于带隙的光能的剩余部分会转换成热量,使得不能用于发电的损耗即"热能损失"增加。其结果是转换效率下降。如果带隙过大,白白损失的光能会增加;如果带隙过小,则热能损失会增加。之所以说结晶硅类太阳能电池的转换效率极限大约为 30%,就是在于这个原因。

所谓量子点太阳能电池,在带隙之间设有名为"中间能带"(intermediate band)的中继点。显然,在大大扩宽了带隙之后,吸收了比带隙还小的光能的电子可以暂时移动到中间能带。在下一个瞬间再吸收其他的光能,然后"换乘"到导带上去。而一次就获得了足够大光能的电子,可以一跃跳过带隙。像这样,希望把从短波长到长波长的光能悉数尽收,从而使转换效率得到飞跃性提高,是量子点太阳能电池的最初创想。形成中间能带的,是太阳能电池中散布的微细"颗粒",即量子点。量子点是指边长约为 10 nm 的箱形半导体微粒子,由于量子效应,比带隙小的光能也不会被放过,而会被吸收。由此,便形成了电子移动到中间能带的状态,通过调整量子点的大小及形状,还可设置多个中间能带。这样一来,便可吸收更广泛波长的光能,提高光转换效率。

然而目前光电转换效率仍远远低于理论转换效率。如何在微观尺度下探究低效的根本原因,并为设计高转换效率量子点太阳能电池提供指导?这一问题向现代研究方法提出了理论和技术的挑战。在张泽院士领衔的国家重大仪器项目支持下,东南大学孙立涛教授与浙江大学张泽院士、加州大学洛杉矶分校段镶锋教授、澳大利亚昆士兰科技大学孙子其教授等共同合作,自主设计发展了一种可实现高精度原位光电测试的新型原位电子显微学技术[143]。基于该技术,在透射电镜内构建了目前世界上最小尺度的单个 $TiO_2$ 纳米线/CdSe QD 异质结太阳能电池(QDHSC),其仅包含单根纳米线、量子点和电极,如图 12-2 所示。在光场作用下同时实现了材料结构的原子尺度表征和器件中皮安精度光电流的原位测量。通过原位调控光电子可能发生复合的界面大小,大大改善了电池的转化效率,揭示了界面工程对太阳能电池转化效率提升的重要作用。其理论模拟表明,简化的单根纳米线太阳能电池结构可以使界面面积和相关电荷散射最小化,从而实现有效的电荷收集。此外,纳米线基量子点的光学天线效应可以进一步增强光的吸收和高功率转换效率。

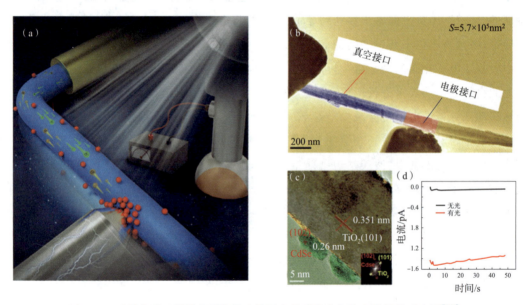

图 12-2　透射电子显微镜中原位构建量子点异质结太阳能电池结构示意图[143]

该研究成果有助于更好地理解量子点异质结太阳能电池高转换效率的内在机制,促进高转化效率太阳能电池及相关光电器件的研究与优化设计。同时,该研究在透射电镜中为原位光电研究建立了一个强大的"纳米实验室"平台,为直接研究纳米尺度的器件提供了最佳实验条件,推动原位器件电子显微学的快速发展。

## 12.2 电学原位电子显微技术在热电材料中的应用

热电材料是能够实现热能和电能之间的直接转换,被视为具有广泛应用前景的清洁能源材料。相比于传统热机或者压缩机,热电材料制成的器件具有结构简单、空间占用率小、无机械运动等优点[144]。热电材料的规模化应用主要受制于其较低的能量转换效率,因此提高材料的热电性能仍然是当前研究的重心。优化电输运性能和降低晶格热导率是提升热电性能的两条主要途径。相较于强关联的电导率和塞贝克系数,晶格热导率可以独立调控。因此如何获得低晶格热导率成为热电材料研究的热点。

借助于声子的概念,热能从高温传向低温,可以看作是携带热能的声子从一端输运到另一端,类似于载流子在晶格中的运动,因此对热传导的研究就可以转变为对声子碰撞过程的研究。通过控制微观结构增加声子散射,抑制声子的平均自由程,是已经被证明的降低晶格热导率的有效方法。热电材料中通常多种散射机制共存,如图 12-3 所示[145]。

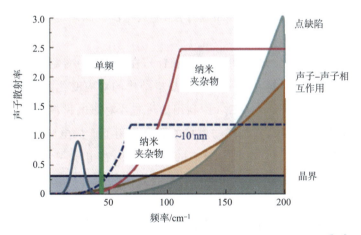

图 12-3　各种散射机制下声子散射率与声子频率的关系示意图[145]

声子的总散射率由下式给出:$\tau_P^{-1}=\tau_{PD}^{-1}+\tau_D^{-1}+\tau_B^{-1}+\tau_U^{-1}+\tau_O^{-1}$。

其中,各种散射机制下声子散射率与声子频率 $\omega$ 有着如下的关系:点缺陷散射 $\tau_{PD}^{-1}$ 与 $\omega^4$ 成正比关系($\tau_{PD}^{-1} \propto \omega^4$),晶界散射 $\tau_B^{-1} \propto \omega^0$,声子-声子 U 过程散射 $\tau_U^{-1} \propto \omega^2$,位错散射 $\tau_D^{-1}$ 为位错核散射($\tau_{DC}^{-1} \propto \omega^3$)和位错应变散射($\tau_{DS}^{-1} \propto \omega$)之和,而 $\tau_O^{-1}$ 代表其他散射机制的总和。应该指出的是,声子的频率分布随温度而变化,这意味着在一定温度范围内往往是某一个散射机制占主导地位。不同散射机制下的频率相关性为通过材料微结构设计来降低晶格热导率提供了重要思路。

在声子散射的各种机制中,点缺陷散射对于降低热电材料的晶格热导率效果最为明显。一般来说,声子更容易被点缺陷散射而不是被电子散射,从而对载流子迁移率的影响较小。

点缺陷是原子间距上晶格扰动的缺陷,其主要对高频声子起作用并且散射率与声子频率的四次方 $\omega^4$ 成正比。点缺陷对热导率的影响源于两个方面,一方面是由于质量波动引起的散射,另一方面是点缺陷的应力场引起的散射。热电材料中,半赫斯勒(half Heusler, HH)合金材料由于具有优异的热电性能、热稳定性、低毒性以及良好的机械性能而得到了广泛的关注。已有研究表明,$Nb_{0.8+\delta}CoSb$ 内部大量的本征 Nb 空位能够有效降低材料的晶格热导率,使得纯相的铌钴锑体系热电材料获得比以往更可观的热电优值[146]。葛炳辉、朱铁军等人[147]主要利用透射电镜原位技术对 $Nb_{0.8+\delta}CoSb$ 材料体系的微观结构进行表征,从微观及原子尺度揭示其晶格热导率较低的机理。结合电子衍射花样以及原子级分辨率的 HAADF 像分析,发现 $Nb_{0.8+\delta}CoSb$ 倒空间中的漫散带对应的短程有序源于正空间的 Nb 空位导致的 3 种元素的再分布以及局部原子的位移。同时发现,随着 Nb 空位的减少,空位排布的有序度提高,在 $Nb_{0.8+\delta}CoSb$ 中,倒空间的漫散带完全消失,出现了调制衍射点,结合中心暗场像,发现这些调制衍射点源于不同方向的畴,尺寸在百纳米量级,进一步通过原子级分率的 HAADF 像观察到了畴区域由于 Nb 空位导致的组分以及原子位移的周期性分布。该研究成果表明,可通过空位浓度来调节材料的有序度,为进一步提高热电材料的能量转换效率提供了新的指导。

此外,通过热拉伸/压缩(加热芯片+电学探针),在 TEM 中对材料进行热拉伸/压缩实验,结合电镜原位观测热电材料在这一过程中晶格结构的对应变化,以及通过热电子发射/场发射(加热芯片+电学探针),在 TEM 中利用加热芯片对热电材料进行加热并作为阴极,电学探针施加电场并作为阳极,在加热与电场的联合作用下形成电流,再结合 TEM 原位观测这一现象,可以实现对材料热-电耦合效应的原位观察,在电学测量的同时,动态、高分辨地对样品的晶体结构、化学组分、元素价态进行综合表征。

## 12.3　电学原位电子显微技术与冷冻透射电镜结合

冷冻透射电镜作为一项蓬勃发展的现代科学技术,可直接观察液体、半液体及对电子束敏感的样品。冷冻透射电镜技术(Cryo-TEM)一般是在普通透射电镜上加装样品冷冻装置,将样品冷却到液氮温度(77 K)来观测某些对温度敏感的样品,例如蛋白、生物切片的一种技术。它的原理是通过对样品的冷冻,降低电子束对样品的损伤,减小样品的形变,从而得到更加真实的样品形貌。它具有加速电压高、电子光学性能好、样品台稳定、全自动等优点。

可以预见,对电子束、热敏感的活泼材料的原子级别的表征可能是 Cryo-TEM 在材料领域应用的潜力方向。众所周知,锂枝晶是锂电中最大的安全隐患,个别产品时不时出现的自燃事故和它不无关系。时至今日,枝晶的产生、生长以及刺穿隔膜造成电池内部短路,都是电池专家们不得不直面的问题,也是材料领域"持续高温"的研究方向。然而,锂元素非常活泼,对环境极其敏感,如何从原子层面去研究锂枝晶的形成和生长,极具挑战。传统的高分辨 TEM 电子束能量很高,会严重损坏枝晶结构甚至熔毁;而低分辨的 TEM、直接成像、表面探针等技术获得的信息又十分有限。崔屹教授团队[148]受"冷冻电镜可以获得脆弱的生物大分子原子级别结构"的启发,创造性地将冷冻电镜技术引入到了敏感性电池材料和界面精细结构的研究中,如图 12-4 所示。这种方法克服了电池材料冷冻制样的种种难题,首次获得了锂枝晶原子分辨率级别的结构图像。结果显示,冷冻电镜技术完整地保留了枝晶的原始形貌及相关结构、化学信息,在持续 10 min 的电子束轰击下仍然保持完好。高分辨的 Cryo-EM 照片表明,锂枝晶是呈长条状的完美六面晶体,完全迥异于传统电镜观察到的不规则形状;而其生长行为显示其有明显的⟨111⟩优先取向,生长过程中可能发生"拐弯",但是并没有形成晶体缺陷,不影响其完美晶体结构。另外,研究结果还包含固态电解质界面(SEI)的组成与结构。该研究结果十分令人兴奋,证明了 Cryo-TEM 可以有效地对那些脆弱、不稳定的电池材料进行高分辨率表征,例如锂硅、硫等,并且保持它们在真实电池中的原始状态。

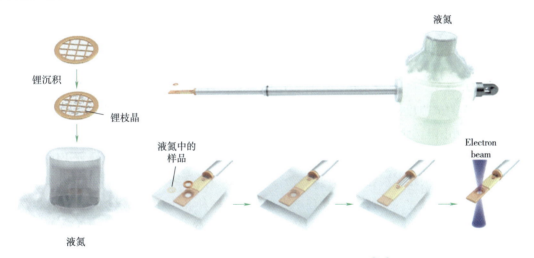

图 12-4　通过 Cryo-TEM 保存和稳定锂金属[148]

孟颖教授等人[149]同样是采取了冷冻电镜技术稳定了电化学沉积的活泼的锂金属,同时减少电子束带来的损伤,然后对其纳米结构、化学组成以及固态电解质界面进行了研究(图 12-5)。可以说和崔屹教授异曲同工,证明了 Cryo-TEM 是研究对电池材料强有力的工具,能够从最基础的层面获得相关信息。若是能将冷冻电镜和原位电学的手段相结合,有望更深入了解锂沉积的动态结构变化和生长机理[150]。

## 12.4　多电极电学原位电子显微技术测试平台

原位电学测试杆可用于纳米材料的结构表征、电学性能测试以及双端电子器件的原位构建(如阻变存储器),然而这样的一种点对点接触的电学测试,接触面积小,一定程度上会

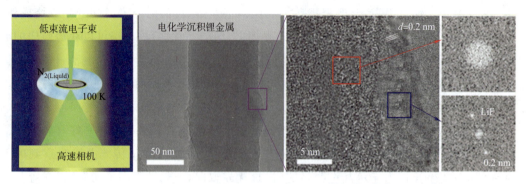

图 12-5　Cryo-TEM 用于电沉积 Li 金属的研究[149]

使得接触电阻较大；此外，点对点的结构无法构建场效应晶体管（HET）这样的多电极器件，不利于研究多电器件的电学性能；而如果想要进行多电极电子器件的各项研究，首先要非原位构建多电极电子器件，然后用 FIB 打薄制样，才能放入 TEM 进行原位测试。这样一种非原位构建多电极器件的方法操作复杂，费时费力，在 FIB 加工过程中会给样品带来一些损伤，此外，这种方法不能实时观察结构的动态变化，进而无法研究纳米器件的整体结构和性能的关系。

所以 Qing Ma 等人[151]提出了一种多电极实验载台的设计，在测试电子器件性能的时候，原位电学测试芯片上延伸出硅基基底的叉指状电极与待测试电子器件接触面积增大有利于减小接触电阻。此外，利用多电极实验载台还可以原位构建多端纳米器件，进行器件可靠性、器件失效机制等相关研究，相比于在电镜外部构建多端电子器件并且需要 FIB 制样的非原位构建，原位构建多端电子器件操作简单，可以原位研究纳米器件整体的结构和性能关系，可以实现不同尺寸/晶向的材料构建纳米器件。这一种设计对于揭示功能材料在电场作用下，显微结构动态演化的过程与输运、光电特性等物理问题具有重要意义，在纳米尺度衍生的尺寸效应、界面效应等基本物质结构及其演化规律的研究方面具有巨大的潜力，对于纳米电子器件的构建、性能和失效机制的研究等方面具有重要意义，这种基于透射电镜的设计研究也为探索物理、化学及结构材料中新现象、提出新概念、发展新材料、开拓新应用提供了新的机遇。

虽然目前的电学原位电镜实验技术发展势头迅猛，但仍有很多问题亟待解决。诸如探针式电学原位杆的电学探针过长，样品稳定性相对不高，对样品的高分辨图像采集带来一定的挑战，同时该方法只能使用两电极测量法，电学测量精度受到限制。MEMS 芯片式电学原位样品杆利用 MEMS 芯片电路设计灵活的优势，可铺设 4 个或以上的电极，实现多电极测量。但这种方式下，样品需利用 FIB 进行精确放置及固定，对制样的要求较高。

高分辨透射电镜的原位电学实验研究历经几十年的发展已逐渐趋于成熟，总体而言，当前高分辨透射电镜原位电学实验研究有如下趋势：

（1）原位电学实验日益倾向于改造或设计制造新型的原位样品杆，尤其是 MEMS 芯片样品杆,这是因为传统的通过改造特定原位电镜的方法成本高、功能少且适配性差,而MEMS芯片样品杆通过设计和制造不同功能的芯片,在一个样品杆上就能完成不同的原位实验,成为新一代原位样品杆的主流。

(2)集成多种环境激励手段于一体的复合原位实验日渐增多,随着各项原位技术的完善与发展,现在的原位实验越来越多地利用了不止一类激励或环境手段,如在光照下的光电效应实验,以及高温电学复合激励实验等。随着MEMS芯片技术的发展,更多的原位部件可被集成到单个芯片上,可实现更复杂的原位电镜实验,如液体、光、电和热协同复合的光催化电化学实验等。

(3)除了提供激励与环境外,原位精确电学测量也越来越受到重视。采用传统的环境和激励手段来实现样品变化并观察其动态过程的原位实验方式已难以满足人们对因环境和激励手段导致的样品性能改变的研究需求。目前,越来越多的原位实验引入了因样品材料受环境激励手段影响而改变样品的电学相关性能的研究,从而实现了对材料的压电、光电、热电以及电传感等性能的原位精确测量。将高精度的电镜图像与性能测量相结合,可更加深入地研究相关效应和性能的机理,并解答其背后的科学问题。

用高分辨透射电镜进行原位电学实验研究已成为目前微结构与宏观性能关联研究的重要方向之一,在电子技术不断发展的今天,微电子器件尺度已经达到了几纳米,原位电镜以其原子分辨的成像能力和高精度原位测量水平,必将成为电子技术研究领域极为重要的实验手段。随着技术的进步,高分辨原位电镜实验正在向着MEMS芯片化、复合化和定量化的方向发展,目前所遇到的电子束、磁场干扰和成像速度的问题,相信在不远的将来可以得到妥善解决。

# 参 考 文 献

[1] KNOLL M, RUSKA E. Das elektronenmikroskop[J]. Zeitschrift für physik, 1932, 78: 318-339.

[2] OHNISHI H, KONDO Y, TAKAYANAGI K. Quantized conductance through individual rows of suspended gold atoms[J]. Nature, 1998, 395(6704): 780-783.

[3] PONCHARAL P, WANG Z L, UGARTE D, et al. Electrostatic deflections and electromechanical resonances of carbon nanotubes[J]. Science, 1999, 283(5407): 1513-1516.

[4] YANG S, WANG L, TIAN X, et al. The piezotronic effect of zinc oxide nanowires studied by in situ TEM[J]. Advanced Materials, 2012, 24(34): 4676-4682.

[5] SUN J, HE L, LO Y C, et al. Liquid-like pseudoelasticity of sub-10-nm crystalline silver particles[J]. Nature Materials, 2014, 13(11): 1007-1012.

[6] ZHAO J, HUANG J Q, WEI F, et al. Mass transportation mechanism in electric-biased carbon nanotubes[J]. Nano Letters, 2010, 10(11): 4309-4315.

[7] CUMINGS J, ZETTL A, MCCARTNEY M R, et al. Electron holography of field-emitting carbon nanotubes[J]. Physical Review Letters, 2002, 88(5): 056804.

[8] XU Z, BAI X D, WANG E G, et al. Dynamic in situ field emission of a nanotube at electromechanical resonance[J]. Journal of Physics: Condensed Matter, 2005, 17(46): L507.

[9] BINNIG G, ROHRER H. Scanning tunneling microscopy[J]. Surface Science, 1983, 126(1-3): 236-244.

[10] LO W K, SPENCE J C H. Investigation of STM image artifacts by in-situ reflection electron microscopy[J]. Ultramicroscopy, 1993, 48(4): 433-444.

[11] LUTWYCHE M I, WADA Y. Observation of a vacuum tunnel gap in a transmission electron microscope using a micromechanical tunneling microscope[J]. Applied physics letters, 1995, 66(21): 2807-2809.

[12] CUMINGS J, COLLINS P G, ZETTL A. Peeling and sharpening multiwall nanotubes[J]. Nature, 2000, 406(6796): 586-586.

[13] CUMINGS J, ZETTL A. Low-friction nanoscale linear bearing realized from multiwall carbon nanotubes[J]. Science, 2000, 289(5479): 602-604.

[14] SVENSSON K, JOMPOL Y, OLIN H, et al. Compact design of a transmission electron microscope-scanning tunneling microscope holder with three-dimensional coarse motion[J]. Review of Scientific Instruments, 2003, 74(11): 4945-4947.

[15] REGAN B C, ALONI S, RITCHIE R O, et al. Carbon nanotubes as nanoscale mass conveyors[J]. Nature, 2004, 428(6986): 924-927.

[16] BARREIRO A, RURALI R, HERNANDEZ E R, et al. Subnanometer motion of cargoes driven by thermal gradients along carbon nanotubes[J]. Science, 2008, 320(5877): 775-778.

[17] ZHAO J, HUANG J Q, WEI F, et al. Mass transportation mechanism in electric-biased carbon nanotubes[J]. Nano Letters, 2010, 10(11): 4309-4315.

[18] MURAKAMI Y, KAWAMOTO N, SHINDO D, et al. Simultaneous measurements of conductivity and magnetism by using microprobes and electron holography[J]. Applied Physics Letters, 2006, 88(22): 223103.

[19] XU X J, LOCKWOOD A, GUAN W, et al. MRT letter: Full-tilt electron tomography with a piezo-actuated rotary drive[J]. Microscopy Research and Technique, 2008, 71(11): 773-777.

[20] MEDFORD B D, ROGERS B L, LAIRD D, et al. A novel tripod-driven platform for in-situ positioning of samples and electrical probes in a TEM[C]. Journal of Physics: Conference Series. IOP, 2010, 241(1): 012057.

[21] ZHENG H, MENG Y S, ZHU Y. Frontiers of in situ electron microscopy[J]. MRS Bulletin, 2015, 40(1): 12-18.

[22] GAO P, KANG Z, FU W, et al. Electrically driven redox process in cerium oxides[J]. Journal of the American Chemical Society, 2010, 132(12): 4197-4201.

[23] GAO P, WANG Z, FU W, et al. In situ TEM studies of oxygen vacancy migration for electrically induced resistance change effect in cerium oxides[J]. Micron, 2010, 41(4): 301-305.

[24] ZHAO J, HUANG J Q, WEI F, et al. Mass transportation mechanism in electric-biased carbon nanotubes[J]. Nano letters, 2010, 10(11): 4309-4315.

[25] HUANG J Y, ZHONG L, WANG C M, et al. In situ observation of the electrochemical lithiation of a single $SnO_2$ nanowire electrode[J]. Science, 2010, 330(6010): 1515-1520.

[26] LIU X H, HUANG J Y. In situ TEM electrochemistry of anode materials in lithium ion batteries[J]. Energy & Environmental Science, 2011, 4(10): 3844-3860.

[27] KUSHIMA A, HUANG J Y, LI J. Quantitative fracture strength and plasticity measurements of lithiated silicon nanowires by in situ TEM tensile experiments[J]. ACS Nano, 2012, 6(11): 9425-9432.

[28] ZHENG H, WANG J, HUANG J Y, et al. Void-assisted plasticity in Ag nanowires with a single twin structure[J]. Nanoscale, 2014, 6(16): 9574-9578.

[29] GE C, JIN K, ZHANG Q, et al. Toward switchable photovoltaic effect via tailoring mobile oxygen vacancies in perovskite oxide films[J]. ACS Applied Materials & Interfaces, 2016, 8(50): 34590-34597.

[30] YAO L, INKINEN S, VAN DIJKEN S. Direct observation of oxygen vacancy-driven structural and resistive phase transitions in $La_{2/3}Sr_{1/3}MnO_3$[J]. Nature Communications, 2017, 8(1): 14544.

[31] LI C, GAO B, YAO Y, et al. Direct observations of nanofilament evolution in switching processes in $HfO_2$-based resistive random access memory by in situ TEM studies[J]. Advanced Materials, 2017, 29(10): 1602976.

[32] LIU K L, WU C C, HUANG Y J, et al. Novel microchip for in situ TEM imaging of living organisms and bio-reactions in aqueous conditions[J]. Lab on a Chip, 2008, 8(11): 1915-1921.

[33] 翟亚迪. 透射电镜原子尺度高温力学平台研制及高温合金氧化机制研究[D]. 北京: 北京工业大学, 2020.

[34] HAQUE M A, SAIF M T A. Application of MEMS force sensors for in situ mechanical characterization of nano-scale thin films in SEM and TEM[J]. Sensors and Actuators A: Physical, 2002, 97: 239-245.

[35] HAQUE M A, SAIF M T A. A review of MEMS based microscale and nanoscale tensile and bending testing[J]. ExperimentalMechanics, 2003, 43(3): 248-255.

[36] ZHU Y, ESPINOSA H D. An electromechanical material testing system for in situ electron microscopy and applications[J]. Proceedings of the National Academy of Sciences, 2005, 102(41): 14503-14508.

[37] VERHEIJEN M A, DONKERS J, THOMASSEN J F P, et al. Transmission electron microscopy specimen holder for simultaneous in situ heating and electrical resistance measurements[J]. Review of Scientific Instruments, 2004, 75(2): 426-429.

[38] KIM T, ZUO J M, OLSON E A, et al. Imaging suspended carbon nanotubes in field-effect transistors configured with microfabricated slits for transmission electron microscopy[J]. Applied Physics Letters, 2005, 87(17): 173108.

[39] RUDNEVA M. In situ electrical measurements in transmission electron microscopy[D]. Delft University of Technology, 2013.

[40] WANG Y, LI T, ZHANG X, et al. In situ TEM/SEM electronic/mechanical characterization of nano material with MEMS chip[J]. Journal of Semiconductors, 2014, 35(8): 081001.

[41] GARZA H H P, PIVAK Y, LUNA L M, et al. MEMS based sample carriers for simultaneous heating and biasing experiments: a platform for in-situ TEM analysis[C]. 2017 19th International Conference on Solid-State Sensors, Actuators and Microsystems. IEEE, 2017: 2155-2158.

[42] CHAO Z, LIANG F, BING C S, et al. Nano-scale lithography and in-situ electrical measurements based on the micro-chips in a transmission electron microscope[J]. Acta Physica Sinica, 2014, 63(24): 248105.

[43] ABELLAN P, MEHDI B L, PARENT L R, et al. Probing the degradation mechanisms in electrolyte solutions for Li-ion batteries by in situ transmission electron microscopy[J]. Nano Letters, 2014, 14(3): 1293-1299.

[44] CHEE S W, PRATT S H, HATTAR K, et al. Studying localized corrosion using liquid cell transmission electron microscopy[J]. Chemical Communications, 2015, 51(1): 168-171.

[45] LI Y, LI Y, PEI A, et al. Atomic structure of sensitive battery materials and interfaces revealed by cryo-electron microscopy[J]. Science, 2017, 358(6362): 506-510.

[46] YANG J, ZENG Z, KANG J, et al. Formation of two-dimensional transition metal oxide nanosheets with nanoparticles as intermediates[J]. Nature Materials, 2019, 18(9): 970-976.

[47] FAN Z, ZHANG L, BAUMANN D, et al. In situ transmission electron microscopy for energy materials and devices[J]. Advanced Materials, 2019, 31(33): 1900608.

[48] ZHANG Q, QI J, YANG Y, et al. Electrical breakdown of ZnO nanowires in metal-semiconductor-metal structure[J]. Applied Physics Letters, 2010, 96(25): 253112.

[49] XU Z, GOLBERG D, BANDO Y. In situ TEM-STM recorded kinetics of boron nitride nanotube failure under current flow[J]. Nano Letters, 2009, 9(6): 2251-2254.

[50] HUANG J Y, CHEN S, JO S H, et al. Atomic-scale imaging of wall-by-wall breakdown and concurrent transport measurements in multiwall carbon nanotubes[J]. Physical Review Letters, 2005, 94(23): 236802.

[51] LIU X, ZHU J, JIN C, et al. In situ electrical measurements of polytypic silver nanowires[J]. Nano Technology, 2008, 19(8): 085711.

[52] ZHAO J, SUN H, DAI S, et al. Electrical breakdown of nanowires[J]. Nano Letters, 2011, 11

(11): 4647-4651.

[53] GOODENOUGH J B, KIM Y. Challenges for rechargeable Li batteries[J]. Chemistry of Materials, 2010, 22(3): 587-603.

[54] LIU X H, ZHENG H, ZHONG L, et al. Anisotropic swelling and fracture of silicon nanowires during lithiation[J]. Nano Letters, 2011, 11(8): 3312-3318.

[55] LIN Q, GUAN W, MENG J, et al. A new insight into continuous performance decay mechanism of Ni-rich layered oxide cathode for high energy lithium ion batteries[J]. Nano Energy, 2018, 54: 313-321.

[56] FAN L, LI X. Recent advances in effective protection of sodium metal anode[J]. Nano Energy, 2018, 53: 630-642.

[57] GONG Y, ZHANG J, JIANG L, et al. In situ atomic-scale observation of electrochemical delithiation induced structure evolution of $LiCoO_2$ cathode in a working all-solid-state battery[J]. Journal of the American Chemical Society, 2017, 139(12): 4274-4277.

[58] GAO P, WANG L, ZHANG Y Y, et al. High-resolution tracking asymmetric lithium insertion and extraction and local structure ordering in $SnS_2$[J]. Nano Letters, 2016, 16(9): 5582-5588.

[59] ZENG Z, LIANG W I, LIAO H G, et al. Visualization of electrode-electrolyte interfaces in $LiPF_6$/EC/DEC electrolyte for lithium ion batteries via in situ TEM[J]. Nano Letters, 2014, 14(4): 1745-1750.

[60] GU M, PARENT L R, MEHDI B L, et al. Demonstration of an electrochemical liquid cell for operando transmission electron microscopy observation of the lithiation/delithiation behavior of Si nanowire battery anodes[J]. Nano Letters, 2013, 13(12): 6106-6112.

[61] HUANG J Y, ZHONG L, WANG C M, et al. In situ observation of the electrochemical lithiation of a single $SnO_2$ nanowire electrode[J]. Science, 2010, 330(6010): 1515-1520.

[62] WANG Y, XIAO J, ZHU H, et al. Structural phase transition in monolayer $MoTe_2$ driven by electrostatic doping[J]. Nature, 2017, 550(7677): 487-491.

[63] LI Z, SI C, ZHOU J, et al. Yttrium-doped $Sb_2Te_3$: a promising material for phase-change memory[J]. ACS Applied Materials & Interfaces, 2016, 8(39): 26126-26134.

[64] RUZMETOV D, GOPALAKRISHNAN G, DENG J, et al. Electrical triggering of metal-insulator transition in nanoscale vanadium oxide junctions[J]. Journal of Applied Physics, 2009, 106(8): 083702.

[65] MEISTER S, KIM S B, CHA J J, et al. In situ transmission electron microscopy observation of nanostructural changes in phase-change memory[J]. ACS Nano, 2011, 5(4): 2742-2748.

[66] BROOKS K G, CHEN J, UDAYAKUMAR K R, et al. Electric field forced phase switching in La-modified lead zirconate titanate stannate thin films[J]. Journal of Applied Physics, 1994, 75(3): 1699-1704.

[67] BAEK K, SONG K, SON S K, et al. Microstructure-dependent DC set switching behaviors of Ge-Sb-Te-based phase-change random access memory devices accessed by in situ TEM[J]. NPG Asia Materials, 2015, 7(6): e194-e194.

[68] AN B S, OH J S, KIM T H, et al. Phase-change behavior of carbon-doped $Ge_2Sb_2Te_5$ investigated by in situ electrical biasing transmission electron microscopy[J]. Science of Advanced Materials,

2016, 8(12): 2269-2275.

[69] LI C, GAO B, YAO Y, et al. Direct observations of nanofilament evolution in switching processes in HfO$_2$-based resistive random access memory by in situ TEM studies[J]. Advanced Materials, 2017, 29(10): 1602976.

[70] TAN X, HE H, SHANG J K. In situ transmission electron microscopy studies of electric-field-induced phenomena in ferroelectrics[J]. Journal of Materials Research, 2005, 20(7): 1641-1653.

[71] TAN X, XU Z, SHANG J K. In situ transmission electron microscopy observations of electric-field-induced domain switching and microcracking in ferroelectric ceramics[J]. Materials Science and Engineering: A, 2001, 314(1-2): 157-161.

[72] KRUSE P. Scanning probe microscopy: The lab on a tip-ernst meyer[J]. Journal of Electron Spectroscopy and Related Phenomena, 2004, 1(135): 83.

[73] CHANG C Y, VANKAR V D, LEE Y C, et al. Electromigration studies using in situ TEM electrical resistance measurements[J]. Vacuum, 1990, 41(4-6): 1434-1436.

[74] 马青. 基于微纳加工技术的原位纳米电学测试芯片的设计与制备[D]. 东南大学, 2018.

[75] 王疆靖. 电子显微镜中原位外场加载下半导体纳米材料结构演变与输运性能的研究[D]. 北京工业大学, 2014.

[76] WANG X, CHEN K, ZHANG Y, et al. Growth conditions control the elastic and electrical properties of ZnO nanowires[J]. Nano Letters, 2015, 15(12): 7886-7892.

[77] MA J W, LEE W J, BAE J M, et al. Carrier mobility enhancement of tensile strained Si and SiGe nanowires via surface defect engineering[J]. Nano Letters, 2015, 15(11): 7204-7210.

[78] CHEN Z, HONG L, WANG F, et al. Facilitation of ferroelectric switching via mechanical manipulation of hierarchical nanoscale domain structures[J]. Physical Review Letters, 2017, 118(1): 017601.1-017601.7.

[79] 李斯佳. 基于原位透射电子显微学的Zn$_2$GeO$_4$与ZnSe纳米线的电学性能研究[D]. 东南大学, 2015.

[80] CREEMER J F, HELVEG S, KOOYMAN P J, et al. A MEMS reactor for atomic-scale microscopy of nanomaterials under industrially relevant conditions[J]. Journal of Microelectromechanical Systems, 2010, 19(2): 254-264.

[81] ARITA M, TOKUDA R, HAMADA K, et al. Development of TEM holder generating in-plane magnetic field used for in-situ TEM observation[J]. Materials Transactions, 2014, 55(3): 403-409.

[82] 翁素婷, 张庆华, 谷林. 原位电子显微学方法在材料研究中的应用[J]. 电子显微学报, 2019, 38(5): 556-568.

[83] 张超. 基于微芯片的透射电子显微镜原位电学测量技术研究[D]. 国防科学技术大学, 2014.

[84] ZHANG Q, HE X, SHI J, et al. Atomic-resolution imaging of electrically induced oxygen vacancy migration and phase transformation in SrCoO$_{2.5-\delta}$[J]. Nature Communications, 2017, 8(1): 1-6.

[85] ZHANG C, NEKLYUDOVA M, FANG L, et al. In situ electrical characterization of tapered InAs nanowires in a transmission electron microscope with ohmic contacts[J]. Nanotechnology, 2015, 26(15): 155703.

[86] JEANGROS Q, DUCHAMP M, WERNER J, et al. In situ TEM analysis of organic-inorganic metal-halide perovskite solar cells under electrical bias[J]. Nano Letters, 2016, 16(11): 7013-7018.

[87] KOH A L, LEE S C, SINCLAIR R. A brief history of controlled atmosphere transmission electron microscopy[J]. Controlled Atmosphere Transmission Electron Microscopy: Principles and Practice, 2016: 3-43.

[88] ALAM S B, JENSEN E, ROSS F M, et al. Suspended microsystems for in-situ TEM studies of processes in gases and liquids[J]. Microscopy and Microanalysis, 2013, 19(S2): 402-403.

[89] CHEE S W, PRATT S H, HATTAR K, et al. Studying localized corrosion using liquid cell transmission electron microscopy[J]. Chemical Communications, 2015, 51(1): 168-171.

[90] 焦磊涛, 蒋文静, 欧文. 基于 MEMS 的原位液体 TEM 芯片的设计与制作[J]. 微纳电子技术, 2018, 55(07): 493-497.

[91] RADISIC A, VEREECKEN P M, HANNON J B, et al. Quantifying electrochemical nucleation and growth of nanoscale clusters using real-time kinetic data[J]. Nano Letters, 2006, 6(2): 238-242.

[92] 杨瑞霞, 张富强, 陈诺夫. 热处理对非掺杂半绝缘 GaAs 本征缺陷和电特性的影响[J]. 稀有金属, 2001, 025(006): 427-430.

[93] 王娜. 离子注入对大直径 SI-GaAs 晶体缺陷及电学性能的影响[D]. 河北工业大学, 2009.

[94] 高隆重. 冶金法多晶硅的晶体缺陷演变及电学性能研究[D]. 昆明理工大学, 2017.

[95] 蒋方忻, 徐炎, 杨国斌等. 金属玻璃($Fe_{55}Ni_{45}$)$_{78}Si_8B_{14}$ 的低温结构弛豫[J]. 北京钢铁学院学报, 1987(03): 135-139.

[96] 王贞. 对 TEM 原理及应用的研究[D]. 天津大学, 2009.

[97] GRIFFITHS M. Evolution of microstructure in hcp metals during irradiation[J]. Journal of Nuclear Materials, 1993, 205: 225-241.

[98] MAZIASZ P J. Overview of microstructural evolution in neutron-irradiated austenitic stainless steels [J]. Journal of Nuclear Materials, 1993, 205: 118-145.

[99] YU K Y, BUFFORD D, SUN C, et al. Removal of stacking-fault tetrahedra by twin boundaries in nanotwinned metals[J]. Nature Communications, 2013, 4(1): 1377.

[100] EGERTON R F. Control of radiation damage in the TEM[J]. Ultramicroscopy, 2013, 127: 100-108.

[101] HOBBS L W. Radiation damage in electron microscopy of inorganic solids[J]. Ultramicroscopy, 1978, 3(4): 381-386.

[102] ARUMAINAYAGAM C R, LEE H L, NELSON R B, et al. Low-energy electron-induced reactions in condensed matter[J]. Surface Science Reports, 2010, 65(1): 1-44.

[103] 周奕龙. 电子辐照诱导纳米颗粒结构演变的原位研究[D]. 东南大学, 2018.

[104] 王维. 钙钛矿氧化物薄膜的微结构表征及电子束辐照效应的研究[D]. 中国科学院大学, 2019.

[105] 高攀, 王疆靖, 王晓东, 等. 弯曲应变下单根 GaAs 纳米线的电学性能的原位透射电子显微镜研究 [J]. 电子显微学报, 2015, 34(02): 89-93.

[106] 王疆靖, 邵瑞文, 邓青松, 等. 应变加载下 Si 纳米线电输运性能的原位电子显微学研究[J]. 物理学报, 2014, 63(11): 275-281.

[107] ZHENG K, SHAO R, DENG Q, et al. Observation of enhanced carrier transport properties of Si ⟨100⟩-oriented whiskers under uniaxial strains[J]. Applied Physics Letters, 2014, 104(1): 013111.

[108] 高婧. 一维纳米材料形貌, 电子结构与电荷输运性质关系的原位透射电镜研究[D]. 苏州大学, 2017.

[109] LÓPEZ-BEZANILLA A, TRIOZON F, LATIL S, et al. Effect of the chemical functionalization on charge transport in carbon nanotubes at the mesoscopic scale[J]. Nano Letters, 2009, 9(3): 940-944.

[110] SUN W, GAO B, CHI M, et al. Understanding memristive switching via in situ characterization and device modeling[J]. Nature Communications, 2019, 10(1): 3453.

[111] JANG M H, AGARWAL R, NUKALA P, et al. Observing oxygen vacancy driven electroforming in Pt-$TiO_2$-Pt device via strong metal support interaction[J]. Nano Letters, 2016, 16(4): 2139-2144.

[112] HUANG J Y, ZHONG L, WANG C M, et al. In situ observation of the electrochemical lithiation of a single $SnO_2$ nanowire electrode[J]. Science, 2010, 330(6010): 1515-1520.

[113] LIQIANG Z, YONGFU T, QIUNAN L I U, et al. Review of in situ transmission electron microscopy studies of battery materials[J]. Energy Storage Science and Technology, 2019, 8(6): 1050.

[114] LIU X H, ZHONG L, HUANG S, et al. Size-dependent fracture of silicon nanoparticles during lithiation[J]. ACS Nano, 2012, 6(2): 1522-1531.

[115] KÜHNE M, BÖRRNERT F, FECHER S, et al. Reversible superdense ordering of lithium between two graphene sheets[J]. Nature, 2018, 564(7735): 234-239.

[116] LEE D, PARK H, KO Y, et al. Direct observation of redox mediator-assisted solution-phase discharging of Li-$O_2$ battery by liquid-phase transmission electron microscopy[J]. Journal of the American Chemical Society, 2019, 141(20): 8047-8052.

[117] ZHANG W, SEO D H, CHEN T, et al. Kinetic pathways of ionic transport in fast-charging lithium titanate[J]. Science, 2020, 367(6481): 1030-1034.

[118] LIU X H, ZHONG L, HUANG S, et al. Size-dependent fracture of silicon nanoparticles during lithiation[J]. ACS Nano, 2012, 6(2): 1522-1531.

[119] LIU X H, ZHANG L Q, ZHONG L, et al. Ultrafast electrochemical lithiation of individual Si nanowire anodes[J]. Nano Letters, 2011, 11(6): 2251-2258.

[120] LEE H, KANG D H, TRAN L. Indium selenide($In_2Se_3$) thin film for phase-change memory[J]. Materials Science and Engineering: B, 2005, 119(2): 196-201.

[121] SUN X, YU B, NG G, et al. Ⅲ-Ⅵ compound semiconductor indium selenide($In_2Se_3$) nanowires: Synthesis and characterization[J]. Applied Physics Letters, 2006, 89(23): 233121.

[122] VALASEK J. Piezo-electric and allied phenomena in Rochelle salt[J]. Physical Review, 1921, 17(4): 475.

[123] DU K, ZHANG M, DAI C, et al. Manipulating topological transformations of polar structures through real-time observation of the dynamic polarization evolution[J]. Nature Communications, 2019, 10(1): 1-8.

[124] LI L, ZHANG Y, et al. Atomic-scale mechanisms of defect-induced retention failure in ferroelectrics[J]. Nano Letters, 2017, 17(6): 3556-3562.

[125] GAO P, NELSON C T, JOKISAARI J R, et al. Revealing the role of defects in ferroelectric switching with atomic resolution[J]. Nature Communications, 2011, 2(1): 591.

[126] EHARA Y, YASUI S, NAGATA J, et al. Ultrafast switching of ferroelastic nanodomains in bilayered ferroelectric thin films[J]. Applied Physics Letters, 2011, 99(18): 182906.

[127] GAO P, BRITSON J, NELSON C T, et al. Ferroelastic domain switching dynamics under electrical and mechanical excitations[J]. Nature Communications, 2014, 5(1): 3801.

[128] TYBELL T, PARUCH P, GIAMARCHI T, et al. Domain wall creep in epitaxial ferroelectric Pb($Zr_{0.2}Ti_{0.8}$)$O_3$ thin films[J]. Physical Review Letters, 2002, 89(9): 097601.

[129] ZHANG M, OLSON E A, TWESTEN R D, et al. In situ transmission electron microscopy studies enabled by microelectromechanical system technology[J]. Journal of Materials Research, 2005, 20(7): 1802-1807.

[130] HOU Z, ZHANG Q, ZHANG X, et al. Current-induced helicity reversal of a single skyrmionic bubble chain in a nanostructured frustrated magnet[J]. Advanced Materials, 2020, 32(1): 1904815.

[131] LI L, PAN X. Real-time studies of ferroelectric domain switching: a review[J]. Reports on Progress in Physics, 2019, 82(12): 126502.

[132] HUANG P, CANTONI M, KRUCHKOV A, et al. In situ electric field skyrmion creation in magnetoelectric $Cu_2OSeO_3$[J]. Nano Letters, 2018, 18(8): 5167-5171.

[133] WANG G L, XU J J, CHEN H Y. Progress in the studies of photoelectrochemical sensors[J]. Science in China Series B: Chemistry, 2009, 52(11): 1789-1800.

[134] 蔡嵩骅. 新颖二维氧化物薄膜与功能器件的原子尺度透射电镜原位研究[D]. 南京大学, 2019.

[135] ZHAO H, DONG Z, TIAN H, et al. Atomically thin femtojoule memristive device[J]. Advanced Material, 2017, 29(47): 1703232.

[136] DAS S, TANG Y L, HONG Z, et al. Observation of room-temperature polar skyrmions[J]. Nature, 2019, 568(7752): 368-372.

[137] YANG J J, STRUKOV D B, STEWART D R. Memristive devices for computing[J]. Nature Nanotechnology, 2013, 8(1): 13-24.

[138] WANG Z, JOSHI S, SAVEL'EV S E, et al. Memristors with diffusive dynamics as synaptic emulators for neuromorphic computing[J]. Nature Materials, 2017, 16(1): 101-108.

[139] YANG C S, SHANG D S, LIU N, et al. A synaptic transistor based on quasi-2D molybdenum oxide[J]. Advanced Materials, 2017, 29(27): 1700906.

[140] KAMAT P V. Quantum dot solar cells. Semiconductor nanocrystals as light harvesters[J]. Journal of Physical Chemistry C, 2008, 112(48): 18737-18753.

[141] TIAN J, ZHANG Q, UCHAKER E, et al. Constructing ZnO nanorod array photoelectrodes for highly efficient quantum dot sensitized solar cells[J]. Journal of Materials Chemistry A, 2013, 1(23): 6770-6775.

[142] SAMBUR J B, NOVET T, PARKINSON B A. Multiple exciton collection in a sensitized photovoltaic system[J]. Science, 2010, 330(6000): 63-66.

[143] DONG H, XU F, SUN Z, et al. In situ interface engineering for probing the limit of quantum dot photovoltaic devices[J]. Nature Nanotechnology, 2019, 14(10): 950-956.

[144] TOBERER E S, ZEVALKINK A, SNYDER G J. Phonon engineering through crystal chemistry[J]. Journal of Materials Chemistry, 2011, 21(40): 15843-15852.

[145] YANG J, XI L, QIU W, et al. On the tuning of electrical and thermal transport in thermoelectrics: an integrated theory-experiment perspective[J]. NPJ Computational Materials, 2016, 2(1): 1-17.

[146] XIA K, LIU Y, ANAND S, et al. Enhanced thermoelectric performance in 18-electron $Nb_{0.8}CoSb$ half-Heusler compound with intrinsic Nb vacancies[J]. Advanced Functional Materials, 2018, 28 (9): 1705845.

[147] 南鹏飞, 杨丽霞, 王玉梅, 等. 半赫斯勒合金 $Nb_{0.8+\delta}CoSb$ 中空位调节有序度的电子显微学研究[J]. 电子显微学报, 2019, 38(05): 477-482.

[148] LI Y, LI Y, PEI A, et al. Atomic structure of sensitive battery materials and interfaces revealed by cryo-electron microscopy[J]. Science, 2017, 358(6362): 506-510.

[149] WANG X, ZHANG M, ALVARADO J, et al. New insights on the structure of electrochemically deposited lithium metal and its solid electrolyte interphases via cryogenic TEM[J]. Nano Letters, 2017, 17(12): 7606-7612.

[150] WANG X, LI Y, MENG Y S. Cryogenic electron microscopy for characterizing and diagnosing batteries[J]. Joule, 2018, 2(11): 2225-2234.

[151] 马青. 基于微纳加工技术的原位纳米电学测试芯片的设计与制备[D]. 东南大学, 2018.

# 第四篇

# 力学原位电子显微学

伴随材料制备工艺的巨大进步与材料表征技术的飞速发展,学术界对材料宏观性能的调控逐渐深入到纳米甚至原子层次。服役过程中,材料经受各种载荷和外界环境(热、电、气氛、辐照、腐蚀等)的作用,其内部结构会不可避免地发生动态演变,诱发各类缺陷的产生、运动与湮灭,最终导致结构损伤与服役寿命降低。此外,微纳器件的广泛应用也促使人们愈发关注纳米材料的力学行为。纳米尺度下,表面效应、量子效应等可显著改变材料的表面能、表面状态和应力分布,使得其物理性能、化学性能、力学行为等发生显著改变,并可诱发块体材料中完全不存在的新奇特性,如超高强度、超高弹性极限、液体状行为、表面诱发相变等[1-2]。当前,传统力学研究手段以"非原位"(ex situ)的宏观性能测试为主,难以揭示材料结构演化的动力学行为,学术界无法对材料微结构-性能-形变与损伤的关联性追本溯源;而基于理论模拟的诸多结论也亟待实验验证。受益于表征技术的巨大进步,基于实时、动态、定量、多场耦合的纳米力学原位测试系统(in situ nanomechanical testing)逐渐成为新材料研究、微观机理分析的重要手段。纳米力学原位测试可提供试样在载荷作用下材料显微结构动态演化的完整信息,突破性地使材料显微结构响应、变形损伤行为与外界载荷的相关性研究成为现实[3-4],从而有效支撑高性能材料的结构调控和优化设计[5-7]。在诸多力学原位测试方法中,基于电子显微镜的纳米力学原位测试具有高空间分辨率(微米至亚埃级)、高时间分辨率(响应速度快)、实时动态的可视化监测、定量化分析、可耦合多种物理场与环境条件等优点[8-9],有助于系统研究材料内部存在的各种缺陷(位错、层错、孪晶、晶界等)的动力学行为,建立材料性能、显微结构、外场条件的映射关系,在各类材料体系和微/纳米机电系统的研究中有着广泛应用。本章论述基于透射电子显微镜的纳米力学原位测试,通过回顾技术发展历程,简要论述纳米力学原位测试的基本原理和方法,系统总结纳米力学原位测试的典型应用,探讨影响纳米力学原位测试的因素和发展方向。

# 第 13 章 力学原位电子显微技术的发展历史与现状

对材料变形及破坏过程的实时诊断是建立材料成分、结构与力学性能之间关联关系的基础。力学原位电镜测试技术发展的初衷就是为了系统表征应力或应变作用下材料微观结构的演化行为,揭示拉伸、压缩、弯曲、疲劳等不同载荷下材料的变形与失效机制。实现力学测试与电子显微表征技术的高度耦合是发展力学原位电镜实验方法的关键所在。早在1956年,Hirsch等人[10]就已利用电子束辐照引起的热应力,首次实现了 Al 薄膜样品中位错分布及运动行为的原位观测。这种方法在不改动电镜装置的前提下,巧妙地利用电子束辐照效应将热场转变成应力场,被认为是力学原位电镜实验的雏形。20 世纪 60 年代至 21 世纪初期,为了使力学原位电镜测试更加灵活、精确、可控,研究人员从样品台设计出发,针对不同的电子显微技术,发展了一系列力学原位电镜测试样品台、样品杆,使得力学原位电镜测试方法日趋成熟。纳米压痕技术、微机电系统和离子束加工工艺的出现,使得原位力学实验装置向着集成化、多功能化、定量化和小型化的方向不断发展。现如今,根据电镜工作原理的不同,力学原位电镜测试方法大致可以分为基于扫描电子显微镜和基于透射电子显微镜的力学原位电镜方法。

## 13.1 基于 SEM 的力学原位电镜测试

扫描电子显微镜(SEM)的成像方法侧重于对样品表面的微观组织进行观测,利用高能电子束轰击样品表面所产生的二次电子信号可以获得逐点放大的形貌像。与此同时,结合电子束与样品相互作用过程中所产生的特征 X 射线和背散射电子信号,亦可对样品的化学成分及晶体取向进行表征。扫描电子显微镜凭借其大尺寸的真空腔体和充足的电子枪工作距离等优势,为力学原位电镜实验装置的设计和开发提供了便利。从最初的单一应变加载发展至现如今应力场、热场、环境气氛的耦合作用,基于 SEM 的力学原位电镜测试为真实服役状态下材料力学性能的预测和评估提供了更加科学的解决方案,被广泛应用于材料塑性变形、裂纹萌生与扩展、疲劳断裂和蠕变机制等问题的研究。种类繁多、特点鲜明的基于 SEM 的力学原位电镜实验方法也应运而生,实现了不同尺度、不同环境下应力场的精确、可控加载。目前,原位 SEM 力学测试主要依托传统力学实验装置的小型化和纳米压痕技术两种方法开展。

### 13.1.1 传统力学实验装置的小型化

在 SEM 中,对毫米级的块体材料开展力学原位电镜测试通常需借助于步进电机或带有减速机构的直流电机来实现,相应测试装置在构型上与传统力学实验机非常相似。测试过程中,信号采集系统通过力传感器和位移传感器来获得载荷-位移信号。早在 1969 年,Dingley 等人[11]通过对 SEM 样品台的改造,设计出了一种简单的机械加载装置将待测样品固定在两个可动夹头之间,通过涡轮传动装置驱动夹头向两侧运动,实现了单晶铝铜合金的拉伸加载,并研究了表面滑移痕迹的动态演变行为。随后,Clarke 等人[12]采用三点弯设计开发了 SEM 用弯曲变形加载装置,通过真空腔外部齿轮电动机的驱动可实现最高 1.5% 的弯曲应变循环加载。早期的基于 SEM 的力学原位电镜测试受限于当时 SEM 成像分辨率,机械加载造成的样品抖动对成像影响较弱,即使电机性能较差也可实现一定放大倍数下的原位观测,应变/应力加载的稳定性普遍不高;另一方面,由于这些装置未集成力/位移传感装置,因此仅具备加载、卸载功能,无法进行力学参数的定量表征。

随后 30 年间,基于传统力学加载技术的基于 SEM 的力学原位电镜测试样品台经不断地优化、改进,逐渐向定量化、多功能化演变。图 13-1(a)、(b)所示分别为 Kammrath & Weiss 公司[13]和 MTI Instruments 公司[14]开发的单轴拉伸/压缩实验装置,最高加载能力为 5 kN,最长加载位移为 40 mm,两者均配备了精密力/位移传感装置,可以实现应力-应变曲线的原位测量。传统的样品加持方式使得上述两类装置还具备一定的循环加载能力,因此被广泛应用于块体材料疲劳失效机制的研究中。然而受电机测试频率的限制,目前仅能开展低周疲劳(<20 Hz)的原位 SEM 测试,高周疲劳加载技术的开发仍面临着巨大挑战。在 SEM 动态表征过程中,考虑到电子背散射衍射(electron back scattering diffraction,EBSD)信号对于材料的晶体取向具有更高的敏感性,目前商业化的基于 SEM 的力学原位电镜样品台还配备了一定的试样倾转功能,以便实现基于 EBSD 成像的原位变形观测,极大促进了相变、织构等微观组织演化的动态分析。除了单轴应力/应变加载,扭转[图 13-1(c)][15]、四点弯曲[图 13-1(d)][16]等多轴应力加载装置的出现为复杂应力场作用下材料变形及损伤行为的原位 SEM 研究提供了可能。

在传统力学加载装置的基础上,进一步引入热场和环境气氛是近年来原位 SEM 技术的发展趋势。图 13-2(a)所示为典型的温度-力耦合样品台,在原有机械装置的基础上进一步增加电加热模块和相应的冷却循环系统,即可实现 800 ℃ 以内的力-热复合加载,温度波动可控制在 1 ℃ 以内[17]。2008 年,环境扫描电镜技术的突破彻底打破了 SEM 对高真空操作环境的依赖,其可在 SEM 腔体中引入水蒸气、氧气、氢气、氮气等多种气氛环境[18],开展材料的环境响应测试和多场耦合行为的定量、定性研究。基于环境 SEM 的力学原位电镜实验研究进一步拓展了学术界对真实环境下材料服役过程中微观损伤机理的认识,为高性能材

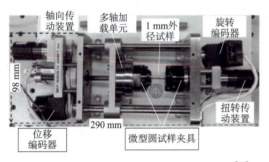
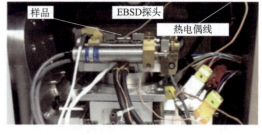
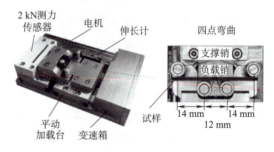

(a) Kammrath & Weiss 公司开发的拉伸/压缩原位力学样品台[13]

(b) MTI Instruments 公司开发的拉伸/压缩/疲劳原位力学样品台[14]

(c) Rahman 等设计的用于扭转加载的原位力学装置[15]

(d) Deben 公司开发的四点弯曲原位力学样品台[16]

图 13-1 基于传统力学加载技术的力学原位电镜实验装置

料的设计和研发提供了重要实验依据。然而,受高温下热电子溢出和热漂移的影响,大多数原位力学测试平台在高温下的稳定性和成像质量不尽如人意,且最高工作温度只能达到 800 ℃左右,远未达到高温材料研究的实际需求。为解决高温下原位电镜力学测试所面临的挑战,张泽院士、张跃飞教授团队通过巧妙的样品台设计[图 13-3(b)～(d)],克服了热电子溢出的问题,同时通过 SEM 加热和原位拉伸系统的结构优化,成功实现了原位加载(0～2 000 N)和加热(室温～1 200 ℃)条件下试样拉伸变形中微区结构的原位、高分辨、定量测试,从而真正实现了 SEM 中的高温-力学性能-成像三位一体测试[图 13-2(d)][19]。结合 SEM 的 EBSD 等附件功能[图 13-2(c)],该原创仪器平台还可同时实现高温氛围和应力条件下晶体取向、织构、微区成分等定量分析。此外,由于可采用毫米级试样开展测试,其获得的定量化力学性能指标与宏观试样也具有良好的可比性。该平台的各项技术指标在国内外均处于领先地位,能够进行跨尺度、多场耦合、复杂载荷下的材料显微结构与性能分析,为揭示材料的高温力学行为铺平了道路,在高温合金、钛合金、钢铁材料、高温陶瓷等高温结构材料的研发中具有重要应用。

### 13.1.2 纳米压痕技术

纳米科技的飞速发展和纳米材料的广泛应用极大激发了学术界去不断探索材料在微纳尺度甚至原子尺度下的力学行为。然而,当待测样品的特征尺寸减小至亚微米量级甚至更小时,基于传统力学测试方法的原位 SEM 加载技术便不再适用,样品加持困难、应变加载步长过大、加载稳定性较差等问题愈发显著,使得研究人员不得不寻找、开发新的原位力学测试方法。得益于纳米压痕技术以及聚焦离子束加工(focused ion beam processing,FIB)工艺

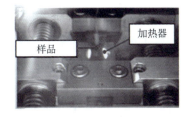

(a)带有加热功能力-温度耦合样品台[17]

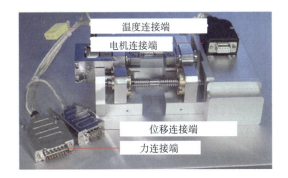

(b)张泽院士、张跃飞教授团队开发的原位扫描电镜高温力学性能测试系统[19]

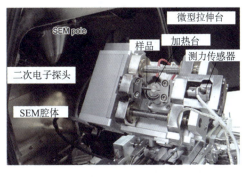

(c)为扫描电镜原位高温 EBSD 力学性能测试系统

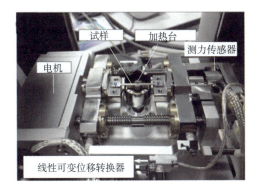
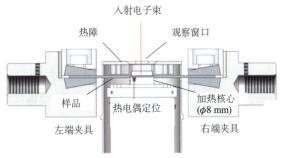

(d)

图 13-2　原位扫描电子显微镜的实验装置

[(b)～(d)图由浙江祺跃科技有限公司提供并授权使用]

的发展和普及,原位力学测试技术和实验装置伴随 21 世纪纳米浪潮的涌起也逐渐迎来新的发展机遇。

压痕技术作为材料硬度测试的常用手段,早在 1968 年便被应用于原位 SEM 观察材料的变形行为中。Gane 等人[20]将 100 nm 的针尖连接到一个电磁驱动装置上,通过施加微小电流来控制针尖运动,对 Au、Cu、Al 三种金属进行了原位拉伸加载;但这种简易的加载装置并未匹配任何载荷/位移传感装置,尚不具备原位定量测试的能力。1982 年,Bangert 等人[21]将压痕仪安装在 SEM 中,以便于检测压痕面积,尽管这套装置无法开展原位实验研究,但却克服了传统压痕装置定位精度差、加载步长大的问题,在 0.05~20 mN 范围内实现了载荷的可控加载,为日后更为精密的原位力学测试装置的设计提供了重要参考。在 Bangert 等人工作的基础上,基于压痕技术的原位 SEM 实验装置被持续改进,适用于亚微米和纳米级样品的原位 SEM 力学测试技术也日渐成熟。图 13-3(a)、(b)所示为两种典型的原位 SEM 纳米压痕样品台。2004 年,Rabe 等人[22]设计了如图 13-3(a)所示的 SEM 用原位压痕实验装置,该装置由两部分组成,一部分为可移动的压头端,另一部分则为样品放置端。研究人员通过加入自动粗调位移系统,进一步优化了针尖端的操控性能,包括由步进电机驱动的粗调和由压电陶瓷驱动的细调,两者结合可实现 3 nm/s~19.2 μm/s 速度范围内的准确、快速移动。该装置中,压电陶瓷管中还预置了位移-载荷测量装置,用于应力-应变曲线的原位定量测试。样品端则同样设置了精密的位移控制系统,$x$ 方向的位移步长为 150 nm,而 $y$ 方向的位移则可在 20 μm 范围内连续变化,主要用于摩擦及磨损行为的原位研究。图 13-3(b)所示的装置可以看作图 13-3(a)的小型化版本,也是目前商业化程度较高的 Hysitron PicoIndenter 样品台。相比前者,尽管 PicoIndenter 的最大载荷较低(1 500 μN),但其具有更高的加载精度(0.1 μN)、更小的位移步长(1 nm)以及更高的图像分辨能力(1 nm),因此可广泛用于微尺度下材料力学行为和变形机制的原位研究。

在原位纳米压痕技术不断取得突破的同时,聚焦离子束加工辅助的样品制备工艺进一步增加了原位力学实验方法的灵活性与多样性。2004 年,Uchic 等人[23]首次通过 FIB 实现了单晶微米柱的制备与测试[图 13-3(c)],从而将纳米压痕技术与 SEM 技术紧密地结合起来,带给了人们关于"看见"塑性变形的无限遐想。自此,聚焦离子束加工制备的微米/纳米柱作为一类标准样品被广泛应用于金属、陶瓷、玻璃、复合材料等不同材料的原位力学测试中,尺寸效应、裂纹扩展、薄膜力学性能、微纳尺度材料变形机制、疲劳断裂、表面摩擦磨损等方面的研究取得显著突破。研究人员还可根据具体的实验内容,个性化地设计样品及压头的尺寸和构型,用以实现不同模式的力学加载。与传统硬度测试所用的球型、棱锥型压头不同,原位压缩实验所用的压头大多采用平面型端部,用以减小压入位置应力的不均匀性,降低压头处的应力梯度。而如何利用以压缩为主要加载模式的测试平台开展与之相匹配的拉伸测试同样受到研究人员的广泛关注。Kiener 等人[24]利用聚焦离子束加工对压头和样品进行了特殊的设计及加工,以针尖为初始样品切割出 T 型样品,结合钳子型压头设计[图 13-3(d)],

成功实现了 Cu 微米柱拉伸变形的原位 SEM 观测。除压头的结构设计外,研究人员在不改变压头结构的基础上,还可通过对样品的异形切割实现原位拉伸加载,如图 13-3(e)所示[25]。利用聚焦离子束在单晶 Cu 样品上切割出一个宽度为约 3 μm 的 U 型结构,并在最左边的分支中制备出一个 1.5 μm×1 μm×5.5 μm 的薄区,作为拉伸测试的区域。借助这一特殊结构,便可将压应力转化为拉应力,对特定区域的样品进行原位拉伸加载。除了拉伸测试,聚焦离子束加工的试样也被大量应用于原位弯曲测试中[25,26],通过压头对悬臂梁样品(无缺口或含缺口)的自由端进行加载,即可实时观测弯曲应变梯度作用下材料的变形、裂纹扩展与断裂行为。

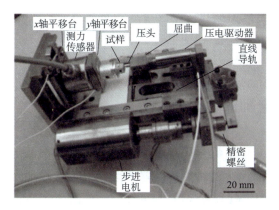
(a) Rabe 等设计的 MicroIndenter 纳米压痕测试系统[22]

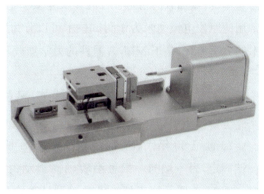
(b) Hysitron 公司优化升级后的 PicoIndenter 纳米压痕测试装置[27]

(c) 用于压缩加载的微米柱样品[23]

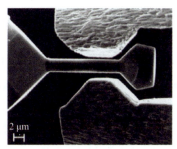
(d) 用于拉伸加载的压头及 T 型拉伸试样[24]

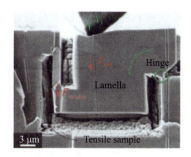
(e) 基于异形样品结构设计实现的拉-压加载转换[25]

图 13-3 基于纳米压痕技术的 SEM 力学原位电镜样品台

## 13.2 基于 TEM 的力学原位电镜测试

相较于扫描电子显微镜(SEM),透射电子显微镜(TEM)具有更高的空间分辨率,更适用于材料内部晶体结构、缺陷特征、原子结构的系统、定量表征。近年来,以球差技术为代表的透射电子显微成像技术的发展如火如荼，使得亚埃级空间分辨率得以实现，标志着透射电镜技术的发展进入了新的纪元。学术界在不断尝试突破透射电子显微镜现有空间分辨率极限的同时也特别关注基于透射电子显微镜的原位测量技术的发展，以期解决材料实际应用过程中所遇到的各种问题，通过捕捉材料与外加载或服役环境相互作用的动态过程，揭示多场耦合下材料显微结构的演化行为及其对材料性能和损伤的影响。材料力学行为方面，科学家们投入了大量的精力去设计、开发不同的原位纳米力学测试方法，以期揭示材料在力学载荷下的响应行为，尤其是其原子尺度的塑性变形机制。需要指出的是，受 TEM 样品室极靴空间的限制，力学加载及测量系统的体积需进一步减小；与此同时，为了充分保证电镜的空间分辨率，机械加载的稳定性往往至关重要，动态加载所引起的震动应被尽可能地消除。目前，常用的原位电镜纳米力学测试技术可以分为四类：基于涡轮电机的力学加载、基于纳米压痕技术的力学加载、基于 MEMS 器件的力学加载和基于原子力显微技术或探针技术的力学加载。

## 13.3 基于涡轮电机的力学加载

20 世纪 60 年代，研究人员首次提出了原位应变加载的概念，即将一个矩形薄膜样品的一端固定，另一端与一根可沿着轴向滑动的杆相连，通过滑杆的运动带动样品发生拉伸形变。图 13-4 展示的正是基于这一设计理念发展起来的 Gatan 654 单倾拉伸样品台[28]。该样品台采用直径为 3 mm 的标准圆形薄膜试样，利用胶水把样品黏在拉伸基片上，基片中心开孔用作观察窗口；将螺丝穿过基片两端的限位孔固定在样品杆端部；触发位移控制装置，步进电机带动样品杆末端齿轮运动，基片在被拉伸的同时向样品传递同等速率的应变加载（约 10 nm/s～10 μm/s）。考虑到这类装置对于普通 TEM 样品的兼容性，实验人员可结合简单的 TEM 明场及暗场成像技术对各类材料（特别是金属材料）中的位错运动、晶界变形和裂纹扩展等行为进行原位观测。然而，由于步进电机所产生的应变加载步长较大，样品拉伸过程中震动明显，试样移动较大，该方法仅适用于低倍下的实时成像，难以达到原子级的空间分辨能力。在此基础上，研究人员通过改进样品台的结构设计，开发了其他加载方式的样品杆，如双倾原位拉伸样品杆[29]、原位弯曲样品杆[30]、原位剪切样品杆[31]等。近年来，研究人员在此装置的基础上进一步引入了冷却系统或加热系统，实现了温度场下薄膜试样的可控力学加载，能够在 77～773 K 范围内开展力场与温度场耦合作用下的原位实验研究[32]。

### 13.3.1 基于纳米压痕技术的力学加载

TEM 中的纳米压痕测试与 SEM 中基于纳米压痕的力学加载技术类似，均借助压电陶瓷管驱动和传感装置来实现纳米尺度下的原位 TEM 表征。基于该方法，研究人员可将变形过程中所观察到的结构演化与载荷-位移曲线关联起来，实现了力学参数的同步、定量测量。尽管压痕技术与 SEM 的非原位结合早于 TEM，基于压痕技术且具备原位 TEM 测试

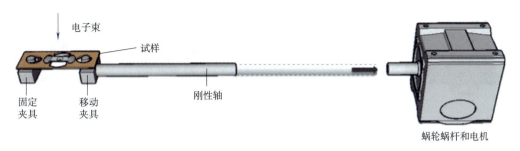

图 13-4　单倾原位拉伸样品杆设计原理图[28]

能力的装置设计却早在 1995 年就由 Wall 等人提出[33],并于 1998 年被首次应用于单晶 Si 的变形行为研究[33]。图 13-5(a)所示为 Hysitron 公司设计开发的用于 TEM 的纳米压痕样品杆。该样品杆由夹持样品的固定端和具备三维运动能力的压头构成,通过压电模块粗调和细调的精确位移控制,可实现压头与样品的准确接触。压头端安装有电容式位移传感器和静电驱动传感器,可以实时监测加载过程中力和位移的变化,从而开展相应变形过程的定量分析;还可配合不同的样品夹具,实现不同结构试样的原位测试。

21 世纪初期,随着聚焦离子束制样技术的成熟,以纳米压痕技术为基础的原位 TEM 被大量应用于原位 TEM 力学实验当中[34]。相关研究以纳米柱压缩和 T 型样品拉伸为主,使得短时间内亚微米尺度金属、合金及半导体材料力学行为的研究取得了巨大突破。然而,聚焦离子束制样不仅将样品尺寸限制在 100 nm 以上,还会在样品表面引入一定厚度的离子注入损伤层,影响材料的本征变形行为。为克服上述问题,研究人员将微机电系统(microelectromechanical system,MEMS)与纳米压痕原位样品杆结合,希望通过个性化的芯片设计,一方面解决 100 nm 厚度以下样品的可控加载,另一方面突破纳米压痕单一的压缩加载模式,以期在 TEM 高分辨成像模式下开展原子级的动态力学实验。图 13-5(c)~(d)所示为用于纳米压痕测试的原位 TEM 样品杆的 PTP(push-to-pull)芯片[35,36]。特殊的芯片结构设计可以把压头的压缩位移等量转化为样品的拉伸位移。在聚焦离子束加工和纳米机械手的相互配合下,纳米线样品可通过端部沉积 Pt 的方式固定在芯片上,再将芯片安装在样品杆的样品端,通过控制压头运动实现拉伸应变的加载。韩卫忠教授等人[37,38]也通过试样结构设计,利用"工"字形试样成功实现了 TEM 中压缩转拉伸的力学加载,并系统研究了 He 离子辐照后材料的力学性能和变形机制。

### 13.3.2　基于 MEMS 芯片的原位力学加载

源于半导体硅基芯片加工技术的 MEMS 器件制备技术具有精度高、可设计性强和成本相对低廉的优势。不同驱动装置与 MEMS 芯片的有机组合,不仅实现了不同变形模式下纳米材料的精确加载,还保证了加载过程中晶体结构及微观缺陷的原子级表征,将原位纳米力学测试推向更小尺度的研究领域。根据芯片驱动原理的差别,MEMS 芯片目前主要可分为

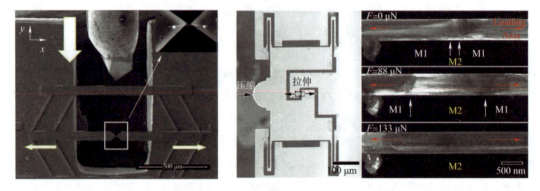

(a)Hysitron 公司商业化的纳米压痕原位力学样品杆实物图和样品夹具

[图片由布鲁克(北京)科技有限公司提供并授权使用]

(b)Lu 等人设计的 θ 型拉压转换装置[35]　　(c)商业化的拉压转换芯片以及由此开展的 $VO_2$ 纳米线变形研究[36]

图 13-5　基于纳米压痕技术的原位力学样品杆与拉压转换 MEMS 芯片

力驱动、电驱动及热驱动。其中,力驱动最典型的代表就是纳米压痕原位样品杆与 PTP 芯片的有机组合。而电驱动和热驱动则与之类似,通过具有特定功能的 TEM 原位样品杆与 MEMS 芯片的机械结合,实现电场/热场向力场的可控转化。2005 年,Espinosa 等人[39]利用电流焦耳热效应作用下 Si 纳米梁的膨胀,设计了如图 13-6(a)所示的热驱动 MEMS 芯片,并将其应用于 Pd 纳米线、多壁碳纳米管、GaN 等纳米材料杨氏模量、断裂强度和应力-应变曲线的原位测量中。实验过程中,TEM 样品被固定在两个 Si 微测力梁中间(两个梁中间留有可供电子束穿过的窗口);电流从左边的 V 型 Si 纳米梁流入后使其膨胀,带动与之相连的固定端发生位移进而实现拉伸应变加载;右边的电容式力传感器则负责拉伸过程中精确的应力-应变测量。Jin 等人[40]利用电压作用下固定梳齿对可动梳齿的静电吸引力设计了如图 13-6(b)所示的电驱动芯片装置。加载过程中,通过实时测量微测力梁的位移,结合梁的劲度系数,即可换算出变形过程中的应力-应变曲线。Zhang 等人[41]则在此基础上引入了电容式力传感结构,进一步提高了位移和力的测量精度[图 13-6(c)]。上述两种芯片充分利用了 MEMS 器件批量化生产的优势,将传感器与驱动器内置在同一个 MEMS 器件上,显著降低了驱动单元的加工难度和制作成本。最近,Li 等人[42]利用静电驱动进一步设计了包括一个静电梳状驱动器、两个电容位移传感器和载荷传感器的 MEMS 芯片[图 13-6(d)]。该芯片可在 $10^{-5} \sim 10 \text{ s}^{-1}$ 的应变速率区间开展纳米线的力学性能测试,可用于微纳结构材料的应变速率敏感性研究。

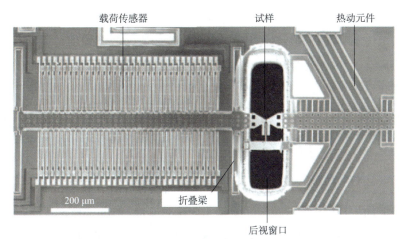

(a) 基于热场驱动原位拉伸 MEMS 芯片[39]

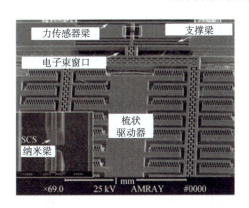

(b) 静电梳齿型位移驱动加载的 MEMS 芯片[23,40]

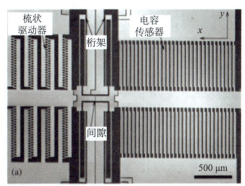

(c) 为集成了电容式力传感结构的静电驱动拉伸的 MEMS 芯片[41]

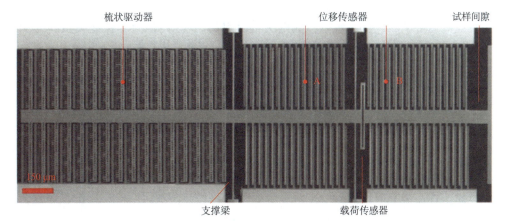

(d) 基于静电驱动设计的可用于高应变速率加载的 MEMS 芯片[42]

图 13-6 基于不同原理的 MEMS 芯片

张泽院士、韩晓东教授等人[43]则另辟蹊径,以原位加热样品杆为基础巧妙地设计了一种双金属片装置。在样品杆热场的作用下,由两种热膨胀系数不同的金属Cu、Ti压焊而成的双金属片会向Ti片一侧发生弯曲,使得被固定在两个对称双金属片之间的样品发生拉伸变形。双金属片结构对温度的变化具有很好的响应,应变量的大小可以在几十度的摄氏温度范围内被很好地控制,有效地避免了温度对材料塑性变形的影响。与此同时,借助样品台的双轴倾转,这套装置可以实现晶体学取向的精确调整,更加有利于高分辨成像条件的获得,有助于研究缺陷的原子尺度行为。

与扫描电镜类似,透射电镜下的高温力学性能测试存在巨大挑战。研究人员曾基于普通的涡轮电机驱动的拉伸样品台发展了高温力学测试系统,但由于稳定性问题,难以获得良好的测试结果。近年来,不同课题组基于MEMS芯片加热系统也开发了原位TEM高温力学测试方法,并在纳米线试样的高温力学性能研究中取得若干成果[44-46]。然而,相关工作中MEMS芯片的工作温度仍相对较低(<500 ℃),且由于MEMS芯片中温度场局域化、热膨胀、热扩散等问题,无法实现稳定加载和原子尺度的原位观察。考虑到材料在高温、高应力等苛刻使役条件下的力学行为研究是制约我国高温结构材料发展的瓶颈性难题,张泽院士、韩晓东教授等人[47]在国家重大仪器项目的支持下,针对典型高温结构材料—镍基单晶高温合金服役需求,自主开发了一套基于MEMS芯片的"原子分辨原位高温力学研究系统"(图13-7)。该系统解决了TEM样品室毫米限域空间内高温场-应力场耦合所带来的温度场局域化、热膨胀致样品断裂、热致力学传感器失效等系列技术难题,成功实现室温至1 150 ℃高温、137 MPa以上载荷、原子层次的原位力-热耦合测试,相关技术指标在国内外处于领先水平。通过样品结构和芯片的功能设计,该系统还可实现力、热、电三种外场的灵活组合,同时还可实现传统TEM样品杆的双轴倾转功能,极大拓展了原位电子显微学的研究范围。这套系统在高温合金、钛合金、难熔金属等关键材料的结构-高温力学性能关系研究中获得重要应用。利用该方法,他们研究了金属钨的高温断裂机理,揭示了BCC→FCC相变及FCC结构中位错运动协同钝化裂纹的韧性断裂方式,对理解BCC结构金属的高温变形行为具有重要意义。

基于MEMS芯片的力学原位电镜实验方法为TEM下材料变形及损伤行为的动态研究提供了非常广阔的空间,可灵活实现多种载荷的随机耦合。值得注意的是,基于MEMS芯片的力学原位电镜实验方法对样品制备要求稍高,一般为纳米线试样或聚焦离子束加工的薄膜样品。样品装载时,需要在SEM中通过纳米机械手装载,并辅以Pt沉积固定。尽管这些MEMS芯片可以被多次使用,但芯片在实际操作中的重复使用率受样品搭载位置和制样水平的制约。

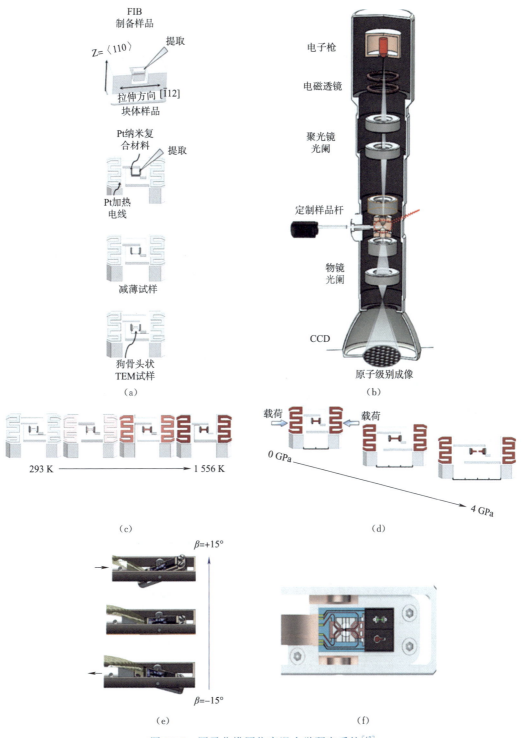

图 13-7 原子分辨原位高温力学研究系统[47]

注:(a)试样制备方法及步骤;(b)(f)为耦合 MEMS 芯片的 TEM 高温力学测试平台;(c)(d)为基于 MEMS 芯片的力-热耦合测试工作原理;(e)测试平台的双轴倾转功能。

### 13.3.3 基于原子力显微技术或探针技术的力学加载

受到原子力显微镜与扫描隧道显微镜(scanning tunneling microscope,STM)工作原理的启发,研究人员将探针技术与压电陶瓷位移控制元件结合起来,发展了基于 AFM 和 STM 技术的原位力学实验方法,其典型装置如图 13-8 所示。样品杆左侧的可动端由安放在球型位移传导装置上的样品架及压电陶瓷管组成,右侧固定端则根据测试目的分为开放式样品装载区[图 13-8(a)]和带有 AFM 悬臂梁或其他测量功能的 MEMS 芯片[图 13-8(b)]两种结构。其中,AFM-TEM 样品杆被应用于需要定量测量力与位移的力学原位电镜实验中,而 STM-TEM 样品杆则通常用于定性的力学原位电镜或电学原位电镜加载中。两者的位移控制系统均包含粗调和细调两部分,通过压电陶瓷管的位移实现纳米探针快速移动的同时借助连续的压电陶瓷位移信号保证了小于 0.01 nm 步长的精确应变加载。利用纳米探针在三维空间的移动,可以实现纳米样品拉伸、压缩、弯曲和循环加载状态下缺陷结构的动态观测,同时可以实时进行原子级变形行为的原位表征。

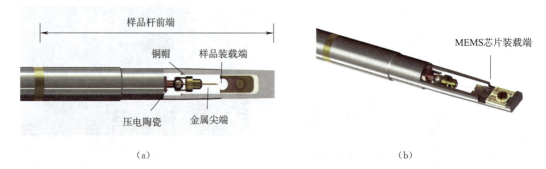

图 13-8　基于原子力显微技术或探针技术的力学原位电镜样品杆
(图片由安徽泽攸科技有限公司提供并授权使用)

在 AFM-TEM 样品杆中,样品被安装在左侧可动端,而 STM-TEM 样品杆则相反,样品通常位于右侧的固定端。在这类实验中,如何实现可动端与固定端的联结是应变/应力加载的关键所在。以 STM-TEM 样品杆为例,常见的情况是:纳米颗粒、纳米线、纳米薄膜等多种形态的纳米结构样品通过导电银胶被固定在具有平直截面的金属丝断口上,直径为 0.25 mm 的金属丝通过螺丝被紧固在右侧的安装孔内;利用电子束辅助的碳沉积将端部直径小于 50 nm 的探针与样品相连接。但沉积碳的强度较差,通常只能固定尺寸较小的试样,且沉积过程中容易造成样品污染。Lu 等[48]受 Au 纳米线断裂后自愈合现象的启发,利用纳米尺度下表面原子的快速扩散迁移,通过 Au 针尖与 Au 纳米颗粒相接触,发展了纳米颗粒与同质探针间的冷焊技术。考虑到元素间表面原子扩散能力的差异,Zhong 和 Wang 等人[49,50]提出了更具有材料普适性的原位纳米线焊接方法,借助高频脉冲放电的热效应成功实现了不同尺寸下多种金属纳米线的原位焊接制备。该方法巧妙利用金属丝断口处的纳米凸起为初始样品,在两个相互接触的凸起间施加一个纳秒量级的短时脉冲,或在接触前向某一侧凸起预加载一个电压偏压,借助电脉冲或接触放电产生的热效应将接触区域快速熔化凝固,从而原位制备出与样品杆两端均有良好力学连接的金属纳米线结构。通过调控电脉冲的物理参数,可以有效控制纳米线的特征尺寸,而通过初始纳米凸起晶体学取向的选择,可以进一步在纳米线中实现特定晶界结构的引入。但这种方法应用的材料范围受到一定限制,表面氧化试样和合金试样用该方法进行焊接时会造成试样成分的改变。

自电子显微技术诞生之日起,让样品在电镜中"动"起来的美好愿景就从未停止过。从20世纪50年代至今,力学加载与电镜表征相融合的原位力学实验技术实现了从无到有、从单一加载向多功能集成的方向不断发展。尽管开展原位TEM力学测试的条件苛刻且缺陷行为受材料内部结构特征的显著影响,但考虑到TEM表征技术的不可替代性,原位TEM加载技术与原位SEM加载技术始终保持着并驾齐驱的发展态势。两者的有机结合有助于将原位电镜力学实验技术拓展至全尺度范围,深入揭示宏观力学性能与微观物理机制间的对应关系,从而为高性能材料的加工设计奠定坚实的基础。

# 第 14 章 材料的塑性变形机制

材料在力学载荷下会发生一定的力学响应,通过自身形状和结构的改变来承担外加载荷。材料的变形一般分为弹性变形和塑性变形。弹性变形是指材料的变形在外力去除后发生完全恢复的现象。塑性变形则指材料及构件受载超过弹性极限后发生永久变形的现象,即卸载后产生不可恢复的形状变化。材料的力学响应从宏观形貌上表现为伸长、缩短、变细、颈缩、断裂等,微观上则与其内部结构和缺陷的演化密切相关。弹性变形阶段,材料内部原子在应力作用下偏离平衡位置,原子间的键长发生相应改变但不发生断裂,载荷去除后原子回到平衡位置,宏观上表现为材料形状的回复。除外力导致的宏观弹性变形外,材料内部的局部缺陷(如空位、间隙原子、位错、晶界、第二相等)由于原子排列不规则也能诱发小范围的弹性应力场。塑性变形阶段,材料内部原子在应力作用下发生断键、原子键转动、重新键合等过程,导致材料发生不可逆的形状或结构改变。根据塑性变形能力的差异,材料可分为韧性材料和脆性材料。韧性材料具有不同程度的塑性变形能力,主要包括金属、合金、部分陶瓷等;脆性材料则在断裂前不发生明显塑性变形,主要包括大部分陶瓷、玻璃、金刚石等。需要指出,塑性材料与脆性材料之间并无严格界限,加工处理工艺、变形条件(温度、应变速率等)、环境条件等因素的改变会在一定程度上影响材料的塑性变形能力,诱发韧性-脆性之间的相互转变。

材料的塑性变形往往通过其内部塑性变形载体的产生、运动、交互作用和湮灭进行。因此,变形载体的动力学行为在某种程度上决定着材料的力学性能和塑性变形能力。对晶体材料而言,塑性变形主要通过晶体缺陷或相变进行。位错和孪晶是晶体材料中两种最主要的晶体缺陷。本章将论述晶体材料的塑性变形机制及影响因素,为后续章节做铺垫。

## 14.1 位 错

位错(dislocation)是晶体内部原子局部不规则排列而形成的一类线缺陷,可视为晶体中已滑移部分与未滑移部分的分界线。位错的概念最早于 1934 年提出,欧罗万(Orowan)、波拉尼(Polanyi)和泰勒(Taylor)三位科学家在研究晶体材料的变形时几乎同时提出了塑性变形的位错理论。透射电子显微镜(TEM)诞生后,位错的概念得到了直观实验验证。位错按其主要特征可分为刃位错(edge dislocation)和螺位错(screw dislocation)两类。实际晶体中的位错往往以混合位错(mixed dislocation)的形式存在,同时兼具刃型位错和螺型位错的特征。根据柏氏矢量的大小,位错又可分为全位错(full dislocation)和不全位错(partial dislocation),如图 14-1(a)、(b)所示。全位错的柏氏矢量大小是滑移方向上相邻原子间距的整数倍,而不全位错的柏氏矢量大小则是滑移方向上相邻原子间距的分数倍。实际晶体中,位错的柏氏矢量取决于晶体结构。位错通常以全位错的形式发生滑移;某些情况下,全位错会发生分解,形成两个不全位错,中间夹着一个扩展层错(stacking fault,SF),而不全位错的滑移与变形孪晶密切相关。

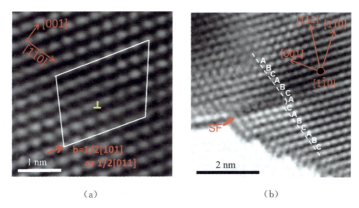

图 14-1　FCC 金属中的全位错(a)、不全位错与层错(b)

通常,位错只能在特定的滑移面沿特定方向进行滑移。其运动行为可以由滑移面和滑移方向的组合确定,常称之为一个滑移系。位错的滑移一般发生在晶体的密排面上,沿密排方向进行。因此,位错的滑移系随晶体结构的改变而显著不同。表 4-1 为常见的面心立方(face-centered cubic,FCC)、体心立方(body-centered cubic,BCC)和密排六方(hexagonal close packed,HCP)金属的主要滑移面和滑移方向。FCC 金属中,位错运动由$\{111\}\langle110\rangle$滑移系主导。BCC 金属由于对称性较低,位错的滑移系较为复杂,主要有$\{110\}\langle111\rangle$、$\{112\}\langle111\rangle$和$\{123\}\langle111\rangle$。位错滑移往往需要克服一定的晶格阻力,只有当其滑移系上有适当的分切应力才能使滑移系开动。FCC 和 HCP 金属中,位错滑移系开动所需的临界切应力(critical resolved shear stress)通常是一个与外力无关的常数,即遵循施密特定律(Schmid's law)。BCC 金属中,受位错非共面位错核的影响,施密特定律不再适用,这主要体现为 BCC 金属在确定滑移面上的临界分切应力不是一个确定常数,而是会随着滑移体系和滑移方向的变化而变化[51]。这一现象导致 BCC 金属在外力作用下产生孪晶-反孪晶不对称,宏观上表现为拉伸-压缩响应的各向异性[51,52]。研究发现,BCC 晶体中给定滑移系的临界分切应力不仅与温度有关,还受外加应力方向、应变速率、滑移几何的影响[51,52]。此外,位错结构及其滑移行为受材料特性(层错能)、微观结构(特征尺寸)和变形条件(温度、应变速率、环境条件)等因素影响,在某些条件下甚至会诱发非密排面上的位错滑移;微纳尺度下,材料的表面状态、截面形状、应力分布甚至局部原子结构等都会对位错的动力学行为以及位错与其他变形机制的竞争产生影响[53,54]。

表 4-1　常见金属的位错柏氏矢量与滑移系

| 晶体结构 | 滑移面 | 滑移方向 | 独立滑移系数目 |
| --- | --- | --- | --- |
| 面心立方 | {111} | ⟨110⟩ | 12 |
| 体心立方 | {110} | ⟨111⟩ | 12 |
|  | {112} | ⟨111⟩ | 182 |
|  | {123} | ⟨111⟩ | 24 |
| 密排六方 | {0001} | ⟨11$\bar{2}$0⟩ | 3(2) |
|  | {10$\bar{1}$0} | ⟨11$\bar{2}$0⟩ | 3(2) |
|  | {10$\bar{1}$1} | ⟨11$\bar{2}$0⟩ | 6(4) |
|  | {11$\bar{2}$2} | ⟨11$\bar{2}$0⟩ | 6(5) |

位错的存在对材料的性能，尤其是力学性能具有重要影响。通常，晶体的宏观塑性变形在微观上是通过位错运动来实现的。一个位错从材料内部运动至表面相当于其位错线扫过的区域整体沿着该位错柏氏矢量的方向相对另一部分晶体滑移了一个单位距离。大量位错滑移可承载连续的塑性应变，宏观上表现为晶体的塑性变形。与某一晶面的整体滑移相比，位错滑移仅需打断位错线附近少数原子的键合，因此所需的外加剪应力大幅降低，这在一定程度上解释了材料理论强度与实验测量值之间的巨大差别。此外，位错在滑移过程中还会与其他位错、界面、第二相等发生各类交互作用，对材料的加工硬化/软化产生影响。因此，位错及其动力学行为的调控对金属材料的塑性变形和强韧化有重要意义。

透射电子显微镜在位错的结构及其动力学行为研究中发挥着关键作用。自位错的概念提出后，位错的实验证实及其动态行为成为材料塑性变形领域的研究核心。最初，学术界通过大量理论模型和力学分析来研究位错的结构和交互作用机制。透射电子显微技术的发展首次从实验上直观验证了位错的存在以及由位错交互作用诱发的各种位错组态[10]。利用TEM，Heidenreich 等人于 1949 年首次在冷加工的 Al 及其合金中观察到了位错墙结构[55]；1956 年，Hirsch 等人[10]首次在 Al 薄膜中观察到了单根位错及其运动行为，Bollmann[56]则在钢中发现了位错构成的小角晶界。Hirsch 等人[10]的原位观察还发现，位错滑移发生在特定滑移面上，其在运动过程中可发生交滑移。这些发现有力支撑了材料塑性变形的位错理论，极大推动了位错结构及其动力学行为的研究。随后，学术界利用透射电子显微镜和原位加载技术开展大量研究，发现并证实了理论预测的各种位错动力学行为、位错反应诱发的各类缺陷结构、基于位错理论的材料强韧化机制等，推动着材料科学的进步和新材料的开发。近年来，先进表征技术的发展更是将位错及其行为的研究推向亚原子尺度，原位、定量、多场耦合的纳米力学测试技术使位错理论这一传统领域焕发了新的活力。结合球差电镜技术和原位纳米力学测试，余倩等人从亚原子尺寸研究了合金中的位错结构及其运动行为[6,57]。她们发现，纯 Ti 中的固溶氧原子可在螺位错核心处发生偏聚，诱发位错核内的间隙原子位置发生严重扭曲，从而对位错运动产生显著钉扎，诱发纯 Ti 产生明显的加工硬化[57]；而高熵合金中,合金元素 Pd 会改变合金的成分分布,使得合金成分在原子尺度发生局部波动或局部团聚,由此对位错的滑移造成阻碍并改变位错的运动行为,导致合金的强韧化[6]。鉴于实际工程合金中的成分分布不可能完全均匀,局部元素偏聚不可避免,合金元素对位错结构及其动力学行为影响应具有普遍意义。

## 14.2 孪晶

孪晶(twin)是材料中的一类体缺陷,指两个晶体或同一晶体的两部分沿某一公共晶面在特定方向上以某一矢量发生相对切变,相对于该公共晶面构成镜面对称的取向关系[图 14-2(a)]。该公共晶面就称孪晶面或孪晶界(twin boundary)。因此,孪晶能否发生取决于晶体的对称性。此外,孪晶的形成还与晶体中的堆垛层错密切相关。以 FCC 晶体为例,其密排面为{111}面,密排方向为⟨110⟩方向,因此 FCC 晶体可看作是{111}密排面以⋯ABCABCABC⋯方式堆垛构成;若堆垛顺序在某一层发生错排(⋯ABCACABCA⋯),就会产生由一个密排面错排构成的面缺陷,称为层错(stacking fault,SF),诱发层错的位错矢量为 a⟨112⟩/6,称之为肖克莱不全位错(Shockley partial dislocation);若后面的密排面逐层发生错排,即多个密排面连续发生 a⟨112⟩/6 的切动,则堆垛顺序变为⋯CABC $\widehat{A}$ CBAC⋯,形成以 $\widehat{A}$ 为孪晶界的孪晶[图 14-2(b)]。根据孪晶界上的原子匹配情况,孪晶界可分为共格孪晶界(coherent twin boundary,CTB)和非共格孪晶界(incoherent twin boundary,ITB)两类。共格孪晶界即孪晶面上的原子同时位于与两侧晶体点阵完全匹配的结点上[图 14-2(c)],为两侧晶体共有,属无畸变界面,界面能相对较低;非共格孪晶界上只有部分原子为两侧晶体所共有[图 14-2(d)],能量相对较高。

孪晶在材料的力学性能和物理性能调控中发挥着重要作用。根据其形成原因,孪晶可分为生长孪晶、退火孪晶和变形孪晶。高密度的生长孪晶和退火孪晶可对缺陷形核、运动和湮灭产生重要影响,在一定程度上调控材料的力学性能和抗辐照性能[58,59];大量共格孪晶界的引入也可用于调控微纳结构材料的物理性能[60],有助于开发高性能微纳器件。而变形孪晶则可作为晶体材料变形过程中一种与位错相互竞争的重要塑性变形机制。相对于位错滑移,变形孪晶的发生由于需要克服较高的晶格阻力而相对困难,因此其常作为位错滑移受阻时的补充机制出现[61]。变形过程中,影响晶体材料位错与孪晶竞争机制的因素众多,主要有层错能、晶体学取向、特征尺寸、温度、应变速率、表面结构与截面形状等,具体影响简单介绍如下:

### 14.2.1 层错能

孪晶的形成与层错密切相关,因而层错能对材料的孪晶形成能力具有决定性作用。通常,层错能高的晶体不易产生变形孪晶,而在层错能较低的金属和合金(如 Ag[62]、Cu-Al 合

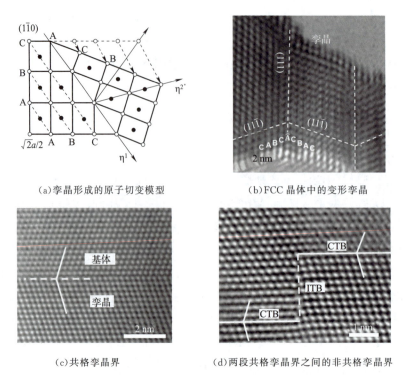

(a) 孪晶形成的原子切变模型　　(b) FCC 晶体中的变形孪晶

(c) 共格孪晶界　　(d) 两段共格孪晶界之间的非共格孪晶界

图 14-2　FCC 晶体中的孪晶结构

金[63]等)中,即使在室温和低应变速率下也可观察到大量变形孪晶。近年来,学术界在层错能的基础上又提出了非稳定孪晶错排能(unstable twin fault energy,$\gamma_{utf}$)来更合理的解释材料的孪晶形成能力[64]。

### 14.2.2　晶体学取向

单晶体中,晶体学取向是影响变形孪晶的重要因素,其通过调控孪晶位错的施密特因子来控制变形孪晶的发生。特定取向下,若领先不全位错(leading partial dislocation)的施密特因子高于拖尾不全位错(trailing partial dislocation),拖尾不全位错的形核将被抑制,使得领先不全位错可在相邻晶面上连续发射形成孪晶[54]。需要指出,取向对变形孪晶的影响会受到其他因素干扰,如局部应力状态可能会改变位错与孪晶的竞争关系。

### 14.2.3　特征尺寸

特征尺寸一般包括晶粒尺寸和晶体尺寸两方面。晶粒尺寸方面,粗晶材料中的变形孪晶通常作为一种辅助变形方式发生;当晶粒尺寸减小至亚微米至纳米级时,由于较高的变形应力,变形孪晶可被大量激活,即使层错能较高的金属也可通过大量变形孪晶发生塑性变形[65]。微纳尺度下,晶体尺寸在变形孪晶的形成中发挥着重要作用,其影响与晶粒尺寸类似。通常,晶体尺寸的减小一方面使位错的形核应力显著提高,从而诱发变形孪晶作为一种有效的竞争机制参与变形;另一方面,尺寸减小导致材料的变形应力急剧增加,达到孪晶形核的应力门槛值,使变形孪晶容易发生[66]。因此,微纳结构材料中常常发生位错到变形孪晶的转变行为。

### 14.2.4 温度和应变速率

温度和应变速率对变形孪晶的影响较为类似。低温或高应变速率下,位错滑移的临界切应力显著增加,使得变形孪晶可作为竞争机制参与塑性变形。

需要指出,上述影响变形孪晶的因素为多数材料中的一般规律。然而,由于材料显微结构、变形方式和变形条件之间存在显著差异,变形孪晶的具体行为和形成机制在各类材料中存在一定差异。例如,尽管粗晶态的高层错能 FCC 金属较难发生变形孪晶,试样中的局部应力集中却可在某些条件下诱发变形孪晶。Li 等人[67]发现,高层错能的粗晶纯 Al 在原位拉伸中裂纹尖端的局部高应力可诱发变形孪晶,孪晶产生后在表面镜像力作用下又会自发地发生退孪晶。微纳结构材料中,变形孪晶的发生还受其他因素的影响,如层状材料的层厚、纳米材料的表面结构或截面形状等。层状材料层厚的改变与晶粒尺寸具有类似效应,在一定程度上调控着位错-孪晶的竞争关系[68]。纳米材料的表面结构或截面形状则可改变材料表面的局部应力集中程度,从而影响位错与孪晶的竞争行为[54]。Zhu 等人[65]、Beyerlein 等人[66]详细总结了纳米晶材料中的变形孪晶机制,请参阅学习。

## 14.3 相 变

相变是材料中的不同相在外界条件改变时发生相互转变的行为。相变是较为普遍的物理现象,广泛发生于材料的凝固、热处理、塑性变形等过程中。相变在金属材料的力学性能调控中也发挥着重要作用。钢铁材料往往利用马氏体相变来提高材料的强度和变形能力。学术界还基于材料的马氏体相变行为针对性地设计了相变诱导塑性钢和形状记忆合金,并在工程中获得大量应用。在某些较为极端的变形条件下,如高压和冲击等,较高的应变速率或局部高应力可抑制位错运动,使得材料的塑性变形不能充分进行,此时相变可作为一种辅助或主要变形机制提供额外的塑性变形量。脆性材料由于缺少有效的变形载体,也可通过相变或非晶化的形式发生塑性变形。例如,脆性材料 Si 由于位错难以运动,塑性变形往往通过复杂的相变和非晶化进行。微纳结构材料中,由于高表面原子比、高表面能、高应力等因素,自由表面在其结构调整中发挥着重要作用,甚至可诱发结构重构或相变[2]。

大量研究表明,微纳结构材料中的相变对塑性变形有重要贡献,甚至可诱发超塑性。研究发现,表面应力和塑性变形均可诱发金属纳米结构的相变。Diao 等人[69]基于分子动力学模拟发现,FCC-Au 纳米线在表面应力驱动下可自发发生 FCC 向体心四方(body-centered tetragonal,BCT)的相变,导致纳米线形状和结构发生变化[图 14-3(a)]。Zheng 等人[53]在断裂后的 Au 纳米线中发现,较大的表面压应力可促使纳米线自发发生结构收缩,使得纳米线结构由最初的 FCC 转变为 BCT 结构[图 14-3(b)]。相变过程中,Au 纳米线的下半部沿⟨001⟩方向发生明显收缩[图 14-3(b)(1、2)],导致 30% 的晶格收缩并转变为 BCT 结构[图 14-3(b)(3、4)],其转变路径遵循贝恩相变模型[图 14-3(b)(5)]。这一过程中,表面压应力有助于相变从低能态的 FCC-Au 向高能态的 BCT-Au 发生转变。这种 FCC-BCT 相变在 Au 纳米线的原位拉伸中也可通过滑移矢量为 1/12⟨112⟩的相对滑动进行[70]。BCC 金属由于其理论上存在多种亚稳相[71],在微纳尺度进行塑性变形时更容易诱发多种相变。Wang 等人[72]在研究 BCC 金属 Mo 的塑性变形中发现,裂纹尖端区域可通过相变来协调其塑性变形。相变前后的晶格应力表明,相变前的局部高应力对相变的启动起到促进作用,诱发裂纹尖端发生连续相变,晶格从⟨001⟩取向的 BCC 先转变为⟨110⟩取向的 FCC,再转变为⟨111⟩取向的 BCC。这一过程伴有 54.7°的晶格旋转和 15.4% 的拉伸应变,有助于协调裂纹尖端的局部塑性变形。Lu 等人[73,74]和 Wang 等人[75]也证实了 Mo 纳米线和 Nb 纳米线在拉伸过程中可发生 BCC-FCC-BCC 相变或 BCC-面心正交相变。这些过程中,相变与其他变形机制(如位错滑移、孪晶等)相互协调,诱发 BCC 纳米线发生连续多次重新取向,重新取向有助于不同变形机制之间的相互转变,最终导致超塑性变形。

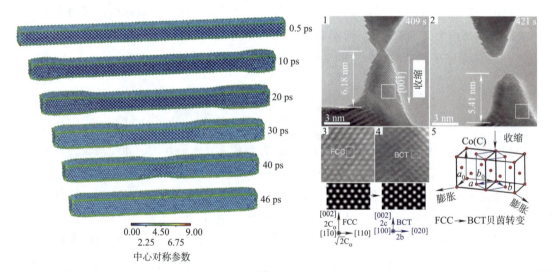

(a) 表面驱动 Au 纳米线发生 FCC-BCT 相变理论模拟[69]　　(b) Au 纳米线断裂后表面诱发 FCC-BCT 转变的实验观察[53]

图 14-3　表面诱发 Au 纳米线发生相变

需要指出,塑性变形过程中能否发生相变主要取决于材料是否存在相应的亚稳相。此外,诸多因素也会影响微纳结构材料的相变或重构行为,晶体学取向、尺寸、电子束辐照、应力状态等[53,76]都会对相变产生影响。例如,Au 在电子束辐照下一般较为稳定;但当 Au 纳米线尺寸小于 2 nm 时,辐照会诱发 Au 纳米线由 FCC 转变为 HCP 结构[76];笔者团队在研究中也发现,Au 薄膜在拉伸过程中,晶界附近由于变形集中发生优先减薄,诱发形成简单立方结构的 Au 单层膜[77]。

## 14.4 表面扩散

除位错、孪晶、相变外,表面扩散在微纳结构材料的塑性变形中也发挥着一定作用。微纳尺度下,表面原子所占比例大幅度增加,与晶体内部原子相比,表面原子往往具有更高的能量状态。较高的表面能一方面导致原子扩散所需克服的能量势垒明显降低,另一方面也使微纳结构材料的熔点显著降低,导致扩散蠕变对塑性变形的贡献不可忽略[2]。由于表面扩散,微纳结构材料会呈现出若干奇特的力学行为,如液体状变形行为。

纳米金属材料中,较高的表面原子迁移率造成的扩散蠕变甚至会代替金属材料的传统塑性变形机制。Merkel 等人[78]最早报道 Au 纳米晶体在 166 ℃下与钨探针的原位摩擦中表现出液体状行为。近年来,不同课题组利用原位纳米力学测试发现,Cu、Ag、Sn 等金属纳米材料在变形过程中可通过原子的表面扩散获得良好塑性变形能力[79-82]。Yue 等人[80]在 Cu 纳米线原位拉伸中发现,断裂后的 Cu 纳米线呈现出类似液体和橡胶态的变形行为,其断裂后发生显著收缩,最高应变可达 35%[图 14-4(a)]。这种橡胶状变形行为主要来源于纳米线内部储存的超高弹性应变能,从而大幅提高了原子扩散。Sun 等人[81]也发现,10 nm 以下的 Ag 纳米粒子虽然在室温下仍保持晶相,但可以像液滴一样发生变形或蠕变,变形能力显著提高[图 14-4(b)]。这一现象是由外力或表面能最小化诱发的快速表面扩散导致的。除此之外,微纳尺度下还会出现位错与表面扩散相互协调、共同促进塑性变形的情况。Zhong 等人[82]报道,Ag 纳米线可通过位错滑移激发表面原子发生扩散蠕变,诱发超塑性变形。位错形核后会在表面留下滑移台阶,台阶处较高的应力集中和表面能会使表面原子通过快速扩散的形式沿表面发生迁移,逐层抹平位错滑移诱发的表面台阶[图 14-4(c)]。该过程在一定程度上抑制了位错滑移导致的剪切局部化,避免了过早断裂,从而有利于 Ag 纳米线发生较大的塑性变形量。Liu 等人在多孔 Au 中也观察到了类似的变形行为[83]。此外,快速表面扩散也有助于通过表面进行原子键的快速调整,在一定程度上利于非晶体材料(如金属玻璃)发生塑性流变,甚至导致超长的延伸率[84]。

值得注意的是,原位纳米力学测试中电子束带来的温度升高和辐照效应对表面原子扩散的加速作用是不可避免的。因此,实验测试和数据分析过程中需尽量避免电子束的干扰,以免影响实验结论。另一方面,尽管比表面积增大和表面能量升高有助于提高微纳结构材料的扩散变形能力,由于结合键的差异,不同材料通过表面原子扩散发生塑性变形的能力差异较大,使得表面扩散协调塑性变形的机制存在较大的材料体系选择性。同为 FCC 金属,Cao 等人[85]发现 Au 纳米线的表面原子扩散能力要远低于 Cu、Ag 等金属,使得扩散对塑性变形的贡献并不明显。相较于 FCC 金属,BCC 金属具有更强的金属键,其原子表面扩散也需克服相对较高的能量势垒,因而会在一定程度上抑制表面扩散对塑性变形的影响。

除扩散变形外,大量理论模拟表明,表面效应也可通过相变、重构等机制诱发微纳结构

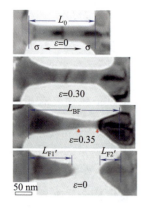
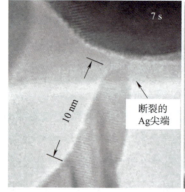
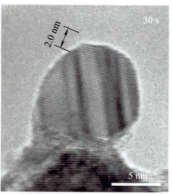

(a) Cu 纳米线的类液体变形行为[80]　　(b) Ag 纳米颗粒的液滴状变形[81]

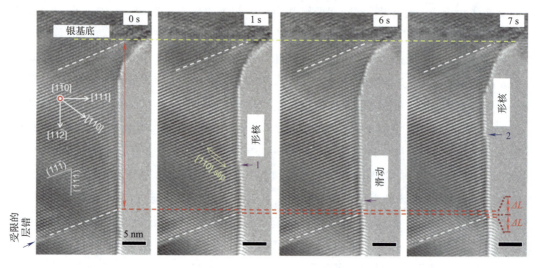

(c) Ag 纳米线通过位错滑移诱发表面扩散蠕变[82]

图 14-4　微纳结构材料中表面扩散协调的变形

材料的结构转变。Ma 等人[2]在"Surface-induced structural transformation in nanowires"一文中进行了详细总结,请参阅学习。

## 14.5　微纳结构材料的超弹性、伪弹性、超塑性等行为

材料的理想弹性应变极限是指无缺陷材料在发生屈服前所能承受的最大弹性变形[1,86,87]。弹性应变在材料的物理性能调控中发挥着重要作用,由此发展出了"弹性应变工程"的材料或器件设计理念。2018 年,美国麻省理工学院李巨教授等人[5]在《弹性应变工程》一文中详细阐述了弹性应变工程的发展历史和研究现状,并解释了弹性应变工程所必需的若干要素。块体材料变形过程中,由于存在大量缺陷,材料在较低的宏观应力下即发生屈

服和断裂,使得其所能承受的弹性应变非常有限(通常小于0.2%)。随材料尺寸减小,材料内部存在缺陷的几率大幅降低,导致材料自身强度提高,伴随而来的是其屈服前所能承受的弹性变形量显著增加,从而为基于弹性应变工程的材料性能调控提供了足够空间。原位电镜力学测试也表明,微纳结构材料可发生接近理论弹性极限的超弹性变形。Yue 等人[86]和 Tian 等人[87]发现,Cu 纳米线和非晶合金纳米线的弹性应变极限随纳米线尺寸减小而显著增加,接近其理论弹性应变极限。除外在特征尺寸的影响,内在微观结构也可在一定程度上调控纳米材料的弹性应变极限。例如,Au 纳米线的弹性应变极限随其内部纳米孪晶厚度的减小而单调增加,表现出 Hall-Petch 强化行为;孪晶尺寸小于 3 nm 时,Au 纳米线的弹性应变极限接近其理论值[88]。需要指出,由于晶体的各向异性,晶态微纳结构材料的弹性应变极限与晶体学取向密切相关,对比分析不同数据时应特别关注。微纳结构材料内部弹性应变的调控显著影响着其能带结构,并在工程中获得了大量应用,具体可以参见李巨教授的《弹性应变工程》一文[5]。

塑性变形过程中,微纳结构材料通过缺陷之间或不同变形机制之间的相互协调可发生诸如重新取向、伪弹性、超塑性等力学响应。一般认为,位错作为一种非保守运动容易造成材料的剪切局部化和过早断裂。然而,Cao 等人[85]发现,微纳结构材料由于位错具有较快的湮灭速率,其内部始终保持"位错匮乏"的状态,进而通过调整其加载取向可同时激活多个等价滑移系,在很大程度上避免了单一位错滑移系带来的剪切局部化和过早断裂,促进 Au 纳米线发生超塑性变形。Lu 等人[74]在 Mo 纳米线中也观察到了大量位错滑移诱发的超塑性变形行为。Zheng 等人[89]则发现,Au 纳米桥在原位弯曲过程中可通过位错的形成和湮灭发生伪弹性变形。弯曲作用下,位错在晶体内部堆积形成小角晶界;去除外部载荷后,构成小角晶界的位错在表面镜像力的作用下发生结构松弛并反向滑移,最终湮灭至自由表面,使得晶体恢复原始形状。Zhu 等人[90]则发现,小角晶界这种可逆往复迁移行为对微纳结构材料的循环变形有着重要贡献,可通过晶界取向差、尺寸、应变速率、成分等多个因素调控微纳结构材料的循环变形能力。需要指出,试样尺寸和长径比对微纳结构材料的位错塑性有重要影响。尺寸越小,位错越容易发生表面湮灭;长径比越小,越容易激发大量位错从表面不同位置发生相对分散的形核,避免剪切局部化。当然,由于纳米力学测试中的试样长径比与块体材料的标准力学性能测试存在较大差别,微纳结构材料中观察到的超塑性行为和其他力学特性应与块体材料区别看待。

理论上,孪晶变形是材料中的一种可逆塑性变形机制。马氏体相变及其伴随产生的形状记忆效应均可通过可逆的孪晶剪切进行。大量理论模拟也表明[91,92],变形孪晶或由此诱发的马氏体相变可使微纳结构材料发生可逆塑性变形或伪弹性行为。Li 等人[93]和 Wang 等人[50]通过原位纳米力学测试发现,不同的金属纳米材料均可通过可逆变形孪晶产生伪弹性行为。金属纳米材料中的变形孪晶还对超塑性变形和循环变形具有一定贡献[94]。Seo 等人[94]发现,⟨100⟩取向的 Au 纳米线可通过变形孪晶产生较大塑性,伴随变形孪晶的发生,纳米线的局部结构会发生重新取向,断裂前塑性应变量可达50%以上。Lee等人[95]则报道,Au纳米线在原位疲劳中可通过孪晶-退孪晶的可逆过程发生循环变形。值得注意的是,变形孪晶是通过不全位错在相邻孪晶面上的连续剪切形成的,其发生往往伴有纳米线几何结构的显著改变,造成局部弯折。这种行为改变了晶体的局部取向和加载方向,会对后续塑性变形造成影响,也会影响孪晶的可逆次数。

相变和表面扩散诱发的液态变形对金属纳米材料的结构重组也有一定贡献,甚至可诱发伪弹性、超塑性等力学响应[2,81]。王立华等人[96]发现,Ni纳米线在弯曲变形中会通过可逆相变产生高达34.6%的剪切变形,弯曲应力去除后纳米线可完全恢复其初始晶体结构,表现出一定的伪弹性行为。相变的发生也可在一定程度上调整试样的晶体取向,为后续塑性变形提供一定便利[72,75]。例如,Nb纳米线可通过相变来调整其初始取向,为后续变形中的孪晶或位错发生提供合适的载荷条件[75]。需要指出,微纳结构材料的相变塑性尽管有大量理论模拟[2,92],但由于实验验证较为困难,目前相关研究进展较为缓慢。

最后,上述几种塑性变形机制往往是相互竞争的,在特定条件下究竟发生哪种机制受很多因素影响。内因主要包括材料的层错能、特征尺寸、表面结构、截面形状、长径比等;外因主要包括加载方式、加载取向、温度、应变速率、环境条件、电子束辐照等。此外,微纳结构材料的各种变形机制往往不是单独发生的,它们之间相互竞争、相互协调,共同促进材料的变形与断裂。例如,Wang等人[75]发现,Nb纳米线可通过相变、孪晶、位错三种变形机制的相互协调、相互转变诱发350%的超塑性;Zhong等人[82]则报道了Ag纳米线通过位错滑移激发的表面扩散以及由此诱发的超塑性变形行为;He等人[97]则发现,Si纳米线的非晶化实际上是由大量位错运动诱发的,其中涉及多种不同的相变机制。此外,不同变形载体之间以及变形载体与材料内的预存缺陷/界面之间在加载过程中也会发生动态交互作用,使材料的变形行为呈现出动态变化的特征,后续章节将针对性介绍。

# 第 15 章 微纳结构材料的力学行为与尺寸效应

材料的力学性能与塑性变形和它的特征尺寸密切相关。特征尺寸既包括材料的内在晶粒或缺陷尺寸,也包括材料的外在几何尺寸。20 世纪 50 年代,Hall 和 Petch 基于对低碳钢屈服应力与晶粒尺寸之间关系的研究,建立了著名的 Hall-Petch 关系[98,99]:

$$\sigma_y = \sigma_0 + k_y d^{-\frac{1}{2}} \tag{15-1}$$

式中,$\sigma_y$ 为多晶金属的屈服强度;$\sigma_0$ 为位错滑移的临界拉应力;$k_y$ 为与材料结构相关的常数;$d$ 为平均晶粒直径。

根据 Hall-Petch 理论,多晶金属的屈服强度会随晶粒尺寸的减小而提高,表现出"越小越强"的趋势。这一理论已被大量实验测试证实,并在金属材料的强韧化中获得广泛应用。需要指出,Hall-Petch 关系并不仅仅局限于多晶金属材料,还可以推广至更一般性的结论:

$$\sigma_y = \sigma_0 + k_y d^{-\alpha} \tag{15-2}$$

式中,$\alpha$ 为与材料本征结构属性相关的系数。$\alpha$ 越大,尺寸效应则越强。近年来,得益于材料微纳加工方法与原位纳米力学测试技术的进步,学术界将材料尺寸效应的研究进一步延伸至微纳尺度。研究人员结合聚焦离子束加工等微纳加工技术和原位力学测试技术系统研究了微纳结构材料的力学性能,极大地丰富了人们对尺寸效应的认识。由于 FCC(面心立方晶格)金属尺寸效应的研究较为系统,这里将从 FCC 金属的尺寸效应出发,详细论述尺寸效应的研究进展、微观机理及其对塑性变形机制的影响,随后分类分析不同类型微纳结构材料中尺寸效应的具体行为。

## 15.1 面心立方金属的尺寸效应与微观机制

### 15.1.1 尺寸效应研究进展

关于金属材料尺寸效应的研究记录最早可以追溯至文艺复兴时期[100],达·芬奇通过铁线的拉伸试验得出了"越长越弱"的观点,并认为材料各部分的不均匀性是产生这种尺寸效应的原因。20 世纪初,Griffith 率先将材料的解理强度与缺陷尺寸关联起来[101]。在此基础上,Weibull 基于数学统计进一步提出缺陷"存活率"的概念,认为大尺寸样品中包含更大缺陷的可能性更高,因此降低了断裂应力[102]。Taylor 则最先对单晶态的金属晶须开展力学性能测试,并定量研究了其强度的尺寸效应。他发现,当金属丝的尺寸从毫米级降低到微米级时,它们的断裂强度发生显著提高[103]。1956 年,Brenner 等人[104]通过卤化物还原法制备了各种微米尺度的金属晶须并测量了其力学性能,发现晶须强度随尺寸减小而显著增大,呈现出与块体材料完全不同的力学行为。在此基础上,研究人员系统测试了 Fe、Cu、Ag、Sn 等金属晶须的力学性能。类似地,晶须的屈服强度随直径减小而显著增加;当晶须直径减小至微米量级时,其屈服强度甚至可达到接近完美晶体理想强度的水平[104,105]。

进入 21 世纪,微纳加工技术、纳米测量技术、纳米操控技术的发展为微纳尺度下开展原位力学测量提供了便利,学术界随之开展了大量研究。研究发现,在拥有较高比表面积的微纳结构材料中,尺寸效应是普遍存在的,即随尺寸减小,试样的强度显著增加,呈现出"越小越强"的趋势。2004 年,Uchic 等人[23]首创了一种普遍适用于研究小尺寸单晶金属力学性能与变形行为的方法。他们利用聚焦离子束加工制备了直径为 5~40 μm 的单晶 Ni 微米柱(取向为⟨134⟩),并将纳米压痕测试技术和扫描电镜表征技术相结合,系统分析了不同尺寸 Ni 微米柱的变形行为(图 15-1)。他们发现,直径为 20~40 μm 的 Ni 微米柱具有略高于块体样品的屈服强度,但其应力-应变曲线的特征依旧接近块体样品;然而,当微米柱的直径减小至 20 μm 以下时,试样的屈服强度大幅增加,且其应力-应变曲线呈现出间歇性跃升的特征,这种行为与滑移带的形成与演化密切相关(图 15-2)。基于同样的试验方法,Greer 等人[106]在单晶 Au 微米至亚微米柱(取向为⟨001⟩)中也观测到了类似的尺寸效应。随试样直径从几个微米降低至约 300 nm,试样的屈服强度不断提高,最后达到约 800 MPa,约为块体 Au 屈服强度的 50 倍。Frick 等人[107]通过 Ni 微米柱(直径为 200 nm~25 μm,取向为⟨111⟩)的压缩试验发现,加工硬化现象同样在尺寸较小的样品中表现得更为明显,小尺寸样品一般具有更大的极限强度。Minor 教授和单智伟教授等人则进一步将微纳结构材料尺寸效应的研究由原位 SEM 推向原位 TEM[108,109],推动了微纳结构材料微观塑性变形机制的研究。在此基础上,大量研究人员通过类似的微纳加工方法制备出了各类材料的微纳结构单晶试样,包括不同结构和成分的金属、合金、金属玻璃、陶瓷、氧化物玻璃、复合材料等,并系统研究了其力学性能的尺寸效应,极大地丰富了学术界对微纳结构材料力学行为的认知[110]。

除聚焦离子束加工外,纳米制备技术的发展也为微纳结构材料的尺寸效应研究提供了各种不同结构的测试试样。Wu 等人[111]利用模板法制备了不同直径的 Au 纳米线,并利用 AFM 弯曲测试系统研究了直径 40~250 nm 的 Au 纳米线的屈服强度和弹性模量。他们发现,Au 纳米线的屈服强度随尺寸减小而增加,但弹性模量则变化不大。为避免聚焦离子束加工带来的表面损伤对尺寸效应的影响,Greer 教授团队利用电沉积方法制备了不同结构的 Cu 纳米微柱试样[112-115]。通过大量测试,他们发现,电沉积制备的无缺陷、亚微米至纳米尺寸试样的强度也随尺寸减小而显著增加,即呈现出"越小越强"的尺寸效应;且电沉积试样与聚焦离子束加工试样的强度变化幅度也比较接近。类似地,Richter 等人[116]利用分子束外

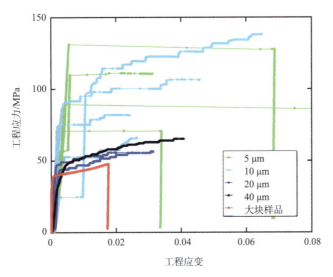

图 15-1　不同尺寸 Ni 微米柱的力学性能和变形形貌[23]

延生长的方式在 Si 基底上制备了无缺陷的 Cu 纳米晶须。这些晶须的力学性能测试也证实了微纳结构材料中存在强烈的强度尺寸效应。这些研究表明,微纳结构材料力学性能的尺寸效应与试样制备过程中引入的缺陷无关,而与试样的初始缺陷有关。为研究预存缺陷的影响,Bei 等人[117]在 Mo 合金单晶微米柱中引入了不同的预应变,同样发现了强度的尺寸效应。Kiener 等人[118]则发现,辐照诱发的缺陷会使亚微米尺寸的 Cu 单晶体在尺寸较大(400 nm 以上)时的强化效应并不明显,当尺寸减小至 400 nm 以下时才会发生明显的尺寸效应,该行为取决于试样变形机制的转变。韩卫忠教授等人[37,38]也系统研究了 FCC 金属经氦离子辐照后的变形机制与尺寸效应。类似地,他们发现,辐照造成的缺陷(氦泡等)会改变位错的动力学行为,同时氦泡结构也会随着加载进行发生动态演变,造成微纳结构材料的变形机制转变和力学性能的改变。Jang 等人[114]、Gu 等人[119]和 Wang 等人[120]则进一步在微纳结构材料中引入了不同亚结构,如晶界和孪晶界等,并研究了亚结构尺寸对试样强度的影响。这些研究发现,除外在几何尺寸外,内部亚结构或缺陷的特征尺寸对微纳结构材料的力学性能也有显著影响,且不同特征缺陷所诱发的尺寸效应也存在一定差别[114,117-120]。需要指出,在不同的研究中,试样晶体学取向、长径比、加载方式、制样方法等因素存在较大差别,使得尺寸效应的强弱程度或试样的变形、断裂行为可能会存在一定差异,因此在对比分析不同研究结果时需特别注意。

大量研究表明,微纳结构材料均表现出一定程度的强度尺寸效应,且其强度与试样尺寸之间通常满足幂次定律关系 $\sigma \propto D^{-\alpha}$,其中 $\sigma$ 为试样的流变应力,$D$ 为试样直径,$\alpha$ 为尺寸效应强化指数[121]。一般,$\alpha$ 值越大,微纳结构材料所表现出的尺寸效应也越显著。图 15-2(a) 汇总了若干 FCC 金属微柱的强度尺寸效应,其遵循良好的幂次定律关系。值得注意的是,不同材料的尺寸效应强化指数存在一定差别。Greer 等人系统总结了 FCC 金属和 BCC 金属的强度与尺寸之间的关系,发现 FCC 金属的尺寸效应要远高于 BCC 金属[图 15-2(b)][110,121],这种差别主要是由位错动力学行为的差异造成的。此外,受初始结构、试样形状、长径比、所选流变应力的影响,即使同种材料在不同的测试条件下也会表现出不同的尺寸效应强化指数[107,122]。初始缺陷类型及密度、表面应力状态、加载方式、应变速率及环境温度等条件的改变也会影响尺寸效应的程度与表现形式。关于各种材料尺寸效应的具体行为,文献中已有大量综述进行系统总结[1,110,123,124],请参阅学习。

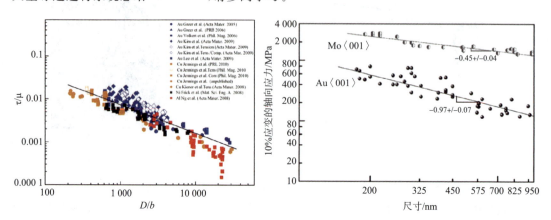

(a) FCC 单晶微米柱归一化剪切强度随样品尺寸的变化行为[110]   (b) FCC 金属和 BCC 金属的强度与尺寸之间的关系[121]

图 15-2  FCC 金属和 BCC 金属的尺寸效应

除强度外,材料的弹性模量也与尺寸效应密切相关。材料在外加载荷下首先发生一定的弹性变形,这一阶段所表现的力学性质主要是刚度,通常用弹性模量来衡量。由于弹性模量主要取决于原子键的强弱,一般认为材料的弹性模量对组织结构和试样几何变化不敏感。然而,大量研究发现,FCC 金属纳米线中,弹性模量随着尺寸的减小而明显增大,呈现出"越小越刚"的趋势。例如,Jing 等人[125]在 AFM 测试中发现,Ag 纳米线的弹性模量随着尺寸减小显著增加,从接近块体材料的约 80 GPa 提高到约 160 GPa。然而,Wu 等人在直径为 40~250 nm 的 Au 纳米线弯曲试验中发现,尺寸对弹性模量的影响并不明显[111]。这表明金属弹性模量所具有的尺寸效应与样品固有性质、加载模式相关。

也有研究发现,当试样尺寸减小至纳米级时,"越小越强"的趋势在某些情况下并不成立[126]。这种趋势在表面扩散速率较高的微纳结构材料中更加显著。纳米尺度下,表面主导的塑性变形(主要包括表面局部应力集中诱发的缺陷形核、表面扩散和表面结构重组等)都会导致"越小越强"的趋势逐渐向强度饱和或"越小越弱"的趋势转变[126]。大量研究表明,100 nm 以下时,表面扩散在某些微纳结构材料的塑性变形中变得愈发重要[79-82]。Tian 等人[79]通过原位定量测试发现,尺寸较大(如 450 nm)的 Sn 亚微米试样以位错滑移和剪切发生塑性变形,其屈服强度约为 300 MPa;然而,当试样尺寸减小至 130 nm 以下时,表面扩散主导着 Sn 微米试样的塑性变形,使得其屈服强度显著降低(约 60 MPa),导致"越小越弱"的现象。Han 等人[127]则发现,Fe 纳米颗粒的压缩强度随尺寸减小逐渐饱和,210 nm 以下时 Fe 纳米颗粒的强度随尺寸减小不再增加[图 15-3(a)]。Li 等人[126]通过系统分析提出,随尺寸减小,多种的位错形核机制和变形机制之间发生激烈竞争,这种竞争主导着微纳结构材料由"越小越强"转变至强度饱和或"越小越弱"[图 15-3(b)]。尺寸较大时,Frank-Read 位错源或单臂位错源开动相对容易,主导着塑性变形;随尺寸减小,位错的表面形核占据主导,同时表面扩散对塑性变形的贡献越来越大,导致强度饱和或"越小越弱"的现象发生。需要注意,温度、应变速率、加载模式、试样形貌和表面状态等都会改变微纳结构材料的变形方式,并对材料的强化或软化行为造成影响[126]。马恩教授等人[126]在"When 'smaller is stronger' no longer holds"一文中系统总结了微纳结构材料中的各种尺寸软化行为,可参考学习。

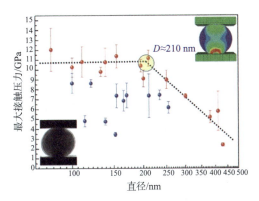 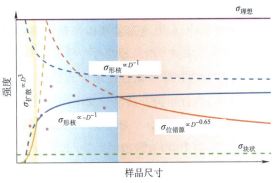

(a) Fe 纳米颗粒随尺寸减小发生强度饱和[127]　　(b) 微纳结构材料发生强度饱和及"越小越弱"现象的机制[126]

图 15-3　微纳结构材料中的强度饱和及"越小越弱"的发生机制

需要指出,学术界在尺寸效应的研究过程中往往关注试样直径或截面尺寸造成的影响。然而,试样外在的几何尺寸既包括直径/截面尺寸,又包括试样长度。研究表明,二者均会对尺寸效应造成影响,且影响机制有所不同。对块体材料的力学性能测试发现,试样的长径比会对强度和塑性造成影响[128,129]。通常,长度越长,试样的强度和塑性越低。一般认为,试样内部缺陷统计分布的改变是造成这种现象的原因。试样越小,较弱缺陷的存在概率越低,导致试样强化。微纳结构材料中,长径比对力学行为的影响会愈发显著。理论和实验研究表明[24,130],随试样长度增加,金属纳米线会发生韧性至脆性断裂的转变,这主要是由于塑性变形从位错多滑移系开动转变为单滑移系开动,而单一滑移系提供的塑性变形能力有限,试样快速发生剪切局部化,导致塑性降低。Ni 等人[131]通过原位纳米力学测试直接证实了长径比对微纳结构材料强度和塑性的影响。研究发现,直径完全相同的 Ag 纳米线长度越长,强度和塑性越低。保持长度不变,试样强度随长径比的增加(即直径减小)而增加;保持直径不变,则表现出相反的行为,即试样强度随长径比减小(即长度减小)而增加。这种差别是由微纳结构材料中的微观变形机制改变导致的。鉴于微纳结构材料的尺寸效应研究中所用试样尺寸往往较小,且相互之间长径比差别较大,试样长度对力学性能和塑性变形造成的影响不可忽略。因此,在对比分析不同文献的力学性能数据时需特别注意。

最后,学术界关于材料力学行为的尺寸效应研究主要集中于模型材料中。这些研究一方面系统揭示了微纳结构材料的力学行为,有助于构建材料力学行为尺寸效应的理论体系,推动着基础理论的发展,另一方面也为从多尺度理解块体材料的塑性变形行为提供了重要支撑,推动了塑性变形和强韧化理论的发展。近年来,学术界进一步将材料尺寸效应的研究向块体材料推进,通过跨尺度的力学性能测试和塑性变形机制研究来深入理解局部微结构对材料强韧化的贡献,系统构建工程材料的多尺度结构-性能关系,推动着高性能工程材料的研发[132-135]。随着材料科学和纳米技术的发展,材料尺寸效应的应用前景将越来越广阔。

### 15.1.2 尺寸效应的微观机理

块体材料中,塑性变形主要由位错滑移控制,材料内部主要的位错源为Frank-Read位错源,当然也有晶界、相界等其他位错源参与。变形过程中,位错源不断发射位错,通过位错运动来实现材料的宏观塑性变形。当试样尺寸减小至微纳尺度,由于体积效应和表面效应,其位错源形式、位错类型甚至位错间的交互作用方式均发生显著变化,最终对微纳结构材料的强度和塑性产生影响。为理解材料强度的尺寸效应,研究人员基于大量实验观测和理论模拟,从位错动力学角度提出了若干理论来解释材料强度的尺寸效应,主要包括位错匮乏模型[106]、位错源割断机制[136,137]、最弱环节机制[138,139]等理论。

针对位错运动,位错匮乏模型认为,位错在微纳尺寸的试样中由于没有足够的空间进行运动,其仅仅滑移很短距离就会快速湮灭至自由表面,导致位错难以通过双交滑移等机制进行位错增殖。试样尺寸越小,表面映像力对位错的作用越大,位错越容易从自由表面逃逸,导致试样内部的位错密度不断降低,使得微纳结构材料始终处于位错匮乏的状态。然而,材料需要通过位错运动来不断发生塑性变形,这时就需要有新的位错形核来提供变形载体,而激发新的位错形核往往需要更高的应力,导致材料内部的流变应力增加,表现为试样屈服强度的提高。Greer等人[106,140]最早提出了位错匮乏模型,并结合理论分析和实验测试在一定程度上验证了该模型。单智伟教授等人[109]利用原位纳米力学测试和暗场成像技术研究了Ni单晶纳米柱塑性变形过程中的位错逃逸行为(图15-4)。压缩载荷下,初始的具有高密度位错的Ni纳米柱在首次压缩后呈现出机械退火(mechanical annealing)的现象,导致试样内部的位错密度显著降低[图15-4(a)、(b)];再次压缩过程中,由于位错匮乏,新位错形核需要更高应力,试样内流变应力增加,表现为试样屈服强度明显提高[图15-4(c)]。这些研究直观揭示了微纳结构材料塑性变形过程中的位错行为,为位错匮乏理论提供了坚实证据。

位错源割断机制则认为,尺寸减小所产生的高强度是由微纳结构材料中的位错源发生改变造成的[24,136,137,141,142]。块体材料中,Frank-Read位错源是一种典型的位错形核机制。该位错源包含两个钉扎点,应力作用下钉扎点间的位错发生剪切、弓出并发射位错,这一过程重复操作使得位错不断增殖。微纳尺度下,试样的几何尺寸往往小于传统Frank-Read位

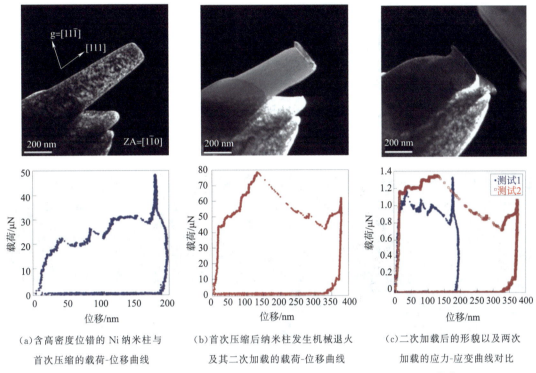

(a) 含高密度位错的 Ni 纳米柱与首次压缩的载荷-位移曲线　(b) 首次压缩后纳米柱发生机械退火及其二次加载的载荷-位移曲线　(c) 二次加载后的形貌以及两次加载的应力-应变曲线对比

图 15-4　Ni 单晶纳米柱原位压缩时的位错行为及其与载荷之间的关系[109]

错源的尺寸,使得传统 Frank-Read 位错源发生截断,形成单臂位错源(Single-arm source)。亚微米尺寸下,这种单臂位错源是微纳结构金属中主要的位错形核方式。Oh 等人[141]利用原位纳米力学测试在纯 Al 单晶薄膜中首次观察到了这种单臂位错源。拉伸过程中,单臂位错源不断开动并发射位错,随后位错在晶体内部运动并快速湮灭至自由表面,或发生交滑移并诱发位错增殖[图 15-5(a)]。Kiener 等人[142]在直径为 100~200 nm 的 Cu 纳米柱中也发现了螺位错源的截断和单边位错的运动[图 15-5(b)],进一步支撑了微纳结构材料中的位错源割断机制。Mompiou 等人[143]和 Chisholm 等人[144]也在不同金属体系中观察到了类似的单臂位错源行为。受试样尺寸影响,单臂位错源的长度及其启动所需应力也会发生显著改变。Parthasarath 等人[136]对位错源的臂长进行分析发现,纳米柱中单臂位错源的臂长约为试样半径。也就是说,单臂位错源随着试样半径的减小而减小,试样尺寸越小,位错形核就愈加困难,所能获得的流变应力也就越高。Rao 等人[137]通过模拟证实,单臂位错源开动所需的临界切应力随其长度减小而显著增加。伴随单臂位错源启动所需应力的大幅增加,材料内部的流变应力不断提高,它与位错快速湮灭所导致的位错匮乏共同作用,导致材料表现出"越小越强"的尺寸效应。

最弱环节激活机制也可以解释金属流变应力和材料强化之间的尺寸效应。该机制认为,纳米材料的强度取决于材料中最容易启动的位错源。块体材料通常含有较多容易被激

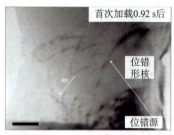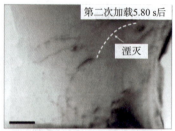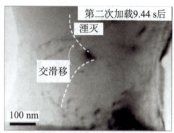

(a) 纯 Al 单晶薄膜通过单臂位错源发生位错滑移或增殖[141]

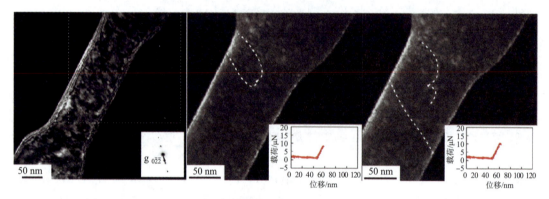

(b) Cu 纳米柱中位错绕截断位错源运动[142]

图 15-5　FCC 微纳结构材料中的位错源割断机制

活的位错源,导致其强度较低。从统计分布角度来看,微纳尺度材料中所包含的容易启动的位错源相对较少,导致材料强度较高。El-Awady 等人[138]利用三维位错动力学模拟综合考察了单晶尺寸、位错链长度统计分布、交滑移激活等因素对 Ni 单晶微米柱塑性变形的影响。单钉扎位错源的平均长度随着单晶尺寸的减小而减小,而相较于长位错源,短位错源需要更大的应力来激活。随着金属微米柱所受应力的增加,钉扎于表面的位错、钉扎于内部的长位错和短位错按照由易到难的次序被相继激活,交滑移的启动又导致长位错转变为短位错并使得位错密度提高,小尺寸晶体由于表面位错更容易逃逸、内部初始位错更短而表现出更高的流变应力和强化。

　　微纳尺度下,上述三种机制并不矛盾。微纳结构材料的塑性变形和尺寸效应往往通过这三种机制相互补充、协同作用而发生。对含有一定初始位错密度的试样,位错运动和湮灭在一定程度上主导着塑性变形,导致位错匮乏;当试样内部塑性变形到一定程度,变形载体的缺失导致微纳结构试样中的各种位错源启动,使得试样的流变应力增加,导致"越小越强"的现象。对无缺陷试样来说,位错源的激活在塑性变形中扮演着关键角色。值得注意的是,囿于早期样品制备技术限制,原位纳米力学测试中所用试样一般通过聚焦离子束加工制备,其尺寸通常为几微米至几百纳米。因而,上述三种理论机制的讨论对象均为直径大于 100 nm 的微米与亚微米试样。虽然这些理论各有侧重,它们的共同点在于将尺寸效应归结为单晶试样中位错源性质(密度、类型等)随尺寸的改变。然而,在微纳尺度下,除单臂位错源外,大量存在的自由表面也可作为高效的位错形核源参与塑性变形[1,145]。随试样尺寸的减小,比表面显著增加,大量自由表面在位错形核中扮演着不可或缺的关键角色,同时也对位错的动力学行为产生重要影响。一方面,高表面能带来的表面压应力会使位错形核应力增加;另一方面,表面缺陷(如台阶等)的存在又会诱发局部应力集中,在一定程度上促进缺陷形核。尽管针对缺陷的表面形核已有大量理论和实验研究,由于影响因素众多,其对尺寸效应的作用机制尚无统一理论。关于位错的表面形核行为将在下一节中详细介绍。

### 15.1.3 尺寸效应对塑性变形机制的影响

微纳尺度下,试样几何尺寸的改变不仅会诱发强度的尺寸效应,也会对材料的塑性变形机制产生根本影响。众所周知,位错和孪晶是晶体材料中两种相互竞争的塑性变形机制。随试样尺寸的改变,一方面,自由表面可提供大量的位错形核源和湮灭位置,导致位错的动力学行为发生改变;另一方面,位错的形核应力随尺寸减小而显著增加,导致本来难以出现的变形孪晶被激活并参与塑性变形。受上述两方面因素影响,微纳结构材料的缺陷动力学行为和塑性变形机制与块体材料存在一定差别。本节将重点论述微纳尺度下材料的塑性变形机制,包括缺陷形核、运动和交互作用等,以及尺寸效应诱发的不同变形机制间的相互转变。

大量模拟和实验研究表明[53,94,130,146,147],自由表面是亚微米尺寸的金属纳米线或纳米柱中的主要位错形核源。Zhu等人[145]借助分子动力学模拟给出了FCC金属Cu变形过程中表面位错源的激活体积与尺寸的关系。受激活体积影响,表面位错形核具有较高的温度和应变速率敏感性。Zheng等人[53]从实验角度揭示了Au纳米线中位错表面形核和湮灭的原子级动力学机制。微纳结构材料的表面存在大量原子级台阶,这些台阶在外力作用下容易发生应力集中;当应力集中累积到一定程度后,领先位错拖拽着一个层错从自由表面发射出来,位错发射后表面应力集中得到释放;随后,位错扩展并最终湮灭至相反的自由表面[图15-6(a)]。位错的这种不连续形核和湮灭行为控制着FCC微纳结构材料的塑性变形,且在较大尺寸范围内(从数个原子层[148,149]至数百纳米[149,147,150])均主导着试样的塑性变形,尤其是在无缺陷的金属纳米线中。需要指出,加载取向、表面结构和截面形状会对表面形核的位错类型(全位错、不全位错或是孪晶)造成影响,这种影响主要取决于位错滑移系上的施密特因子和表面台阶处的局部应力集中情况[54,146]。缺陷的这种表面非均匀形核机制在其他晶体结构的微纳试样中同样普遍存在。Wang等人[50,151]发现,BCC结构的W纳米线在变形过程中,位错可从表面不同位置的多个位错源处形核[图15-6(b)];但受BCC晶体特殊的表面原子结构影响,位错的表面形核能与表面结构和应变水平密切相关[图15-6(c)]。类似地,Yu等人[152]在HCP结构的纯Mg中也观察到了表面形核的变形孪晶。值得注意的是,由于不同金属材料的位错结构和晶格阻力存在一定差别,位错形核与运动的动力学过程会有所不同。

除位错的表面形核外,形核位错的类型也受试样尺寸效应的显著影响。通常,中、高层

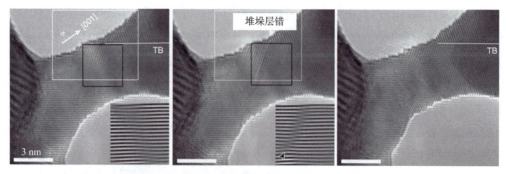

(a) Au 纳米线中位错表面形核和湮灭的原子级过程[53]

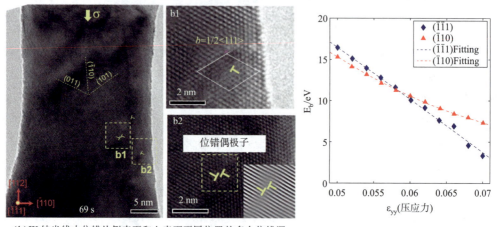

(b) W 纳米线中位错从侧表面和上表面不同位置的多个位错源处形核以及应变、表面结构的影响[50,51]

(c) $E_b$ 与 $\varepsilon_{yy}$ 的关系曲线

图 15-6　FCC 和 BCC 金属纳米晶体中的位错表面形核

错能的 FCC 金属通过全位错的形核、滑移发生塑性变形,而变形孪晶仅作为低温、高应变速率等条件下[61,65]塑性变形受阻时的补充机制。随特征尺寸的减小,尺寸效应带来的高应力可诱发不全位错和形变孪晶等块体金属中较难发生的变形机制,替代全位错成为微纳结构 FCC 金属单晶塑性变形的主导机制。Oh 等人[153]对厚度为 40~160 nm 的 Au 薄膜进行原位拉伸测试发现,随着厚度减小,Au 薄膜的塑性变形机制从由全位错主导转变为由不全位错主导。Seo 等人[94]在 Au 单晶纳米线(直径约为 100 nm)的原位拉伸中观察到,不全位错的连续形核会诱发变形孪晶,共格孪晶界的逐层推进诱使 Au 纳米线产生应变量约 50% 的超高塑性,伴随这一过程纳米线取向由 ⟨110⟩ 转变为 ⟨100⟩。Sedlmayr 等人[150]同样在 ⟨110⟩ 取向的 Au 纳米晶须(直径为 40~200 nm)中发现了由变形孪晶主导的塑性变形。其变形孪晶通过两种不同的机制形成,一种为自激发式的逐层生长,另一种为不同层错同时激活多个纳米孪晶、孪晶生长与合并形成较大孪晶。为了定量化研究尺寸效应对 FCC 金属变形机制的影响,Yue 等人[154]系统分析了尺寸在 70~1 000 nm 范围内的 Cu 单晶纳米线的变形行为。基于统计测试,他们给出了 Cu 单晶纳米线变形机制转变的临界尺寸。尺寸大于 150 nm

时,Cu 单晶纳米线的塑性变形以全位错为主;小于 150 nm 时,不全位错或变形孪晶发生,主导试样的塑性变形[图 15-7(a)]。Wang 等人[155]结合不同尺度下 FCC 金属的塑性变形行为,归纳了其变形机制随尺寸的转变关系。尺寸较大时,全位错滑移占主导;随尺寸减小,变形机制发生转变,不全位错或变形孪晶大量发生;进一步减小尺寸至 20 nm 以下时,晶格滑移、相变、表面扩散等机制逐渐被激活并主导着试样的塑性变形。受变形机制的影响,某些 FCC 金属纳米结构也会呈现出某种韧脆转变的行为,尤其在拉伸过程中。Peng 等人[156]发现,溶剂热法合成的〈110〉取向的 Cu 纳米线在塑性变形过程中会呈现出两种截然不同的断裂模式,即韧性断裂和脆性断裂。通常,尺寸较大的纳米线试样中,位错发生交互作用的概率较高,有利于塑性变形;而尺寸较小的纳米线中,位错运动更容易诱发剪切局部化和裂纹形核,导致纳米线呈现出脆性断裂的行为。

除试样尺寸外,理论研究发现截面形状、表面结构和表面状态同样影响着金属纳米线的塑性变形[54]。Yin 等人[157]从实验角度探讨了试样截面形状对金属纳米线塑性变形机制的影响。具有截断菱形截面的 Ag 纳米线中,位错与孪晶的竞争行为会随截面截断程度的改变而发生变化;随截面截断程度的增加,纳米线的变形方式逐渐由孪晶转变为局部位错滑移[图 15-7(b)]。这种竞争源于截面形状对二者形核能与表面能的影响。Shin 等人[158]分析了表面涂层对 Au 纳米线拉伸强度和位错形核的影响。〈110〉Au 纳米线变形由位错的热激活表面形核主导,其拉伸强度高达 1 GPa,但尺寸效应相对较弱;引入表面涂层后,较薄的涂层会使纳米线强度的分散度相对增加,而较厚的涂层则会导致纳米线的强度分散度减弱且向较高应力水平迁移,这种转变是由涂层降低表面扩散能力、导致位错表面形核能和激活体积增加造成的。由此可见,试样截面形状、表面结构和表面状态可显著改变微纳结构材料的尺寸效应和变形机制,因此是开展原位纳米力学实验设计和结果分析必须考虑的重要影响因素。然而由于缺乏深刻理解,这些因素在尺寸效应的前期研究中往往被忽略掉。

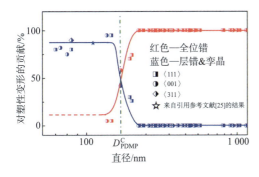

(a) Cu 单晶纳米线随尺寸减小发生位错-孪晶转变[154]

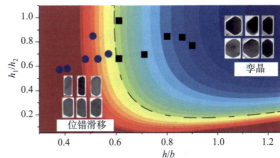

(b) 截面形状对 Ag 纳米线变形机制的影响[157]

(注:b 为纳米线宽度)

图 15-7 FCC 金属纳米线中的变形机制转变

位错-变形孪晶的竞争、转变在纳米晶金属中也遵循类似的尺寸效应[65,159]。通常,随晶粒尺寸减小,变形孪晶替代位错参与塑性变形。不全位错和全位错对于微纳结构 FCC 金属塑性变形主导权的竞争可以从位错形核的临界剪切应力角度加以理解。一个与晶粒尺寸相当的全位错[1/2⟨110⟩]形核所需的剪切应力，和一个肖克莱不全位错[1/6⟨112⟩]形核的剪切应力可以根据经典位错理论计算如下[160]：

$$\tau_N = \frac{2\alpha\mu b_N}{D} \tag{15-3}$$

$$\tau_P = \frac{2\alpha\mu b_P}{D} + \frac{\gamma}{b_P} \tag{15-4}$$

式中，$\mu$、$\gamma$ 分别为相应金属的剪切模量和层错能；$b_N$ 和 $b_P$ 分别为全位错和肖克莱不全位错的柏氏矢量；$\alpha$ 为位错的特征参数（对刃位错，$\alpha=0.5$；对螺位错，$\alpha=1.5$）；$D$ 代表晶粒尺寸或者孪晶层厚度。比如，Au 的剪切模量约为 30 GPa，层错能约为 45 mJ/m$^2$，可以得到其 $\tau_N = \tau_P$ 的临界尺寸量级为几十个纳米，大于该尺寸的样品主要由位错主导塑性变形，而小于该尺寸的样品不全位错更易形核，不全位错的滑移或者变形孪晶将夺取塑性变形的主导权，这与实验观测的结果较为吻合。

此外，由于 FCC 金属中不全位错运动的影响，变形孪晶的产生与晶体取向、加载方式、表面结构等因素关系密切[54]。理论模拟和施密特因子分析表明，FCC 结构的金属纳米线沿⟨110⟩取向进行拉伸或⟨100⟩取向进行压缩容易产生变形孪晶，反之则会抑制变形孪晶的产生[56,91]。而对于⟨111⟩取向的 Au 纳米线，Marszalek 等人[161]通过 AFM 测试推断，三个{111}面上不全位错可同时激活，并主导着 10 nm 以下 Au 纳米线的拉伸变形。Cao 等人[85]则获取了更为直观的原位 TEM 证据。Au 纳米线沿⟨111⟩方向拉伸时，三组相互倾斜的等价{111}面上的不全位错先后激活、协调滑移，使得直径小于 20 nm 的 Au 纳米线可产生超过 100% 的超塑性。Lee 等人[95]在 Au 纳米线拉伸时发现，两组不同体系的变形孪晶可先后启动，导致纳米线取向发生多次改变，产生较大的塑性伸长。尽管自由表面提供了位错湮灭的大量位点，不全位错在微纳结构材料中发生协调滑移时也可通过相互间的交互作用，诱发高阶缺陷。Wang 等人[162]发现，不同取向和尺寸的 Au 纳米线在拉伸过程中，表面形核的、不同滑移系上的位错可在 Au 纳米线的微小体积内发生交互作用，形成压杆位错，压杆位错通过交滑移进一步演化成三维的位错型层错四面体结构（图 15-8）。新形成的位错可进一步与层错四面体发生交互作用，导致该三维缺陷在晶体内部发生迁移并最终湮灭。微纳结构材料中的缺陷交互作用也可诱发晶界等缺陷产生[89]。这些位错交互作用机制可为微纳结构材料的加工硬化提供一定贡献，从而对尺寸效应产生一定影响。

最后，在探讨 FCC 金属力学行为的尺寸效应时，应当注意以下几点：第一，不同尺寸范围内，诱导尺寸效应产生的机制有所差别。微米至亚微米尺度下，位错的集体行为决定着样品的力学响应；但在纳米尺度下，单一位错的形核与运动即可诱发试样产生明显的力学响应。第二，尺寸效应诱发的全位错和不全位错的竞争将对微纳结构材料的力学行为和塑性变形产生重要影响。除尺寸的影响外，这种竞争还取决于层错能、加载取向、加载方式、表面

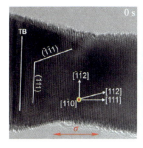 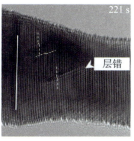 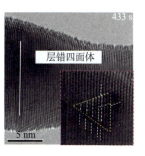 

(a) 位错交互作用形成压杆位错，随后演化成层错四面体　　(b) 分子动力学模拟的层错四面体结构

图 15-8　Au 纳米结构中位错交互作用诱发的层错四面体[162]

结构与状态等因素。第三，微纳尺度下，FCC 金属单晶的塑性变形表现出较强的各向异性，这种取向依赖性可以通过 Schmid 定律、广义层错能和表面应力状态加以理解。最后，纳米尺度下，表面原子对样品的影响也随之增大，高的表面能和表面原子扩散速率也会诱发表面主导的塑性变形机制，如相变、表面扩散等[53,69,96]，在一定程度上会影响尺寸效应的表现形式。

## 15.2　体心立方金属的力学行为与尺寸效应

BCC 金属的原子堆垛并不致密，且具有较高的层错能和特殊的非平面位错核结构[163]，因而其塑性变形在通常情况下不遵循 Schmid 定律。BCC 金属变形行为的特殊性也使它们表现出 FCC 金属不尽相同的尺寸效应。为理解 BCC 金属的尺寸效应及其与 FCC 金属的差别，研究人员遵循与微纳结构 FCC 金属类似的研究思路和方法，对 BCC 金属在微纳尺度下的力学行为也开展了大量研究。

Greer 等人[121,164,165]首先利用聚焦离子束加工技术制备了 FCC-Au 与 BCC-Mo 的微米柱，并对比分析了二者的尺寸效应。对直径均在 300～1 100 nm、同为⟨001⟩取向的两种纳米柱，以 10% 应变时的流变应力为标准，两者都表现出了"越小越强"的趋势，但 BCC-Mo 相较于 FCC-Au 呈现出更弱的尺寸效应[图 15-9(b)]。由于 BCC 金属的塑性变形主要通过螺位错进行，Weinberger 等人[166]基于理论模拟提出，微纳结构 FCC 金属与 BCC 金属尺寸效应的差异可能源于 FCC 金属和 BCC 金属中位错动力学行为的差异。FCC 金属中，位错滑移会很快湮灭至微柱的自由表面，产生由"位错匮乏"导致的强化作用；而 BCC 金属中，螺位错的移动速率较低，使得螺位错和刃位错运动失配，难滑移的螺位错容易在晶体内部发生弯曲、旋转，最终相互缠结，随后通过交滑移使位错发生自增殖[图 15-9(a)]，产生由林位错所导致的加工硬化，最终导致 BCC 金属的尺寸效应略弱于 FCC 金属。Wang 等人[167]在直径 40 nm 的 W 纳米线中观察到了类似的位错绕表面节点处发生弯曲、旋转的行为，然而由于试样尺寸较小，位错并未发生增殖，而是在表面快速湮灭[图 15-9(b)]。

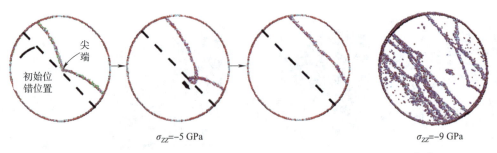

(a) BCC 亚微米柱中的位错在晶体内发生弯曲、旋转、最终相互缠结,导致自增殖[166]

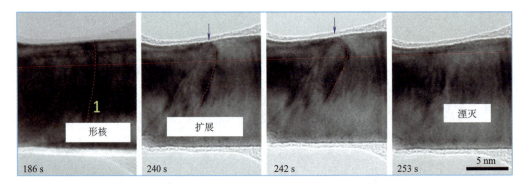

(b) 40 nm 的 W 纳米线中位错绕表面节点处发生弯曲、旋转、最终湮灭[167]

图 15-9　BCC 金属纳米线中的位错自增殖与湮灭行为

需要指出,不同的 BCC 金属之间也存在着尺寸效应的强弱差别。Schneider 等人[168]对 ⟨001⟩ 取向的多种 BCC 金属微米柱(W、Mo、Ta、Nb 等,直径范围 200～6 000 nm)进行原位压缩测试发现,BCC 金属均呈现出"越小越强"的尺寸强化效应[图 15-10(a)],但它们的尺寸效应强弱与其临界温度 $T_c$ 相关($T_c$ 为螺位错因热激活而达到与刃位错相同迁移速率时的温度)。$T_c$ 越高,常温下螺位错运动需要克服的 Peierls 势垒就越大,导致 BCC 金属表现出的尺寸效应越弱。W、Mo、Ta、Nb 的 $T_c$ 依次递减,而其在压缩试验中表现出的尺寸强化效应则依次递增[图 15-10(b)～(c)],很好地印证了上述观点。同时,不同 BCC 金属的强度之间的差异也随着尺寸减小而逐渐弱化,也间接证明了纳米尺度下 BCC 金属塑性变形行为受 Peierls 势垒影响较小。Kim 等人[165,168]也发现,不同 BCC 金属微米柱呈现出的尺寸效应略有差异。Han 等人[169]基于 V 纳米柱的原位压缩进一步验证了临界温度与 Peierls 势垒是影响尺寸效应的重要因素。由于 V 的 $T_c$ 相对较低(380 K),在室温下具有较小的晶格阻力,因此所表现出的尺寸效应较为明显,与 FCC 金属和 BCC-Nb($T_c$=350 K)类似。Torrents 等人[170]则研究了不同温度下 Ta(⟨111⟩ 取向)和 W(⟨001⟩ 取向)的尺寸效应。高温下,BCC 金属发生塑性变形的晶格阻力降低,使得这两种微柱的尺寸效应随着温度的升高而变得更加显著。除单晶体外,多晶态的 BCC 金属中也存在类似的强度尺寸效应。Kiener 等人[171]结合宏观力学性能测试、纳米压痕和原位纳米力学测试等方法研究了超细晶 W 和 Cr 的强度尺寸效应。他们发现,试样塑性变形体积的显著减小会诱发其从多晶块体的变形特征转变至单晶体的变形行为,尺寸、界面和自由表面显著影响着该变形行为的转变。微尺度下,晶粒尺寸和试样尺寸对塑性变形的影响相互交织,调控着试样的塑性变形机制;随自由表面和表面晶粒数目的增加,试样的变形逐渐由块体材料中晶内位错塞积控制转变为单一晶粒内的位错滑移控制,且位错湮灭速率大幅提高,诱发尺寸强化效应。

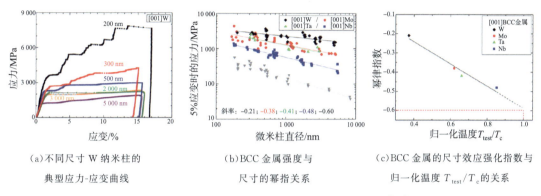

(a) 不同尺寸 W 纳米柱的典型应力-应变曲线

(b) BCC 金属强度与尺寸的幂指关系

(c) BCC 金属的尺寸效应强化指数与归一化温度 $T_{test}/T_c$ 的关系

图 15-10　BCC 金属的尺寸效应与临界温度的关系[168]

需要指出,与聚焦离子束加工所制备的 FCC 金属微米柱的应力-应变曲线类似,BCC 金属微米柱的应力-应变曲线同样存在"锯齿状"的间歇性应力突变,特别是在直径 500 nm 以下的 BCC 微米柱中尤为明显[图 15-10(a)]。这是由于聚焦离子束加工过程引入了大量的位错和缺陷团簇[172],位错间通过相互作用交织形成彼此牵制的位错群,位错间的长程交互作用会使得尺寸限制下的位错群发生雪崩式的瓦解,即发生"位错雪崩",造成应力突降或应变突增[173]。此外,聚焦离子束加工引入的表面损伤层会导致金属表面硬度显著增高[172],为尺寸效应的研究带来干扰因素。为避免聚焦离子束加工造成的损伤,Bei 等人[117,174]通过化学蚀刻法制备了无缺陷的 Mo 合金单晶微米柱(直径 360~1 500 nm),这些单晶微米柱的压缩屈服强度接近理论值,且与尺寸无关。然而,通过预应变(4%~8%)在这些"完美单晶"中引入一定的位错密度后,它们在压缩过程中的应力-应变曲线出现了明显的随机性,并表现出一定的尺寸效应,尺寸越小随机性越大,但屈服强度整体上升[117]。继续提高预应变值(11%),Mo 合金微柱的变形特征与块体趋于一致,具有相对较小的屈服强度和稳定的加工硬化,尺寸效应则不复存在。与 FCC 金属类似,BCC 金属微纳试样的形状和表面结构同样也会对尺寸效应产生一定的影响。Sharma 等人[175]发现,球形和具有刻面结构的 Mo 纳米颗粒呈现出不同的尺寸效应。具有刻面结构的 Mo 颗粒表现出较强的尺寸强化行为,最小颗粒(刻面尺寸 110 nm)的最高强度高达 46 GPa;随 Mo 颗粒球形度的增加,尺寸强化指数逐渐减小。由此可见,BCC 金属纳米结构的尺寸效应既受其内在晶体缺陷的影响,又受试样外在几何形状和表面结构的影响。这些因素通过改变试样的变形机制或缺陷动力学行为来影响试样的尺寸效应。

位错密度及其在 BCC 金属变形过程中的行为显然是造成或影响尺寸效应的主要因素。对此，位错匮乏理论、位错源割断机制和最弱环节机制同样可以提供合理的解释。Huang 等人[176]在直径小于 200 nm 的 Mo 纳米柱中发现了与 FCC 金属纳米柱类似的"机械退火"行为[图 15-11(a)]，为位错匮乏理论在 BCC 金属中的适用性提供了有力证据。他们发现，Mo 纳米柱在较低应变下会出现加工硬化，位错密度增多；而在较高应变下，则发生位错匮乏。此外，BCC 金属的"机械退火"现象仅在达到一定的临界尺寸 $D_c$ 后才会发生。尺寸小于 $D_c$ 时，BCC 金属的强度尺寸效应表现出与 FCC 金属类似的特征；反之，大于 $D_c$ 时，尺寸对强度的影响较为微弱。Chisholm 等人[144]利用 PTP 芯片对不同预应变的 Mo 合金纳米纤维进行原位拉伸后发现，直径约 340 nm、预应变 9% 的 Mo 合金纳米纤维也可发生"机械退火"的现象[图 15-11(b)]。这一过程中，位错密度随拉伸应变增加而逐渐减少，导致流变应力增大，随后在高应力下发生剧烈的应变软化。Weinberger 等人[166]和 Wang 等人[167]关于 BCC 金属在微纳尺度下的位错动力学行为研究在一定程度上也可解释"机械退火"的尺寸依赖性。尺寸较大的单晶微米柱可通过位错自增殖机制使试样内的位错密度增加，大量位错的形核与滑移导致 BCC 微米柱在较短时间内产生较大的塑性变形量，诱发应变软化；而尺寸较小的 BCC 试样中，由于有限的体积，位错在自增殖之前已通过滑移快速湮灭至自由表面，形成位错匮乏。因此，BCC 金属中位错动力学行为随尺寸的改变会对"机械退火"的尺寸依赖性造成直接影响。

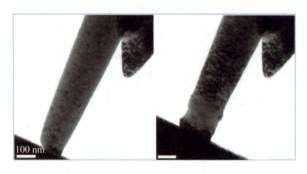
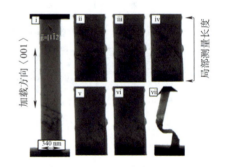

(a) 直径小于 200 nm 的 Mo 纳米柱中的机械退火[176]　　(b) 预应变 9% 的 Mo 纳米纤维发生机械退火[144]

图 15-11　BCC 金属中的机械退火现象

主导 BCC 金属塑性变形的螺位错会通过交滑移来提高位错发生交互作用的概率，形成固定的位错结，阻碍位错滑移。这种行为一方面使位错密度增加，另一方面也有助于将长位错截短。根据最弱环节机制，微纳结构试样中的短位错滑移需要更大的应力来激活，由此产生明显的强化效应。显然，最弱环节机制的适用需要样品具有较高的初始位错密度，相应地，样品尺寸也需要大到一定程度，通常为 100 nm 以上。Kim 等人[165]对不同尺寸的 BCC 金属微柱（W、Mo、Ta、Nb 等）的原位拉伸和压缩试验验证了这一观点。直径约 100 nm 的 Mo 纳米柱因聚焦离子束加工引入了较多的初始位错，压缩后纳米柱内的位错密度进一步增大。该过程中,位错交互作用增大了位错密度,同时也减小了位错长度,从而提高了流变应力。该过程有别于"机械退火"过程,但遵循了最弱环节机制。Kim 等人[165]的试验也表明,不同 BCC 金属除了尺寸效应存在一定差别外,还表现出了明显的拉压不对称性。压缩试验中,较低 $T_c$ 的 Nb 表现出的尺寸效应最为明显;而拉伸试验中,Ta 的尺寸效应则最为显著。这种拉压不对称性主要源于 BCC 结构中孪晶位错和反孪晶位错滑移能量的差异。

与 FCC 金属类似,BCC 金属除尺寸效应带来的强化外也会发生变形机制的转变,尤其是在纳米尺度。通常,BCC 金属所固有的高层错能(比 FCC 金属高约一个数量级)导致位错滑移总是主导着其塑性变形,而变形孪晶仅在低温、高应变速率等极端条件下得以发生[51,177-179]。大量研究表明,BCC 金属的微米和亚微米试样在原位纳米力学测试中仍表现出位错主导的塑性变形(未观察到变形孪晶)[121,144,165,176],而表面在 BCC 金属微纳结构试样的位错形核中扮演着重要角色[50,54,151]。然而,理论模拟表明,随尺寸减小,变形孪晶也会成为特定取向 BCC 纳米线的主要变形载体[180-182]。仔细分析不难发现,关于 BCC 金属尺寸效应的研究大多利用聚焦离子束加工制备试样,不可避免地会引入加工缺陷,影响其本征变形机制。另一方面,BCC 金属尺寸效应导致的强化又较为微弱,而其变形孪晶的能垒相对较高,使得亚微米试样中的应力水平可能不足以激发变形孪晶。为研究 BCC 金属中的位错-孪晶竞争机制,王江伟等人[50,151,167,183]通过巧妙的实验设计,利用原位纳米焊接成功制备了一系列直径小于 100 nm、无缺陷的 W 纳米线,并系统研究了其变形孪晶行为。研究发现,W 纳米线的塑性变形受纳米线尺寸、取向和加载方式的显著影响。首先,W 纳米线中位错与变形孪晶转变的临界尺寸小于 40 nm。随尺寸减小,纳米线可在常温、低应变速率下发生可逆变形孪晶,表现出伪弹性行为(图 15-12)。基于晶格应变分析,该尺寸下($\bar{1}12$)孪晶面上发生孪晶的临界分切应力高达 9 GPa 左右,验证了理论计算中孪晶所需的高应力条件[180]。这也解释了为什么前人在 BCC 金属亚微米柱的研究中仅发现了位错主导的塑性变形。其次,W 纳米线的变形孪晶行为受晶体学取向的显著影响。直径小于 20 nm 的 W 纳米线沿⟨110⟩、⟨111⟩方向压缩和⟨100⟩方向拉伸时,孪晶从表面或晶界-自由表面交界处形核并贯穿整个纳米线,随后孪晶不断增厚。然而,当加载方向转变至⟨112⟩时,无论拉伸或压缩均无发激活变形孪晶。这种取向效应一方面受孪晶-反孪晶不对称性的影响,另一方面又受位错和孪晶之间的动态竞争尤其是形核阶段的竞争影响。最后,加载方式的改变也会导致位错至孪晶的转变。研究发现,⟨112⟩取向的 W 纳米线变形过程中,当加载方式由拉伸/压缩逐渐转变为弯曲时,其变形机制会由位错主导变为孪晶主导[183]。这一过程中,孪晶滑移系上施密特因子的改变和弯曲诱发的梯度应力对变形孪晶的形成有一定促进作用。裂纹尖端的应力集中也会诱发 BCC 金属中的变形孪晶。Jiang 等人[184]在原位测试中也发现,Ta 和 Nb 薄膜在拉伸裂纹的尖端会形成较高的应力梯度,促进变形孪晶发生。孪晶片层通过{112}共格孪晶界上凸起的不断挤出与扩展发生长大。该过程无需额外位错参与,其孪晶位错通过孪晶界上的台阶位错与带状位错(zonal dislocation)之间的相互转变产生,表现出自增厚的行为。需要指出,目前对 BCC 晶体塑性变形路径尚无明确的判定准则,尺寸效应诱发的高应力、位错/孪晶形核应力随尺寸的改变、Schmid 因子等在位错滑移和变形孪晶的竞争中都发挥着一定作用。

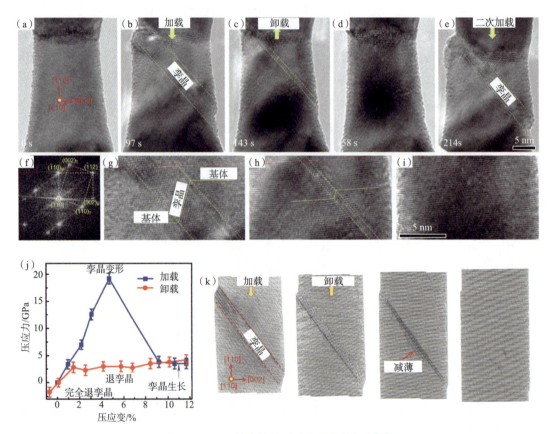

图 15-12 W 纳米线的可逆变形孪晶行为[50]

注:(a)~(e)和(g)~(i)为 W 纳米线可逆变形孪晶的实验观察;(f)孪晶结构的傅里叶变换衍射谱;(j)基于晶格应变测试获得 W 纳米线的应力-应变曲线;(k)可逆变形孪晶的理论模拟。

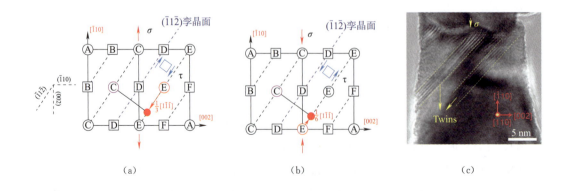

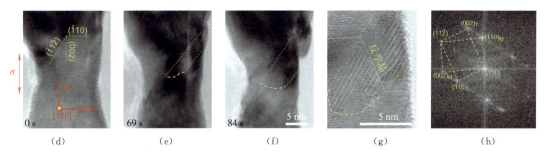

图 15-13 直径约 20 nm 的 W 纳米线沿[1$\bar{1}$0]取向加载时的孪晶-反孪晶行为[167]

注:(a)(b)为反孪晶和孪晶剪切示意图;(c)为 W 纳米线沿[1$\bar{1}$0]压缩时发生变形孪晶;(d)~(f)为 W 纳米线沿[1$\bar{1}$0]拉伸时发生反孪晶;(g)~(h)为反孪晶放大图与傅里叶变换衍射谱。

表 15-1 BCC 金属孪晶-反孪晶变形的取向依赖性[167]

| 加载模式 | [110] | [111] | [001] | [112] |
|---|---|---|---|---|
| 压缩 | 孪晶 | 孪晶 | 反孪晶 | 孪晶 |
| 拉伸 | 反孪晶 | 反孪晶 | 孪晶 | 反孪晶 |

孪晶-反孪晶不对称性是 BCC 金属塑性变形的另一重要特征。塑性变形过程中,体心立方金属的变形孪晶通常由相邻{112}孪晶面上依次发生孪晶位错的滑移诱发。根据晶体学对称性,BCC 金属既可通过{112}面上的位错沿 1/6[111]发生逐层剪切形成孪晶(图 15-13b),又可通过 1/3[$\bar{1}$ $\bar{1}$ $\bar{1}$]位错的逐层滑移发生反孪晶[孪晶的另一种形式,图 15-13(a)]。然而,大量实验与理论预测表明,1/3[$\bar{1}$ $\bar{1}$ $\bar{1}$]位错在{112}孪晶面上滑移时,由于其滑移路径受近邻{112}面上原子的影响,滑移阻力显著增加,远高于其他位错结构的滑移阻力(约为 1/6[111]位错滑移阻力的两倍),使得 BCC 金属的反孪晶理论上不可能发生[185-186]。大量实验研究也表明,BCC 金属沿反孪晶方向加载时位错滑移将先于反孪晶变形发生,产生位错滑移主导的塑性变形[165]。受该因素影响,BCC 金属呈现出若干反常的变形行为,如塑性变形的强烈取向依赖性。表 15-1 为不同取向 BCC 金属的孪晶-反孪晶行为。王江伟等人[167]对比研究了直径 20 nm 的 W 纳米线的塑性变形,发现 BCC 金属的反孪晶行为同样受尺寸效应影响。沿[1$\bar{1}$0]方向压缩时(孪晶方向),变形孪晶优先由自由表面或晶界处开始形核、迅速长大并贯穿整根纳米线[图 15-13(c)],与理论预测相符。沿[1$\bar{1}$0]方向拉伸时(反孪晶方向),普遍认为位错滑移并未发生;相反,1/3($\bar{1}$12)[$\bar{1}$ $\bar{1}$ $\bar{1}$]反孪晶位错则被大量激活,大量反孪晶位错逐层滑移形成反孪晶[图 15-13(d)~(f)]。这种反孪晶行为在多种 BCC 金属纳米线、沿不同反孪晶方向进行加载时均可发生,充分表明反孪晶变形在微纳结构 BCC 金属中的普遍性。然而,由于较高的滑移阻力,反孪晶形成后往往难以持续长大,且其在生长过程中会与其他位错发生激烈竞争,诱发退孪晶和剪切局部化。尺寸较大(45 nm)的 W 纳米线沿反孪晶方向加载时,由于较低的应力水平,反孪晶滑移不足以被激活,常规的 1/2[111]位错滑移则不断形核,成为塑性变形的主要载体。上述结果说明,反孪晶位错的滑移需要克服较高的

晶格阻力和能量势垒,诱发反孪晶滑移的强烈尺寸依赖性及其与位错的激烈竞争,这种竞争主导着 BCC 金属纳米线在反孪晶取向下的变形。

除变形孪晶外,高应力也可诱发微纳结构 BCC 金属通过相变发生塑性变形。位错和变形孪晶的形核与扩展主要依赖于滑移面上切应力的大小(超过其临界切应力,位错或孪晶发生);而相变通常不能通过缺陷行为描述,且正应力在其中发挥着重要作用。高压和冲击过程中,相变往往作为一种独立的塑性变形机制提供额外的变形能力。微纳尺度下,材料中的高应力也可诱发相变机制。Wang 等人在原位拉伸过程中发现,BCC-Mo 薄膜会在裂纹尖端发生 BCC-FCC-BCC 的连续相变[72]。该相变是由裂纹尖端的高应力(8 GPa)诱发的。通过相变,裂纹尖端的局部区域由 BCC-⟨001⟩取向转变为 FCC-⟨110⟩取向,随后又重新转变回 BCC-⟨111⟩取向,导致晶格发生 54.7°旋转,并伴随产生 15.4% 的拉伸应变[图 15-14(a)]。Lu 等人[73,74]则在 Mo 和 Nb 纳米线的原位拉伸中观察到了类似的 BCC-FCC 相变或 BCC-面心正交相变,相变主要发生在断口处的高应变区。Wang 等人[75]也发现,Nb 纳米线可通过 BCC-FCC-BCC 的连续相变来调整取向,协调塑性变形。

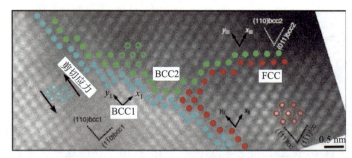
(a) Mo 薄膜中裂纹尖端高应力诱发的 BCC-FCC-BCC 相变[72]

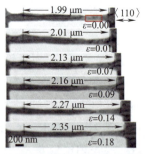
(b) Mo 纳米线的位错超塑性[74]

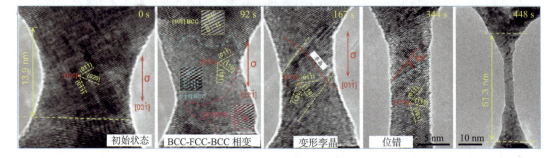
(c) Nb 纳米线通过多种变形机制协调发生连续多次取向调整,诱发超塑性[75]

图 15-14 BCC 金属纳米线中的相变与超塑性变形行为

伴随变形孪晶和相变的发生,试样往往会发生取向调整,在一定程度上影响着后续塑性变形,协调微纳尺度晶体通过多样化的塑性变形模式获得良好的塑性变形能力。Wang 等人[75]发现,Nb 纳米线(直径约 15 nm)在高应力作用下可次第诱发 BCC-FCC-BCC 相变、变形孪晶和位错滑移等变形机制。这些变形过程不断改变着纳米线的晶体学取向,晶体取向的改变又激发了后续变形机制的启动,最终通过多重变形机制的协同作用,实现了伸长率高于 269% 的超塑性变形[图 15-14(c)]。Lu 等人[73,74]也发现,Mo 纳米线和 Nb 纳米线在拉伸过程中,位错会不断从自由表面形核,快速滑移后湮灭至自由表面;位错在不同位置的相对均匀形核导致纳米线表现出良好的均匀变形能力[图 15-14(b)];颈缩处的高应力则会诱发相变、多晶化等行为,从而在一定程度上延迟了纳米线的断裂。

需要指出,由于 BCC 金属的位错结构复杂、滑移系繁多且塑性变形以螺位错为主,利用原位纳米力学测试研究 BCC 金属的位错动态行为和缺陷形核机制相对困难。因此,学术界关于 BCC 金属的尺寸效应和微纳尺度下的位错-孪晶竞争机制尚存在一定争议。尽管如此,微纳尺度试样的原位测试也提供了直观研究 BCC 金属位错滑移行为的有效手段。例如,Fe-3%Si 微米柱中位错滑移的临界分切应力取决于晶体学取向[187]。除作用于滑移面的切应力外,非滑移面上的应力分量显著影响了 Fe-3%Si 合金位错滑移的取向依赖性,进一步证实了 BCC 块体金属中施密特定律不再适用的结论。此外,受缺陷结构和晶体对称性影响,微纳结构 BCC 金属的力学性能和塑性变形往往表现出较为复杂的取向依赖性。随晶体尺寸减小,比表面积增大会使 BCC 金属中螺位错与刃位错具有相近的滑移速率[176],但其对尺寸效应的取向依赖性的影响尚有待进一步探讨。另一方面,杂质元素对 BCC 金属的塑性有重要影响,这种影响在微纳尺度下可能愈加明显。韩卫忠等人[188]结合宏观力学性能测试和微观原位纳米力学测试发现,溶质原子氧会使 Nb 发生了显著的硬化和脆化。这是由于氧和螺位错之间的强烈排斥作用,导致螺位错在 Nb 晶体内部自发形成不同方向的交叉扭转,诱发大量空位。空位与氧之间形成复合体,进而与螺位错作用,使螺位错的运动更加困难,并可通过吸收新的空位形成氧-多空位结合体。最终,氧-多空位结合体逐渐长大,造成永久损伤和快速断裂。随尺寸减小,缺陷的表面湮灭速度进一步提高,有可能会诱发杂质元素与缺陷之间发生新的交互作用机制,相关行为有待深入探讨。

## 15.3 密排六方金属的力学行为与尺寸效应

HCP 金属相对较低的对称性导致其力学行为较立方晶系的金属更为复杂。首先,HCP 金属中位错的主要滑移面会随轴比 $c/a$ 的变化而改变,而且 HCP 金属在断裂前的力学行为往往与加载方向密切相关;其次,由于滑移系较少而孪晶系相对较多,变形孪晶成为 HCP 金属中的主要塑性变形机制之一,且不同类型孪晶发生拉伸孪晶或压缩孪晶的轴比不同[189]。与其他金属类似,HCP 金属中的位错和变形孪晶相互竞争,又相互补充,二者之间的竞争与转变同样受试样特征尺寸(晶粒尺寸和几何尺寸)的影响。

FCC 和 BCC 金属尺寸效应的广泛研究也促使了学术界进一步关注其他材料体系(如 HCP 金属)的尺寸效应。由于基面与柱面上⟨a⟩滑移系统的数量限制,HCP 金属中往往可以观察到多样的⟨a+c⟩锥面滑移和拉伸/压缩孪晶的形成,尤其是加载方向接近 c 轴时,变形孪晶将成为塑性变形的主要载体。2010 年,Byer 等人[190]和 Lilleodden 等人[191]几乎同时研究了[0001]取向 Mg 微柱的变形行为。他们分别基于 TEM 和 EBSD 表征发现,[0001]取向 Mg 微柱的压缩变形几乎没有孪晶参与,而是以锥面滑移为主,位错间的交互作用导致微柱发生明显的加工硬化。然而,二者关于尺寸效应的结论并不统一,只有 Lilleodden 等人[191]的实验结果表现出流变应力随尺寸减小而增大的趋势。虽然上述两工作中的 Mg 微柱均采用聚焦离子束加工制备,且尺寸范围相近(2~10 μm),但是由于加工方式不尽相同,试样初始位错密度存在差异,这可能是造成两者结论不一致的原因。同时,余倩等人[192]发现,Ti-Al 合金单晶微柱在单轴压缩中的变形孪晶机制呈现出较强的尺寸效应[图 15-15(a)]。尺寸较大时(1~10 μm),Ti-Al 合金微柱的塑性变形以变形孪晶为主。尽管产生孪晶形核所需的应力随试样尺寸减小而急剧增大,纳米柱的流变应力却逐渐趋于饱和[图 15-15(b)];尺寸降低至 1 μm 以下时,变形孪晶被完全抑制,取而代之的则是大量的常规位错[图 15-15(c)],它们作为塑性变形的唯一载体使试样的流变应力维持在接近理论强度的水平。研究人员据此提出了"受激滑动"模型,认为微纳尺寸下孪晶机制的失效是由于孪晶激活因子密度减小,从而降低了相邻孪晶面形核的概率。

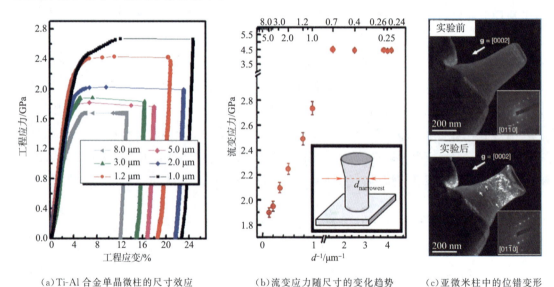

(a) Ti-Al 合金单晶微柱的尺寸效应　　(b) 流变应力随尺寸的变化趋势　　(c) 亚微米柱中的位错变形

图 15-15　Ti-Al 合金单晶微柱中的孪晶尺寸效应[192]

缺陷动力学行为的改变往往是造成微纳结构材料呈现出力学行为尺寸效应的关键因素。HCP 金属中,孪晶之间以及孪晶与位错之间的竞争、转变、交互作用同样与尺寸密切相关。虽然 HCP 金属中塑性变形的载体相对多样,但它们在强度上所表现出的尺寸效应是类似的。除余倩等人[192]关于 Ti-Al 合金中孪晶尺寸效应的研究外,Mg 及其合金中的孪晶变形机制也存在类似的尺寸效应。无晶界的 Mg 单晶中,位错塞积区域中产生的应力集中将成为孪晶的主要形核位点,且尺寸对位错和孪晶形核的影响密切相关。Ye 等人[193]在纯 Mg 和 Mg 合金($w_{Ce}=0.2\%$)单晶纳米柱的单轴压缩中发现,尺寸效应受基面滑移和孪晶两种机制共同影响。加载方向为[3$\bar{9}$64]时,发生基面滑移的临界应力具有明显的尺寸依赖性[图15-16(a)];压缩方向近似平行于基面时,两次加载中相继发生"机械退火"和变形孪晶[图15-16(b)],且孪晶形核的临界应力远高于基面滑移,达到1.26 GPa,表明孪晶机制同样具有尺寸效应。有趣的是,尽管Mg及其合金基面滑移的临界应力相似,但Mg合金中孪晶的形核应力要比纯Mg低85%,这使得Mg合金中两种塑性变形机制的激活应力几乎相等,因此互相竞争的行为更加明显。Sun等人[194]对[11$\bar{2}$1]取向的Ti微柱进行单轴压缩后发现,该取向下仅发生柱面滑移,并且流变应力随尺寸减小而显著增加[图15-16(c)]。但由于HCP金属的非基面滑移需要克服一定的Peierls势垒,其强度的尺寸效应和BCC金属同样偏小。Jeong等人[195]对Mg单晶微柱(取向为[2$\bar{1}\bar{1}$0],直径为0.5~4 μm)进行原位压缩发现,孪晶生长(对应永久变形应变量1%时的应力)的尺寸效应($\alpha=0.47$)不如孪晶成核(对应载荷突变前的最大应力)的尺寸效应($\alpha=0.70$)显著。其原因在于孪晶形核位点处需要位错塞积和成结,位错源本身的尺寸效应加上位错塞积产生的反向应力,使得位错解离需要更大的激活应力;而孪晶形核后的增殖过程只需较小的长程应力,因此尺寸效应较弱。Sim等人[196]研究了$a$轴([11$\bar{2}$0])取向Mg单晶微柱在更大尺度范围(2~22.6 μm)内的压缩变形机制。他们发现,试样在不同尺寸范围内诱发的孪晶模式存在差异。直径小于18 μm时,单个孪晶的形核与扩展主导着塑性变形,且孪晶增殖所需的应力随着单晶尺寸减小而增加,表现出典型的"越小越强"特征;直径大于18 μm时,多个孪晶形核与相互作用使微晶发生显著的应变硬化,硬化速率则随微晶尺寸增加而逐渐降低。从上述研究不难看出,HCP金属中变形孪晶的尺寸效应要强于位错的尺寸效应,这导致位错-孪晶的竞争机制与FCC金属截然相反;变形孪晶能在较大尺寸下主导HCP金属的塑性变形,然而当尺寸减小时,孪晶形核应力急剧增长,孪晶将难以形成。

除尺寸效应外,原位纳米力学测试也提供了一种有效手段来研究HCP金属中的孪晶机制。借助不同的原位加载方式,余倩等人[152]发现,[0001]取向的Mg单晶在拉伸、压缩和弯曲载荷均可产生高密度纳米孪晶[图15-17(a)]。结合计算模拟,她们提出了Mg单晶微柱中的孪晶形成机制:孪晶位错尖端的应力场可促进新的孪晶位错产生,多个孪晶的形成实际上比单个孪晶的增厚更有利于协调变形,使得Mg单晶微柱中产生大量纳米孪晶。利用同样的方法,单智伟教授等人[197]报道了亚微米Mg单晶在垂直柱面的压缩中发生从原始晶格到"孪晶晶格"的结构调整[图15-17(b)]。该过程类似传统的{10$\bar{1}$2}孪晶,却不存在晶体学意义上的孪晶面,取而代之的是半共格的基面-柱面间(BP或PB)界面,基面和柱面间的相互转化促使界面迁移,进而提供了非剪切的塑性变形量[197,198]。而含单一孪晶界的Mg双晶纳米柱在拉-压循环下则会明显地呈现拉压不对称性[图15-17(c)][199]。这是由于,柱面⟨$a$⟩位错、基面层错和⟨$c+a$⟩位错仅存在于孪晶内,导致压缩时的退孪晶所受的位错阻碍较大;由于基面的原子堆积更为致密,界面台阶处柱面向基面的转变相对容易,反之则较为困难,这使得孪晶与退孪晶过程中基面-柱面孪晶界(BP)和柱面-基面孪晶界(PB)的迁移难度存在

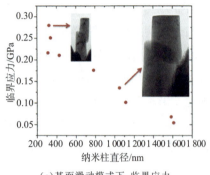
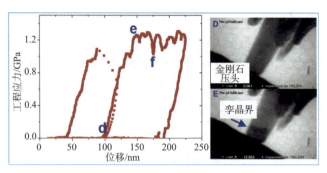

(a) 基面滑动模式下,临界应力随尺寸减小而增强[193]

(b) 形变孪晶模式下,小尺寸样品的孪晶形核应力达到 1.26 GPa[193]

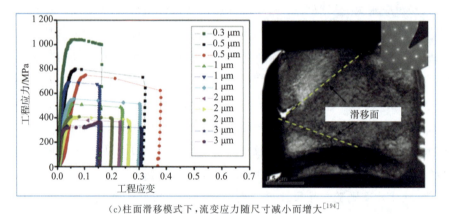

(c) 柱面滑移模式下,流变应力随尺寸减小而增大[194]

图 15-16　不同变形机制主导下 HCP 金属的尺寸效应

一定差异,导致 Mg 双晶纳米柱表现出拉压不对称性。何洋等人[200]通过原位高分辨观察揭示了 HCP 金属 Re 纳米线中变形孪晶的二阶形核过程[图 15-17(d)]。$\{10\bar{1}2\}$孪晶晶核首先伴随柱面-基面转变的界面过程从基体直接产生,随后通过界面缺陷的调整纠正残余取向差形成共格孪晶界,最终共格孪晶界通过孪晶位错滑移发生扩展,导致变形孪晶长大。通常认为,HCP 金属的孪晶形核应力要远高于孪晶生长应力,但二者的测试却相对较为困难。基于微纳结构材料的原位纳米力学测试则提供了一种有效的方法来直接测定孪晶的形核应力和生长应力。为此,Wang 等人[201]利用原位压缩测试研究了尺寸效应对纯 Mg 和 Mg-5Zn 合金孪晶形核和长大应力的影响。他们发现,两种材料的孪晶形核和生长应力均随尺寸减小而显著增加,且其生长应力要远低于形核应力。其中,纯 Mg 的孪晶生长应力为 7 MPa,合金化和时效使得 Mg-5Zn 合金的孪晶生长应力提高至 30 MPa。固溶处理会导致部分 Zn 原子在孪晶界发生偏聚,降低孪晶界的可动性,诱发新的孪晶形核。上述研究揭示了 HCP 金属变形孪晶的动力学行为,拓展了学术界对 HCP 金属变形孪晶机制的认知。

研究人员还借助原位纳米力学测试研究了 HCP 金属塑性变形的位错机制。通过调整样品尺寸、取向、加载方式等可在一定程度上避免孪晶的产生,进而可以仅从位错滑移的角

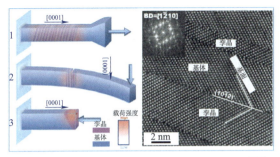
(a) Mg 在多种加载模式下表面诱发高密度纳米孪晶[152]

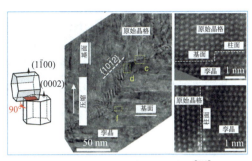
(b) Mg 无孪晶面的类孪晶晶格调整[197]

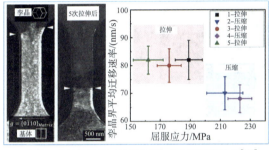
(c) 含单一孪晶界的 Mg 双晶纳米柱的拉压不对称性[199]

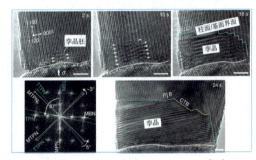
(d) Re 纳米晶体中的孪晶二阶形核过程[200]

图 15-17　HCP 金属中变形孪晶机制

度来重新审视 HCP 金属的力学性质和变形能力。以 Mg 为例,不同滑移系的临界分切应力差异巨大,导致其塑性变形表现出显著的各向异性;随晶体尺寸减小,各个方向上的临界分切应力均会明显提高,直至接近理想强度。这在某种程度上会抑制位错变形的各向异性,提高 HCP 金属的延展性。Yu 等人[202]发现,尺寸减小(低于 100 nm)带来的高应力(约 2 GPa)可激发 Mg 单晶中的多个滑移系的开动,由此导致 Mg 纳米颗粒延展性提高,并发生脆性至韧性的转变。Yu 等人[203]还在[0001]取向 Ti 合金单晶的原位压缩中发现了锥面滑移的位错源机制。应力作用下容易形核的〈a〉型位错通过交滑移和位错反应形成〈a+c〉位错;受体积效应限制,不断生长的〈a+c〉位错容易被自由表面分割形成单臂位错源,使得位错得以不断增殖协调变形。单智伟教授等人[204]则在亚微米尺寸的纯 Mg 中原位观察到了〈a+c〉位错的运动。大量表面位错源的存在以及尺寸效应带来的位错成核应力增加导致不同类型的〈a+c〉位错雪崩式地从表面形核,随后位错环扩展[图 15-18(a)]、刃型位错滑移[图 15-18(b)]、位错偶极子形成[图 15-18(c)]等不断发生,大大提高了 Mg 单晶的塑性变形能力。

综上所述,HCP 金属变形的孪晶机制与位错机制都具有明显的尺寸效应,但两者的竞争关系却与 FCC 金属截然相反(图 15-19)。一般而言,HCP 金属中变形孪晶的尺寸效应总体要强于位错的尺寸效应,且由于变形困难,变形孪晶在较大尺寸下主导着塑性变形;而尺寸减小时,孪晶形核应力急剧增长,塑性变形转变为位错滑移机制。实验和理论研究从多个角度对 HCP 金属的尺寸效应提出了不同的解释。由于 HCP 金属的孪晶随轴比变化具有不

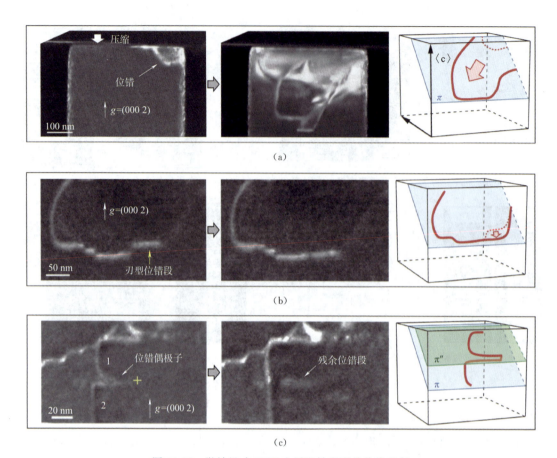

图 15-18 微纳尺寸 HCP 金属塑性变形的位错机制

注:(a)~(c)为亚微米尺寸 Mg 单晶中的锥面位错运动,由上至下依次为位错半环的扩展、刃型位错的滑移、位错偶极子和碎片的形成[204]。

同的极性,且 HCP 金属的孪晶变形和尺寸效应受加载方式、取向、应变速率、成分等诸多因素影响。实验和理论研究从多个角度对 HCP 金属的尺寸效应提出了不同的解释。例如,由于基面与非基面位错滑移激活能存在显著差异,不同加载取向下主导的位错滑移模式存在差别,使得尺寸效应的强弱有所差别。基面滑移主导塑性变形时,"越小越强"的尺寸效应较为显著。同样,变形孪晶沿不同取向的难易程度也使滑移和孪晶的竞争关系各不相同,进而影响尺寸效应。温度[205]和成分[206]也会影响 HCP 金属中孪晶的形核应力,改变孪晶和滑移之间的竞争关系,从而影响尺寸效应。

与 FCC 金属和 BCC 金属类似,尺寸减小带来的高应力也可诱发微纳结构的 HCP 金属发生 HCP-FCC 相变和其他形式的晶格取向转变[208]。Kou 等人[209]对纯 Ti 微米柱(直径为 2~6 μm,$[11\bar{2}0]$ 取向)进行单轴压缩后发现,形变导致微米柱内部产生了三组互成 60°的 FCC 片层。HCP 基底和 FCC 片层的取向关系为 $\langle 002 \rangle_{FCC}//\langle 0001 \rangle_{HCP}$ 和 $\{220\}_{FCC}//\{10\bar{1}0\}_{HCP}$。据此推断,这些 FCC 片层源于局部应力集中诱发的肖克莱部分位错的连续滑

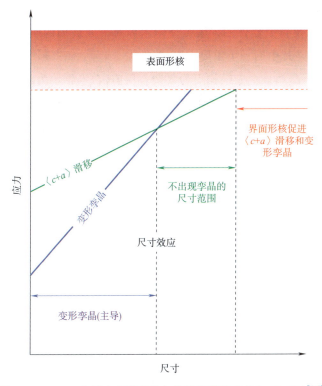

图 15-19 HCP 金属中变形孪晶与位错滑移的竞争($0<\alpha\leqslant 1$)[207]

动。尺寸减小带来的高应力一方面诱发了大量位错滑动,另一方面也相应降低了相变发生的能垒,为 HCP-FCC 相变提供了有利条件。

总体而言,关于 HCP 金属尺寸效应的研究不如 FCC 和 BCC 体系广泛,大多局限于 Mg 和 Ti 两种常见金属及相应的合金中。由于 HCP 金属中孪晶和位错之间复杂的协调竞争关系与交互作用,许多关键性问题仍有待探究和解决,例如不同孪晶界与各类位错间的交互作用及其与尺寸的关联等。

## 15.4 非晶体材料的力学行为与尺寸效应

除晶体材料外,非晶体是固体材料的另一种重要存在形式。按照原子排列方式,非晶体材料的结构介于晶态和完全无序之间,呈现出一种短程有序、长程无序的中间状态。非晶体材料种类广泛,主要有非晶态合金、氧化物玻璃、非晶态半导体等。其中,非晶态合金又称为金属玻璃,它与传统氧化物玻璃不同,原子通过金属键结合,因而具有许多与金属相关的特性,如导电性、具有金属光泽等。20 世纪 30 年代末,Kramer 等人用蒸发沉积的方法首次制备得到非晶态薄膜[210]。1960 年,Klement 等人[211]通过快速冷却的方法获得了厚度为 20 mm 的 AuSi 金属玻璃,开创了利用快速冷却技术制备大块金属玻璃的先河。随后,学术界通过不同方法成功制备出多种体系的大块金属玻璃[212],并获得成功应用。近年来,纳米科技、微机电系统(MEMS)以及新型器件的发展促使学术界对金属玻璃的研究延伸至微纳尺度,而金属玻璃的力学性能是其中的一个重要方面。

相对于晶体材料,金属玻璃的结构更为复杂。目前,学术界较为认可的金属玻璃的结构模型为团簇密堆模型,包括 Miracle 等人[213,214]提出的 FCC/HCP 密堆团簇模型和 Sheng 等人[215]提出的准等价团簇模型。FCC/HCP 密堆团簇模型认为,由于原子与近邻原子间的化学相互作用和拓扑连接,金属玻璃内部会形成具有一定大小和对称性的多面体原子团簇,这些团簇作为基本结构单元进一步构成金属玻璃。Hirata 等人[216]通过纳米束衍射和模拟计算的方法测定了原子团簇的配位情况,从而验证了团簇模型的正确性。总体来说,密堆团簇模型能够更加准确地描述金属玻璃的内部结构,因此在金属玻璃研究中具有重要应用。

弹性极限是材料弹性-塑性变形行为的转折点。对于金属玻璃来说,此时是发生剪切转变区不可逆重排的临界点。与晶体材料不同,金属玻璃发生弹性变形时,尽管宏观上呈现出均匀变形的行为,其内部应变分布并不均匀,原子间的力学响应也存在一定差异,因此会产生非仿射变形(non-affine deformation)。分子动力学模拟表明[217],弹性变形过程中原子的非仿射位移场会形成涡旋状形貌,其特征尺寸比原子间距大一个数量级。由此推测,金属玻璃的尺寸减小至数十个原子间距时,其弹性行为可能发生突变。Tian 等人[87]原位研究了拉伸载荷下 Cu-Zr 金属玻璃的变形行为,发现直径 220 nm 的 Cu-Zr 试样的杨氏模量为 83 GPa,与块体材料(78~87 GPa)吻合良好。然而,微纳结构 Cu-Zr 试样的弹性应变极限则呈现出明显的尺寸效应[87]。图 15-20(a)中,Cu-Zr 非晶纳米柱在原位拉伸过程中的弹性应变极限约为 4.4%,大于块体样品的 2%,接近于其理论弹性应变极限(约 4.5%)。同时,随着弹性应变极限的增加,非晶纳米柱的屈服强度也显著提高,且屈服后会发生一定的加工硬化。Jiang 等人[218]对 $Ni_{60}Nb_{40}$ 非晶纳米柱进行原位拉伸测试时也发现了类似的现象。Jang 等人[219,220]在研究 Zr 基金属玻璃的尺寸效应时发现,样品直径从 1 μm 逐渐减小至 500 nm 时,试样的拉伸屈服强度从接近块体材料的 1.7 GPa 逐渐提高至约 2.25 GPa。随后,进一步减小尺寸,样品的拉伸屈服强度基本维持在该水平不变[图 15-20(b)]。压缩过程中,试样尺寸减小会诱发同样的尺寸强化效应,但临界转变尺寸却增加至 800 nm[219]。一般认为,金属玻璃这种弹性极限的尺寸效应是由微纳尺寸下剪切带的延迟形核导致的。值得注意的是,试样的制备条件(如制备工艺、冷却速率等)和加工方式(如聚焦离子束加工)都可能影响金属玻璃的微观结构,造成内部自由体积的改变,从而影响其弹性性能和尺寸效应。

通常情况下,金属玻璃在室温下的塑性变形以剪切为主,容易导致脆性断裂,拉伸塑性几乎为零[129,221]。金属玻璃的变形可以通过自由体积(free volume)模型[222]和剪切转变区(shear transformation zone,STZ)模型[223]两种模式解释。自由体积模型认为,由于内部结构的不均匀性,金属玻璃内部原子密堆团簇间的错排区域高度松散,因此具有较大的自由体积,这些自由体积的产生和湮灭控制着金属玻璃的塑性变形。剪切转变区模型则认为原子

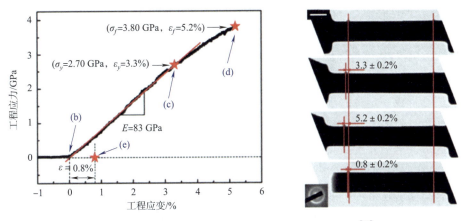

(a)Cu-Zr 基金属玻璃样品的单轴拉伸测试(直径约 220 nm)[87]

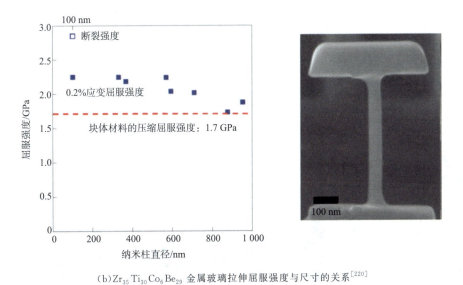

(b)$Zr_{35}Ti_{30}Co_6Be_{29}$ 金属玻璃拉伸屈服强度与尺寸的关系[220]

图 15-20　金属玻璃的弹性应变极限和屈服强度随尺寸的变化

团簇是金属玻璃塑性变形的基本单元,在外力作用下,激活能垒较低的原子团簇被激活,从而诱发局部剪切。根据剪切转变区理论,金属玻璃的弹塑性转变和滞弹性行为与 STZ 的激活和转变密切相关,而 STZ 的离散尺寸会显著影响金属玻璃的变形行为[224],表现出金属玻璃内在结构特征的尺寸效应。STZ 的有效尺寸由加载速率或应力大小决定,特定的加载速率对应特定的 STZ 尺寸临界值,小于该尺寸的 STZ 将迅速弛豫,产生滞弹性响应;而更大尺寸的 STZ 则相对顽固地保留其初始结构,直到累积的应力足够诱导它们发生结构重整并主导金属玻璃的力学行为。金属玻璃中 STZ 的尺寸分布往往很宽泛,但塑性变形的发生仅取决于那些容易被激活的 STZ。Jiang 等人[225]在 Zr 基金属玻璃(Vit105)的离位弯曲试验中通过退火和降低试验温度来减小试样内 STZ 的体积,从而诱发了试样的韧脆转变。Pan 等人[226]则提出了一种通过实验获取 STZ 特征的方法,并借此比较了五种不同体系金属玻璃的 STZ 尺寸。他们发现,STZ 体积与金属玻璃的泊松比间存在着正相关关系,且拥有更大尺寸 STZ 的金属玻璃表现出更好的延展性。

塑性变形阶段,块体金属玻璃以剪切带方式发生剪切断裂,断口往往呈现出一定的剪切偏移区(shear offset)和脉络状花纹[227]。某些情况下,金属玻璃(如 $Zr_{52.5}Cu_{17.9}Al_{10}Ni1_{4.6}Ti_5$)断口的脉络上还会形成一定量的小凸起(vein),如图 15-21(a)~(b)所示,这些凸起是由剪切过程中的热效应导致的[228]。类似的脉络状纹理也大量出现在其他体系金属玻璃中[211,229],纹理的局部区域甚至会发生晶化。Pekarskaya 等人[230]在非晶薄膜的原位电镜拉伸中直接观察到了这种局部晶化的行为,且晶化区域内会有位错产生。同样,Matthews 等人[228]原位研究了非晶合金中剪切带的扩展行为。剪切带的扩展通常以跳跃状发生,这种跳跃状扩展行为与二次剪切带的形成有关;剪切带扩展过程中,其断裂面上会形成一层液态区,并在局部区域发生晶化[图 15-21(c)];随金属玻璃尺寸的减小,其变形模式逐渐从剪切转变为颈缩(拉伸)或均匀流变(压缩),并呈现出一定的塑性。Donohue[231]等人发现,Cu/a-PdSi 多层膜中,非晶层厚度在 100 nm 以下时可有效抑制非晶层中剪切带的产生。总体而言,金属玻璃尺寸的减小会抑制剪切带的形成。伴随尺寸减小,金属玻璃的单个剪切带能在断裂前承担更高的应变,使其变形能力大大提高,甚至发生颈缩断裂。因此,金属玻璃的尺寸效应近年来获得了学术界越来越多的关注。

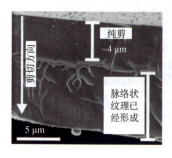 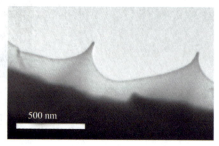 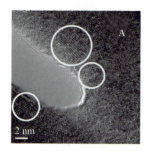

(a)断口形貌　　　　　　　　(b)脉络上的小凸起　　　　　　(c)裂纹尖端的局部晶化区域

图 15-21　$Zr_{52.5}Cu_{17.9}Ni_{14.6}Al_{10}Ti_5$ 金属玻璃的拉伸断口[228]

大量实验表明,随着尺寸减小,微纳结构金属玻璃的断裂模式会发生由剪切断裂至颈缩断裂的转变,且在断裂前会发生一定的均匀流变。Guo 等人[232]使用聚焦离子束加工的方法制备了尺寸约为 100 nm×100 nm×250 nm 的 $Zr_{52.5}Cu_{17.9}Al_{10}Ni1_{4.6}Ti_5$ 柱状金属玻璃试样。原位拉伸过程中,这些金属玻璃并未发生快速的剪切失稳,而是发生了相对稳定的剪切变形[图 15-22(a)]或者颈缩[图 15-22(b)],断裂前伸长率高达 24%。他们认为,纳米尺度下,导致金属玻璃产生一定塑性变形能力的因素有以下几方面:

(1)微纳结构试样包含的缺陷较少,不利于剪切带形核,较小的试样尺寸反而有助于其内部剪切转变区的产生和自由体积的重新分布,协调塑性变形,进而抑制剪切带的形成与扩展;

(2)从能量角度出发,样品的弹性应变能与样品尺寸 $L$ 的三次方有关,而断裂所需要克

服的表面能与 $L$ 的二次方有关,由于前者随着尺寸下降而减小得更多,所以在纳米尺度下非晶合金的断裂也变得更加困难。Jang 等人[219,220]在研究金属玻璃的尺寸效应过程中也发现,随尺寸减小,金属玻璃在拉伸和压缩过程中均可发生剪切断裂至颈缩的转变,导致试样塑性显著提高,但拉伸和压缩对应的临界转变尺寸却存在一定差异。Luo 等人[84]分析了 20 nm 以下 $Al_{90}Fe_5Ce_5$ 金属玻璃纳米线的变形行为[图 15-22(c)]。原位拉伸过程中,$Al_{90}Fe_5Ce_5$ 金属玻璃纳米线的拉伸伸长率能达到 200%,且整个过程中没有形成剪切带,取而代之的是均匀的粘性流变[84]。通常,这种黏性流变只在变形温度高于玻璃转变温度时发生[229]。$Al_{90}Fe_5Ce_5$ 金属玻璃纳米线这种独特的塑性变形行为源自试样尺寸的减小,使得表面原子的流动性增强,有助于协调纳米线的塑性变形;同时,尺寸效应带来的表面压应力会提高样品的拉伸强度[233],延缓剪切带的形核;高应力下剪切转变区不断增加,并逐步扩散至整个样品区域,在一定程度上延缓了应力集中,从而避免了剪切带的过早形成。Tian 等人[234]在金属玻璃纳米线的拉伸过程中也发现了类似的颈缩现象,他们把这种尺寸效应归因于金属玻璃缺乏有效的应变硬化和应变速率硬化,导致局部应变集中并最终诱发颈缩。Yi 等人[235]研究了 Pd 基金属玻璃在常温下的拉伸失效形式,并尽可能避免离子束和电子束的辐照损伤。他们发现,随着样品尺寸的减小,金属玻璃的变形行为发生了从脆性到韧性的转变,临界转变尺寸与剪切带的核心尺寸(约 500 nm)相近。根据 Argon 理论,金属玻璃变形模式受应变速率和尺寸的共同调控。在该实验的应变速率下,由理论计算得到 $Pd_{40}Cu_{30}Ni_{10}P_{20}$ 脆性-韧性转变的临界尺寸约为 470 nm,与实验观察基本一致[235]。

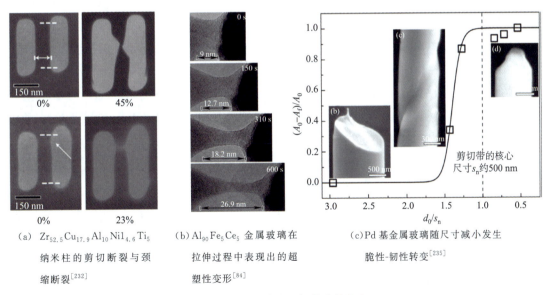

(a) $Zr_{52.5}Cu_{17.9}Al_{10}Ni_{4.6}Ti_5$ 纳米柱的剪切断裂与颈缩断裂[232]
(b) $Al_{90}Fe_5Ce_5$ 金属玻璃在拉伸过程中表现出的超塑性变形[84]
(c) Pd 基金属玻璃随尺寸减小发生脆性-韧性转变[235]

图 15-22 金属玻璃的拉伸失效行为

同样,金属玻璃微米柱压缩中也存在明显的尺寸效应。Vorkert 等人[236]对 140 nm～8 μm 直径范围内的 $Pd_{77}Si_{23}$ 微米柱进行单轴压缩发现,当直径减小至亚微米级后,微米柱的变形模式从剪切带增殖转变为均匀塑性流动。类比 Griffith 断裂理论,只有当变形系统中应变能的释放量大于剪切带增殖所增加的能量时,剪切带才能够扩展;而剪切带增殖所需的临界应力受样品尺寸影响,尺寸越小则临界应力越大。亚微米尺寸的样品往往难以达到剪切带形成所需的临界应力,因而可通过均匀流变的形式发生变形。金属纳米晶/金属玻璃的层状复合材料中也存在类似的尺寸效应[237]。然而,Wu 等人[238]在直径为 150 nm 的 Zr 基金属玻璃试样压缩时仍观察到了剪切带的形成。这可能是由于,该实验中微米柱具有明显的锥形形貌,可导致较大的应力梯度,使试样顶部产生应力集中,从而诱发高应力区的剪切带增殖。Tonnies 等人[239]评估了压缩应力速率对尺寸效应的影响。随着应力速率的减小,剪切变形-均匀流变转变的临界尺寸将逐渐增大。Qu 等人[240]发现,高强度 $Co_{55}Ta_{35}B_{10}$ 金属玻璃的断裂模式随尺寸减小由脆性开裂转变为塑性剪切,该行为在其他脆性金属玻璃中同样存在。另外,金属玻璃在疲劳变形中也表现出明显的尺寸效应。Jang 等人[241]对微米级尺寸的 ZrCuAl 金属玻璃进行了循环压缩和弯曲疲劳测试,发现其疲劳持久极限可达 $40\times10^6$ 周次,约为毫米级样品的两倍。微纳结构金属玻璃这种良好的疲劳性能与尺寸效应带来的剪切带的形核和扩展受限有关。

针对金属玻璃力学行为的尺寸效应,Wu 等人[227]通过深入分析提出,金属玻璃中存在一个剪切偏移区的临界尺寸($\lambda_c$),只有当剪切带的尺寸发展至大于该尺寸时,剪切才能够继续稳定扩展,最终导致断裂。变形初期,样品中剪切带形核,自由体积增加;随后,过量的自由体积合并,并在剪切带中形成孔洞,造成剪切带自由能升高。当剪切带尺寸大于临界剪切偏移区尺寸($\lambda_c$)时,剪切带内部形成明显的空洞,并发生快速断裂。该过程会释放出一定的热量,导致样品内部产生脉络状纹理。结合原位测试,他们总结了尺寸效应对金属玻璃塑性变形机制的影响[图 15-23(a),其中 $\theta$ 为剪切角]。当样品尺寸大于 $\lambda_c\sin\theta$ 时,应变大小与样品尺寸有关,且试样往往发生灾难性的剪切断裂;而当样品尺寸小于 $\lambda_c\sin\theta$ 时,样品会发生稳定的剪切或者颈缩,且断裂应变很大,表现出一定的塑性,这种尺寸效应与实验观察一致[84,232,234]。他们还认为,金属玻璃尺寸较小时,样品中的自由体积累积量较小,无法形成大型的孔洞或裂纹,且尺寸减小也导致剪切过程中的热效应降低[229],从而阻止剪切带快速扩展。Cheng 等人[242]也对金属玻璃弹塑性转变的尺寸效应提出了一些相关的解释机制。其一,基于 Weibull 统计理论,金属玻璃内也存在着与晶体材料类似的缺陷分布,使得屈服强度和样品体积满足含敏感指数 $m$ 的幂律关系 $\sigma_y=\sigma_y^0\cdot V^{-1/m}$,敏感指数越大,尺寸效应越弱;其二,金属玻璃中剪切带的形成和发展需要一定的空间,因此限制剪切带的尺寸可以提高金属玻璃的屈服强度,这在 MD 模拟中被多次证实[242]。Wang 等人[243]进一步根据尺寸大小将金属玻璃的变形模式划分为三类,其主导机制各不相同[图 15-23(b)]。尺寸在微米级以上时,剪切带易于形核,其增殖过程主导着金属玻璃的塑性变形。在此区间,金属玻璃的强度大致相当,由已形核的剪切带发生滑动的流变应力决定;尺寸从亚微米减小至纳米级,剪切带形核变得困难,并成为制约金属玻璃塑性变形的关键因素,使得屈服强度呈现出

"越小越强"的趋势;尺寸进一步减小,屈服应力达到强度阈值,剪切带将难以形成,而塑性变形将由分散的剪切转变区控制,呈现出均匀流变的特征。此外,小尺寸样品中剪切带的均匀形核也在一定程度上阻碍了单一剪切带的过早增殖,相对于大尺寸样品的非均匀形核,这种改变也会少量提高金属玻璃的屈服应力(约10%)。当然,目前学术界对于金属玻璃的弹塑性转变行为仍存在一些争议。金属玻璃尺寸效应的研究往往采用聚焦离子束加工来制备试样[220,232,236,244],该过程中镓离子注入会引起显著的表面损伤。亚微米试样中,镓离子束轰击所产生的损伤甚至能影响其体积的约20%[236]。这种表面损伤也有助于金属玻璃塑性变形能力的提升,同时会在一定程度上抑制剪切带的形成,进一步提高了金属玻璃的均匀流变能力[245]。

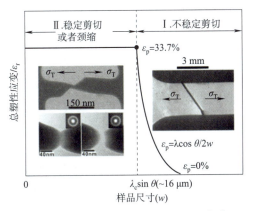 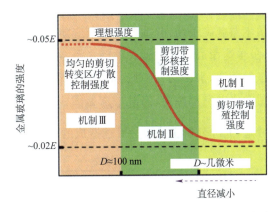

(a)试样尺寸与塑性应变大小的关系图[227]　　(b)尺寸效应诱发金属玻璃塑性变形机制转变的示意图[243]

图 15-23　尺寸对金属玻璃塑性变形的影响机制

氧化物玻璃是非晶态材料的另一大类别,其室温下的力学行为也往往表现为脆性,几乎不具备延展性。与金属玻璃类似,氧化物玻璃及其他非晶态材料的力学行为也呈现出显著的尺寸效应。大量研究表明,氧化物玻璃在压缩过程中会发生一定的塑性流变[246],但室温下的拉伸变形中很少发生塑性变形。然而,Celarie 等人[247]使用原子力显微镜发现,玻璃中的裂纹扩展在微纳尺度下会表现出纳米尺寸的孔洞形核、生长的行为,表明裂纹尖端可能存在一定塑性变形区,导致纳米尺度的塑性流变。Luo 等人[248]进一步研究发现,$SiO_2$ 纳米线随尺寸减小会发生脆性-韧性转变。尺寸较大时,$SiO_2$ 玻璃纳米线表现为脆性断裂,断口较为平齐;当尺寸减小至 18 nm 以下时,$SiO_2$ 玻璃纳米线在室温下即表现出超高的断裂强度和拉伸延展性,其拉伸塑性达到 18%[图 15-24(a)]。$SiO_2$ 玻璃纳米线发生脆性-韧性转变的临界尺寸与块体玻璃中裂纹尖端的塑性区尺寸大致相当。计算模拟表明,纳米线的自由表面会促进 Si-O 键的断裂、转动和重组,由此提高了 $SiO_2$ 纳米线的塑性流变能力[图 15-24(a)]。类似地,非晶态 Li-Si 合金随 Li 含量增加也会发生韧脆转变的现象,其微观机制也源于原子键的改变[249]。Li 含量较低时,Li-Si 合金以 Si—Si 共价键结合为主;Li 含量增加到一定程度时,合金则以 Li-Si 键结合为主[249]。这一转变使原子键断裂、转动和重组能力显著提升,导致非晶态 Li-Si 合金断裂韧性显著增加。尽管非晶氧化物在室温下几乎不具备延展性,

Frankberg 等人[250]却在室温下的原位力学测试中发现,非晶态的 $Al_2O_3$ 在高应变速率下可呈现出一定的黏性蠕变行为,产生100%的塑性流变而不发生断裂。这种不同寻常的塑性变形能力主要来源于 $Al_2O_3$ 致密而几乎不含缺陷的完美非晶网络结构、原子键断裂与转换所需的更高能量以及发生结构弛豫所需的更小的激活能。前两者使得非晶体中的裂纹缺乏形核和扩展的途径,而第三者则防止了应力集中并提供了一定的塑性变形能力。

需要指出,非晶态材料的塑性变形能力和脆性-韧性转变受诸多因素影响。首先,应变速率会显著影响尺寸效应的强弱程度。尽管微纳尺度下非晶态材料内原子键自身调整能力的提高有利于塑性变形,但高应变速率下原子键的调整往往来不及充分发生,导致材料发生脆性断裂[251]。其次,原位纳米力学测试中的电子束辐照会对塑性变形造成较大影响。Zheng 等人[252]发现,数百纳米的 $SiO_2$ 纳米线或纳米颗粒在电子束辐照下会产生良好的塑性,甚至诱发超塑性变形[图15-24(b)]。这是由于电子束辐照会显著提高、加速 Si—O 键的重组,从而促进了 $SiO_2$ 的塑性变形。另有报道,电子束辐照也会导致 $SiO_2$ 球体的密度升高,进而诱发其产生硬化现象[253]。因此,原位研究玻璃等非晶体材料的尺寸效应时应综合考虑、充分分析实验条件可能造成的潜在影响,尽量避免测试条件带来的假象。

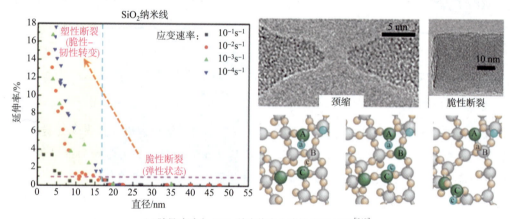

(a)随尺寸减小,$SiO_2$ 纳米线发生脆性-韧性转变[248]

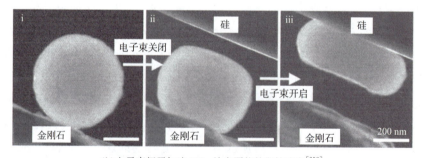

(b)电子束辐照加速 $SiO_2$ 纳米颗粒的塑性流变[252]

图 15-24  $SiO_2$ 玻璃的塑性变形行为

综上所述，尺寸效应广泛存在于各类非晶态材料中。当前，科研人员利用原位纳米力学测试和理论模拟对非晶体材料的弹性极限、强度、变形机制及其尺度关联性等做了深入、系统的研究，并得出了若干重要结论。总体而言，伴随尺寸降低，非晶体材料的力学性能得到改善，塑性变形能力提高，倾向于发生稳定的剪切或者颈缩。然而，受限于技术手段，当前大多数试验研究都是从现象上对非晶体材料力学行为的尺度效应进行探讨，而对伴随尺寸效应发生的稳定剪切或颈缩行为的物理机制尚不清楚。考虑到原子团簇在应力作用下会发生局部结构调整（如团簇剪切、旋转、合并、定向排布等行为），从更深层次上探究非晶体材料尺寸效应和脆性-韧性转变的内在机制具有重要意义。另外，从能量、应力应变状态、原子扩散等角度出发来理解非晶体材料的变形机制转变、晶化等问题也值得深入思考，以便为微纳尺度非晶体材料的广泛应用提供理论支撑。

## 15.5　功能纳米材料的力学行为与尺寸效应

相较于结构材料，功能纳米材料（如半导体纳米线、石墨烯等）具有十分优异的物理、化学性能，在微机电系统、场效应晶体管、纳米传感器、纳米发电机等方面都有着相当广泛的应用前景。实际应用中，器件的可靠性往往受限于微纳结构材料在力、热、电等各种外场环境下的结构稳定性。因此，理解功能纳米材料的结构稳定性对保证器件的可靠性具有重要意义。通常，半导体纳米线（如 Si、ZnO、GaN 等）一般被认为是脆性材料，几乎没有塑性变形能力。然而，学术界普遍认为，半导体纳米线与金属纳米结构类似，其力学行为存在一定的尺寸效应。这种效应在较大尺寸时并不明显，但随着纳米线尺寸减小，表面效应、尺度效应、量子效应等影响逐渐占据主导，对力学性能的影响则会逐渐增大，使得脆性的半导体纳米线表现出一定的塑性变形能力。本节将从材料的原位纳米力学测试出发，以硅、石墨烯等部分功能纳米材料为例，探讨功能纳米材料的力学行为与尺度效应。

以 Si 纳米线为例，研究人员对 [111] 取向 Si 纳米线的杨氏模量进行了大量研究。原位拉伸和弯曲测试发现[254-258]，Si 纳米线一般表现出典型的脆性断裂特征，断裂强度可达 12 GPa。拉压循环中，Si 纳米线在经历较小应变后可以完全恢复到其原始长度，断裂延伸率可达 13.5%，但总体仍表现为脆性断裂，断口较为平齐[255]。这些研究中，Si 纳米线尺寸较大，并未呈现出明显的尺寸效应。Kim 等人[259]对尺寸更小的 Si 纳米线进行测试发现，当纳米线半径从 70 nm 减小到 15 nm 时，弹性模量基本保持在 185 GPa 不变，屈服强度则由 2 GPa 增加至 10 GPa。Gordon 等人[256]在 Si 纳米线的弯曲变形研究中也发现，纳米线的断裂应力随直径减小而显著增加，表现出一定的尺寸依赖性。这种强度的尺寸效应主要来源于纳米线内部缺陷，即尺寸较小的纳米线内部缺陷大幅减少，导致屈服强度升高。总体而言，Si 纳米线的力学性能在纳米尺度上表现出一定的尺寸效应，但其强度、弹性模量等力学性能指标存在一定的分散性[254,257]。这种分散性受多种因素的影响，比如测试方法及精度、加载方式、试样制备方法、试样结构与缺陷、取向等，因此在参考相关数据时需要辩证分析。

脆性-韧性转变是脆性材料的研究重点。Si 纳米线由于在微电子器件中的重要应用，其脆性-韧性转变行为获得了大量关注。韩晓东教授等人[260-262]基于 TEM 原位测试发现，尺寸对 Si 纳米线的塑性变形能力有很大影响。直径 60 nm 以上的 Si 纳米线总体表现为脆性断裂，但 60 nm 以下时则可发生明显的塑性变形，形变量高达 14%，且断裂前呈现出明显的颈缩现象[260]。原位高分辨观察表明，Si 纳米线变形过程中会通过位错形核、运动和交互作用在某些区域形成 Lomer 位错锁。随应变量增加，Lomer 位错锁内的晶格变得无序，最终转变为非晶体，从而为 Si 纳米线提供了一定的塑性变形能力[261,262]。Tang 等人[263]在直径约 9 nm 的 Si 纳米线中也发现了高应变区诱发非晶化的现象，且其力学行为与纳米线直径、加载方式和应力状态密切相关。拉伸载荷下，Si 纳米线并未表现出脆性-韧性转变的趋势，而是在经历少量弹性变形后即发生快速的脆性断裂；弯曲载荷下，Si 纳米线则可发生良好的塑性变形；弯曲应变小于 14% 时，纳米线可往复弯曲而不发生断裂，这一过程中会伴随发生晶体-非晶体的转变；弯曲应变超过 20% 时，裂纹从试样拉伸侧的表面上形核并扩展，而压缩侧则发生大量的位错运动和非晶化[图 15-25(a)]。Östlund 等人[264]则发现，Si 纳米柱在单轴压缩中会发生脆性-韧性转变，临界尺寸为 310～400 nm，小于该尺寸范围时 Si 纳米柱的压缩变形表现出一定的塑性。何洋等人[97]利用高分辨观察系统研究了 Si 纳米柱脆性-韧性转变过程中发生非晶化的原子级微观机制。他们发现，剪切局部化可诱发 Si 纳米晶体发生非晶化。非晶化优先在剪切带内形核，发生局部的金刚石立方结构至金刚石六方结构相（diamond-hexagonal phase）转变，随后通过位错的大量形核与聚集形成新的金刚石六方结构[图 15-25(b)]。这一过程导致非晶化的剪切带快速形成，内嵌有大量金刚石六方相的原子团簇。Cheng 等人[265]定量分析了 Si 纳米线在 295～600 K 温度范围内的脆性-韧性转变行为。室温下，Si 纳米线室温下的单轴拉伸以脆性断裂为主，在高温下则表现出良好的延展性，且该现象与纳米线直径有关[图 15-25(c)]。实验观察与理论模拟表明，Si 纳米线在高温下表现出塑性的原因是 1/2[110](001) 位错在高温下变得较为活跃，主导着塑性形变[265]。不同温度下的统计测试进一步表明，升高温度或减小纳米线直径均可促进 Si 纳米线的塑性变形，而减小纳米线直径将直接降低 Si 纳米线脆性-韧性转变的临界温度[图 15-25(c)]。

上述研究充分表明，Si 纳米线的力学性能确实存在一定的尺寸效应，其临界脆性-韧性转变尺寸约为几十纳米，脆性-韧性转变过程主要由位错运动、相变和非晶化等变形模式主导。然而，主导 Si 纳米线脆性-韧性转变的这几种变形机制之间的竞争和转化有待深入探讨。另一方面，不同研究中 Si 纳米线发生塑性变形的临界尺寸也存在一定的差别，这种差别可能受多方面因素影响，如实验条件、加载方式、试样结构与缺陷、应变速率、温度等。Zhu 等人[257]认为，Si 纳米线的塑性可能与 TEM 内的高能电子束加热与辐照效应、Si 纳米线制备方法密切相关。Tang 等人[263]则认为这种差异与加载方式有关。例如，Si 纳米线在拉伸断裂前仅发生弹性变形，但是在弯曲条件下却表现出可观的塑性，这可能归因于弯曲变形过

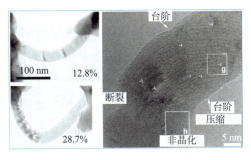

(a) Si 纳米线的弯曲变形[263]　　(b) Si 纳米线的非晶化机制[97]

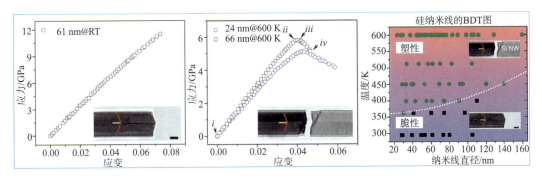

(c) 尺寸和温度作用下 Si 纳米线的脆性-韧性转变机制图[265]

图 15-25　Si 纳米线的力学行为与变形机制

程中的位错形核与晶体-非晶体转变。表面预先存在的缺陷也会影响纳米线自身的力学性能和变形机制。比如，Gordon 等人[256]在研究带有孪晶的 Si 纳米线的拉伸行为时发现，Si 纳米线倾向于在孪晶面和锯齿形表面发生断裂，这些区域在弯曲变形过程中可充当裂纹萌生点，从而导致断裂强度降低。另外，由于实验方法不统一，不同研究中的应变速率存在一定的差别，其对塑性变形的影响难以客观地进行衡量。Zhang 等人[255]发现，Si 纳米线的拉伸弹性应变极限对应变速率不敏感；但 Samuels 等人[266]通过计算认为，Si 的力学性能尤其是脆性-韧性转变温度与应变速率密切相关，其临界温度随着应变速率的增加而增加。这种应变速率依赖性主要由位错运动的激活能控制。低应变速率下，Si 纳米线更容易表现出塑性[262,263]；但 10～30 nm/s 的高应变速率加载时，Si 纳米线则发生明显的脆性断裂[257,263]。因此，究竟哪种因素起关键作用较难衡量。

除 Si 纳米线外，碳纳米管、纳米金刚石、石墨烯等碳基纳米材料的力学性能也获得了广泛关注。Troiani 等人[267]发现，碳纳米管断裂之前会形成了碳链。Huang 等人[268,269]发现，单壁、双壁和三壁碳纳米管在高温下可发生超塑性变形。这种超塑性变形主要来源于高温下原子或空位扩散、位错攀移和扭折迁移等动态塑性变形，诱发碳纳米管发生缓慢蠕变。孙立涛教授等人[270,271]则利用碳壳层的力学夹持作用，研究了电子束辐照下洋葱碳或碳纳米管中金属纳米颗粒的高压挤出行为。他们发现，电子束辐照会在碳壳层内形成较大压力，导致封装在内的物质发生塑性变形、挤压甚至破裂。最近,纳米金刚石的力学行为也引起了学术界的广泛关注。陆洋教授等人[272]首先发现,直径 300 nm 的金刚石单晶和多晶纳米针可发生较大的可逆弹性变形。单晶试样的最大弹性拉伸应变高达 9%,试样内的拉伸应力达到 89～98 GPa[图 15-26(a)]。相对微米尺度试样而言,纳米金刚石的超大弹性应变和高强度源于试样微小体积内较少的缺陷和相对光滑的表面结构。田永君院士团队也在纳米金刚石的变形机制研究中取得系列进展[273-275]。聂安民等人[273]通过实验证实,纳米金刚石的弹性应变能力取决于纳米金刚石的尺寸和取向[图 15-26(b)]。⟨100⟩取向、直径 60 nm 的金刚石纳米针的弹性应变极限高达 13.4%,拉伸强度为 125 GPa;⟨111⟩取向金刚石纳米针的弹性应变极限则相对稍低。此外,金刚石作为最硬的材料通常被认为无法发生塑性变形。但 Nie 等人[274]发现,亚微米尺寸的金刚石柱在室温下可以通过位错发生塑性变形[图 15-26(c)]。⟨111⟩和⟨110⟩取向的纳米金刚石在压缩过程中,1/2⟨110⟩型的混合位错在{001}非密排面上被大量激活;而⟨100⟩取向的纳米金刚石则发生位错在{111}面的滑移,表明纳米金刚石的位错塑性存在一定的取向依赖性。田永君院士团队还通过组织调控,设计了一种具有多级结构特征的金刚石复合材料,这种材料由具有不同堆积顺序的相干界面金刚石多型体、交织的纳米孪晶和互锁的纳米晶粒组成[图 15-26(d)]。利用原位 SEM 断裂测试[图 15-26(d)],岳永海等人[275]发现,这种金刚石复合材料的断裂韧性比单独使用纳米孪晶强化的金刚石更高,在保持 200 GPa 维氏硬度的情况下,其断裂韧性是合成金刚石的 5 倍。

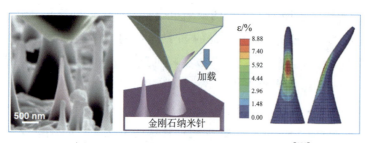

(a)直径 300 nm 的金刚石单晶纳米针的超大弹性变形[272]

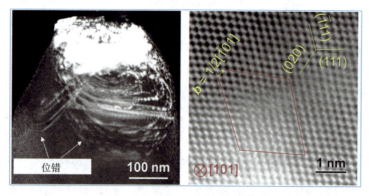

(c)金刚石纳米柱的位错塑性[274]

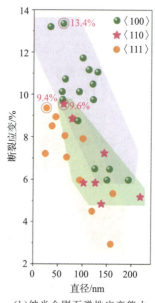

(b)纳米金刚石弹性应变能力的纳米金刚石的尺寸和取向依赖性[273]

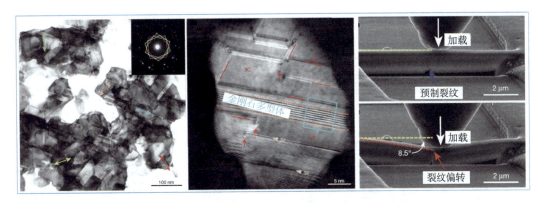

(d)具有多级结构特征的金刚石复合材料及其原位断裂测试[275]

图 15-26 纳米金刚石的力学行为与变形机制

近年来,石墨烯等二维材料的力学性能也受到了越来越多的关注。Lee 等人[276]开创性的通过原子力显微镜对悬浮石墨烯膜开展了纳米力学测试。他们发现,单层石墨烯的杨氏模量和强度分别达到 1 TPa 和 130 GPa,被称为有史以来最强的材料。随后,研究人员对石墨烯的断裂行为进行了大量研究。石墨烯的原位力学性能测试一般利用 MEMS 器件开展,如图 15-27(a)所示。Zhang 等人[277]发现,石墨烯在拉伸过程中往往呈现出脆性断裂的行为[图 15-27(b)],其断裂应力远远低于石墨烯的固有强度,且其断裂行为符合 Griffth 脆性断裂理论的预测。Jang 等人[278]进一步测量了单晶双层石墨烯的应力-应变曲线,并估算了双层石墨烯的弹性模量与应变场。Li 等人[279]详细研究了多层石墨烯的面内断裂行为,发现其断裂行为受其层数显著影响。首先,石墨烯的断裂强度随层数的增加而降低,断裂应变则正好相反,较厚的石墨烯片往往具有更大的应变。其次,较厚石墨烯的断裂过程包括初始阶段、弹性变形阶段以及最后的快速脆性断裂等过程,而较薄的石墨烯仅仅在经历弹性变形后即发生快速脆性断裂,且其断裂时片层之间会发生明显的脱层。Cao 等人[280]发现,CVD 制备的单层石墨烯在拉伸过程中表现出良好的弹性性能和伸缩性。单层石墨烯的杨氏模量达到接近 1 TPa 的理论值,拉伸断裂强度为 50~60 GPa,其可承受高达 6% 的弹性应变[图 15-27(c)]。Wei 等人[281]则基于原位纳米力学测试和有限元模拟,测量了含单边缺口的多层石墨烯片层与硼氮烯的断裂韧性。他们发现,含单边缺口的多层石墨烯片层与硼氮烯的断裂韧性分别为 12.0 MPa·m$^{1/2}$ 和 5.5 MPa·m$^{1/2}$,且其断裂韧性取决于层间堆叠的有序性。陆洋教授等人[282]在 *Nanomechanics of low-dimensional materials for functional applications* 一文中详细总结了石墨烯力学性能的研究进展,请参阅学习。

与晶体材料类似,石墨烯中也存在位错、晶界等缺陷,但其缺陷动力学行为由于石墨烯独特的二维结构而表现出一些新的特征[283-287]。Hashimoto 等人[283]利用高能电子束在石墨烯内部引入了拓扑缺陷、空位和吸附原子等,这些缺陷在电子束辐照下会发生迁移、湮灭。电子束辐照可激发多晶石墨烯中晶界附近原子的化学键发生旋转,从而促进晶界迁移[284]。

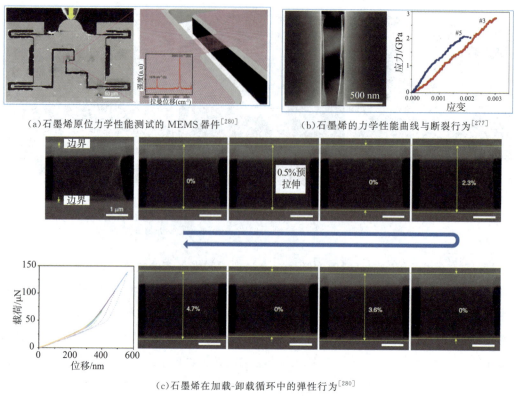

(a) 石墨烯原位力学性能测试的 MEMS 器件[280]　　(b) 石墨烯的力学性能曲线与断裂行为[277]

(c) 石墨烯在加载-卸载循环中的弹性行为[280]

图 15-27　石墨烯的力学性能

Warner 等人[285]基于位错核心的应变场分析,研究了石墨烯中的位错动力学行为。石墨烯中的位错运动呈现出一种沿石墨烯之字形晶格方向发生台阶状迁移的典型特征,在这一过程中位错的动态行为与 C—C 键的拉长、剪切、旋转和断裂密切相关。Lehtinen 等人[286]发现,石墨烯位错的产生、运动、与其他缺陷交互作用直至湮灭的过程中,会发生大量 C—C 原子键的旋转、碳原子位置的局部调整以及由此带来的位错攀移等行为。同样,其他二维材料如 $MoS_2$ 也会发生类似的位错演化行为,位错运动过程中也会发生大量局部原子键的调整,并对二维材料的塑性变形、裂纹扩展和断裂产生重要影响[287]。总体而言,原子级的缺陷动力学行为研究丰富和发展了学术界对二维材料中晶体缺陷的认识,使得人们对二维材料变形、断裂行为的理解日益加深。

鉴于晶体缺陷显著影响材料的功能特性,功能纳米材料的力学行为与弹性应变调控也获得大量关注。SiC[288,289]、$VO_2$[290]、$MoS_2$[291,292]、GaN[293]、GaAs[294]等微纳结构试样均获得了一定关注。伴随尺寸减小,试样的强度、弹性行为、塑性变形能力均得到一定提升,并表现出滞弹性、超弹性等独特行为。这些优异的力学性能,尤其是接近理论极限的弹性应变,在基于弹性应变工程的材料性能调控中发挥着重要作用。麻省理工学院李巨教授在《弹性应变工程》一文中详细论述了弹性应变工程的发展历史和研究现状[5]。弹性应变工程的原理在于,材料的电子结构随原子键在外加应力下的伸长或收缩会发生变化,导致材料呈现出某些独特的物理、化学性质[5],因而在工业中有重要应用。近年来,原位电镜技术在纳米功能材料的弹性应变工程研究中也获得了一定应用,然而由于其中尚不系统,在此不做介绍。

需要指出,功能纳米材料的原位纳米力学测试大多在 SEM 或 TEM 中进行,其塑性变形不可避免地会受到高能电子束的影响,导致样品温度升高、相变、辐照损伤、电阻改变等,进而对试样的力学性能和塑性变形造成直接或间接的影响。例如,SEM 内开展的 Si 纳米线原位拉伸测试均得出了 Si 纳米线呈现脆性断裂的结论;Lu 等人[255]甚至在光学显微镜下进行实验来彻底排除电子束的干扰,也同样发现了 Si 纳米线的脆性断裂;但 Si 纳米线在 TEM 下拉伸则呈现出明显的塑性变形[260-262]。部分学者认为这是由电子束加热 Si 纳米线导致的。尽管电子束对纳米线温度的影响微乎其微[252],但是电子束辐照会促进原子键的断裂与重组[248],在一定程度上促进脆性纳米线的塑性流动,影响变形行为。此外,由于实验技术的挑战和材料制备工艺的差异,目前关于功能纳米材料力学行为的相关研究仍存在诸多争论。首先,对纳米材料进行定量的力学性能测试并不容易,试样的尺寸、形状、长径比、表面状态等也在某种程度上影响着测量的准确性,进行结果分析时需注意。其次,微纳结构的力学测试缺乏一定的标准,加之实验中存在各种测量误差,使得不同研究之间的可比性较差。例如,即便对直径完全相同的材料,长径比的显著改变也会造成完全不同的研究结论[131]。因此,要辩证的分析相关结果。

## 15.6 尺寸效应总结与展望

尺寸效应是微纳尺度材料力学行为的重要特征。探究位错、孪晶、相变等变形机制在多尺度下的动态交互作用、竞争与转变行为是理解尺寸效应的关键。过去十余年里,原位纳米力学的发展和计算模拟能力的提升使我们对材料力学行为的尺寸效应有了更深入的理解,丰富和发展着材料的塑性变形理论。尽管不同材料的尺寸效应存在一定差异,但大多都表现出"越小越强"的趋势。材料尺寸效应之间的差异与表现形式受多方面因素的影响,内因主要包括广义层错能、位错结构、初始缺陷类型及密度、变形机制、表面结构与状态等,外因包括加载取向、加载方式、应变速率、环境温度等。由于影响因素众多,尺寸效应及其微观起源研究中需综合考量多方面的因素。

总之,尺寸效应是连接宏观世界与微观世界的纽带。理论上,它架起了连续介质力学和量子力学之间的桥梁;应用上,它铺就了不同尺寸材料与器件设计与优化的道路。一方面,材料力学行为的尺度效应推动着学术界从多尺度理解材料的结构-性能关系,有助于通过材料组元的多级构筑来实现高性能工程材料的开发。另一方面,高性能微纳器件和微型设备(如纳米机器人)的蓬勃发展使人们越来越关注器件和材料的可靠性。准确预测微纳结构材料的损伤与失效行为必须考虑材料强度、韧性和变形机制的尺寸依赖性,尽管这并非易事。可以预见,随着尺寸效应研究的不断深入,我们终将实现微纳结构材料及设备的精准设计与高效评估。

# 第16章 材料的界面变形机制与缺陷动力学行为

界面是晶体材料中普遍存在的结构单元,主要包括晶界、亚晶界、孪晶界、相界等,对材料的物理性能、化学性能及力学性能有着重要影响。在金属材料领域,界面是材料力学性能调控的关键基础。早在20世纪50年代,Hall和Petch就通过研究低碳钢屈服应力与晶粒尺寸之间的关系提出了经典的Hall-Petch关系[98,99],该理论成为金属材料细晶强化的基础。过去40余年,学术界通过各种手段将细晶强化的潜力发挥到了极致,并逐渐延伸至纳米晶范畴。近年来,科研人员通过大量探索提出了一系列新的界面强韧化机制,主要包括纳米孪晶强韧化[58,295]、层状纳米结构强韧化[296-298]等。以上几种强韧化机制都利用到纳米级的界面结构,通过多级构筑克其各自缺点并充分发挥其性能优势,实现材料性能的综合调控。基于大量研究,学术界基本建立了界面调控材料力学性能的微观机制,并在界面强韧化的基础上提出了晶体材料的"界面工程"理念,成功应用于工程材料和微纳结构材料的设计中。原位纳米力学测试由于其独特的优势,在材料界面塑性变形行为的研究中发挥着重要作用,尤其在界面缺陷演化、界面-缺陷/界面-裂纹交互作用、尺寸效应等方面取得若干重要发现。本章将从纳米孪晶金属、纳米晶金属、层状金属材料等的力学性能出发,系统总结材料界面塑性变形的原位纳米力学研究进展,探讨界面主导的塑性变形和强韧化机制,并简要总结今后的发展方向。

## 16.1 纳米孪晶金属的塑性变形机制

孪晶是材料中一类重要的体缺陷。根据其形成条件,孪晶可分为生长孪晶、退火孪晶和变形孪晶。孪晶界按照界面两侧的晶格匹配度通常可分为共格孪晶界与非共格孪晶界。共格孪晶界是指孪晶面上的原子同时位于两个晶体点阵的结点上,为两侧晶体所共有。此时,孪晶面为无畸变的完全共格界面,因而具有较低的能量。非共格孪晶界则由一系列不全位错组成,形成位错墙,其在应力作用下往往容易发生分解,形成9R结构[62]。理论计算表明,孪晶界具有比普通大角晶界更低的能量,并且具有相对较高的热稳定性,因而广泛存在于金属材料尤其是低层错能金属中。

利用纳米孪晶来调控金属材料的力学性能获得了材料学界的广泛关注。2004年,卢磊研究员等人率先制备出高强、高导电性的纳米孪晶Cu[58,299]。随后,学术界经长期研究发现,金属材料可以通过纳米孪晶结构获得较好的强韧性匹配[58,299],同时兼具较好的抗疲劳[300-301]和抗辐照损伤性能[302]。纳米孪晶金属优异的综合力学性能源于高密度的共格界面结构以及由此诱发的独特塑性变形机制。大量实验和理论研究表明,纳米孪晶强化主要来源于位错-孪晶界的交互作用[58,303]。一般认为,位错在纳米孪晶内沿孪晶片层方向和倾斜于孪晶界的滑移是不等价的,导致纳米孪晶塑性变形的各向异性。根据位错滑移系和孪晶片层的几何关系,纳米孪晶金属中的位错滑移模式可分为以下 3 种[304,305],如图 16-1 所示:(1)硬模式 Ⅰ,位错的滑移面和滑移方向均倾斜于孪晶界;(2)硬模式 Ⅱ,位错的滑移面倾斜于孪晶界,但滑移方向平行于孪晶界;(3)软模式,位错的滑移面和滑移方向均平行于孪晶界。对于硬模式 Ⅰ,位错运动会受到孪晶界的强烈阻碍作用,导致位错在孪晶界附近发生大量塞积;位错塞积诱发局部应力集中,超过临界应力后,位错通过复杂的位错反应在孪晶界发生分解或穿过孪晶界[304,305]。而硬模式 Ⅱ 中,贯穿位错(threading dislocation)的滑移则被局限于孪晶片层之间(即受限滑移模式,confined-layer slip),位错滑移受到两侧孪晶界的拖拽作用[304,305]。这两种硬模式有助于纳米孪晶金属的强化和加工硬化,但对纳米孪晶金属的塑性贡献有限。在软模式中,不全位错主要沿孪晶界或平行于孪晶界的滑移面运动,受到孪晶界的阻碍相对微弱。根据软模式中不全位错滑移面的差异,其运动可造成孪晶界迁移、孪晶界滑动或孪晶剪切,从而对纳米孪晶金属的塑性变形能力有一定贡献。总之,在塑性变形过程中,孪晶界可有效阻碍位错运动,导致纳米孪晶金属的强化[58,299];同时,位错也可滑移穿过孪晶界或者在孪晶界发生增殖,从而贡献一定的塑性[306,307];位错在孪晶界上的扩展则会导致退孪晶和软化,有利于发生塑性变形[304,305,308]。然而,位错与孪晶的交互作用往往十分复杂,受到多方面因素的影响,主要包括孪晶特征参量(孪晶厚度、孪晶界取向、孪晶界缺陷等)、局部应力状态、加载方式、变形几何、位错滑移临界应力等多方面因素,导致位错的软模式和硬模式之间存在竞争与转变的关系[304,305],进而影响纳米孪晶金属的力学性能。例如,纳米孪晶 Cu 的强度和塑性随孪晶片层厚度的减小而发生变化,并在 15 nm 左右时达到极值强度[295];此外,包含一定孪晶织构的纳米孪晶 Cu 的力学行为呈现出明显的各向异性[309]。这些独特的力学行为主要受不同位错机制之间相互竞争和转变的影响。

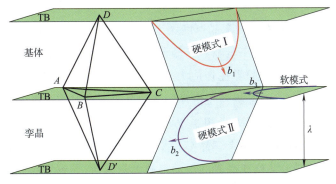

图 16-1 纳米孪晶金属中的位错滑移机制[305]

原位纳米力学测试在建立纳米孪晶强韧化理论的过程中发挥着十分重要的作用,尤其是原子尺度的位错-孪晶界交互作用。目前关于孪晶变形行为的原位透射电镜研究大多集中在缺陷形核[308]、缺陷-孪晶界交互作用[302,306,310,311]和孪晶尺度效应[88,115,120,308]等方面。隋曼龄教授等人[306,310,312]对纳米孪晶Cu的动态变形行为开展了大量原位电镜研究,主要侧重于观察孪晶界迁移、位错形核和位错-孪晶界的交互作用机制。她们发现,纳米孪晶Cu中,共格孪晶界的迁移主要通过孪晶界-晶界交界处发射肖克莱不全位错(Shockley partial dislocation)进行,这种机制有助于变形初始阶段的塑性变形[310];同时,共格孪晶界也可作为高效的位错形核源,促进位错形核,从而为后续塑性变形提供便利,该过程主要通过共格孪晶界上的原子级台阶发生[312],如图16-2(a)所示。分子动力学模拟也证实了这些原位透射电镜的观察结果,即位错从孪晶界-晶界交点处的形核有助于纳米孪晶的塑性变形,导致纳米孪晶金属发生一定的软化[313];同时,共格孪晶界的界面台阶可作为有效的位错源提供塑性变形[59]。

共格孪晶界与位错的交互作用在某种程度上控制着纳米孪晶金属的强韧化和断裂。原位纳米力学测试在揭示位错-孪晶交互作用机制方面发挥着重要作用。Wang等人[306,310]发现,扩展位错滑移穿越孪晶界时,会先在孪晶界附近合并成全位错,穿过后再分解成新的不全位错,并在界面上留下一个不全位错,该不全位错在孪晶界上的扩展可导致孪晶界迁移或退孪晶[图16-2(b)]。除穿越孪晶界外,位错与共格孪晶界发生反应时也可自发增殖,从而贡献一定的塑性变形能力[306,311]。当扩展位错向共格孪晶界滑移时,扩展位错中的领先位错和拖尾位错之间所夹层错的宽度会逐渐减小,最终在孪晶界附近发生合并形成全位错;随后,全位错在穿过孪晶界后重新发生分解,并在孪晶界上留下一个退孪晶不全位错[306]。Li等人[311]进一步研究发现,位错在孪晶界附近的增殖是通过两个位错分解过程进行的,并给出了位错与孪晶界交互作用的详细位错反应。在第一个位错反应中,全位错被共格孪晶界俘获,并在孪晶界上分解为一个Frank部分阶错和一个孪晶位错;当孪晶位错滑移离开反应核心后,Frank部分阶错则进一步发生分解,形成一个全位错和一个新的孪晶位错,这一过程伴有Frank缺陷的平移;这种位错在孪晶界的分解过程主要由平行于共格孪晶面的切应力驱动[图16-2(c)]。Kini等人[314]通过定量测试进一步预测,孪晶尺寸除对纳米孪晶金属的强度有影响外,也在一定程度上决定着位错是否可以滑移穿越共格孪晶界以及孪晶界两侧的滑移兼容性。当Ag纳米柱的孪晶厚度大于15 nm时,位错发生理想的滑移穿越行为,且可连续穿越多个共格孪晶界;小于临界孪晶尺寸时,则可能会诱发其他机制参与变形。

纳米孪晶金属中的共格孪晶界在切应力作用下还可通过孪晶界滑动发生变形。Wang等人[315]通过理论分析发现,孪晶界发生滑动的先决条件是孪晶界上的领先位错和拖尾位错在特定加载取向下的施密特因子大小相当,从而发生交替形核和运动。原位电镜纳米力学测试也表明,对某一特定取向的纳米孪晶Cu纳米柱进行加载,若领先位错和拖尾位错的施密特因子比较接近,位错沿共格孪晶界的滑动可被大量激活,导致孪晶界滑动[图16-2(d)]。这种孪晶界滑动在较大取向范围内均可发生,从而控制着纳米孪晶金属的塑性变形。Yue

等人[316]同样在直径 150 nm 的 Cu 纳米线中发现,变形孪晶发生后也可通过孪晶界上的扩展位错滑移发生孪晶界的滑动,孪晶界滑动与孪晶界迁移、表面位错形核等机制共同作用导致 Cu 纳米线表现出 166% 的超高塑性。Kim 等人[317]通过考虑层错能、晶体尺寸、取向、材料的动态结构状态(决定着其不同的错排能)等因素提出了 $\Omega$ 因子,$\Omega = \dfrac{\sigma_{\mathrm{tr}}}{\sigma_{\mathrm{tw}}}$,这里 $\sigma_{\mathrm{tr}}$ 和 $\sigma_{\mathrm{tw}}$ 分别为拖尾位错和领先位错的形核应力。该因子可有效预测不同层错能金属(如 Cu 和 Al 纳米线等)的变形路径和孪晶界滑移行为。当 $\Omega < 1$ 时,纳米线以位错滑移和颈缩发生变形;$\Omega = 1$ 时,纳米线先后发生变形孪晶和孪晶界滑动;$\Omega > 1$ 时,纳米线先发生变形孪晶,随后试样取向发生改变致使 $\Omega < 1$,导致纳米线的塑性变形转变为位错滑移和颈缩。孪晶界滑动可诱发纳米孪晶金属的良好剪切变形[318]。

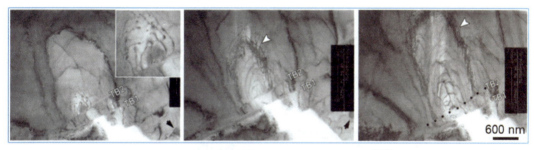

(a) 裂纹尖端的共格孪晶界发射位错,提高位错密度[312]

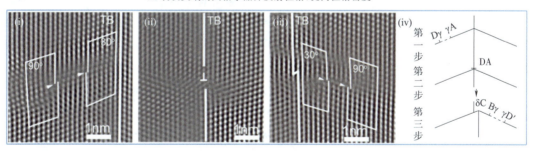

(b) 扩展位错滑移穿越孪晶界[306]

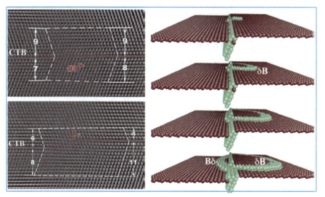

(c) 位错与孪晶界反应的实验观察与理论模拟[311]

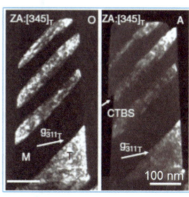

(d) 共格孪晶界滑移[315]

图 16-2 纳米孪晶金属的变形机制

共格孪晶界与位错的交互作用在一定程度上也影响着纳米孪晶金属的断裂行为。Liu 等人[319]和 Kim 等人[320]利用原位纳米力学测试研究了纳米孪晶金属的裂纹扩展行为。他们发现,裂纹的扩展行为与位错-孪晶界交互作用密切相关。伴随裂纹扩展,裂纹尖端发射位错向共格孪晶界运动;当位错运动受阻时,裂纹尖端发生钝化,导致裂纹偏转;随着变形继续进行,孪晶长大和退孪晶交替发生并动态演变;最终,位错滑移穿过共格孪晶界,导致裂纹扩展[319,320]。Zeng 等人[321]结合原位纳米力学测试和分子动力学模拟研究了纳米孪晶 Cu 的断裂行为。他们发现,当预置裂纹倾斜于孪晶界时,裂纹扩展时会发生周期性偏转,呈现出"之字形"的扩展行为;裂纹扩展过程中,裂尖附近会通过位错滑移发生显著减薄。总体而言,大量共格孪晶界的引入会阻碍裂纹扩展,有助于提高纳米孪晶金属的断裂抗力。

除共格孪晶界外,纳米孪晶金属中还存在大量的非共格孪晶界,尤其在纳米孪晶的端部。非共格孪晶与位错的交互作用也会导致孪晶界迁移、孪晶增厚或退孪晶等,其具体过程则涉及若干不同机制,主要通过非共格孪晶界上的多个位错共同滑动或螺型转动来实现[307,322,323]。Wang 等人[307,324]发现,纳米孪晶 Cu 和 Ag 中,$\Sigma 3\{112\}$ 非共格孪晶界的迁移主要通过构成 $\Sigma 3\{112\}$ 非共格孪晶界的多个孪晶位错的集体滑移进行,诱发孪晶长大或收缩[图 16-3(a)]。这种非共格孪晶界的迁移行为可诱发 Ag 薄膜中的零应变变形孪晶[62]。Liu 等人[323]基于原位力学测试在纳米晶 Au 薄膜中发现了非共格孪晶界迁移的螺旋旋转机制。该机制中,构成 $\Sigma 3\{112\}$ 非共格孪晶界基本结构单元的三个位错(triple-partials)沿 [111] 螺旋轴集体发生连续的螺旋转动,导致孪晶界迁移[图 16-3(b)]。除这两种机制外,非共格孪晶界迁移也可通过非共格孪晶界与滑移位错的交互作用进行。例如,在非共格孪晶界上滑移的 1/3 [111] 不全位错可逐次与非共格孪晶界上的不全位错交换位置,导致非共格孪晶界沿其法线方向发生迁移[322]。Zhang 等人[325]还报道,Cu 纳米晶里的非共格孪晶界可通过肖克莱不全位错的迁移诱发退孪晶和非共格孪晶界的分段化,随后肖克莱不全位错通过交滑移导致大量台阶状位错形成。该过程改变了初始孪晶和退孪晶部分的取向差,使得非共格孪晶界转变为一个大角晶界。

纳米孪晶金属的力学性能和变形机制受到孪晶尺寸效应的强烈影响[58,299,304,305],同时随孪晶片层方向改变而呈现一定的各向异性[309]。例如,纳米孪晶 Cu 的强度随孪晶片层厚度的减小而逐渐增加,在 15 nm 的临界孪晶厚度时达到极值强度,随后伴随孪晶尺寸进一步减小而发生软化。实验和分子动力学研究发现,这种尺寸和取向效应主要由不同变形机制之间的相互竞争决定,诱发位错形核机制、位错-孪晶界交互作用等主导强韧化和塑性变形的微观机制发生转变[58,304,305]。Lu 等人[308]利用原位纳米力学测试发现,纳米孪晶 Cu 中极值强度的出现是由位错形核机制的转变造成。当孪晶片层厚度为 12~37 nm 时,纳米孪晶 Cu 中的主要位错源由共格孪晶界上的原子级台阶[图 16-4(a)]逐渐转变为晶界-孪晶界交界处 [图 16-4(b)]。这种位错形核机制之间的竞争与转变主要受孪晶界台阶和晶界-孪晶界交点处的局部应力集中程度控制,并且随孪晶片层厚度的变化而显著改变。当片层厚度较小时,

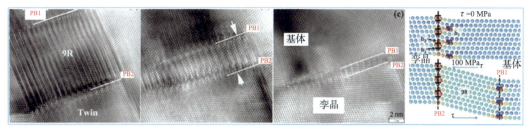

(a) 构成Σ3{112}非共格孪晶界的多个孪晶位错的集体滑移,导致退孪晶[62]

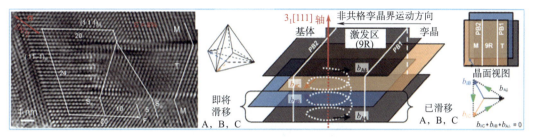

(b) 非共格孪晶界迁移的螺旋旋转机制[323]

图 16-3　非共格孪晶迁移机制

晶界-孪晶界交点处更容易发生较大的应变集中,从而降低了位错的临界形核应力[308]。Wang 等人[326]则进一步发现,位错与共格孪晶界之间的交互作用也受到孪晶片层厚度的强烈影响,呈现出显著的孪晶尺寸效应。通常,FCC 纳米孪晶金属中的位错沿{111}面发生滑移并与孪晶界发生交互作用,位错穿越孪晶界后滑移至孪晶内的$(111)_T$面上[图 16-4(c)]。然而,当纳米孪晶的厚度逐渐减小至极限孪晶尺寸时(3～4 原子层),位错穿越孪晶界时的滑移方式发生了明显改变,由传统的沿$(111)_T$面滑移转变为沿孪晶内的$(100)_T$面滑移来穿过纳米孪晶[图 16-4(c)～(d)],并在孪晶内引起晶格扭折[326]。这种位错-孪晶交互作用的尺度效应源于(100)面上位错滑移阻力随孪晶尺度的改变[图 16-4(e)]。理论模拟表明,{111}面的滑移阻力随孪晶尺寸减小并不发生改变,而(100)面的滑移阻力则随孪晶尺寸减小表现为先增加后减小。当孪晶尺寸约为 1～2 nm 时,(100)面具有较低的滑移阻力,使得(100)面的位错滑移在高应力下被激活,成为一种竞争机制参与塑性变形。位错形核机制和位错-孪晶交互作用机制的转变在某种程度上控制纳米孪晶金属的塑性变形、损伤断裂和宏观力学性能。

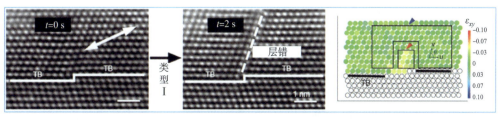

(a) 位错由孪晶界台阶形核[308]

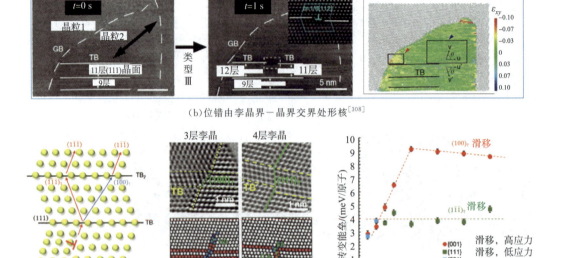

(b) 位错由孪晶界－晶界交界处形核[308]

(c) 位错-孪晶交互作用示意图[326]　(d) 孪晶尺寸对位错-孪晶交互作用的影响[326]　(e) 不同滑移系的滑移能垒随尺寸的变化[326]

图 16-4　纳米孪晶金属的位错形核机制和位错-孪晶交互作用机制[308,326]

除块体纳米孪晶金属外,金属和半导体材料的一维纳米线中也常常观察到极高密度的生长孪晶[115,120,327]。这些纳米孪晶纳米线往往具有突出的物理性能而在微纳器件中有重要应用。考虑到器件的可靠性,孪晶纳米线的力学性能和变形机理也引起了人们的极大兴趣。为研究孪晶纳米线的力学行为,Jang 等人[114,115]开发了一种电镀模板法,用以制造垂直排列的纳米孪晶 Cu 纳米柱阵列,并利用原位纳米力学测试研究了直径、孪晶尺寸、孪晶取向对晶纳米柱力学行为的影响。研究发现,伴随孪晶尺寸的减小,Cu 纳米线的强度显著增加,接近理论强度极限。当孪晶尺寸减小至 3~4 nm 的临界尺寸时,孪晶界垂直于轴向的纳米柱会呈现出一种韧脆转变的行为,与块体纳米孪晶金属中的软化行为完全不同[114,115]。这种韧脆转变主要是由位错-孪晶界交互作用诱发的应变局部化导致的。而具有倾斜孪晶界的 Cu 纳米柱则主要发生明显的孪晶界剪切和退孪晶。王江伟等人[88,120]同样在具有埃米级孪晶的 Au 纳米线中发现了力学性能的孪晶尺寸效应(图 16-5)。Au 纳米线的应力-应变曲线表明,当孪晶厚度减小到埃米级的极限尺寸时,纳米线的强度接近于 Au 的理论强度极限,但呈现出明显的韧脆转变特征,即当孪晶厚度小于 2.8 nm 时,塑性较好的 Au 却会发生脆性断裂[图 16-5(a)][120]。原子级晶格应变分析进一步表明,伴随孪晶厚度减小,纳米线的弹性应变极限呈现出显著的霍尔-佩奇效应[88]。当孪晶厚度大于 3 nm 时,纳米孪晶 Au 纳米线的弹性应变极限与孪晶片层厚度线性相关($\lambda^{-1/2}$,$\lambda$ 为孪晶片层厚度),表现出连续硬化的行为;当孪晶厚度减小至 2.8 nm 以下时,Au 纳米线达到其理想的弹性应变极限(高达 5.3%),如

图 16-5(b)所示。这种行为与纳米晶金属和纳米孪晶金属中的反霍尔-佩奇效应(即强度随特征尺寸减小而发生软化)完全不同[58,328]。上述孪晶纳米线的韧脆转变行为与其位错形核机制和位错-孪晶交互作用机制密切相关。纳米孪晶 Au 纳米线的韧脆转变源于位错形核机制由表面非均匀形核转变至孪晶内部的均匀形核[120]。发生于孪晶内部的大量位错均匀形核导致位错雪崩式出现[图 16-5(c)~(d)];而位错-孪晶交互作用机制则随孪晶厚度的减小由(111)$_T$(下标 T:孪晶)面滑移转变为沿(100)$_T$ 面滑移,有利于位错连续滑移穿过多个纳米孪晶。两种因素共同作用导致纳米线内快速发生剪切局部化,诱发过早颈缩,使得孪晶纳米线呈现出脆性断裂的行为。孪晶尺寸效应在孪晶纳米线的弯曲变形也有报道。王立华等人[329]发现,纳米孪晶 Ni 纳米线在弯曲过程中产生的位错类型与孪晶尺寸密切相关。随孪晶尺寸减小,弯曲的 Ni 纳米线中的位错行为由全位错形核($\lambda$>12 nm)转变为多个滑移系上的全位错和不全位错同时形核和滑移(9 nm<$\lambda$<12 nm),随后演变为不全位错形核并在与孪晶界倾斜相交的滑移面上滑移(6 nm<$\lambda$<9 nm)、不全位错成核并平行于孪晶面方向滑移(1 nm<$\lambda$<6 nm),最后转变为孪晶界迁移和退孪晶($\lambda$<1 nm)[329]。这些孪晶诱发的尺寸效应是晶体尺寸效应在微纳结构材料一种新的表现形式。需要指出,孪晶纳米线的塑性变形行为同样受孪晶片层取向的显著影响。当孪晶界取向与加载轴之间存在一定夹角时,纳米线可通过孪晶界滑动和退孪晶发生良好的塑性变形[114,115];而当孪晶界垂直或平行于纳米线轴向时,纳米线倾向于发生应变局部化或脆性断裂[88,120]。Xie 等人[330]研究发现,当孪晶界平行于轴向的 Au 纳米线变形时,大量位错与共格孪晶界发生交互作用,破坏了孪晶界的完整性,从而诱发孪晶纳米线发生显著的变形局部化。

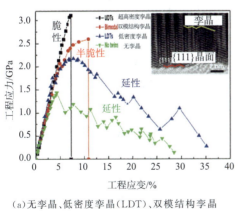

(a) 无孪晶、低密度孪晶(LDT)、双模结构孪晶和超高密度孪晶(UDT)Au 纳米线的典型应力-应变曲线,插图为沿轴向分布的埃米级孪晶

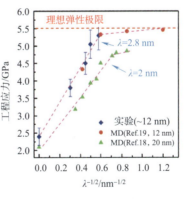

(b) 纳米孪晶 Au 纳米线的弹性应变极限随孪晶尺寸的变化行为

(c) 低孪晶密度金纳米线的位错表面非均匀形核

(d) 高孪晶密度 Au 纳米线中的位错均匀形核

图 16-5 纳米孪晶 Au 纳米线的力学性能与位错形核机制[88,120]

原位纳米力学测试在孪晶纳米线的其他变形行为研究中也取得一定进展。Wang 等人[315]发现,孪晶界的变形行为与取向密切相关。给定取向下,若领先位错和拖尾位错的施

密特因子相当,则可发生共格孪晶界的滑动。统计分析表明,这种孪晶界滑移行为在大多取向条件下均可发生。北卡罗莱纳州立大学的 Yong Zhu 教授团队则系统研究了包含轴向孪晶结构的 Ag 纳米线的塑性变形行为(图 16-6),对比分析了孪晶结构、试样尺寸、截面形状等因素对塑性变形的影响[331-335]。研究发现,随纳米线尺寸减小,Ag 纳米线的截面形状由五边形变为圆形。弹性变形阶段,纳米线的杨氏模量随尺寸减小变化不大,仅增加约 8%～19%(取决于测试方法[333])。塑性变形阶段,含五重孪晶的 Ag 纳米线在加载中发生应力松弛,在卸载中则发生塑性应变的回复[图 16-6(b)、(c)],而同样尺寸的 Ag 单晶纳米线中未见这种可回复的变形行为[图 16-6(d)]。这种可回复塑性主要是由不全位错在空位的协助下发生形核、扩展和回缩造成的[332]。在包含平行轴向的单一孪晶界的 Ag 纳米线中,孪晶界两侧的体积比对变形机制有重要影响,即当孪晶界两侧的体积比接近时纳米线通过局部位错滑移发生变形,而当体积比较小时则通过局部退孪晶获得较大塑性[334]。拉伸载荷下,初始轴向孪晶界上的切应力几乎为零,无法以常规方式发生退孪晶,实验中观察到的这种反常退孪晶行为是通过多个位错与孪晶界的交互作用以及由此诱发的 TB-GB-TB 共同迁移造成的。Bernal 等人[336]同样研究了五重孪晶 Ag 纳米线(直径小于 120 nm)的循环变形行为,发现五重孪晶结构与可逆位错交互作用可导致五重孪晶 Ag 纳米线发生塑性流变的包辛格效应,其塑性变形在完全卸载后仅发生部分恢复。Zhu 等人[332]和 Bernal 等人[336]关于五重孪晶的研究结果略有不同,这种差别可能受试样制备方法带来的结构和尺寸差异、测试方法等因素的影响。也有研究发现,包含大量非共格孪晶界的 Al 薄膜会发生独特的应变硬化行为[337],纳米孪晶金属具有良好的抗辐照损伤性能[338,339]等,相关内容请参阅文献学习。

目前关于纳米孪晶金属的原位电镜研究主要针对简单孪晶结构,而理论模拟也主要侧重于考虑完美孪晶界。然而,实际晶体中,孪晶界上往往存在大量台阶等缺陷[59],合金材料中甚至会发生合金元素在孪晶界的局部偏析[340]。孪晶界缺陷与孪晶界偏析对纳米孪晶金属塑性变形的影响有待进一步考证。此外,块体纳米孪晶金属往往为纳米多晶材料,大量晶界的存在会使晶界和孪晶界对纳米孪晶金属的塑性变形和力学性能的影响相互交织,然而晶粒尺寸或高密度晶界对纳米孪晶金属的影响在以往的研究中往往被忽略。普遍认为,具有纳米孪晶结构的纳米晶金属随孪晶厚度减小会出现极值强度[58,299]。然而,Sansoz 等人[340]发现,纳米孪晶结构的 Ag 纳米晶材料随孪晶厚度减小会发生两次强度转变行为,从 Hall-Petch 型强化转变至零 Hall-Petch 强化,再转变为 Hall-Petch 软化行为。在第二阶段的零 Hall-Petch 强化中,纳米晶的晶界塑性变形发挥着重要作用。Wang 等人同样发现,晶粒尺寸和孪晶厚度均可对孪晶结构 Pd 纳米晶薄膜的变形模式产生影响。晶粒尺寸的减小调控着孪晶片层内发生全位错-部分位错转变的临界孪晶尺寸;晶粒尺寸小于 6 nm 后,塑性变形则完全转变为晶界机制。鉴于晶界在块体纳米孪晶金属中普遍存在,晶粒尺寸和孪晶尺寸对纳米孪晶金属的耦合作用机制以及晶界、孪晶界主导的塑性变形机制之间的竞争、转变行为有待深入研究。

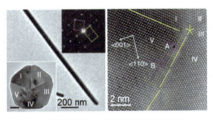
(a) 五重孪晶 Ag 纳米线的界面结构

(b) 塑性回复过程中的位错行为

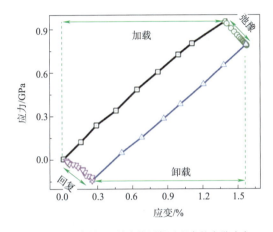
(c) 五重孪晶 Ag 纳米线回复过程中的力学响应

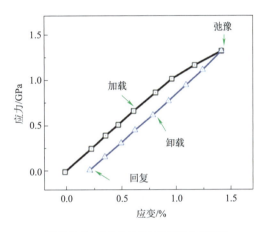
(d) 单晶 Ag 纳米线回复过程中的力学响应

图 16-6 五重孪晶 Ag 纳米线的力学性能与变形机制[332]

此外,当前的原位纳米力学测试主要针对材料中的各类生长孪晶开展,而材料在塑性变形过程中也会产生大量的变形孪晶,并对材料的力学行为造成影响。一方面,变形孪晶的发生会对材料的塑性变形产生直接贡献;另一方面,变形孪晶形成后,其孪晶界又可作为新的位错滑移障碍和位错形核源参与塑性变形,这其中涉及的缺陷交互作用和孪晶界动力学行为应该与生长孪晶的行为类似。更重要的是,塑性变形通常会在金属材料(尤其是低层错能金属和合金)中引入大量的孪晶交割(twin junction)、多级纳米孪晶(hierarchical nanotwin)等复杂孪晶结构[58,303]。这些复杂孪晶结构在变形过程的形成和演化及其与其他缺陷的交互作用有待进一步研究。Chen 等人[341]发现,受孪晶尺寸影响,奥氏体不锈钢中的高阶孪晶在变形过程中会呈现出不同的行为。孪晶厚度 $\lambda<5$ nm 时,孪晶与退孪晶过程共同参与变形;5 nm$<\lambda<$129 nm 时,二次孪晶大量形成;$\lambda>$129 nm 时,位错滑移主导着塑性变形。Zhao 等人则发现,复杂孪晶结构的形成和演化过程中涉及大量的位错-孪晶界交互作用。由此可见,高阶孪晶结构的塑性变形行为复杂多变,其形成、演化机制有待进一步澄清。阐明这些问题及其原子机制,对丰富和发展纳米孪晶强韧化理论具有重要意义,尤其对理解低层错能金属的力学性能和塑性变形行为至关重要。

## 16.2 纳米晶材料的塑性变形机制

细晶强化是金属材料重要的强化手段,其在提高材料强度的同时又可适当改善塑性。20 世纪 50 年代,Hall 和 Petch 基于对低碳钢屈服应力与晶粒尺寸之间关系的研究,提出了著名的 Hall-Petch 关系[98,99]:

$$\sigma_y = \sigma_0 + k_y d^{-\frac{1}{2}} \tag{16-1}$$

式中,$\sigma_y$ 为多晶金属的屈服强度;$\sigma_0$ 为位错滑移的临界拉应力;$k_y$ 为与材料结构相关的常数;$d$ 为晶粒的平均直径。

根据 Hall-Petch 理论,多晶金属的强度会随晶粒尺寸的减小而提高,表现出"越小越强"的趋势,这一论断已被大量实验研究所证实。过去 30 余年,科研人员试图通过各种方法细化晶体材料的晶粒尺寸,以期获得优异的综合性能。然而,多晶金属的晶粒尺寸减小到一定的临界值之后,强度的提高却往往伴随塑性、韧性和结构稳定性的显著降低;进一步细化至纳米级时,甚至会呈现出"越小越弱"趋势,称之为反 Hall-Petch 效应[328]。图 16-7 总结了多晶金属材料所具有的晶粒尺寸效应及其典型变形行为[110]。为理解该现象,学术界利用不同方法对纳米晶材料(nanocrystalline materials)的力学性能和变形机制开展了大量研究。一般认为,伴随晶粒尺寸的减小,晶界原子的比例在纳米晶金属中急剧增加,晶粒内部的位错发射源(如 Frank-Read 源)被显著抑制,使得晶界塑性变形成为纳米晶材料中主导的变形方式,导致纳米晶金属出现软化现象[328]。理论计算与实验研究表明,主要的晶界变形机制有晶界迁移(grain boundary migration)、晶界滑动(grain boundary sliding)、晶粒转动(grain rotation)、晶粒粗化(grain coalescence,常伴随晶粒转动发生)等[328]。此外,位错、孪晶等缺陷较易在晶界附近优先形成和湮灭,导致晶界结构松弛[65,328]。近年来,原位纳米力学测试被成功应用于纳米晶材料的塑性变形机制研究(尤其是原子尺度的晶界动力学机制)中,并发挥着越来越重要的作用,极大推动了相关领域的发展。

在系统论述纳米晶材料的原位纳米力学行为之前,我们先来了解一下金属材料的晶界结构与变形理论。晶界是晶体材料中不同取向近邻晶粒之间的界面,其结构复杂多样。按照界面位错模型(最早由 G. I. Taylor 提出),晶界可分为由晶体点阵刃位错阵列构成的倾转晶界(Tilt GB)和螺位错网格构成的扭转晶界(Twist GB)[342]。其中,倾转晶界一般分为大角晶界和小角晶界[图 16-8(a)]。对于取向差 $\theta \leqslant 15°$ 的小角晶界,晶界能量和取向差之间的关系可由经典的 Read-Shockley 公式表示,即

$$\sigma(\theta) = \sigma_0 \theta (A - \ln \theta)$$

式中,$\sigma(\theta)$ 为位错密度,即在角度为 $\theta$ 的方向上的位错密度;$\sigma_0$ 为基准位错密度,即在某个参考角度下的位错密度;$\theta$ 表示角度,用于描述位错的方向;$A$ 为与晶体结构相关的常数,约为 0.23。

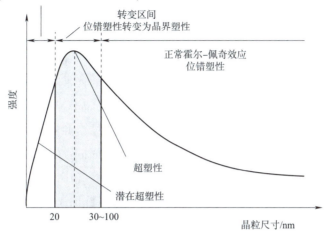

图 16-7　多晶金属材料的强度随晶粒尺寸的变化规律[110]

对于大角晶界,目前普遍采用重合位置点阵(coincident site lattice,CSL)模型来描述其几何构型。通常,CSL 晶界由各种本征的结构因子(structure unit)组成。例如,FCC 金属中的 $\Sigma111/(113)$ 大角晶界的特征结构因子为 C 型[图 16-8(b)],$\Sigma3$ 共格孪晶界的结构因子为 D 型。在外场作用下,晶界结构尤其是其动力学行为控制着晶界塑性变形、晶粒生长等过程,从而对纳米晶材料的力学性能、结构稳定性等产生重要影响。尽管学术界通过大量实验和理论模拟对晶界平衡结构和能量(即晶界热力学)开展了深入研究,但由于晶界结构和影响晶界变形的因素复杂多变,人们对塑性变形过程中晶界的动力学行为的认知仍十分匮乏。

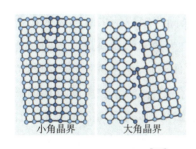

(a)小角晶界和大角晶界模型[343]

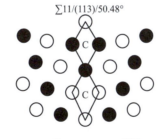

(b)$\Sigma111(113)$ 晶界[344]

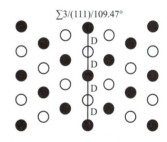

(c)FCC 金属中的共格孪晶界模型[344]

图 16-8　晶界结构模型

常见的晶界变形(如晶粒长大、晶粒转动等)常常伴随发生晶界迁移,因此晶界迁移是一种较为本征的晶界变形机制。大量实验和理论研究表明,晶界迁移通常伴随晶界剪切而发生,因而常被称为剪切耦合的晶界迁移(shear-coupled GB migration)。晶界迁移的剪切耦合因子($\beta$)可由晶界迁移量($h$)与剪切量($s$)的比值定义,即 $\beta=s/h$。基于大量理论和实验研究,学术界已提出了多种理论模型来描述剪切耦合晶界迁移的动力学机制。Cahn 等人[345]将 Read 和 Shockley 提出的小角晶界的位错模型引入到 FCC 金属⟨001⟩大角晶界结构的描述中,并成功验证了不同取向差和温度下的耦合因子 $\beta$。Rae 等人[346]和 Guilloppe 等人[347]提出了一种针对 CSL 晶界(以及近 CSL 晶界)迁移的模型,称为 discrete shear complete(DSC)位错模型。该模型认为,DSC 位错具有台阶特征并可沿晶界面运动,其运动过程伴随着晶界原子的重新排布。在此基础上,Caillard 等人[348]进一步提出了一种 shear migration geometrical 模型,用于解释多晶材料中普遍存在的非 CSL 晶界结构的运动行为。该模型中,台阶状的晶界位错可沿确定的剪切方向在等效晶界平面上滑移,实现同种晶界的多种耦合迁移模式。Hirth 和 Pond[349]深入分析了上述模型并结合其对晶界、孪晶界、相界等不同界面的大量研究,首次提出了一种阶错(disconnection)的三维界面缺陷结构。阶错是一种同时具有特定长程应力场(通常用伯氏矢量 $b$ 表示)和高度($h$)组合的三维晶界缺陷[图 16-9(a)、(b)],且同一界面上可存在不同($b,h$)的阶错[图 16-9(c)]。当 $h$ 较小时,界面阶错的长程应力场与位错基本一致;当 $h$ 较大则会引入一定的旋转位移。阶错本征的($b,h$)组合一方面决定着阶错的形核能,另一方面也给定了晶界迁移的耦合因子($\beta$)[350]。变形过程中,形核能较低的阶错(通常具有较小的 $b$)优先形核并主导着晶界迁移,其形核同时受温度、应力等因素影响。切应力作用下,晶界阶错沿晶界平面发生滑移,伴随发生阶错核心原子的局部重排,二者共同作用导致晶界迁移阶错高度 $h$。大量研究表明,阶错广泛存在于晶界、孪晶界、相界中,对再结晶、变形孪晶、相变等过程均有重要影响[351]。尽管已经有大量关于晶界迁移行为的理论和计算模拟研究,受技术条件限制,学术界对晶界迁移机制的详细实验分析仍十分匮乏;另一方面,现有理论模型大多基于特殊或简单的晶界结构,其普适性有待进一步验证。因此,需要大量原位实验对晶界的变形过程展开详细的动态观察与定量分析,从而为晶界塑性变形理论的发展奠定基础。

晶界塑性变形的原位电镜研究主要通过对多晶薄膜、纳米晶薄膜或纳米双晶体的原位加载实现,具体的实验设计需结合样品结构开展。图 16-10(a)为纳米晶材料最基本的原位纳米力学测试方法。实验中,将薄膜试样固定至特殊设计的拉伸基片,通过拉伸基片向其负载的多晶/纳米晶薄膜样品传导轴向应变,实现 TEM 中的原位拉伸[353]。该实验方法制样简单,但分辨率往往受到了一定限制。张泽院士、韩晓东教授团队则开发了基于双倾原位加热样品杆的拉伸方法[354],利用热膨胀系数各异的双金属片来实现原位拉伸加载[图 16-10(b)]。该方法的主要优势在于可实现高分辨下的原位、原子级动态观察,但同时也受制样方法的限制。张泽院士、王江伟研究员团队则基于原位电学样品杆开发了纳米双晶原位制备-力学加载一体化的耦合实验方法[图 16-10(c)][355]。该方法通过对两侧金属纳米尖端施加恒定电场进行焊接,获得包含不同晶界的纳米双晶结构,随后利用压电陶瓷驱动的三轴针尖运动实现不同类型的加载(如拉伸、压缩、剪切、循环变形等)。该方法可实现稳定的原位高分辨观察,但适用的材料有限、试样所含的晶粒数量较少,且尺寸和表面效应可能会影响晶界的迁移行为。此外,学术界还利用纳米压痕的方法来研究单一晶界的塑性变形机制及其对试样

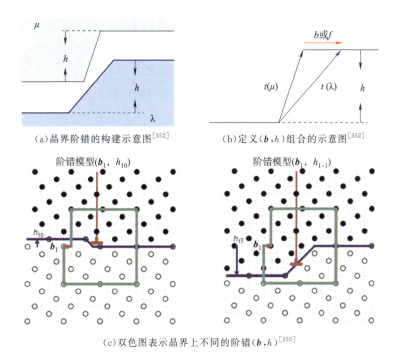

(a) 晶界阶错的构建示意图[352]

(b) 定义($b$, $h$)组合的示意图[352]

(c) 双色图表示晶界上不同的阶错($b$, $h$)[350]

图 16-9　晶界上的阶错模型

带来的强化效应。该方法可将晶界的动态变形行为与载荷变化直接关联起来,但同样存在分辨率低的问题,导致晶界塑性变形的动力学机制缺失。

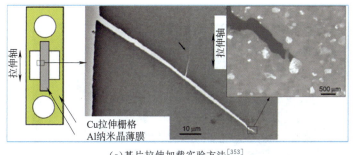

(a) 基片拉伸加载实验方法[353]

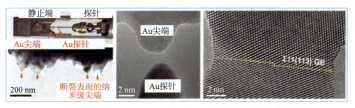

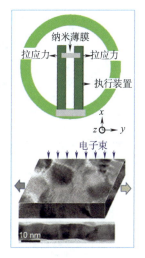

(c) 原位纳米双晶制备-剪切耦合的实验方法[355]　　(b) 双金属片加热施加原位拉伸载荷[354]

图 16-10　晶界塑性变形的常见原位 TEM 力学实验方法示意图

基于上述方法,学术界对多晶和纳米晶材料的晶界塑性变形机制开展了大量研究。

20世纪80年代,Bobcock等人[358]通过原位加热诱发的热应力研究了Au薄膜中的晶界变形机制。他们发现,Σ5晶界和混合晶界上的二次晶界位错可发生滑移-攀移的协调运动,诱发相邻晶粒产生相对平移和晶界的侧向移动,这种晶界迁移行为具有不均匀跃迁的典型特征。其他金属如Al中的大角晶界也可发生这种不均匀跃迁的行为,但机制却有所差别。Al薄膜中,二次晶界位错及其所属的晶界台阶并未直接参与大角晶界的迁移,晶界的迁移主要是以晶界附近(尤其是台阶处)的原子协调迁移并穿过晶界发生局部重构(shuffling)进行,导致晶界两侧的晶粒发生长大或缩小[359]。随后,纳米晶材料的蓬勃发展使得学术界越来越关注纳米晶材料中的晶界塑性变形行为。单智伟教授等人[356]于2004年利用原位透射电镜力学测试和TEM暗场像观察成功揭示了纳米晶Ni(晶粒尺寸约10 nm)在塑性变形过程中的晶粒转动以及由此诱发的晶粒团聚行为,首次报道了金属纳米晶材料中晶界主导的塑性变形机制[图16-11(a)~(c)]。随后,Legros和Rupert等人[353,360]也在应力加载条件下清晰地观察到了Al纳米晶薄膜中的晶界迁移现象,晶界迁移诱发纳米晶晶粒发生快速长大[图16-11(d)、(e)]。Mompiou和Caillard等人[348,357]则利用自主设计的原位高温力学样品杆对超细晶Al进行原位加载,观察到了多晶中剪切耦合的晶界迁移过程[图16-11(f)、(g)]。结合实验观察,他们将经典的DSC模型和Cahn模型扩展为普适于随机取向的非CSL晶界结构的SMIG模型。该模型中,晶界阶错的运动不涉及原子的长程扩散,而需通过近邻原子的局部重构与剪切载荷的共同作用实现。总体而言,大量原位纳米力学测试直观揭示了剪切耦合的晶界迁移过程,发展了相应的晶界变形理论。然而,其中涉及的原子尺度动力学机制仍不清楚。

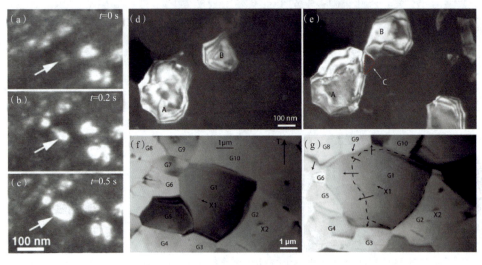

图16-11 纳米晶材料的晶界变形行为研究

注:(a)~(c)为纳米晶Ni中变形诱发的晶粒转动和晶粒团聚[356];(d)(e)为形变诱发的晶界迁移过程[353];(f)(g)为剪切耦合的晶界迁移过程[357]。

受微纳结构材料尺寸效应的研究方法启发,也有学者借助原位纳米压痕测试研究了单一晶界的塑性变形行为及其对试样的强化效应。Imrich 等人[361]通过对 Cu 双晶微米柱开展原位压缩测试发现,与单晶柱相比,包含大角晶界的双晶柱具有较高的强度、较强的加工硬化和较小的载荷突降等变形特征,而包含轴向共格孪晶界的纳米柱则与单晶试样的变形行为类似。这些变形行为上的差异主要来源于因界面相对取向以及界面两侧滑移对称性导致的位错-界面相互作用不同。单一晶界对纳米柱试样强化和塑性变形的影响普遍存在于不同材料(如 Al、Cu、Ni、Sn 等)的各类晶界中,晶界对试样的强化效应同样呈现出"越小越强"的尺寸效应,但其具体变形行为随材料、晶界结构和试样尺寸变化而发生一定变化[362-364]。此外,受微小体积和高变形应力的影响,包含特定取向晶界的纳米双晶柱也可通过晶界滑动(GB sliding)发生塑性变形,而非常见的晶体学位错的滑移和运动[365];这种晶界滑动行为随试样尺寸减小会愈加显著,逐渐成为某些材料(如 Al、Sn 等)中的主要塑性变形机制[365]。需要指出,微纳结构试样中较为普遍的尺寸效应在包含单一晶界或多个晶界的纳米柱、纳米晶试样中也同样存在。例如,直径 400~2 000 nm、含轴向大角晶界的 Al 双晶纳米柱就会表现出"越小越强"的趋势,其变形主要由位错源控制的机制主导,但晶界的存在会导致试样的加工硬化程度降低(相较于单晶试样),该现象可能源于位错在晶界处的湮灭(不发生位错塞积且形成一定的无位错区)[366]。块体纳米晶试样随晶粒尺寸减小常常发生强度的反 Hall-Petch 效应;而晶粒尺寸与试样尺寸耦合作用时,这种软化行为会进一步加剧。例如,晶粒尺寸 12 nm 的 Pt 纳米柱随试样尺寸减小表现出显著"越小越弱"的行为[119],这种转变主要源于尺寸效应诱发的表面晶粒的晶界滑移和内部晶粒内的位错运动之间的动态竞争。这些研究丰富了学术界对微纳结构材料中晶界效应的认知,但受研究方法限制,其对晶界塑性变形机制的关注较少。

随着高分辨技术和球差矫正技术的广泛使用,晶界动态行为的研究在空间分辨率上有了明显提升。本世纪初,Merkle 等人[367,368]结合高分辨观察和原位加热,从原子尺度观察到了 Al 和 Au 薄膜试样中不同类型晶界在加热条件下的运动过程。高温下,晶界迁移通过晶界上大量原子(数百量级)的集体协调运动进行,这些原子在相邻晶粒之间往复摆动,导致晶界迁移在局部区域内发生可逆波动;晶界的可逆波动主要取决于晶界结构,同时受缺陷(包括层错、台阶、失配位错等)的影响;温度在 Au 的熔点温度的一半以上时,[110]和[001]的倾转晶界和普通晶界均可发生这种往复波动[368]。对大角晶界而言,晶界运动主要通过晶界上的原子级台阶进行,台阶侧向滑动导致晶界迁移[367,369];晶界迁移过程中伴随发生若干晶界原子的协调运动,这种晶界原子的协调运动调整着局部的晶格结构,使得晶界原子合并至其近邻发生长大的晶粒中[367]。基于大量观察,Merkle 等人[370]还发现,晶界迁移主要通过界面滑动、台阶机制、界面原子的协调迁移三种机制进行,晶界迁移的主要驱动力来自晶界曲率和界面能(不同晶界的驱动力有所差别),而具体发生哪种机制主要取决于晶界结构。大角晶界中,晶界滑移往往难以发生,而台阶机制则仅仅局限于若干能量较低的晶界,如

(113)对称倾转晶界。因此,大多数大角晶界(如普通大角晶界)常常通过晶界原子的协调迁移进行。由于该机制受热激活限制,晶界的迁移速率随时间变化较大,使得晶界呈现出一定的快速迁移、运动停滞的跃迁行为,而晶界原子的快速协调迁移在该过程中扮演着重要角色。此外,不同材料的晶界运动能力也存在一定差别。对(113)晶界的台阶迁移而言,Au 中的台阶运动能力要远低于 Al,这种行为主要受台阶位错发生松弛的能力影响。阶错动力学方面,Radetic 等人[371]在 Au 薄膜的加热中发现,晶界的迁移动力学行为受界面台阶形核和扩展限制;Rajabzadeh 等人[372]发现,晶界迁移既可通过晶界上的预存阶错运动进行,又可通过晶内位错与晶界交互作用后分解形成的阶错进行;Zhu 等人则进一步证实,不同类型的晶界阶错在晶界迁移过程中可发生合并、分解等动态交互作用,不同类型阶错之间的交互作用和相互转变有助于克服阶错的滑移阻力[355]。由此可见,阶错动力学行为直接决定着晶界的剪切耦合迁移。

除阶错协调的晶界迁移外,纳米晶材料还可通过其他形式的晶界运动发生塑性变形。韩晓东教授课题组对形变诱导 Pt 纳米晶薄膜的结构演化开展了大量研究[354,373]。他们发现,纳米晶 Pt 的变形机制由较大晶粒中($d > 6$ nm)的晶内位错滑移逐渐转变至较小晶粒中($d < 6$ nm)晶界位错攀移导致的晶粒旋转[图 16-12(a)~(c)];纳米晶内也可储存一定的位错,而这些位错会在晶内会发生相互湮灭,导致结构松弛[373]。Zhu 等人[90]利用稳定的原位力学实验方法对⟨110⟩倾转晶界开展系统测试,在此基础上提出了一种通过晶界调控实现金属纳米结构可控循环变形的新思路[图 16-12(d)~(f)]。他们发现,FCC 金属纳米结构在循环剪切中可通过小角晶界分解发生独特的往复迁移。变形过程中,小角晶界上的晶界位错快速分解成两个部分位错构成的位错偶极子,其滑移系分别位于两个晶粒内,因而在循环载荷下可发生可逆滑移。这种小角晶界的保守迁移行为从根本上抑制了晶格缺陷的非均匀表面形核,可有效维持金属纳米晶体几何结构的稳定性,从而实现稳定的循环变形。进一步研究表明,通过调控晶界结构和几何尺寸可调节晶界往复迁移的速率和幅度,实现不同加载条件下金属纳米结构的可控循环变形。相对于小角晶界,晶界两侧的取向差继续增加会导致晶界的迁移机制发生根本变化。例如,Σ11(113)对称大角晶界可通过晶界阶错的形核、扩展与动态交互作用发生晶界往复迁移[图 16-12(g)、(h)][355]。需要指出,纳米双晶体中晶界阶错的形核机制以表面形核为主,而纳米多晶中的阶错则主要从晶界三叉点处形核并最终导致晶界迁移[355],这与之前报道的晶界均匀形核以及三叉点处的湮灭过程完全不同。此外,晶内位错与晶界交互作用后也会分解形成新的可动晶界阶错,从而提供了额外的晶界阶错形核源[355],[372]。相比基于普通明场/暗场像的原位力学测试[353,356,357],结合球差矫正电镜在原子尺度观察晶界结构的演化过程极大促进了晶界变形机理的精准解析。

一般认为,较小的晶粒尺寸会使位错等缺陷很容易湮灭至晶界,导致纳米晶材料表现出较差的位错存储能力。然而,王立华等人[373]的研究表明,纳米晶材料(如晶粒尺寸为约 10 nm 的 Pt 纳米晶薄膜)可存储大量位错,密度高达 $6.4 \times 10^{16}$ 个/m$^2$,且其位错在加载过程中高度

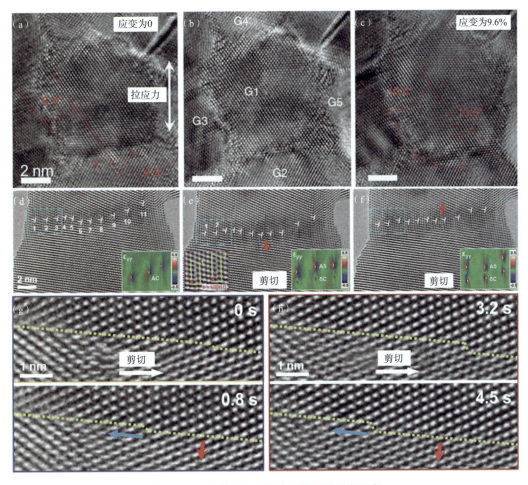

图 16-12 晶界塑性变形的原位原子尺度观察

注：(a)~(c)为晶界位错攀移诱导的晶粒旋转[354]；(d)~(f)为小角晶界通过晶界位错的分解、往复滑移发生可逆变形[90]；(g)~(h)为晶界阶错主导的、剪切耦合的Σ11(113)晶界迁移行为[355]。

活跃，可发生大量位错的交互作用，导致 Lomer 位错的形成及动态演化。研究还发现，晶内位错的类型与晶粒尺寸密切相关，大于 10 nm 时纳米晶内的位错以全位错为主，小于 10 nm 时则主要是不全位错和层错[374]。此外，尽管纳米晶材料的晶界可以作为位错湮灭的主要位点，Wang 等人[373]发现，Pt 纳米晶中的位错湮灭主要通过近邻位错之间形成位错偶极子，通过两个反号位错相互湮灭进行。Mompiou 等人[375]在超细晶 Al 的加载-卸载过程中也观察到了晶内大量位错的塞积、位错耦合进入晶界、卸载时位错重新发射的动态行为。这些位错形成与湮灭的动态过程在某种程度上会导致纳米晶材料的结构松弛，从而影响纳米晶材料塑性变形的速率依赖性(rate-dependent deformation)和高应变速率敏感性。这一猜想得到了 Colla 等人[376]的实验证实。他们对晶粒尺寸为 30 nm 的 Pd 纳米晶薄膜开展原位蠕变测试发现，纳米晶材料的结构松弛主要通过位错湮灭进行，而晶界对纳米晶 Pt 的蠕变过程并没有明显影响。随蠕变时间延长,晶内的位错密度显著降低。考虑到原位测试中的试样厚度较小,晶粒之间的约束效应尤其是三维空间的约束相对较弱,可能会对纳米晶材料的本征变形机制造成影响。另一方面,纳米晶材料中存在大量界面,使得其塑性变形往往以晶界为主,因而晶界机制和位错机制对纳米晶材料结构松弛的影响有待进一步分析。

鉴于晶体中存在大量晶格缺陷,纳米晶材料变形过程中往往会发生缺陷与晶界的交互作用,因此晶界在塑性变形中不可避免地会与缺陷发生交互作用。一般来说,位错由于镜像力的作用容易在晶界处发生湮灭;同样,晶界也可以作为新位错的形核位点。位错与晶界的作用包括位错塞积(pile-up)、吸收(absorption)、穿越(transmission)和反射(reflection)。大量理论和实验研究表明,位错穿越晶界主要由晶界两侧滑移系的连续性、分切应力和晶界残余位错的柏氏矢量大小决定,例如经典的 Lee-Robertson-Birnbaum(LRB)准则[377]和 $m'$ 因子[378]。Kacher 等人[379]对 304 不锈钢变形过程的原位动态研究将位错穿越准则进一步推广到不全位错与晶界的交互作用下。他们发现,不全位错与晶界的交互作用仍由其滑移穿越后留下的晶界残余位错的柏氏矢量控制;而温度升高会进一步降低位错吸收和晶界发射的能垒,尽管不改变位错滑移穿越的基本机制,但会使交互作用的形式更加复杂。Rajabzadeh 等人[372]在 Al 双晶的原位观察中发现,晶粒内部的位错可进入∑41[001](540)晶界,随后分解成可动晶界位错并参与后续晶界变形。位错分解过程中往往会形成不同类型的晶界阶错,这些晶界阶错的柏氏矢量通常包含平行于晶界的滑移分量和垂直于晶界的攀移分量。攀移分量较小时,晶界阶错可沿晶界迁移。若阶错的柏氏矢量与晶界成直角,阶错运动会同时导致晶界迁移和晶粒旋转。近期一些原位实验发现,位错与晶界的交互作用可能还与其他因素密切相关。例如,Kondo 等人[380]利用改良的原位纳米压痕实验清晰观测了 $SrTiO_3$(STO)中的∑5 大角晶界和小角晶界对位错运动的阻碍作用[图 16-13(a)~(f)]。他们发现,晶界对位错运动的阻碍作用不仅仅取决于几何因素,同时受晶界核心附近的局部结构稳定性的影响,尤其是对小角晶界来说更是如此。基于实验观察,他们提出了几何因素与晶界结构稳定因素的共同影响机制。Zhu 等人[381]以 FCC 金属 Au 中的∑11(113)晶界为例,系统研究了运动晶界在位错、层错、孪晶等常见晶格缺陷的交互作用下的迁移行为[图 16-13(g)~(i)]。当晶界穿越全位错时,位错核心发生分解,形成二次晶界位错和可动的残余晶界阶错;二次晶界位错的应力释放导致相邻晶粒内部层错的形核,而残余阶错可与晶界的本征阶错发生动态湮灭或合并,保证晶界的连续迁移能力。当晶格位错的伯氏矢量改变时,晶界与位错交互作用会产生不可动阶错;进一步剪切加载下,阶错两侧晶界的非协同迁移会加剧阶错处的应力集中,最终导致相邻晶粒内的层错释放。当迁移晶界与面缺陷(如层错、纳米孪晶)发生交互作用时,晶界和面缺陷通过交点处的耦合结构演化机制,实现协调变形。以∑11(113)晶界与纳米孪晶的交互作用为例,晶界阶错可穿过晶界-孪晶的交汇点,保证晶界的连续迁移;而阶错穿过孪晶时可诱导孪晶-晶界相交的非共格界面的分解与迁移,促进孪晶随晶界迁移发生同步长大或缩小。需要指出,残余阶错的类型与数目由晶界两侧滑移系的连续性决定,而晶界迁移方向和层错之间的相对取向关系的改变将导致层错扩展或者穿越晶界;当迁移晶界与纳米孪晶发生交互作用时,交互点可成为晶界阶错的有效形核位点。晶界在缺陷交互作用下的迁移机制进一步深化了晶界塑性变形理论,有助于完善金属材料的动态晶界变形机制。

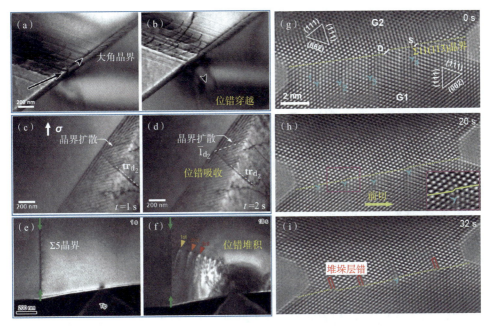

图 16-13　晶界与位错的交互作用

注:(a)~(f)为 SrTiO$_3$(STO)中的 Σ5 大角晶界和小角晶界对位错运动的阻碍作用[380];(g)~(i)Au 双晶体中位错与迁移晶界的交互作用[381]。

需要指出,目前关于晶界迁移机制的理论和模拟研究主要集中在结构相对简单的⟨001⟩大角倾转晶界中,仅有少量实验对⟨110⟩倾转大角晶界展开了研究。因此,剪切耦合晶界迁移模型的普适机制,还需大量实验验证。另一方面,对于混合晶界或者普通非 CSL 晶界结构,目前计算模拟在稳定构型方面仍存在一定问题,因此对于非 CSL 或复杂晶界的变形过程的研究须依靠大量原位实验支撑。此外,超细晶和纳米晶材料中存在高密度的晶界以及晶界三叉点。这些三叉点是晶界的交会处,同时也是晶格/界面缺陷的有效形核和湮灭位置,对晶界变形的动力学过程有显著影响[382],但其定量的原子尺度机制有待进一步探索。

除晶界本征结构的影响外,晶界相对疏松的结构及较高的界面能也容易诱发合金元素和杂质原子在晶界附近发生聚集,形成晶界偏析(grain boundary segregation)。晶界偏析会使晶界处的局部化学成分、界面结构、相结构、错配度等在纳米尺度发生改变[383],从而显著影响合金材料尤其是纳米晶合金的物理性能(如电导率)和力学性能(如晶界可动性和晶界强度)。大量研究表明,晶界偏析对力学行为的影响呈现出明显的两面性。一方面,杂质元素(如 S、P 等)的晶界偏析会显著降低晶界强度,导致灾难性的脆性断裂[384]。另一方面,溶质原子在晶界处偏析可有效钉扎晶界,抑制纳米晶和超细晶材料中的高能晶界发生迁移,有助于避免塑性变形或热暴露导致的纳米晶晶粒异常长大和结构失稳[343],从而提高纳米晶材料的力学性能[385]。因此,对偏析晶界的塑性变形机制开展系统研究十分必要。近年来,科研人员综合利用多种表征方法对金属材料中的界面偏析开展的一些研究,主要包括透射电子显微镜(SEM/TEM+EDS)、扫描电子显微镜(SEM+EBSD/TKD)和原子探针(APT)等[386,387]。快速发展的先进球差校正电子显微镜和相关的电子谱学技术已实现晶界偏析处结构、成分的原子尺度解析,如 Mg-Gd 合金中 Gd 原子在共格孪晶界处的偏析[387]。Harmer 等人[388]通过大量实验观测和理论计算提出了一种晶界相(complexion)的概念,这种晶界相可分为有序的单层、双层、三层、多层和无序非晶相等。加州大学圣地亚哥分校的 Jian Luo 教授课题组通过巧妙的样品制备和电子显微学表征,突破了传统研究仅针对单一、特殊晶界偏析结构的局限性,从原子尺度揭示了 Ni-Bi 合金中 Bi 原子在不同大角晶界处的排布规律[389]。事实上,晶界相结构在纯金属材料的晶界中也可稳定存在,如 Meiners 等人最近发现多晶 Cu 薄膜中的 $\Sigma 19b\langle 111\rangle$ 倾转晶界处存在两种共存的晶界相(domino 和 pearl 结构)[390]。然而,目前尚未完全建立晶界偏析(晶界相)-材料力学性能的直接关联。当前所面临的关键技术难题是如何将原子尺度的成分信息、稳定的原位纳米力学测试以及快速高质量的动态成像技术有机整合,相关技术的开发目前正在进行中。

此外,超高速相机(探头)和图像处理技术的发展也使得晶界动力学行为解析的时间分辨率得到质的提高。劳伦斯伯克利国家实验室的研究团队利用超快速相机每秒可获取 90 张 512×1 024 像素的高分辨照片,然后对多张照片做累加平均,最终获得高质量的 HR-TEM 图片。利用该技术,Gautam 等人从原子尺度揭示了晶界台阶运动过程中的重构机制[391]。另一方面,相比于 HRTEM 成像模式,HAADF-STEM 模式可以有效避免相位衬度的反转,因而更利于对晶界动力学过程和结构演化的解析;然而,传统 HAADF-STEM 扫描速率有限,且对原位测试样品的稳定性要求较高。Bowers 等人利用快速的图像获取和叠加技术,经过大量调试确定了 HAADF-STEM 模式下最佳信噪比-时间分辨率的组合(每秒 8 张,512×512 像素),揭示了 {001}/{110} 晶界通过局部原子协同作用导致晶界阶错合并和迁移的原子尺度机制[392]。结合最新的 4D-STEM 技术,可将材料的结构演化和应力分布有机结合,进而为晶界塑性变形机制的研究提供更多维度的信息。

未来,利用原位力学方法开展晶界塑性变形机制的研究将逐步面向更多非特殊晶界结构,并从单一晶界的原子尺度迁移机制发展为多个晶界耦合的协调变形理论,探索界面偏析对塑性变形的重要影响。同时,结合先进的模拟计算方法和机器学习,进一步完善和发展普适性的晶界塑性变形理论,为利用晶界工程改善材料的力学性能提供有力支持。除此之外,原位实验中还可以引入更多复杂的外场环境,例如温度场和气氛环境等,实现使役条件下材料晶界变形机制的原位原子尺度观测和定量解析。

## 16.3　层状材料的塑性变形机制与尺寸效应

相界面是材料中另一类重要的界面,广泛存在于各类金属和合金中。近年来,学术界基于"界面工程"的理念,提出了层状金属材料的设计概念,即通过在材料中引入高密度、周期性排布的相界面来调控金属材料的性能[298,393,394]。层状金属材料往往由两种或两种以上不同物质交替排布组成,主要有金属/金属、金属/非金属以及各种合金等多种组合方式。通常,层状金属材料可通过两种或多种不同材料的叠加轧制或交替沉积来制备,从而获得包含极高密度、周期性排布的界面结构[296]。这些周期性排列的高密度界面在层状金属材料的性能调控中起决定性作用。通过调节层状金属中各片层的成分、厚度、界面结构、调制比等参数可获得一系列优异性能,包括良好热稳定性、高强度、耐冲击性、抗辐照性等[298]。就力学性能而言,层状金属材料中的界面既可以作为位错、孪晶、相变带、剪切带等变形载体的形核位置,又可作为这些变形载体的运动障碍和缺陷储存位置[298]。大量实验表明,纳米金属多层膜材料的强度显著高于其组元材料,并且随着调制周期(单层厚度)的变化而改变[395,396]。随片层厚度的不断减小,高密度异质界面及其附加的多种约束效应交互影响着层内缺陷的萌生、湮灭及运动,导致层状材料的塑性变形与断裂机制发生改变(图 16-14),诱发一系列独特的强化行为[298]。Irene J. Beyerlein 教授和 Jian Wang 教授在相关综述中已系统论述了层状材料的设计理念、结构特征、变形与断裂机制、独特性能等[298,393,394],请参阅学习。

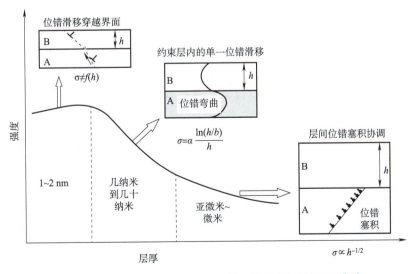

图 16-14　片层厚度对金属层状材料塑性变形机制的影响[393]

近年来,原位纳米力学的发展促进了层状金属材料力学行为与变形机制的研究。基于扫描电镜的原位力学测试表明,层状金属材料在不同层面上均存在一定的尺寸效应[395,397]。随多层膜特征尺寸(单层厚度)的不断减小,多种约束效应交互影响着层内的位错萌生、运动和湮灭,进而引起塑性变形行为的改变[398,399]。例如,金属多层膜的强/硬度呈现出非单调增加的趋势,可分为三个阶段(图 16-14):单层厚度 $d>100$ nm 时,晶格阻力较小的组元片层中位错容易开动,但异质界面的阻碍作用会导致位错塞积,塞积达到一定程度后多层膜发生屈服,此时金属多层膜强/硬度与层厚 $d$ 的关系符合经典的 Hall-Petch 关系;当单层厚度减小到某一临界尺寸时(几纳米到几十纳米),较小的片层尺寸使得位错塞积难以发生,但由于界面的阻碍作用,单根位错滑移被约束在组元片层内,产生约束层滑移(confined-layer slip),此时强/硬度与 $d$ 的相关性逐步减弱;单层厚度进一步减小至数个纳米时,位错运动将贯穿组元界面,此时界面阻碍强化(interface barrier strength)机制主导着多层膜的变形,导致多层膜硬度达到饱和甚至发生软化。Zhang 等人[400]系统研究了 Cu/Ni、Cu/Ag、Cu/Nb、Cu/Cr 及 Cu/304 不锈钢这五种多层膜的界面结构及其强化效应,发现强度的上升与片层厚度有明显关联,并且界面强化能力与界面结构密切有关。研究发现,金属纳米多层膜材料的强度与塑性往往呈现互斥关系。美国洛斯阿拉莫斯国家实验室的研究人员利用原位压缩测试发现,当 Cu/Nb 纳米多层膜的片层厚度从 80 nm 减小到 10 nm 时,流变应力从 1.75 GPa 增加到了 2.4 GPa,但塑性却从 36% 降低到了 25%[401,402]。Singh 等人[403]利用 FIB 制备了 Al/SiC 多层膜微米柱并结合原位纳米压痕测试发现,Al 片层与 SiC 片层在压缩中有明显的互相约束行为,导致多层膜材料整体表现出协同的变形行为。然而,Al 片层在变形过程中却出现了少量的挤出现象,该现象出现的原因可归结于 Al 片层的黏塑性变形;当 SiC 发生断裂时,Al 片层仍在发生塑性变形,导致了局部的挤出现象。Mayer 等人[404]通过试样设计实现了 Al-SiC 纳米层状复合材料的剪切加载,并在此基础上研究该层状材料的尺寸效应。他们发现,除常规的强度尺寸效应外,Al-SiC 纳米层状复合材料的剪切断裂机制随层厚发生变化,层厚 50 nm 的试样中断裂主要发生在界面附近,而层厚 100 nm 左右的试样断裂则主要发生在片层之间。此外,金属纳米多层膜的强化机制对其断裂模式也有一定影响。Zhu 等人[405]发现,层厚 10 nm 的 Cu/Ta 多层膜材料呈剪切断裂模式的行为,而层厚 250 nm 的 Cu/Ta 多层膜则为张开型断裂。这两种断裂模式分别对应界面阻碍强化和约束层滑移两种变形机制。由此可见,层状金属材料的力学性能和变形机制可通过多种内在、外在因素进行调控。

基于透射电镜的原位纳米力学测试为揭示多层膜材料的力学行为和变形机理提供了更系统的解决方案。大量研究表明,微纳尺度的层状金属材料的变形机制和力学性能受界面取向、界面结构等因素的显著影响。Radchenko 等人[396]利用悬臂梁弯曲试验研究了加载方向对 Cu/Nb 多层膜界面剪切强度的影响。他们发现,沿轧制方向(RD)和横向(TD)加载时界面的剪切强度截然不同,且断裂方式存在一定差异。An 等人[406]通过在 Ni 纳米线中加入 Au 元素的方式获得了 Ni/Ni-Au 层状纳米线结构。这种层状结构可以极大提高纳米线的强度。与块体多层膜类似，Ni/Ni-Au 层状纳米线的强度与多层膜片层厚度密切相关。当层厚减小到 10 nm 时，Ni/Ni-Au 层状纳米线的拉伸强度达到 7.4 GPa，约为同尺寸 Ni 纳米线的 10 倍；同时，纳米线的断裂模式也由纯 Ni 纳米线的剪切断裂转变为层状纳米线沿片层界面发生的正断[图 16-15(a)]。Liu 等人[407]利用原位纳米测试进一步研究了片层方向对 Cu/Nb 多层膜塑性变形行为的影响。沿界面方向（RD）和垂直于界面方向（ND）进行单轴拉伸时，Cu/Nb 多层膜均通过约束层滑移的方式发生塑性变形，然而裂纹扩展过程则存在明显差别。沿 RD 方向拉伸时，裂纹在扩展过程中会发生明显偏转[图 16-15(b)]，这是由于界面两侧滑移系的改变以及两侧金属变形能力的差异导致其裂纹在界面附近发生映射或钝化造成的。沿 ND 方向进行拉伸时，试样中较厚的 Cu 片层优先变形并发生颈缩，导致裂纹由样品边缘处形核并在铜片层内部扩展，最终快速贯穿试样[图 16-15(c)]。上述研究充分表明，界面取向对金属层状材料的塑性变形具有重要影响，导致层状材料的断裂行为呈现出明显的各向异性。一般而言，平行于界面加载时（RD 或 TD），界面对裂纹扩展有一定阻碍作用，有助于提高断裂抗力；而垂直于界面加载时（ND），裂纹倾向于沿界面扩展，导致快速断裂。

除片层厚度与取向外，界面本征结构也在一定程度上决定着层状金属材料的变形和断裂行为。鉴于材料微观结构的不均匀性和制备工艺的复杂性，层状金属材料中应存在多种不同的界面结构。Wei 等人[408]研究了交替叠层轧制的方式制备的 Cu/V 纳米多层膜材料，

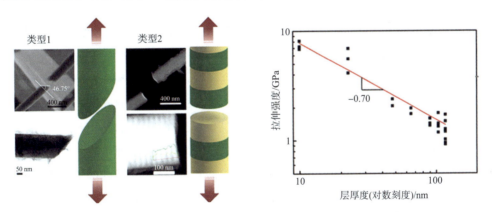

(a) Ni/Ni-Au 层状纳米线的拉伸断裂行为以及强度与层厚的关系[406]

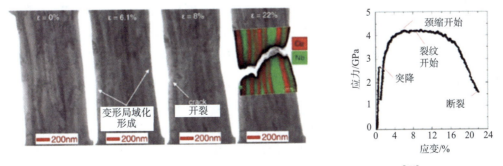

(b) Cu/Nb 金属多层膜沿平行界面方向的拉伸断裂行为与应力-应变曲线[407]

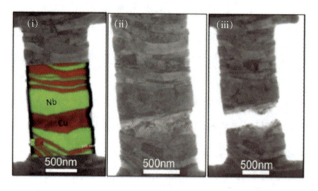 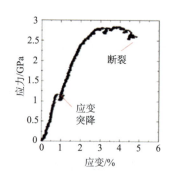

(c)Cu/Nb 金属多层膜沿垂直界面方向的拉伸断裂行为与应力-应变曲线[407]

图 16-15 微纳结构层状金属材料的变形机制

发现其中包含两种截然不同的界面。这两种界面分别为元素区分明显、界面两侧滑移系连续性较好的平直界面和具有一定宽度的界面过渡区[图 16-16(a)]。原位力学测试表明,Cu/V 纳米多层膜在不同界面处的变形和断裂行为差别较大。平直界面两侧的滑移系相对连续,裂纹可通过位错滑移穿越平直界面;这一过程中,裂纹扩展方向在界面处会发生偏转,从而对裂纹扩展起到一定的阻碍作用[408]。界面过渡区则对裂纹形成和扩展有明显的促进作用。随变形进行,微裂纹优先在界面过渡区处萌生,随后裂纹尖端的大量微裂纹与主裂纹合并,导致主裂纹沿微裂纹方向快速扩展,如图 16-16(b)所示[408]。界面过渡区诱发微裂纹的原因主要有:第一,界面过渡区两侧的滑移系连续性较差,导致在其两侧发生严重的变形不匹配,诱发应力集中和界面微裂纹;第二,界面过渡区与 Cu 片层的界面结合力较弱;第三,大量位错在界面过渡区反应、湮灭,形成了高密度的空位缺陷。此外,Hattar 等人[409]也直接观察了 Cu/Nb 多层膜的断裂行为,并对异质界面阻碍裂纹萌生的机理进行了分析。他们发现,异质界面可有效提高多层膜材料的断裂抗力,其中涉及的主要原因有:微裂纹形成可以减少主裂纹处的应力集中;界面对裂纹扩展具有偏转作用;单一片层的颈缩变形;裂纹尖端钝化等。Li 等人[410]利用原位纳米压痕的方式研究了 Al/Nb 多层膜中位错-界面的交互作用行为。他们发现,界面附近可存储大量位错,这些位错在加载过程中会通过攀移的方式沿界面运动。他们认为,界面处的位错攀移是由于界面处本身含有较高密度的空位缺陷,空位与位错之间的耦合作用可造成位错沿界面的攀移运动。由此可见,研究多层膜材料的变形与断裂机理时首先需弄清楚其界面结构,而基于界面结构调控多层膜的力学性能也需建立在对界面行为深刻理解的基础上。

需要指出,层状金属材料的原位纳米力学研究涉及的多层膜种类众多,包括 FCC/FCC、FCC/BCC、BCC/HCP、FCC/HCP、HCP/HCP、陶瓷/金属、金属/非晶等。研究人员通过调控片层厚度、调制比和试样尺寸对于纳米多层膜材料的强/硬度、塑性、强化机制等做出了大量分析。然而,目前的研究往往局限于特定多层膜材料的尺寸效应及其力学响应行为(由于

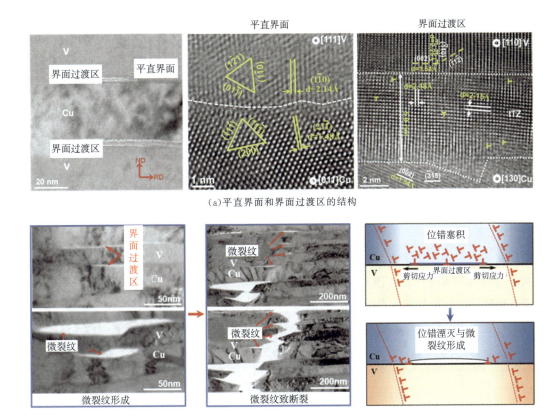

(a) 平直界面和界面过渡区的结构

(b) 主裂纹通过界面过渡区处形成的微裂纹发生快速扩展[408]

图 16-16 Cu/V 纳米多层膜的界面结构与裂纹扩展机制

体系繁杂,在此不做展开),并且通常将多层膜中的界面结构简单化为均匀的平直界面。然而,实际多层膜材料中的界面可能包含大量界面缺陷、非晶层、界面过渡区等结构。这些特征界面应广泛存在于多层膜材料中,但仅有零散报道。此外,相邻界面两侧的片层取向会受制备方式、界面位置等因素影响而存在差异,而层状材料整体的变形又依赖于各界面间的协调变形。因此,界面特征的改变也会对多层膜材料的服役可靠性产生一定影响。深入细致的界面结构分析和跨尺度的原位纳米力学测试相结合将为解决这些问题提供新方法和新思路。

# 第 17 章 复杂载荷下的力学原位电镜测试

材料的力学性能指标多种多样,通常可通过不同载荷下的宏观力学性能测试来获得,如拉伸、压缩、弯曲、疲劳等。受技术条件限制,微纳结构材料的原位纳米力学测试往往以拉伸、压缩等单轴载荷为主。目前,大多关于微纳结构材料力学性能和塑性变形行为的实验和理论研究均为单轴应力下材料结构与缺陷的动态表征,而学术界对微纳结构材料在复杂应力状态下的力学响应却鲜有涉及。鉴于材料服役环境的复杂性,学术界不断努力,开发出了若干复杂载荷下的原位纳米力学测试方法,如弯曲、剪切、疲劳等。在这些载荷下,材料往往会表现出有别于单轴载荷作用时的行为,甚至发生变形机制的转变。本章将重点论述基于透射电镜的弯曲、剪切和疲劳等原位纳米力学测试,阐明材料在复杂载荷条件下的塑性变形行为。

## 17.1 原位弯曲测试

微纳结构材料在原位拉伸与压缩过程中往往表现出"越小越强"的尺寸效应、缺陷表面形核、"位错匮乏"等变形特征[106,109];伴随试样尺寸减小,还会发生相应的塑性变形机制转变。研究人员利用 AFM 和 SEM 下的弯曲测试同样发现了微纳结构材料的超高强度与力学性能的尺寸、取向依赖性[111,259,411]。由于操作相对简单,AFM 和 SEM 下的原位弯曲测试被广泛应用于研究金属、陶瓷、半导体等微纳结构材料的变形、裂纹扩展和断裂行为。然而,表征手段的局限性也使得相关研究主要停留在试样的尺寸、性能和变形形貌的演化上,大多缺乏对弯曲变形和材料破坏机理的深刻认识,这里不过多叙述。基于 TEM 的原位弯曲测试在微纳结构材料的纳米力学行为研究中也有大量应用。韩晓东教授等人[260,288]开发了一种纳米级的原位弯曲方法。他们利用透射电镜 Cu 网上破裂的碳膜,通过电子束辐照的方法使碳膜发生卷曲,进而实现了原位弯曲加载下试样的原子级表征。利用该方法,他们系统研究了半导体和金属纳米线的弯曲行为[96,260,261,288,329]。Si、SiC、ZnO 等脆性材料在弯曲变形中可通过纳米线内的各种位错运动获得可观塑性应变[260,261,288]。弯曲初期,位错由拉伸表面上的原子台阶形成,通过位错的形核、运动、湮灭及其交互作用等过程来容纳一定的弯曲应变;弯曲应变进一步增加,位错在纳米线内部逐渐累积,导致明显的晶格畸变,最终诱发材料局部非晶化。值得注意的是,弯曲过程中纳米线的零应变轴会随应变量增加逐渐由压缩区域移至拉伸区域[260]。利用原位弯曲测试,Cheng 等人[412]则在 ZnO 和 p-型掺杂的 Si 纳米线中发现了远高于块体材料的独特滞弹性行为。这种滞弹性行为主要源于应力梯度诱发的点缺陷迁移。

原位电镜弯曲测试还被大量应用于其他功能纳米材料的研究,如碳纳米材料[413]、核-壳结构的纳米线[249]等。Kohno等人[413]发现,碳纳米带通常具有良好的抗弯曲性能。Liu等人[414]则发现,锂化后的碳纳米管在弯曲变形后会发生脆性断裂,这种脆性断裂主要源于碳纳米管层间插入的锂原子对C—C键的拉长作用。Wang等人[249]结合纳米压痕和原位弯曲试验,系统测量了LiSi合金的断裂韧性。她们发现,LiSi合金的断裂韧性随Li含量增加而逐渐提高,并表现出一定的脆性-韧性转变,该转变主要源于合金内部化学键的改变。Li含量较低时,Si—Si共价键主导着塑性变形,结合键断裂后不容易重新键合,因而试样整体表现出脆性断裂的行为;Li含量较高时,主要结合键转变为Li—Si、Li—Li键,且紧邻原子之间的化学键可以很容易地发生断裂、转动与重新键合,有助于塑性变形。

金属纳米线的弯曲变形则与脆性半导体纳米线完全不同,呈现出多种变形机制相互竞争与转变的行为。Yu等人[152]发现,Mg单晶纳米柱在弯曲作用下容易发生开裂,裂纹尖端由于较高的应力水平会激发大量变形孪晶;常规拉伸和压缩载荷下同样会诱发大量变形孪晶,但主要通过表面形核产生。Wei等人[183]对比研究了⟨112⟩取向W纳米线在压缩、拉伸以及拉伸+弯曲载荷下的塑性变形行为。沿⟨112⟩取向进行单轴拉伸或压缩时,W纳米线主要以位错形核、滑移发生塑性变形,大量位错形核诱发剪切带形成,导致结构损伤。然而,在拉伸应力与弯曲应力的共同作用下,W纳米线则可通过变形孪晶发生塑性变形,而孪晶是否发生主要取决于拉伸应力偏离试样⟨112⟩轴向的程度,表明非单轴应力加载会导致W纳米线的变形机制发生转变。这种转变是由弯曲载荷下孪晶面上最大切应力的分布发生改变所导致的,而弯曲载荷诱发的应力梯度会进一步促进变形孪晶的发生。弯曲应变的累积还会导致金属纳米线发生相变。王立华等人[96]利用原位弯曲在原子尺度研究了Ni纳米线的晶格演化行为。他们发现,Ni纳米线可发生高达34.6%的超高剪切变形,是Ni的理论弹性应变极限的四倍,且这种剪切变形在卸载后可完全恢复[图17-1(a)~(d)]。Ni纳米线的这种可逆剪切变形是通过连续的、渐次发生的局部晶格相变实现的[图17-1(e)]。弯曲应变下,初始的FCC晶格首先演变为BCT结构的晶格,随后又重新取向转变为新的FCC晶格[96]。这种相变诱发的超高弯曲应变与半导体纳米线中的晶格畸变和非晶化机制完全不同[260,261]。此外,金属纳米线的弯曲变形机制也受纳米线微观结构的影响。Wang等人[329]发现,弯曲应变量较小时,孪晶界平行于纳米线生长方向的Ni纳米线在原位弯曲中位错动力学行为表现出显著的孪晶尺寸效应。随弯曲变形量增加,少量晶格位错的形成和运动不足以协调Ni纳米线的弯曲变形,使得弯曲部位的局部晶格发生严重扭曲、最终垮塌,诱发由大量几何必需位错构成的晶界。弯曲应变进一步增加,几何必需位错构成的晶界已无法协调其两侧的取向差,而晶界附近局部塑性变形的累积也使得缺陷密度大幅提高,导致晶界附近的无序度增加,促使晶界附近的原子排布发生动态调整,重新形成局部有序化结构,最终使得晶界结构由小角晶界逐渐转变为大角晶界[415]。Chen等人[416]则对比分析了压缩和弯曲载荷对直径在 93～645 nm 间的金属玻璃微柱塑性变形的影响。他们发现，压缩载荷下金属玻璃主要通过不均匀形核的剪切带发生间歇性塑性流变，较大试样的变形主要受剪切带形核控制，而较小的试样则主要受剪切带扩展控制。由于原位弯曲带来的缺陷效应，较大金属玻璃试样中就会发生不均匀剪切至均匀塑性的转变。可见，加载方式会对材料的塑性变形机制产生重要影响，弯曲载荷诱发的不均匀应变分布和较高应变梯度有助于激发常规变形中不会出现的变形机制，进一步拓展了学术界对材料塑性变形行为的认识。

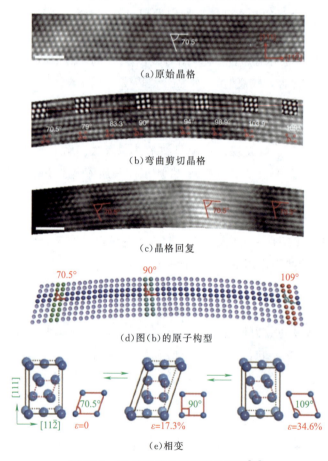

图 17-1　Ni 纳米线的可逆弯曲变形[96]

(a)～(d)为原位弯曲过程中的晶格演化；(e)为弯曲诱发的相变机制

## 17.2　原位剪切测试

剪切是块体材料力学性能测试的一种重要手段，然而在微纳尺度开展剪切测试尚存在一定挑战，相关研究相对较少。目前，原位剪切测试大多通过试样结构设计来实现稳定的剪切加载。Tang 等人[417]利用原位 SEM 研究了 2024-T3 铝合金的剪切损伤行为。通过在试样中引入预制网格并分析网格的变形情况,他们获得了试样表面结构损伤与剪切应力-应变状态的实时演化关系。剪切过程中,试样主要以微剪切带的形式发生变形。然而,由于该研究侧重于形貌分析,试样剪切过程中所涉及的微观变形机制仍不清楚。Mayer 等人[404]通过试样设计实现了 Al-SiC 纳米层状复合材料的稳定剪切加载[图 17-2(a)],并研究了 Al-SiC 纳米层状复合材料的尺寸效应。除常规的强度尺寸效应外,Al-SiC 纳米层状复合材料的剪切断裂机制也随层厚发生变化。层厚 50 nm 的试样在剪切过程中的断裂主要发生在界面附近[图 17-2(b)],而层厚 100 nm 左右的试样的剪切断裂则主要发生在片层之间。Wieczorek 等人[418]分析了预加载 Cu 单晶体的剪切变形行为。剪切过程中,Cu 单晶体会发生变形突变,这种突变主要由位错塞积造成。Zhu 等人[90,355]则通过巧妙的实验设计发展出了一种独特的原位纳米制备和剪切测试方法,在此基础上制备出多种包含不同类型晶界的金属纳米结构并研究了晶界的剪切变形行为。他们发现,晶界的剪切变形行为受晶界结构的显著影响。对⟨110⟩倾转晶界,位错型的⟨110⟩倾转晶界在剪切载荷下主要通过晶界位错的分解与滑移发生稳定的往复剪切变形,而其他的⟨110⟩倾转大角晶界则主要通过晶界阶错的形核、扩展与动态交互作用发生晶界往复迁移[图 17-2(c)]。总体来说,由于剪切加载较为困难,试样制备复杂,学术界对原位剪切测试的关注相对较少,但其在材料塑性变形行为尤其是界面变形机制研究中发挥着重要作用。

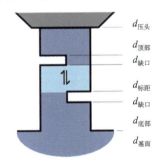
(a)通过试样设计实现原位剪切加载的示意图[404]

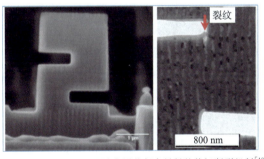
(b)层厚 50 nm 的 Al-SiC 纳米层状复合材料的剪切断裂机制[404]

(c)Σ11(113)晶界在循环加载过程中通过晶界阶错机制实现往复迁移[355]

图 17-2 原位剪切测试

## 17.3 原位疲劳测试

疲劳性能是工程材料十分重要的力学性能指标。材料在服役过程中会不可避免地经受各种载荷的循环作用,导致材料微观结构发生动态变化,形成微裂纹,进而使得材料/构件的承载能力下降,最终诱发灾难性事故。目前,工程材料的各种疲劳测试手段相对成熟,各种疲劳理论/模型已经系统建立。然而,疲劳损伤的微观机理有待进一步深入研究。近年来,原位电镜技术的发展为材料的疲劳断裂机理研究带来了新的机遇,并将疲劳研究的领域拓展至微纳结构材料中。目前,原位疲劳测试大多基于 SEM 开展,基于 TEM 的原位疲劳测试由于技术难度较大,研究相对较少。由于疲劳变形的影响因素众多,微纳结构材料的原位疲劳研究往往不成体系,本节仅做简要论述。

材料的疲劳可分为低周疲劳和高周疲劳。低周疲劳即应变疲劳,是材料或构件在接近或超过其屈服强度的循环应力作用下进行的循环变形,塑性应变的循环次数一般小于 $10^5$ 次;高周疲劳又叫应力疲劳,是材料在低于其屈服强度的循环应力作用下的循环变形,循环周次一般大于 $10^5$ 次。由于疲劳测试耗时较长,原位疲劳测试大多以低周疲劳的方式开展。循环变形过程中,疲劳裂纹往往源于材料中的奇异点或者不连续点。这些奇异点和不连续点既可位于材料表面,又可位于材料内部的缺陷、第二相、夹杂等位置。材料的疲劳与断裂一般可划分为疲劳裂纹萌生、疲劳裂纹扩展、快速断裂三个阶段。在循环载荷作用下,材料首先通过缺陷的形核、运动和累积在微观层面发生损伤,形成微裂纹;随后,微裂纹在每次循环过程中发生稳定扩展;当裂纹扩展达到临界长度后,材料或构件无法继续承受峰值载荷,导致快速断裂。从微观层面来说,第一阶段的疲劳裂纹萌生在某种程度上控制着无裂纹材料的疲劳与断裂。一般认为,位错等缺陷在循环载荷下会发生往复运动,大量位错共同作用可导致材料内部产生驻留滑移带(位错有序组合形成的结构),其宽度通常为几个微米[419-420]。块体材料发生疲劳时,驻留滑移带的形成往往会诱发试样表面沿驻留滑移带发生侵入和挤出,导致微裂纹产生。由于影响疲劳的因素众多,材料的疲劳形式和断裂机理复杂多样,可参阅专业书籍。

现代微电子器件中含有大量的微米/亚微米级元件。这些微纳器件及其组元在生产与服役过程中也会经受循环载荷的作用。但受组元尺寸和表面效应的影响,微纳结构晶体内部的缺陷在循环载荷下会发生快速湮灭,使得其内部发生"位错匮乏",不足以形成有序的高密度位错组织,使得驻留滑移带结构难以形成[421]。因此,微纳结构材料的疲劳行为与块体材料应存在一定差别。Sumigawa 等人[422]利用循环拉伸-压缩测试对比研究了 Cu 微米单晶与块体材料的疲劳行为。他们发现,块体材料中位错运动造成的驻留滑移带会在疲劳早期出现,随循环周次增加,驻留滑移带形成并在表面诱发挤出和侵入;而微米单晶则由于体积效应带来的较高的位错湮灭速率,在经历少量拉伸-压缩循环后就会在表面产生挤出和侵入,形成锯齿状的表面结构。图 17-3(a)为 Cu 微米单晶的疲劳变形行为。其表面在经历 1 个加载循环后即产生明显的不可逆滑移痕迹;3 个循环后,滑移带边缘处产生明显的挤出和侵入痕迹;最终,Cu 微米单晶在经历 7 个拉伸-压缩循环后就产生了明显的表面裂纹。Sumigawa 等人[423]还利用原位共振疲劳的方法研究了 Au 微米单晶的疲劳变形行为。他们发现,当加载位移量较低时(≤1 330 nm),试样的表面形貌和共振频率在经历 $10^7$ 次循环后才发生改变;位移量大于 1 330 nm 时,试样的表面形貌和共振频率则很快发生变化。由于尺寸强化效应,Au 微米单晶形成驻留滑移带的应力提高至 150 MPa,远高于块体材料的 23.4 MPa,且其滑移带宽度(约 15 nm)也远小于块体材料(>1 μm)[423]。Fang 等人[424]发现,晶体尺寸对 Au 单晶在循环变形中形成挤出和侵入的结构有重要影响。晶体尺寸大于 1 μm 时,Au 单晶形成挤出和侵入的临界应力较低,且挤出和侵入的宽度不随试样尺寸变化;小于 1 μm 时,Au 单晶形成挤出和侵入的临界应力显著增加,而挤出和侵入的宽度随试样尺寸减小而减小,呈现出明显的尺寸依赖性[图 17-3(b)]。应力幅对 Cu 单晶原位疲劳中形成的挤出与侵入具有重要影响,且裂纹形核存在一个临界阈值,高于该阈值,裂纹形核对载荷不敏感[425]。这些研究还表明,循环加载诱发的相互平行的滑移带是造成微米结构单晶体疲劳损伤的主要原因。受尺寸限制,块体材料中常见的驻留滑移带在微纳结构晶体中无法形成,而造成表面挤出和侵入通常为滑移引起的表面台阶。由于材料一旦发生塑性变形即会伴有大量位错滑移,这种循环变形行为也导致微纳结构晶体发生疲劳损伤的循环周次要远低于块体材料。此外,原位疲劳测试条件的差别也会造成材料疲劳行为的显著不同,因此分析不同疲劳数据(尤其是循环周次)时要充分考虑实验条件的可比性,尤其是对比块体材料的疲劳行为时。

包辛格效应(bauschinger effect)是金属材料的一种典型力学性质,指材料正向加载中发生应变强化导致其在随后的反向加载过程中发生应变软化(屈服极限降低)。循环加载中,周期性变形不可避免地会诱发某些材料产生包辛格效应,进而影响其疲劳行为[299]。Demir 等人[426]利用循环弯曲研究了 Cu 单晶悬臂梁的包辛格效应。Cu 单晶悬臂梁的屈服强度在反向加载中发生降低,且其随循环加载次数增加而不断减小。这种包辛格效可能源于两方面因素:首先,正向弯曲中产生的大量位错为反向加载提供有利的应力条件,导致材料软化;其次,正向加载产生的位错可作为易开动的变形载体,降低了滑移开动所需的能量,从而有利于反向加载下的变形,造成软化。Kiener 等人[427]在 Cu 单晶悬臂梁的循环弯曲中却发现,单晶 Cu 的包辛格效应随加载位移量的增加变得更加明显(图 17-4),但疲劳测试中却没有发现任何由循环加载引起的软化或硬化现象。Hou 等人[428]对比了不同循环应力下微纳尺寸单晶悬臂梁的响应。纯压缩-拉伸疲劳和纯弯曲疲劳中,单晶悬臂梁虽然都存在明显的尺寸效应,但其内在机理截然不同。压缩-拉伸疲劳中,"位错匮乏"效应在循环变形中起主导作用;而弯曲疲劳中,几何必须位错的动态行为影响着疲劳变形。由此可见,微纳尺寸金属单晶体疲劳过程中的硬化/软化现象与加载方式有关,且其疲劳行为也表现出一定的尺寸效应。

除位错滑移诱发的疲劳裂纹外,循环应力下位错在多晶体内运动会受到晶界的阻碍作用,进而在界面处发生位错塞积和应力集中,经长期动态作用可诱发界面开裂。大量研究表明,块体材料中疲劳裂纹是否在界面处萌生受多种因素控制,包括界面自身性质、驻留滑移带与界面的交互作用、相对取向等[429]。原位疲劳测试也揭示了微尺度多晶金属的疲劳行

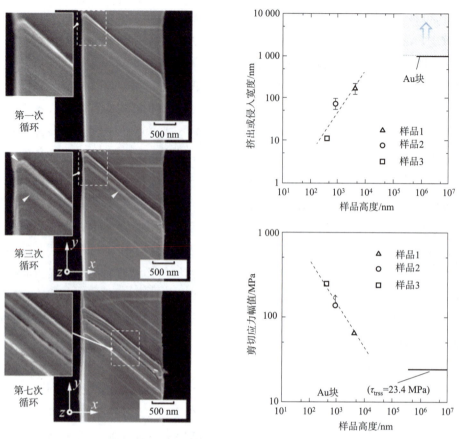

(a) Cu 微米单晶在疲劳载荷下的表面挤出、侵入与裂纹形成[422]　(b) 晶体尺寸对 Au 单晶循环变形中形成挤出和侵入的影响[424]

图 17-3　亚微米金属单晶的疲劳行为

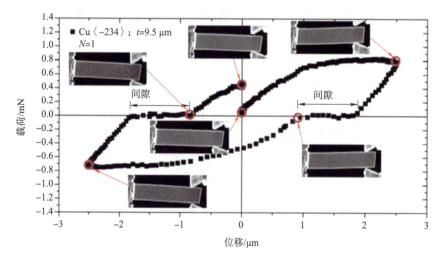

图 17-4　Cu 单晶悬臂梁在加载-卸载过程中的包辛格效应[427]

为。Chen 等人[430]从几何必需位错和应变梯度的角度研究了多晶 Cu 在循环加载下的尺寸效应,发现几何必需位错对多晶 Cu 的疲劳应变分布具有较大影响。微电子和微机电系统中,金属薄膜被广泛用于互连线和功能部件中。器件工作时,由于金属薄膜与基底之间的膨胀系数存在差异,电流热效应会造成金属薄膜的循环受力。由于大量高能晶界,纳米晶材料的结构稳定性相对较差,在外加载荷尤其是循环载荷下容易发生晶粒长大[431],造成结构损伤。鉴于其对微纳结构可靠性的关键影响,纳米晶薄膜材料的疲劳行为获得了一定研究[432]。Schwaiger 等人[433-434]分析了 $SiO_2$ 基底上 Cu、Ag 薄膜的疲劳响应。他们发现,Cu 薄膜不会发生块体材料中常见的驻留滑移带,循环后 Cu 薄膜与基底界面处的缺陷会导致表面挤出[433];Ag 薄膜中的疲劳裂纹则主要发生在界面孔洞处,并表现出一定尺寸效应,即薄膜越薄,疲劳缺陷越少[434]。Gabel 等人[435]利用悬臂梁弯曲疲劳发现,Cu 纳米晶薄膜在循环载荷下发生的表面挤出现象会诱发局部晶粒长大。Bufford 等人[436]通过改进 TEM 纳米压痕方法来研究 Cu 纳米晶薄膜的疲劳行为,并利用正弦波加载(频率 1~300 Hz)进行 18 万周次的原位循环测试。疲劳过程中,裂纹从薄膜表面形核并扩展至试样内部,裂纹尖端发生明显的晶粒长大现象(图 17-5)。也有学者基于 MEMS 拉伸装置实现了金属薄膜的原位疲劳加载。Hosseinian 等人[437]利用该装置研究了 Au 纳米晶薄膜的疲劳裂纹形核行为。拉伸-拉伸循环中,纳米晶薄膜局部区域发生晶粒长大;在最大拉应力 0.95 GPa 下,薄膜经 7 000 次循环后发生断裂。Kumar 等人[438]则发现,Al 纳米晶薄膜在经受大小为静态断裂强度约 80%的正应力 $1.2 \times 10^6$ 次循环作用后,仍未表现出任何疲劳损伤和晶粒长大的迹象。基于实验观察,他们认为,位错滑移诱发裂纹形核的经典疲劳裂纹形核机制在 Al 纳米晶薄膜中不再适用,使得 Al 纳米晶薄膜未发生疲劳损伤。纳米晶薄膜疲劳行为的非原位研究中,研究人员还发现,孪晶可辅助纳米晶薄膜在循环载荷下发生晶粒长大,晶粒长大通过孪晶顶端的非共格孪晶界迁移实现[431]。需要指出,由于疲劳裂纹对试样结构、表面形貌、测试方法、加载方式等相对敏感,不同研究人员开展原位疲劳测试所采用的方法和试样差别较大,可能会导致纳米晶材料呈现出多样化的疲劳行为。

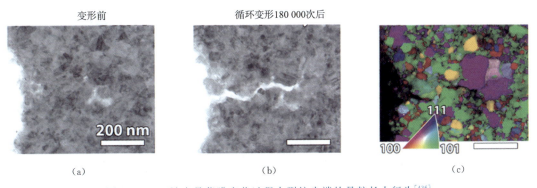

图 17-5 Cu 纳米晶薄膜疲劳过程中裂纹尖端的晶粒长大行为[436]

孪晶界在循环加载下也会发生开裂。循环过程中,位错塞积诱发孪晶界两侧变形不匹配,进而导致界面两侧形成弹性各向异性与应力集中,诱发孪晶界处的裂纹萌生。孪晶界在循环加载过程中是否开裂主要取决于孪晶界与位错的交互作用,具体的影响因素有疲劳模式、取向、层错能、滑移模式、孪晶界两侧的施密特因子差等[439-442]。李琳琳等人[300,443-445]则利用原位压缩疲劳系统研究了Cu双晶体中孪晶界的疲劳变形行为。图17-6为以共格孪晶界为唯一内界面的铜双晶体的疲劳裂纹行为。可以看出,共格孪晶界在较大的取向范围都倾向于发生孪晶界开裂。当孪晶界接近平行或垂直于加载方向时,疲劳裂纹优先沿滑移带形核;当疲劳裂纹与加载方向成一定角度时,位错和孪晶界的交互作用容易诱发孪晶界开裂,且孪晶界上的裂纹形核仅需经历较少的循环周期。对非共格孪晶界[444],剪切带在循环加载中可以滑移穿过非共格孪晶界;同时,非共格孪晶界伴随局部位错运动也会发生迁移,避免了应力集中带来的孪晶界开裂,从而在一定程度上提高了非共格孪晶界的抗疲劳开裂能力;相反,滑移带在大量位错的交互作用下会优先发生疲劳开裂。需要指出,大量孪晶界存在时,试样内的位错滑移会受到明显阻碍。因此,多个孪晶界与单一孪晶界之间的疲劳行为可能存在一定的差别[301],后续的原位疲劳测试可重点关注。

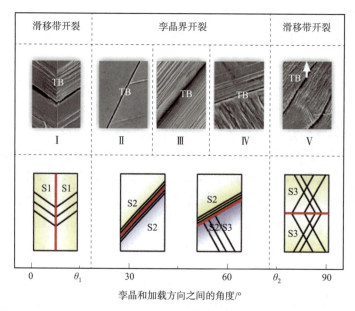

图 17-6　包含单一孪晶界的 Cu 双晶体的疲劳开裂机理[300]

注:上半部分为疲劳开裂行为,下半部分为相应滑移系示意图。Ⅰ和Ⅴ区内,疲劳裂纹优先沿滑移带形核;Ⅱ和区域Ⅳ内,疲劳裂纹优先由孪晶界形核。

纳米线在柔性器件和可穿戴设备中具有广阔的应用前景,而使用过程中的往复变形也使得纳米线及其器件的疲劳行为获得一定关注。由于相关研究较少,这里仅简单介绍。Lee等人[95]发现,[110]取向的Au纳米线的拉伸变形以变形孪晶为主,压缩变形以位错滑移为主。拉伸-压缩循环中,Au纳米线在拉伸阶段同样以变形孪晶的方式进行变形,但反向加载时却发生退孪晶,没有出现单轴压缩时的位错滑移现象;继续循环加载,纳米线以孪晶-退孪晶的形式发生疲劳变形[图 17-7(a)]。同样,Mg 纳米柱的循环变形也可通过单一孪晶界的往复迁移进行,单个加载周期中 Mg 纳米柱通过孪晶长大-退孪晶的动态过程发生循环变形[199]。Wang 等人[446]报道,低应变幅循环加载下,Al 单晶亚微米柱内部的高密度位错会逐渐被驱逐出试样,使得试样内部的缺陷密度大幅降低,由于位错匮乏,试样的强度得到一定提高[图 17-7(b)]。Zhu 等人[90,355]则发现,Au 双晶体纳米线在剪切循环作用下可通过晶界迁移发生循环变形。小角晶界在循环剪切中主要以晶界位错分解和往复运动发生可逆迁移,大角晶界则主要通过晶界阶错的形核、扩展与动态交互作用发生晶界往复迁移。Qin 等人[332]和 Bernal 等人[336]分别研究了五重孪晶 Ag 纳米线在拉伸加载-卸载中的可逆变形行为和包辛格效应。Qin 等人发现,五重孪晶 Ag 纳米线在拉伸加载中会发生应力松弛,在卸载过程中则发生塑性应变的恢复,但同样尺寸的 Ag 单晶试样则不发生这种变形行为[332]。这种可逆塑性主要源于五重孪晶 Ag 纳米线内不全位错的形核、扩展和回缩。Bernal 等人则发现,直径小于 120 nm 的五重孪晶 Ag 纳米线在加载-卸载中会产生一定的包辛格效应,其卸载后塑性变形仅发生部分恢复[336]。他们认为,这种行为是由五重孪晶结构和可逆位错的交互作用造成的。此外,纳米线构成的网状结构可进一步避免应变集中诱发的单根纳米线损伤,有效提升了微纳结构材料的疲劳抗力。Hwang 等人[447]利用原位 TEM 研究了不同密度 Ag 纳米线网络的循环弯曲行为。由于变形导致的纳米线之间的机械焊合,密度最低的纳米线网络在循环加载初期即发生变形抗力的显著下降[图 17-7(c)中的蓝色曲线],继续循环加载导致纳米线发生疲劳损伤;随纳米线密度增加,网格初期的疲劳抗力降低程度减小,弯曲循环中纳米线网格表现出良好的疲劳抗力[图 17-7(c)中的红色和黑色曲线]。除金属纳米线外,单智伟等人[448]还研究了金属玻璃微柱试样的压-压疲劳。试样表现出良好的疲劳变形能力,其疲劳极限可达到块体试样的 110%;然而,循环变形可诱发试样发生局部晶化。疲劳过程中,预制缺口处的表面逐渐粗糙化,导致裂纹成核以及裂纹尖端处的局部晶化。随后循环中,裂纹尖端处形成的纳米晶体逐渐生长,并通过桥接裂纹的方式来阻止裂纹快速长大。值得注意的是,微纳结构材料原位疲劳测试的循环次数往往较少,一方面是由于所加循环应力或应变较大,另一方面则是由于试样尺寸较小,由此导致少量缺陷的形核和湮灭即可诱发微纳结构材料发生明显的结构损伤或形状变化。因此,开展原位疲劳实验的设计时要考虑这方面因素。尽管目前微纳结构材料的原位疲劳测试仍存在诸多挑战,学术界的前期探索丰富了我们对微纳结构材料疲劳行为的认识,为其安全设计提供了理论支撑。

工程材料的原位疲劳测试主要基于 SEM 的疲劳测试开展。钢铁材料、铝合金、高温合金等获得大量关注,在此仅以高温合金为例简要介绍。Ma 等人[449]发现,定向凝固的 DZ4 镍基高温合金表面再结晶层在 350 ℃下会产生穿晶裂纹,与之前报道的沿晶裂纹完全不同;再结晶层的局部结构对裂纹形成和长大存在一定影响,碳化物既可作为裂纹源又可阻碍疲劳裂纹扩展,而孪晶界对疲劳裂纹扩展存在明显阻碍作用。Zhao 等人[450]发现,FGH96 PM 高温合金在高温下的疲劳裂纹形成和扩展速率要远高于室温,造成该现象的原因在于疲劳

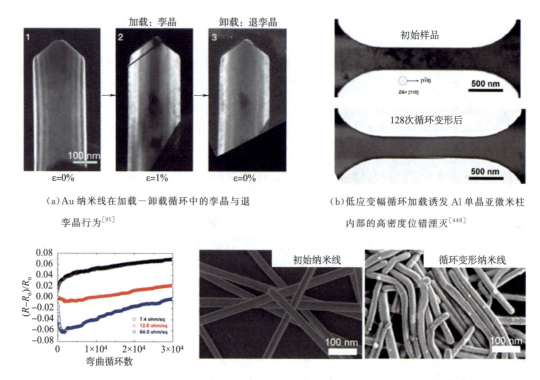

图 17-7 微纳结构材料的循环变形行为

过程中的氧化。Zhang 等人[451]对比了[001]和[111]两种取向镍基单晶高温合金的疲劳行为。他们发现,位错滑移是诱发室温下疲劳裂纹萌生的主要因素,但 650 ℃高温下 I 型裂纹的形成则占主导;裂纹形成后,裂纹尖端的位错滑移可促进形核裂纹的长大。Liang 等人[452]克服了高温下原位力学测试的难题,实现了 1 000 ℃下的原位疲劳测试,并研究了镍基单晶高温合金在室温至 980 ℃温度范围内的疲劳裂纹长大行为。低温区(25～400 ℃),疲劳裂纹宏观上沿非晶体学面进行扩展,微观上则表现出裂纹扩展第二阶段的典型特征;中温区(400～700 ℃),疲劳裂纹宏观上沿晶体学面扩展,微观上则表现为裂纹扩展第一阶段的特征;温度升高至 800 ℃和 900 ℃时,裂纹沿晶体学面扩展的模式逐渐减弱,但在 980 ℃下裂纹沿晶体学面扩展的比率却反常增加。这种裂纹扩展模式的改变是由不同温度下位错运动和所激活的滑移系所决定的。

需要指出,工程合金的疲劳行为往往较为复杂,受测试条件和测试环境的影响较大。原位纳米力学测试中的真空环境和非标准试样带来的影响可能会改变试样的疲劳行为,实际疲劳测试中的环境气氛和氧化也会使得材料的疲劳行为与电镜中的真空测试有较大差别。因此,尽管学术界对大量工程材料开展了原位疲劳研究,相关研究对工程材料的实际疲劳行为的指导意义有待进一步验证。

# 第18章 多场耦合和环境条件下的力学原位电镜测试

前面详细论述了近年来原位纳米力学测试在材料力学行为研究中的重要应用,但相关研究大多在室温、真空等理想条件下开展。实际材料的真实服役环境往往复杂多样,材料的变形与断裂机制也受外界条件的影响而呈现出不同的行为。因此,常规条件下的原位力学测试并不能完全反映材料在服役条件下的真实力学行为。另一方面,微纳结构材料在电子工业、能源、催化、生物工程等领域中的广泛应用受其结构稳定性的影响,服役条件造成的微纳结构材料结构改变会在很大程度上影响微纳器件的可靠性。因此,有必要在接近材料真实服役环境的条件下开展原位纳米力学测试。学术界通过长期积累,在原位纳米力学测试的基础上进一步引入了复杂的环境条件,如温度、电场、电化学场、环境气氛等,以期研究材料在近服役条件下的力学响应。多场耦合加载和环境条件共同作用下,材料往往会表现出与以往不同的性质与变形机理。深入研究材料在多场耦合和环境条件下的形变与损伤行为,一方面有助于深化学术界对材料特性的认识,另一方面也为新材料开发和损伤控制提供了重要支撑。因此,原位纳米力学测试与特殊外场、环境相结合已成为当前材料研发的重要手段。

## 18.1 温度条件下的力学原位电镜测试

温度是影响材料塑性变形的重要因素。随温度变化,相的稳定性、缺陷的临界形核应力、缺陷运动的晶格阻力都会发生改变。位错动力学行为的改变导致不同变形机制之间发生动态竞争,调控着材料的力学行为。低温下,位错运动能力逐渐降低,使孪晶、相变等塑性变形机制被激活;高温下,元素扩散/原子迁移能力显著提升,会诱发扩散、蠕变等机制参与塑性变形。因此,材料在温度和应力共同作用下会呈现出一些新的变形特征。过去,研究温度-应力耦合对材料的影响主要是通过离位观察材料服役后的结构开展。例如,高温合金中,科研人员通过对比高温蠕变前后的相结构、位错组态、断口形貌等来间接地认识合金的高温形变行为。这种离位的研究方法仅能提供材料变形与损伤后的部分结构信息,而与材料损伤、断裂密切相关的显微结构与缺陷的动态演化行为仍不清楚,给研究工作带来了一定的困扰。近年来,不同温度条件下的原位纳米力学测试已取得长足进展[453]。然而,受温度精确控制与测量、热漂移、高温下的应变/应力高精度测量、测试系统的高温稳定性等多方面因素影响，微纳尺度下的原位力-热耦合测试仍存在较大挑战。

精确控制样品温度首先需要保证温度分布均匀或温度梯度可控。宏观尺度下，实现样品均匀加热相对简单，且宏观试样的力学响应受单一缺陷的影响较小。微纳尺度下，由于较小的体积，单一缺陷的运动即可诱发试样产生明显的力学响应，试样几何结构的不均匀性以及由此导致的局部温度波动会进一步放大这种影响，使得测试结果发生改变。应变或力传感器的温度变化也会导致测量结果的误差。受温度场的不均匀性和接触压头/夹头的影响，试样中往往存在一定的温度梯度，这种温度梯度也会影响试样的力学性能和塑性变形，尤其是温度梯度较大时。例如，Karanjgaoka 等人[454]发现，与均匀加热的样品相比，非均匀加热样品中的温度梯度会诱发试样内产生应变局部化，导致屈服强度和极限强度显著降低。即使在单轴载荷下，高温区的局部塑性变形也会诱发试样的不均匀形变，对测量结果造成影响。

除温度的精确控制与测量外，加热导致的试样漂移和热电子溢出也是影响原位力-热耦合测试的重要因素，尤其是成像质量。大多数材料的热膨胀系数约为 $10^{-6}$/K。如果样品台和样品的热膨胀系数不同，温度变化会在试样中产生额外的力学载荷。此外，厘米级样品中，温度变化引起的材料膨胀将在数十或数百纳米量级，由此引发的试样漂移会在一定程度上影响电子显微镜的成像效果。成分分析时，由于信号获取需时较长，漂移造成的影响会更加显著。另一方面，热电子溢出会对入射电子造成干扰，严重影响高温下的成像质量。研究表明，选择热膨胀系数较小的样品台、精确控制温度梯度、抑制热电子溢出等手段有助于减轻热漂移带来的干扰。Chen 等人[455]在 MEMS 芯片的基础上设计了基于 TEM 的原位加热拉伸装置，在 500 K 下获得了良好的测试结果。张泽院士、韩晓东教授、张跃飞教授等人[456]则通过样品台结构设计有效克服了上述问题，自主开发了基于 TEM 和 SEM 的原位高温拉伸实验平台，最高温度达 1 423 K，可用于研究镍基单晶高温合金在近服役条件下的变形与损伤行为。此外，样品、压头和样品台需要有较好的化学稳定性，在真空和高温下不能挥发或发生化学反应，否则将导致测量结果不准确。

目前，温度条件下的原位纳米力学测试主要通过三种方法实现，包括宏观测试方法的小型化、基于纳米压痕的微压缩、基于微纳器件的原位力-热耦合测试。Kang 等人[457]在 *In situ thermomechanical testing methods for micro/nano-scale materials* 一文中系统总结了这三类方法的发展历程和优缺点，并列举对比了不同原位力-热耦合测试中所用到的样品台、试样结构、加载条件、测试温度、载荷分辨率等。通常，宏观测试方法的小型化常与 SEM 耦合使用，温度测量通过热电偶进行，最高温度可达 1 200 ℃，测试过程中可引入多种不同的气氛环境，但其主要缺点在于试样尺寸相对较大、分辨率较低，多用于分析试样的宏观应变梯度和变形形貌等行为。基于微压缩的力-热耦合测试主要在 SEM 开展，最高温度约 800 ℃，试样结构灵活可调，可用于研究晶粒内的变形与位错滑移行为。基于微纳器件的原位力-热耦合测试则主要结合 SEM、TEM 开展，可在较高分辨率下研究材料内部缺陷的动力学行为(某些情况下甚至可达到原子级分辨率),但该方法也存在相对温度较低、芯片和试样制备困难、操作复杂、实验成本较高等问题。Barnoush 等人[453]通过大量例证分析了原位纳米压痕高温测试不同设计方案在样品尺寸、温度范围、实验可操作性、测量分辨率等方面的优缺点与挑战,可参阅学习。此类方法可在-140~1 000 ℃内实现微纳结构试样的原位力-热耦合测试。需要指出,试样越小、温度越高,原位测试所面临的设备稳定性、温度梯度、热漂移、化学稳定性等问题越突出,这些问题对测试试样和压头材料均有影响,导致测试结果的可靠性和重复性降低。

材料在不同温度下的力学行为与变形机制是原位纳米力学领域的研究重点。针对该问题,学术界主要从微观机理和工程应用两方面开展研究。微观机理研究主要聚焦于温度对尺寸效应、变形机制、材料性能等的影响。温度变化显著影响着微纳结构材料的塑性变形机制,进而改变着材料的性能和尺寸效应的表现形式。很多学者利用原位高温力学测试研究了试样尺寸对单晶 Si 脆性-韧性转变温度的影响[458-461]。Si 微米柱在室温下表现出明显的脆性行为,随温度升高发生脆性-韧性转变,但强度明显降低[460,462],如图 18-1(a)所示;试样尺寸的减小导致单晶 Si 发生脆性-韧性转变的温度低于块体单晶 Si,高于 773 K 时,微米级单晶 Si 薄膜的杨氏模量略有降低[459]。悬臂梁断裂实验也表明,Si 悬臂梁在 573 K 高温下的塑性变形能力大幅提高,损伤抗力提高,在断裂过程中表现出裂纹分支和裂纹稳定扩展的现象[463],其裂纹扩展与位错运动密切相关[464]。500 K 以上变形时,位错运动能力明显提升,裂纹尖端位错发射诱发的背应力会使裂尖的应力强度增加,进而对 Si 在高温下的韧脆转变产生影响。对尺寸更小的 Si 纳米线,温度对塑性变形能力的影响更加显著[461]。室温下,Si 纳米线通常表现出线弹性行为,发生脆性断裂;温度升高至 399 K 的临界温度后,Si 纳米线的塑性变形能力提高,表现出一定的延展性。Cheng 等人[265]在 295~600 K 的温度范围内对直径小于 100 nm 的 Si 纳米线开展定量化的原位拉伸测试。随温度升高,Si 纳米线在单轴应力下发生脆性-韧性转变,其临界转变温度与纳米线直径密切相关。直径越小,Si 纳米线发生脆性-韧性转变的临界温度越低;高温下,尺寸越小,Si 纳米线强度越低,表现出一定的尺寸软化行为。温度对其他脆性晶体的尺寸效应和变形能力存在同样的影响。尺寸 1~5 μm 的 LiF 微米柱在室温下压缩没有明显的尺寸效应;随温度升高(298~523 K),微米柱的强度显著降低[图 18-1(b)],尺寸效应却愈发明显,尺寸效应强化指数越高[图 18-1(c)][465]。这种高温下产生的尺寸效应主要由不同温度下的晶格阻力、林位错硬化、单臂位错源行为等变形机制相互竞争诱发。室温下,晶格阻力和林位错硬化占主导,导致尺寸效应较弱;高温下,几种机制的贡献相当,尺寸效应逐渐变得明显。由此可见,温度是影响脆性材料脆性-韧性转变和尺寸效应的关键因素。

温度还会显著改变原子键的强度和原子的扩散能力,直接影响微纳结构材料尺寸效应的表现形式。Cheng 等人[265]的研究已经表明,随温度升高,Si 纳米线会由室温下的尺寸强化转变为高温下的尺寸软化。对单晶金属微柱或悬臂梁(如 Cu),其在高温(如 673 K)下变

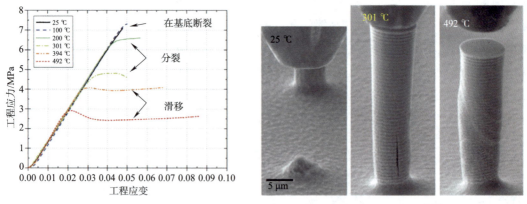

(a) ⟨100⟩取向的 Si 微米柱在不同温度下的应力-应变曲线与典型的失效模式[460]

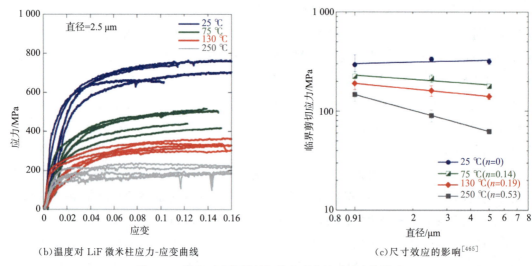

(b) 温度对 LiF 微米柱应力-应变曲线

(c) 尺寸效应的影响[465]

图 18-1　温度对脆性材料塑性变形和尺寸效应的影响

形时,室温常见的应变硬化逐渐消失,且变形应变相对集中地发生于若干临近的滑移系中[466]。25~400 ℃的给定温度下,Cu 微柱的尺寸效应对温度并不敏感,但微柱的屈服强度随温度升高稍有降低[467]。引入纳米孪晶结构可在一定程度上提高 FCC 金属纳米柱高温稳定性和力学性能[468]。这些结果为评估纳米孪晶金属的高温稳定性提供了重要依据,有助于设计开发热稳定的金属纳米材料。

除 FCC 金属外,BCC 金属的高温力学性能也获得了大量关注。由于 BCC 金属相对复杂的位错核结构、较高的晶格阻力以及由此带来的较低位错运动能力,其在温度条件下的变形行为,尤其是尺寸效应,与 FCC 金属存在一定差别。Xu 等人[469]对 BCC 结构的 Li 微米柱进行高温(363 K)压缩发现,温度升高后 Li 微米柱的尺寸效应反倒变得更加显著,且同样表现为幂指数关系,但试样的屈服强度只有室温下的三分之一[图 18-2(a)]。同样地,直径 0.3~5 μm 的 Mo 纳米柱在室温下的尺寸强化效应较为微弱,远低于 FCC 金属;但在 500 K 下,其尺寸效应变得愈发明显,趋于与 FCC 金属相当[470]。研究认为,温度对 BCC 金属尺寸效应强弱的影响源于螺位错运动能力的改变。Abad 等人[170]通过直径 0.5～5 μm 的 Ta 与 W 的微米柱进行高温压缩验证了这一观点。400 ℃下,这两种 BCC 金属均表现出应变硬化速率增加的趋势和较强的尺寸效应[图 18-2(b)],达到与 FCC 金属类似的程度,且尺寸较小的微米柱在高温下的变形更为均匀。图 18-2(c)所示为不同尺寸 Ta 纳米柱的变形形貌。他们认为,温度对尺寸效应的影响主要源于位错运动能力的改变。高温下,螺位错运动能力提升,导致单臂位错源在微纳结构 BCC 金属的塑性变形中发挥的作用更加显著。由于单臂位错源的大小和激活应力与试样尺寸密切相关,因此尺寸对试样强度的影响愈加明显。此外,这种高温下的尺寸效应受初始位错密度、不同 BCC 金属晶格阻力的影响也会存在一定差异。可以看出,微纳尺度的 BCC 金属与 FCC 金属的高温力学行为及其尺寸效应存在一定差别,这种差异主要源于晶格阻力、位错结构和位错动力学行为的显著不同,尤其是其随温度的变化程度。需要指出,在针对微纳结构金属材料尺寸效应的研究中,开展纳米力学测试的温度与试样熔点相比往往相对较低,使得温度对扩散、蠕变等塑性变形机制的影响并不显著。更高温度下,若原子扩散被大量激活,材料的塑性变形将由扩散机制主导,可能会诱发尺寸效应的其他表现形式,如尺寸软化或强度饱和等现象。

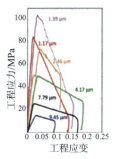
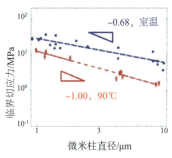

(a)Li 微米柱的应力-应变曲线与尺寸效应[469]

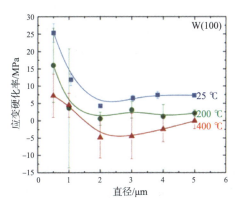
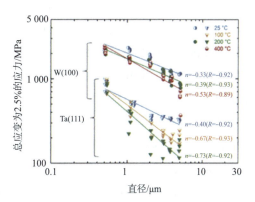

(b)W 微米柱在不同温度下的应变硬化行为以及 W、Ta 微米柱的尺寸效应[170]

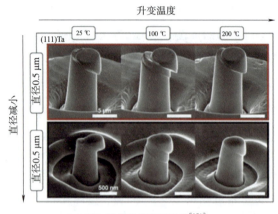

(c) Ta 微米柱的变形形貌[170]

图 18-2　BCC 金属在高温下的尺寸效应

温度降低会提高 BCC 金属中位错形核应力和位错滑移的晶格阻力，降低位错的可动性，位错动力学行为的改变同样会对低温下的尺寸效应造成影响。Lee 等人[471]对比了 400～1300 nm 的 Nb 与 W 纳米柱在室温和 165 K 下的力学行为与尺寸效应。低温下，试样的屈服强度增加，应力-应变曲线呈现出更多的应变突变，但其本就较弱的尺寸效应却进一步降低。这种现象主要受 BCC 金属中晶格阻力随温度降低而提高的影响，导致位错动力学行为发生改变，尤其是螺位错的运动能力降低。Hagen 等人[472]研究了直径 1 μm、单滑移取向的 α-Fe 在室温和 198 K 下的变形行为。[$\bar{2}35$]取向 Fe 纳米柱的强度随温度降低增加明显，且表现出较高的加工硬化，这种行为主要取决于运动能力较差的螺位错；而[$\bar{1}49$]取向的纳米柱由于相互对称的滑移系开动，抑制了大量位错的产生，导致强度呈现出较弱的温度依赖性。Yilmaz 等人[473]对比分析了[001]取向、直径 200～5000 nm 的 Fe、Nb 和 V 纳米柱在 296 K 和 193 K 的力学行为。同样，这些 BCC 金属在低温下的尺寸强化效应逐渐减弱。室温下，三种金属随尺寸减小均呈现出典型的指数强化行为，尺寸强化指数约为 −0.6；低温下，三种金属的尺寸强化效应均减弱，尺寸强化指数约为 −0.3。Giwa 等人[474]则研究了直径 400～2000 nm 的 FCC/BCC 双相 $Al_{0.7}CoCrFeNi$ 高熵合金纳米柱在 295 K、143 K、40 K 下的尺寸效应。所有测试温度下，FCC 和 BCC 两相的纳米柱均表现出"越小越强"的指数强化行为，但 FCC 纳米柱的强化指数随温度降低而减弱，而 BCC 纳米柱的指数强化行为随温度降低几乎保持不变。此外，两类纳米柱在低温下的加工硬化速率均降低，且应力-应变曲线上发生更多的应变突跳，这种行为受低温下位错热激活困难和较高的晶格阻力控制。

对比 BCC 金属在不同温度范围内的尺寸效应可以发现，微纳结构材料尺寸效应的强弱程度主要取决于其在变形温度下的缺陷动力学行为。材料的缺陷动力学行为与变形温度密切相关，微纳结构材料中更是如此。由于缺陷形核是热激活过程，温度的改变必然会对缺陷的临界形核应力造成影响。为揭示微纳结构材料中位错形核的动力学机制，Chen 等人[44]利用原位高温力学测试研究了无缺陷 Pd 单晶纳米线（直径 30～110 nm）的力学性能，并分析了应变速率、尺寸、温度的影响。在纳米尺度下,位错表面形核是主导纳米线塑性屈服的主要机制,其位错的形核应力受到温度的强烈影响,但与尺寸和应变速率的相关性则较弱[图 18-3(a)]。该结果直接证实了位错形核受热波动控制,表明表面扩散是位错剪切形核的重要限制因素。Xie 等人[46]则通过大量测试,系统构建了 Al 纳米柱(尺寸 150~1 000 nm)在 25~400 ℃温度范围内的变形机制图[图 18-3(b)]。总体而言,Al 纳米柱的塑性变形机制随温度和试样尺寸变化而发生转变。给定试样尺寸,存在某一临界温度 $T_c$,当变形温度高于 $T_c$ 时,试样中的主导变形机制将由位移型的位错和孪晶运动(宏观表现为塑性变形的不连续性和应变突跳)向扩散型变形机制(宏观表现为连续塑性流变和蘑菇状压缩形貌)转变;给定温度,存在某一临界尺寸 $D_c$,小于临界尺寸时试样通过扩散型变形机制发生塑性流变,表现出"越小越弱"的行为,与常见的尺寸强化效应相反。该变形机制图与块体材料在高温下的变形机制图类似[475],明确了材料在特定条件下的主导变形机制以及变形机制转变的临界条件,为微纳结构材料的应用提供了理论支撑。高温力学测试中还会诱发扩散主导的晶界滑动和位错攀移[476]、相变[477]等变形机制,导致试样呈现出多样化的变形行为。

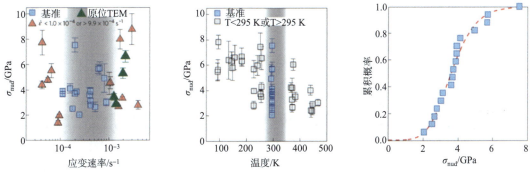

(a)无缺陷 Pd 单晶纳米线位错形核行为与应变速率、尺寸、温度的关系[44]

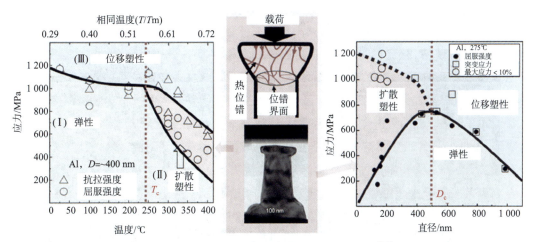

(b)Al 纳米柱在 25~400 ℃温度范围内的变形机制图[46]

图 18-3 金属纳米结构在高温下的变形机制

鉴于高温材料的重要应用价值,高温条件下的原位力学性能测试在工程合金中也获得了学术界和工业界的广泛关注。Clark 等人[478]利用原位 TEM 高温力学测试研究了 Al 合金中的位错-析出相交互作用。位错穿越析出相时,入射位错会与析出相-基体间的界面位错发生反应,随后晶格位错从析出相颗粒逃逸同时诱发界面结构的改变,进而影响随后的位错-析出相交互作用。Boehlert 等人[479]发现,轧制态的 ZA31 镁合金在高温环境下变形时各向异性明显下降。Lu 等人[480]利用高温力学测试研究了 IN718 高温合金在 455 ℃下的断裂机制。他们发现,高温拉伸过程中碳化物是主要裂纹源,而低周疲劳下的主要裂纹源则是碳化物或孪晶;随晶粒尺寸减小,合金的低周疲劳寿命增加。Petrenec 等人[481]利用弹性-塑性循环加载研究了 Inconel 713LC 合金在 635 ℃下的低周疲劳行为。他们发现,拉伸半周中发生的表面浮凸主要是由大量滑移台阶诱发的;在随后的压缩半周中,位错发生反向滑移;多次循环后,驻留滑移带处的循环应变集中诱发合金产生疲劳裂纹。张泽院士、张跃飞教授团队利用自主研制的高温拉伸实验平台,成功实现了 0~2 200 N 的稳定加载并在 1 150 ℃的温度范围内获得了高质量的图像[19]。利用该系统,他们研究了多种高温材料的塑性变形和断裂行为,并取得系列进展[19]。750 ℃下 Inconel 740H 高温合金中滑移系的启动能垒和晶界强度均降低,合金的塑性变形能力反而升高;但合金的屈服强度与力学性能明显下降,意味着微裂纹更易从晶界处萌生并扩展[482]。进一步研究镍基单晶高温合金在 1 150 ℃下变形时,微裂纹优先在冶金缺陷的孔洞边缘处形核、长大;持续加载时,裂纹尖端的扩展会绕过 γ′相,并在 γ 基体相中进行,最终发展成主裂纹(图 18-4)[456]。此外,原位高温拉伸与 EBSD

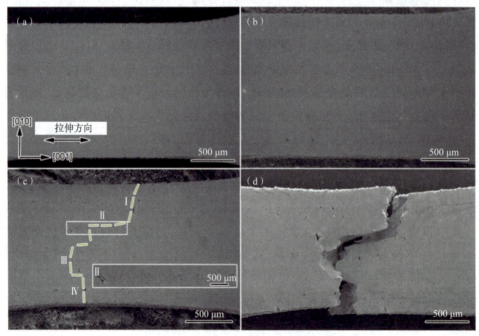

图 18-4　镍基单晶高温合金在 1 423K 原位拉伸过程中的形变形貌[456]

技术相结合,还可同步揭示高温、应力耦合作用下塑性变形过程中微观组织和晶界的演变以及晶粒中取向的变化。该系统还可在 SEM 中引入一定的氧,用于研究高温合金在服役条件下的氧化行为[483]。

## 18.2 气氛环境下的力学原位电镜测试

材料在实际服役过程中往往暴露于各种气氛环境,载荷与环境共同作用会诱发材料发生环境断裂或应力腐蚀。自然环境中,氢作为最小、最轻的原子可以说是无处不在。材料服役过程中,氢很容易扩散进入材料内部,对材料的物理、化学性质造成影响。金属材料中,氢含量较低时,溶质氢在应力诱导下会逐渐向裂纹尖端扩散、富集,导致材料的塑性和断裂韧性显著降低,这种氢致脆化被称为氢脆;当氢浓度超过一定临界值,则会进一步造成材料的不可逆氢损伤,包括氢鼓泡、氢致裂纹、高温高压氢蚀、氢化物、氢致马氏体相变等[484,485]。

早在 1874 年,有学者已发现了铁的氢脆现象[486],然而这一现象并未得到足够重视。二战时期,战舰、飞机等由于氢脆诱发的灾难性断裂事故大量发生,使得氢对材料的影响引起了科研人员的广泛关注。中科院金属研究所李薰院士在氢脆的早期研究中扮演着关键角色。氢脆和氢损伤造成的材料断裂和事故往往是灾难性的,因此如何预防这类事故一直是人们关心的重要问题。目前,学术界关于氢对不同材料的影响已开展大量研究[487],但该领域仍有许多难以解释的现象,且不同研究中常常出现矛盾性的结论。氢脆和氢致损伤微观机理的缺失导致相关研究结果的普适性受限,需要深入至微观领域探究氢对材料微观结构的影响。环境电子显微镜的发展为这一领域带来了新的生机。宏观现象与微观机理的结合,有助于深化人们对宏观氢脆现象的理解,最终建立工程材料服役的氢脆诊断模型和预防模型。

利用环境扫描电镜对材料进行微悬臂梁弯曲和原位拉伸是研究氢气氛对材料断裂行为影响的有效方法。Lu 等人[488]利用该方法分别研究了 CoCrFeMnNi 高熵合金在空气与水蒸气下的断裂行为。相比于真空环境下良好的塑性与延展性,悬臂梁在氢气氛下沿着(001)方向发生了明显的脆性断裂,这是由氢对位错的钉扎作用以及氢气氛促进缺陷形成这两种机制诱发微裂纹萌生和扩展导致的[488]。Deng 等人[489]对 $Fe_3Al$ 和 FeAl 两种材料开展同样实验发现,氢的存在会大幅降低材料的最大承载负荷,导致材料的断裂韧性显著降低。Wan 等人[490,491]则分别在真空与氢等离子气体气氛下开展了金属材料的拉伸测试。他们发现,铁素体合金的断裂过程中,氢等离子气体的引入会导致试样延伸率下降 5%,伴有试样断裂行为由韧性向脆性转变[490];氢环境下的低频率循环加载实验中,铁素体试样的裂纹扩展速率提高了约一个量级,且循环加载频率与裂纹扩散速度正相关[491]。

环境透射电镜下的氢脆研究在更微观的层面为这一领域提供了缺陷动力学行为的更多认知。Birnbaum 课题组早在 1986 年就利用环境透射电镜下的原位拉伸测试开展氢气氛下材料塑性变形的微观机理研究[492,493]。他们设计了两种方案：一种是在恒定拉伸速率下引入氢气氛，观察位错运动速度的变化；另一种是先通过拉伸产生位错，待样品达到平衡态、位错停止运动时，再引入氢气氛，观察氢对静止位错的影响[598,599]。两组试验均表明，氢气氛的引入会导致位错运动速率增加，去除氢气氛后该现象可逆，位错运动停止。此外，氢气氛对位错运动的影响与材料结构和位错类型无关，而是取决于材料纯度和氢气压[494,495]。Birnbaum等人[496]同样在氢环境下观察了HCP金属的断裂行为。由于局部应力的差异，钛合金试样表现出两种断裂形式：应力较低时，氢化物在裂纹处成核、生长，钛氢化合物的存在降低了裂纹尖端的局部应力强度，合金的断裂形式表现为钛氢化合物的脆性断裂；应力较高时，断裂方式表现为在氢辅助下的局部塑性断裂，试样发生塑性流变的应力在高浓度氢气氛的影响下同样降低，且位错运动速度增加。两种机制中，氢都起到了降低应力大小的作用。断裂方面，Birnbaum等人[497]发现，氢气氛的引入会导致试样的断裂模式由穿晶断裂转变为沿晶断裂，且不同材料中均存在类似的转变行为。Birnbaum课题组及其合作者基于其开发的研究方法研究了多种金属在氢气氛下的力学行为，为探究氢脆的微观机理提供了重要支撑。Ferreira等人[498]也采用类似方法分析了310s不锈钢和高纯Al中氢对位错的作用。他们首先利用原位拉伸在样品中产生一定数量、可供观察的位错，随后在恒定载荷下通入氢气氛。随着氢含量增加，不锈钢内部的位错逐渐靠近，间距变小；高纯Al中，位错运动倾向于向晶界靠近；上述两过程均表现出一定的可逆性，随着氢气氛的去除而逐渐恢复。计算表明，不锈钢在氢环境下的局部层错能下降了19%[499]，这是由于氢的存在减少了位错间的弹性相互作用，增强了位错可动性。氢的存在还会抑制位错的交滑移，这种行为是可逆的，位错的交滑移在氢含量降低后又可恢复[500]。

为排除氢气氛产生的压力差的干扰，Bond等人[501,502]使用相同气压的惰性气体或者水汽重复实验，没有观察到在氢环境下发生的位错运动现象。他们认为，氢环境下位错迁移率的增加和流变应力的降低都来自环境中氢的作用。Bond等人还分别在真空、干燥的氢气氛与潮湿的氢气氛下分别观察了纯Al样品中的裂纹扩展情况[502]。他们发现，氢的存在并不改变试样的断裂方式，但会降低裂纹扩展所需的应力，这与Lu等人[488]的研究结果相吻合。当然，这仅仅排除了气压对测试结果的影响。也有学者认为，Birnbaum课题组所使用的方法无法给出试样的应力-应变曲线，也没有办法排除氢气氛对于拉伸样品杆本身的影响，因此测试结果的准确性受到了一定的质疑。为进一步定量研究氢对位错运动的影响，单智伟教授团队结合环境透射电镜和原位定量力学测试设计了悬臂梁弯曲、单轴压缩及循环压缩三种实验来研究氢气氛下的位错行为[503,504]，通过不同条件下的应力-应变测试相对精确地排除了氢气氛对样品杆和力学性能测试的影响。结合FIB加工和机械退火的方法，他们制备了只含有少量长位错的Al单晶纳米柱[图18-5(a)]，并针对同一根位错在有、无氢气氛的环境下分别进行循环压缩实验。定量测试表明，氢对Al单晶纳米柱中的位错运动有非常明显的钉扎作用，氢气氛下位错启动的临界应力大大提高，然而脱离氢气氛后，位错会随着氢含量的减小而逐渐恢复连续性运动的能力。他们认为,氢对位错运动的这种阻碍作用是由氢和空位结合生成的含氢空位与位错交互作用导致的。Koyama 等人[505]进一步观察到,位错在脱氢过程中可发生较长距离(高达 1.5 μm)的运动,位错运动的驱动力源于氢在晶界偏聚诱发的较高应力集中。Takahashi 等人[506]也在单倾样品杆的基础上自主研发了一种环境单倾拉伸样品杆,并且研究了纯 Al 在氢环境下的裂纹扩展行为,分析了氢环境导致的位错重构现象。也有很多学者尝试通过计算模拟的方法预测氢气氛对材料的影响[507]。研究发现,氢的存在会降低铁中的位错迁移率[507],会抑制裂纹尖端的位错发射,从而导致铁发生韧脆转变[508],在某种程度上与单智伟教授团队的研究结果吻合。值得注意的是,这些模拟中并未发现氢可能改变位错间距的证据,对 Birnbaum 课题组提出的氢屏蔽作用提出了质疑。

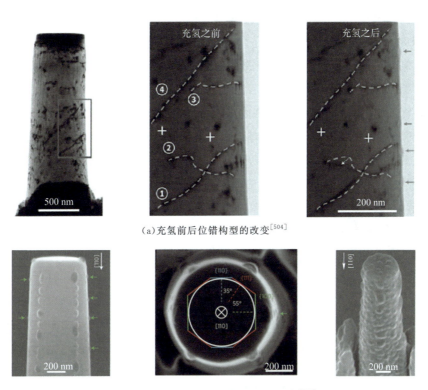

(a) 充氢前后位错构型的改变[504]

(b) 高浓度氢暴露导致 Al 纳米柱表面鼓包[509]

图 18-5　充氢对 Al 纳米柱结构的影响

除对位错运动的影响外,过高浓度的氢暴露还会导致材料发生不可逆的氢损伤,包括氢鼓泡、氢致裂纹等。单智伟教授团队利用原位环境电镜系统研究了氢富集在 Al 单晶表面诱发的氢鼓泡行为[图 18-5(b)][509,510]。他们发现,氢容易在表面氧化层与基体的界面处发生富集并导致界面弱化,随后 Al 原子的表面扩散会在金属侧诱发微孔形成,微孔通过 Wulff 重构形成具有一定刻面的结构;微孔的形貌和长大速率与试样的晶体学取向密切相关;当微孔长大至一定程度后,内部气体压力足够高,会诱发表面氧化层发生鼓包[509]。在原位加热条件下,这种氢鼓泡行为更加显著,试样经氢暴露仅几分钟后即可发生金属-氧化层界面的显著损伤;温度高于 150 ℃时,界面处微孔的长大发生逆转,通过某些微孔的缩小与湮灭形成若干巨大的微孔。这一过程中,空位扩散、沿界面的长程扩散和氢-空位复合体的分解扮演着关键角色。充氢同样会导致非晶合金的结构和力学性能发生变化。研究发现[511],充氢后的 Cu-Zr 金属玻璃内中程有序的特征尺寸变大,从而抑制灾难性的局部不均匀剪切,而多重剪切带的形成和扩展使得塑性变形变得更加均匀、可控,而这一转变中,金属玻璃的强度却并未受到明显影响。由此可见,充氢导致的结构不均匀性可在一定程度上调控金属玻璃的结构和塑性变形能力。除氢气环境外,他们还研究了二氧化碳环境与高能电子束辐照下 Mg 合金腐蚀产物的转化行为[512,513]。Mg 合金纳米柱表面的非致密氧化镁层在气氛和辐照的共同作用下会发生碳化,形成光滑、致密的 $MgCO_3$ 保护层。原位压缩测试表明,这种 $MgCO_3$ 保护层与 Mg 合金具有非常好的黏附性,塑性应变高达约 23%时保护层也没有发生脱落。由于保护层的约束效应,Mg 合金纳米柱的屈服应力几乎可以达到未处理试样的两倍。

由于环境效应对材料力学行为的影响较为复杂,原位纳米力学测试的技术难度较大,且尺寸效应和表面效应的影响会导致实验结果有别于块体材料中的行为。未来,结合宏观手段和微尺度测试来建立材料的环境力学行为-微观组织演化-缺陷动力学机制之间的跨尺度关系,有望进一步推动本领域的发展。另一方面,当前的大多研究主要针对基于块体材料的试样,微纳结构材料的环境响应行为获得的关注较少。Yin 等人[514]发现,充氢后的 Ag 纳米线强度提高,但塑性显著降低。这主要是由于氢可以抑制纳米线中的位错形核,而且表面位错与氢之间存在一些不均匀的相互作用。需要指出,该实验的充氢过程是在电镜外通过电化学离位充氢进行的,而不是引入氢气氛。此外,制样方法(聚焦离子束加工、化学合成等)带来的试样初始结构(空位密度)、表面结构(截面形状、表面台阶等)差异也会对材料的力学响应产生一定的影响。总体而言,学术界对微纳结构材料环境变形的关注相对较少,其在环境条件下的力学响应行为尚存在诸多问题值得探讨。

## 18.3 辐照损伤与材料的力学行为

入射电子与试样的交互作用在基于电子显微镜的原位纳米力学测试中不可避免,由此诱发"辐照损伤"。辐照损伤源于试样原子接收入射电子能量而发生的位移。这种损伤会诱发位错环、层错等缺陷,造成化学键的破坏与重整,或诱发相变等[515],最终导致材料的各种物理化学性质发生改变。原位纳米力学测试中,通过合理控制电子束的剂量可以使材料的辐照损伤忽略不计。尽管辐照损伤须尽力规避,但其本身依然不失为一个有价值的研究课题。一方面,电子束辐照可以辅助产生或加速某些原位转变过程;另一方面,材料在辐照下也会诱发某些性质的转变。

电子/离子辐照对材料造成的损伤主要有辐照分解(radiolysis)、撞击损伤(knock-on damage)与溅射(sputtering)、电子束加热效应(electron-beam heating)等几种。

辐照分解:指电子在非弹性散射过程中主要通过电子-电子相互作用将部分能量传递给样品原子的外层电子。金属材料由于其良好的电子传导能力几乎不发生辐照分解。然而,半导体或绝缘体由于电子传导能力较差,局域受激发电子的振动使原子键变得不稳定,诱发断键和原子位移,最终导致局部的长程有序结构被破坏[516]。对于陶瓷、矿物以及大多数聚合物来说,辐照分解是限制其开展原位测试的一个重要因素[517],利用碳或石墨烯等导电薄膜包覆样品能在一定程度上减少辐照损伤。

撞击损伤与溅射:当入射电子接近或撞击原子核时,入射电子可能会把大部分能量转移到原子上,使原子产生偏离晶格的位移,形成点缺陷(Frenkel 缺陷),即撞击损伤。若原子从材料表面逸出,称之为溅射。通常,引起表面原子迁移所需要的能量阈值较低[518],因而溅射更易发生[519]。若电镜加速电压较大,撞击损伤或溅射在原位测试中将不可避免[520]。

电子束加热:非弹性散射过程中,入射电子传递给样品的大部分能量最终会通过电子-声子相互作用转化为热,使得样品温度上升。金属和其他良导体中,电子束加热效应在常规电镜条件下几乎可以忽略[521];但绝缘体或者半导体中,电子束加热造成的升温有可能导致其发生相变[522]或分解[523]。

一般认为,金属材料在常规电子束辐照下的力学行为不会发生本质上的改变。然而,随着研究的深入,人们发现,金属在电子束辐照下的变形行为与不受电子辐照时存在一定差别,电子辐照能在一定程度上提高金属的塑性变形能力。Sarkar 等人[524]研究了不同电子辐照条件下厚度(80~400 nm)、晶粒尺寸(50~220 nm)各异的 Al、Au 薄膜的循环变形行为。电子辐照下,金属薄膜能够通过应力松弛的形式来缓解其在循环加载过程中的机械硬化效应。由于入射电子能量低于撞击损伤阈能,两种金属在实验中的升温均可忽略不计。因此,该现象被认为是由电子非弹性散射所引起的位错活化与去钉扎(depinning)导致的。

电子辐照不仅可以激活位错运动,还能通过协调金属表面氧化层的黏性流动来影响金属的变形行为。Li 等人[525]系统地研究了电子辐照和应变速率对 Al-4Cu 合金单轴拉伸行为的影响。随着应变速率的降低,电子辐照可显著增强拉伸样品的塑性变形能力,某些试样的均匀伸长率甚至可以超过 60%,远大于无电子辐照时的 21.3%[图 18-6(a)]。这一现象主要由辐照下表面非晶氧化层及其与金属基体之间的界面行为控制[图 18-6(b)]。一方面,界面处的结构混乱区容易诱发位错形核,导致金属的屈服强度降低;另一方面,非晶氧化层在辐照下可以通过较低应变速率的黏性流动发生变形,但在较高应变速率下则相对容易发生剪切变形,这就造成样品在电子辐照下的变形行为对应变速率相对敏感。金属材料这种受电子辐照和非晶外壳所共同调控的变形行为在 $Ag/Al_2O_3$ 核壳结构的纳米线中也得到验证[526]。

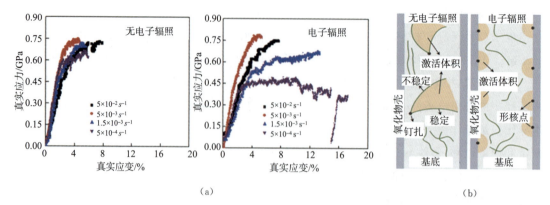

图 18-6　电子束辐照对 Al-4Cu 合金纳米柱应力-应变曲线(a)和变形机制(b)的影响[525]

辐照损伤对共价晶体和离子晶体力学行为的影响与金属材料完全不同。辐照作用下，共价键与离子键容易发生断键与重整，改变共价晶体和离子晶体的局部结构，进而影响其力学性能。例如，典型的共价晶体 Si 在 TEM 的电子辐照下会发生局部非晶化[262,527]，辐照诱发非晶区的 Si—Si 键不断发生断裂和重组，使得脆性的硅发生一定的塑性伸长，甚至获得较高的延伸率[527]。离子晶体(如 NaCl[528]、$Li_2O$[529] 等)的延伸率通常较低，但在辐照作用下可展现出良好的延展性，其塑性伸长可高达 280%。Kim 等人[530]认为，电子束辐照能促进离子晶体发生扩散蠕变，提高蠕变速率。纳米线表面和内部的原子扩散能力的提升有助于抑制裂纹形核，进而提高脆性纳米线的变形能力。电子辐照也会诱发辐照分解，改变氧化物的弹性模量。SEM 原位测试中，氧化锌锡(ZTO)纳米线(直径 250 nm)经 2 h 的持续电子辐照 ($5×10^{-2}$ A·$cm^{-2}$)后，杨氏模量提高了约 40%，且杨氏模量的增量与辐照时间存在正相关关系[531]。由于 SEM 的电子加速电压较低，电子束影响 ZTO 结构的主要机制还是辐照分解。它通过引发原子断键，产生一定浓度的点缺陷，造成局部原子配位数降低。伴随原子配位数减小，键长缩短，键能提高，造成杨氏模量增大。

晶体材料中，辐照损伤通过影响位错等缺陷的形成与运动来改变晶体的力学行为。非晶体材料中，多面体原子团簇和自由体积取代了晶体中的长程有序结构，狭义的位错缺陷不复存在，但其力学行为依然受电子辐照影响。Zheng 等人[252]发现，无定形二氧化硅($a$-$SiO_2$)在电子束辐照($<1.8×10^{-2}$ A/$cm^2$)下更容易发生塑性变形，表现出良好的延展性。Spiecker 等人[253]则发现，中等剂量($4.3×10^{-4}$~$9×10^{-2}$ A/$cm^2$)的电子束辐照会使 $a$-$SiO_2$ 颗粒变得更为致密，随后在无电子辐照的原位压缩试验中，$a$-$SiO_2$ 颗粒展现出更高的杨氏模量和屈服应力；反之，若力学试验在辐照条件下进行，$a$-$SiO_2$ 的屈服强度将大大降低，而塑性变形能力提高(图 18-7)。$a$-$SiO_2$ 薄膜的原位拉伸过程中也会发生类似辐照诱发塑性的行为[532]。辐照也会使非晶硅($a$-Si)纳米悬臂发生缓慢的连续蠕变，有别于与无辐照下的间歇性蠕变[533]。Ebner 等人[534]则在高能电子束辐照下对 $Ti_{45}Al_{55}$ 金属玻璃薄膜样品进行了单轴拉伸试验。利用原位电子衍射，他们发现，恒定应力作用下，$Ti_{45}Al_{55}$ 金属玻璃试样中的弹

性应变水平随电子束辐照时间增加而发生变化。该过程中,电子辐照和应力载荷的共同作用导致金属玻璃发生"回春"(由低能量向高能量状态转变)和结构弛豫(由高能量向低能量状态转变),二者之间的竞争主要取决于外加应力的变化程度及其所经受的应力/辐照历程。这两种截然不同的变化导致金属玻璃内部产生结构不均匀性,进而影响金属玻璃的弹性行为。高能离子束诱发的金属玻璃"回春"主要体现在可动体积(flexible volume)和结构无序度的增加,这主要源于电子束辐照撞击损伤带来的局部软化,局部可动体积的变化则与金属玻璃的弹性不均匀性直接相关。由此可见,辐照可诱发不同非晶体的塑性变形能力显著提高,这种影响主要源于原子键在电子束辐照下不断发生断裂、旋转与重组,大量原子键的频繁转换使得非晶体材料内部结构发生动态改变,导致局部软化或塑性流变,使得非晶体产生相对均匀的塑性变形。

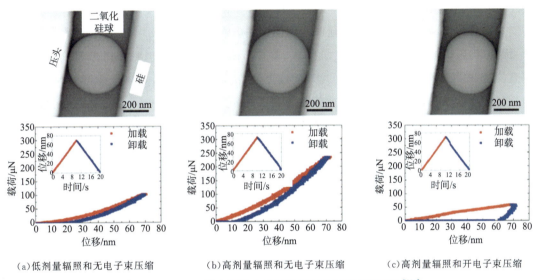

图 18-7　$a$-SiO$_2$ 纳米颗粒在不同辐照条件下的压缩响应[253]

除电镜环境外,辐照损伤也广泛存在于核用材料和空间材料的服役过程中。评估辐照损伤后或辐照作用下材料的力学响应对关键材料的安全服役具有重要意义。学术界和工业界一方面针对辐照后材料的结构损伤开展大量研究,另一方面也尝试在 TEM 中引入其他离子(如 Kr 离子、He 离子等)来研究材料的辐照损伤行为[535-537]。目前,学术界在辐照诱发材料结构损伤、辐照作用下的缺陷演化、辐照诱发缺陷-界面交互作用、辐照作用下的力学性能等方面已取得一定进展。普渡大学 Xinghang Zhang 教授等人发现,纳米孪晶金属中的高密度孪晶界(包括共格孪晶界和非共格孪晶界)在吸引、传输和吸收辐照损伤缺陷中发挥着重要作用,显著提高了纳米孪晶金属的抗辐照性能[302,338,538];辐照损伤诱发的大量缺陷(氦泡和层错等)改变了孪晶界的结构,这些缺陷的存在有助于钉扎孪晶界,导致辐照后的纳米孪晶金属发生显著强化[539]。韩卫忠教授等人在 He 离子辐照后材料的变形机制和尺寸效应方面也取得系列成果[37,38,540]。通常情况下,He 离子注入产生的气泡会聚集在金属块体内部,尤其是在位错、析出相和晶界处,导致材料脆化[541]。通过界面设计和尺寸约束,可以有效解决气泡对材料的侵害作用。例如,在 Cu-Nb 纳米多层膜复合材料中,相同辐照后的 Cu {112}⟨110⟩//Nb {112}⟨111⟩ 界面相比纯 Cu 晶界,在捕获空位后并未产生损害晶界机械完整性的空洞;当各层厚度降至 40 nm 以下时,由于空位剥蚀区的重叠和 Cu 晶界的减少,Cu 层中也将不再出现由辐射引起的空洞[542]。而亚微米级的单晶 Cu 在经 He 离子辐照后内部会产生大量纳米级的 He 气泡,近邻 He 气泡在合并、长大前可作为位错发射源和剪切变形的障碍,促进了位错驻留。同时,He 气泡造成材料的结构不连续,减少了位错的平均自由程,容易诱发位错湮灭,导致位错匮乏,在一定程度上激发了高于致密材料的强度和拉伸延展性。关于辐照损伤对微纳结构材料的影响,Xinghang Zhang 教授在 *Radiation damage in nanostructured materials* 一文中已做系统总结[543],请参阅。

总体而言,金属材料受电子束辐照产生的损伤影响较小,但电子束仍可通过改变缺陷的动力学行为来影响其力学性能。共价晶体、离子晶体与非晶体受辐照损伤影响较大。应当注意的是,电子束辐照对这些材料的影响具有一定的时效区别性,具体来说可分为两类:一类为辐照时的影响,即材料在辐照时会发生明显"软化",表现出易拉、易压、易蠕变的高塑性特征;一类为辐照后的影响,即材料在辐照后变得更为致密,发生"硬化",表现为致密度和弹性模量的增加。因此,在基于电子显微镜的原位纳米力学测试中,我们一方面要警惕辐照损伤带来的测试结果失真和结论谬误,另一方面也可利用电子束辐照进行纳米材料的加工成型,使之为微纳结构材料的性能调控发挥积极作用。

## 18.4　其他环境下的力学原位电镜测试

微纳结构材料在微电子器件、能源、催化等领域的广泛应用也使其在电学、化学、电化学、催化等环境下的力学行为获得关注。应用过程中,微纳结构材料内会发生离子迁移、相变、晶格扭曲等,诱发内应力,导致缺陷形成和损伤破坏。学术界通过长期努力,将(环境)电子显微镜与各类测试方法相结合,发展出不同的原位多场耦合测试方法用于研究微纳结构材料的服役行为,不但推动着微纳结构材料结构-性能关系的建立,也有助于其设计开发。能源领域,以锂离子电池为代表的储能装置应用广泛,但锂离子的循环嵌入和脱嵌会诱发电极材料形变或发生破碎,影响电极材料的使用寿命。为深入理解电池材料的电化学反应和损伤机理,Huang 等人[544]和 Wang 等人[545]率先发展了基于 TEM 的开放式纳米电池来研究单一电极材料的电化学反应和损伤行为。该纳米电池由单根纳米线(负极)、离子液体(电解质)、钴酸锂(正极)构成。随后,Liu 等人[546]基于液态纳米电池的构型,将正极置换成锂金属,其表面自然氧化形成的 $Li_2O$ 可作为固态电解质导离子,由此构建了固态纳米电池的构型,在此基础上发现了 Si 电极的各向异性膨胀、原子尺度界面反应机制、电极碎化的尺效应等重要现象[546-548]。Wang 等人[549]将固态纳米电池的构型进一步推广至钠离子电池体系。Kushima 等人[550]进一步发展了原位电化学-纳米力学测试耦合技术,并发现锂化后的 Si 纳米线杨氏模量和拉伸强度显著降低,塑性变形能力提高。He 等人[551]和 Zhang 等人[552]进一步将环境电镜、原位 TEM 电化学测试和 AFM 探针耦合,分别研究了 Li 枝晶在环境和应力条件下的生长行为和力学性能。这些方法可直观揭示电池材料的电化学反应机制、相变机制、缺陷行为、体积膨胀、损伤破碎等,极大推动了电池材料的设计与开发。多场耦合下的原位测试在功能纳米材料的物理化学性能和服役行为研究中也有着重要应用[553]。这些原位多场耦合测试拓展了学术界对微纳结构材料结构-性能关系和服役行为的认识,有助于微纳结构材料的结构调控和性能优化。

# 第19章 力学原位电子显微技术对材料科学的影响和机遇

## 19.1 力学原位电子显微技术对材料科学的影响

力学原位电子显微技术是连接材料显微结构、塑性变形机制和宏观力学性能与损伤断裂的桥梁,从基础理论和工程应用的多个方面推动着材料科学的蓬勃发展。

首先,力学原位电子显微技术丰富和发展了传统的位错理论与塑性变形机制。传统位错理论指出,位错通常通过晶粒内部的 Frank-Read 源发生不均匀形核或通过原子剪切发生均匀形核,而界面(包括晶界、孪晶界和相界面等)对位错滑移的强烈阻碍,将直接影响材料的力学性能,即我们常说的 Hall-Petch 效应。随着原位纳米力学技术和原子尺度模拟的快速发展,人们逐渐认识到材料在微纳尺度下的变形行为与宏观块体材料存在本质区别。大量研究表明,随着材料尺度的减小,Frank-Read 源的连续开动受到强烈的几何约束,位错形核机制逐渐转变为单臂位错源机制和表面形核机制[110],同时材料内部的不同变形机制之间也会发生动态竞争,导致微纳结构材料呈现出独特的力学性能和变形行为。位错动力学行为方面,Caillard[177]利用力学原位电子显微技术从实验上观测到,室温下纯 Fe 中螺位错的运动十分困难[图 19-1(a)],说明了螺位错滑移过程中需要克服更大的点阵阻力,验证了 Hirsch 提出的 BCC 晶体中螺位错的平面位错核结构,揭示了 BCC 晶体变形过程中表现出复杂取向依赖关系的原因;针对 W、Mo 等难熔 BCC 金属中的合金软化行为,Caillard[554]利用 W-8%Re 合金在 100 K 和 300 K 下原位研究了 Re 元素造成软化的微观机制,螺位错容易在 Re 原子附近发生扭折并形成超级割阶,位错线在割阶附近可通过弯曲化绕过割阶继续变形,因而并不会对试样造成明显硬化;Wang 等人[167]发现,BCC 金属中,尺寸效应带来的高应力会诱发理论上不可能发生的反孪晶位错滑移,使得 BCC 金属的孪晶-反孪晶不对称性在微纳尺度发生失效;Yu 等人[57]结合力学原位电子显微技术和精细的位错核心结构表征发现,纯 Ti 中微量的氧原子会与螺位错核心发生短程交互作用,阻碍位错的运动,因此可产生显著的形变硬化[图 19-1(b)];Baikia 等人[555]利用环境电镜发现,环境中的氧会对 α-Ti 中的位错滑移产生明显影响,环境中氧含量较高时位错滑移受到明显钉扎。变形孪晶机制方面,Liu 等人[200]发现,HCP 金属中最常见的 $\{10\bar{1}2\}$ 孪晶首先形成 P|B 界面,再通过局部共格孪晶界形核进行微小的偏转角调整,最终形成理想取向的孪晶片层,验证了理论模型的预测;Wang 等人[556]揭示了 FCC 金属纳米晶中通过隔层层错形核的方式诱发变形孪晶形核的新机制,理论模拟表明这种孪晶形成路径的能垒比传统的通过层错连续形核产生孪晶的

机制更低[图 19-1(c)]。界面变形机制方面,力学原位电镜测试可直观揭示界面-位错的动态交互作用机制,界面变形新机制的提出推动着材料界面塑性变形理论的发展。例如,纳米孪晶金属中,缺陷-孪晶的交互作用行为与孪晶尺寸密切相关,接近极限孪晶尺寸时位错滑移穿越孪晶过程中会沿孪晶内的{001}面进行,而非传统的{111}面[326];研究人员在 $SrTiO_3$ 的晶界变形中发现,晶界对位错滑移的阻碍作用不仅来源于晶界两侧滑移系的几何不连续性,还取决于晶界(尤其是小角晶界)核心的结构演化和重新稳定过程[380][图 19-1(d)]。纳米晶材料中,当晶粒尺度减小到 10 nm 以下时,材料的强度持续降低,表现出一种反 Hall-Petch 关系。这是因为纳米晶材料的塑性变形机制由粗晶和超细晶中的晶粒内部位错主导的机制逐渐转变为晶界主导的变形机制。大量原位纳米力学实验直观揭示了晶界主导的塑性变形机制,包括晶界迁移、晶界滑移、晶界扩散和晶粒转动等[354-356]。事实上,晶界塑性变形机制也广泛存在于超细晶和普通多晶材料中[357]。借助于原位纳米力学测试,学术界也重新审视了传统塑性变形理论中的若干结论。例如,普遍认为,变形孪晶是孪晶诱发塑性(TWIP)钢中主要的塑性变形机制和加工硬化机制;Fu 等人[557]利用原位纳米力学测试重新考察该结论却发现,Fe-30Mn-3Si-3Al(质量分数)TWIP 钢在室温和低温下变形时,其塑性变形主要由位错运动(包括平面滑移和交滑移)主导,合金变形中林位错是导致加工硬化的主要因素,而非普遍认为的变形孪晶。因此,原位纳米力学在位错理论(尤其是位错动力学机制)和材料塑性变形机制方面的研究进展,极大地丰富了我们对于材料塑性变形行为的认识,推动着学术界去重新审视传统的位错理论和塑性变形理论,通过新机制的不断发现,丰富和发展着传统理论。

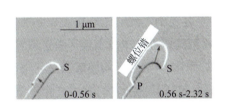

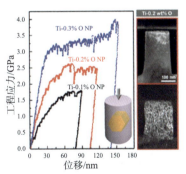

(a) BCC 金属中螺位错在室温下的缓慢运动[177]

(b) Ti 中微量氧原子与螺位错交互作用导致形变硬化[57]

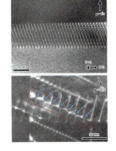

(c) FCC 金属中隔层层错形核的孪晶机制[556]

(d) $SrTiO_3$ 中晶格位错与小角晶界的交互作用[380]

图 19-1  不同金属材料中的缺陷演化行为

其次，力学原位电镜与宏观性能测试相结合推动了金属材料的结构-性能关系研究，有助于建立多尺度的强韧化理论。宏观力学性能测试、力学原位电镜分析、原子尺度的结构/成分表征技术、多尺度理论模拟的有机结合可直观揭示材料中组织结构、微区成分等对变形行为、宏观力学性能的影响机制，从而构建跨尺度的显微结构-力学性能-变形机制关系，有助于工程材料强韧化新理论的提出。这种综合性的研究思路在我们认识新型合金的力学行为和合金化原理中发挥着重要作用。例如，学术界长期以来认为溶质原子与螺型位错弹性应力场之间的交互作用较弱，因此固溶强化对金属材料中螺位错运动的影响极为有限。利用原位纳米力学技术，余倩等人[558]首次揭示了 $\alpha$-Ti 中柱面螺位错的核心与氧原子间存在强烈的排斥作用，这种作用可有效钉扎螺位错并形成复杂的位错网格。工程合金由于成分复杂，其内部不可避免地会发生局部成分波动，造成大量合金元素在原子尺度的局部偏聚。传统的强韧化理论一般忽略了合金内局部成分波动带来的影响。然而，科研人员通过长期研究发现，这些局部原子偏聚会对工程合金的强韧化机制和力学性能产生决定性影响。结合传统宏观力学测试、原位 TEM 力学测试和能量过滤成像技术，Zhang 等人[559]揭示了 Ti-6Al 合金中短程有序结构(SRO)对力学性能的影响，并通过力学原位电镜实验证实了 SRO 与位错的交互作用。他们发现，SRO 会提高位错滑移的临界切应力，改善合金的力学性能，位错滑移会破坏 SRO 结构[图 19-2(a)]。这种短程有序结构在其他的复杂合金体系(如某些高熵合金)中也大量存在。例如，余倩等人[6]结合宏观力学性能测试、原位纳米力学技术和原子尺度成分表征技术，首次报道了局部成分变化对高熵合金宏观力学性能造成的显著影响。CrFeCoNiPd 高熵合金中，五种合金元素同步发生同质元素相互偏聚的趋势，导致合金内部发生一定成分波动，尺寸在 1～3 nm。这种成分波动会诱发合金内部的拉伸、压缩应力场交替变化，从而对位错滑移造成显著的钉扎，使位错的快速滑移变得较为困难，进而促进位错发生大量的交滑移以及不同滑移系位错之间的交互作用，由此导致合金屈服强度提高的同时也不损失其加工硬化能力和塑性[图 19-2(b)]。Zhang 等人[560]也观察到，CrCoNi 中熵合金中存在类似的由成分波动导致的 SRO 结构，合金局部有序度的升高可在一定程度上提高中熵合金的局部层错能及硬度[图 19-2(c)]。Lee 等人[561]发现，FeCoCrMnNi 高熵合金中的位错运动呈现出不连续跃迁的行为，且位错线主要为波状，这种行为主要源于大量固溶元素造成的较高晶格阻力和钉扎效应。这些研究刷新了学术界对合金材料强韧化机制的认知，推动着传统材料学理论的发展。分层结构生物材料的原位纳米尺度韧性测试表明，纳米孪晶在裂纹尖端通过诱发相变和变形去局域化作用，可以有效阻碍裂纹扩展，提高材料断裂韧性，对仿生材料和层状材料的结构设计具有重要借鉴意义[562]。综上，力学原位电镜实验具有直观、即时等优点，突破了传统材料研究"先测试，后表征"的时空限制；同时，原位力学测试与先进的结构/成分表征手段、传统宏观力学性能测试的有机结合，为更准确揭示材料的变形行为、探索材料多尺度强韧化新机制奠定了坚实基础。

再次，力学原位电镜的研究成果推动着学术界通过显微结构调控来实现微纳结构材料

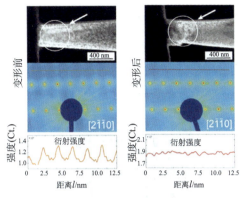
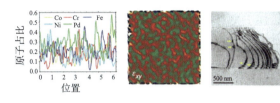

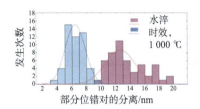

(a) Ti-6Al 合金加载后的位错运动破坏 SRO 结构[559]

(b) CrFeCoNiPd 高熵合金中五种合金元素同步发生相互聚集导致合金内部成分波动、应力分布不均匀以及对不全位错的钉扎[6]

(c) CrCoNi 中熵合金中的 SRO 结构及其对位错分解的影响[560]

图 19-2　复杂成分合金的局部成分分布与缺陷结构

的性能优化。微纳尺度下,材料会表现出若干奇特的力学性质,这些性质往往与微纳结构材料的结构特征密切相关。例如,微纳尺度材料的强度通常表现出明显的尺寸效应,即越小越高。利用这种位错在自由表面湮灭的倾向,可实现机械退火[109],消除微纳结构加工过程中引入的缺陷,从而提供了一种强化微纳结构材料的新思路[446]。微纳尺度下,较高的表面能和较快的自由表面原子迁移速率改变着位错的动力学行为和塑性变形机制,诱发微纳结构材料的伪弹性、超塑性等行为。例如,Zheng 等人[89]观察到,弯曲加载-卸载过程中纳米晶体中的小角晶界可通过位错滑移产生和湮灭,导致伪弹性变形[图 19-3(a)、(b)]。针对长期困扰学术界的纳米结构材料结构失稳和不可逆损伤等问题,研究人员通过大量原位纳米力学实验揭示了微纳尺度下的若干种独特循环变形机制,主要包括可逆的晶格结构转变或相变、晶界保守迁移或孪晶-退孪晶等机制[90,95,96]。这些机制可在一定程度上调控微纳结构材料的弯曲、剪切和拉-压循环等变形能力,因而对基于结构调控开展微纳结构材料的"自下至上"设计具有重要意义。例如,小角晶界在应力作用下易分解成位错偶极子,这种位错偶极子在循环变形中可发生往复迁移,协调循环变形[图 19-3(c)];对半导体纳米线,梯度应力诱导的点缺陷迁移可实现滞弹性,使得 ZnO 纳米线在发生较大弯曲后可缓慢回复至初始结构[412][图 19-3(d)]。这些现象可指导人们通过对纳米线结构设计实现良好的循环变形能力[90]。因此,学术界通过力学原位电镜实验获得的对微纳结构材料独特变形行为的深刻认知,从多方面指导着微纳尺度材料的结构调控与性能优化。

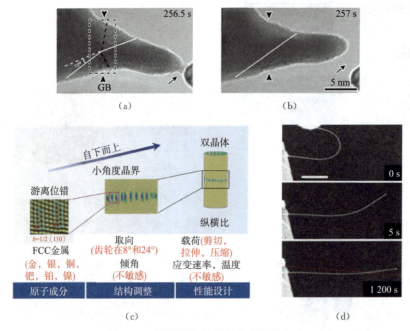

图 19-3 微纳结构材料的力学性能优化

注:(a)~(b)Au 纳米晶体在弯曲加载-卸载过程中发生小角晶界的形成和湮灭[89];(c)基于位错偶极子在循环变形中的稳定、往复迁移能力,通过"自下至上"界面设计实现纳米结构良好的循环变形能力[90];(d)ZnO 纳米线的滞弹性行为[412]。

最后,基于多尺度测试构建的材料结构-性能关系促进着新材料开发。工程合金的力学原位电镜测试需尽可能考虑其服役状态下的应力状态,选择合适的试样几何尺寸、加载模式(包括拉伸、压缩、剪切、弯曲和循环加载等)和外场条件(温度、气氛环境等);同时,结合多尺度的原位力学测试,系统建立材料的结构-性能关系,促进着工程合金的改性与开发。例如,高代次镍基单晶高温合金中微量合金元素提升合金力学性能的作用机制尚不清楚。结合原子尺度的化学成分分析以及跨尺度力学原位电镜测试(包括室温 TEM 和高温 SEM),Ding 等人[563]直观阐释了 Re 元素在稳定高温合金界面位错中发挥的关键作用。相界面上大量存在的失配位错构成位错网结构,Re 元素在 $\gamma/\gamma'$ 相界面位错核心处的偏聚有助于钉扎界面和位错。由于钉扎效应,这些位错网结构可动性较差,因而会对晶格位错滑移、裂纹扩展和界面在高温下的迁移起到良好的阻碍作用(图 19-4)。Mg 合金作为一种极具潜力的轻质合金,耐蚀性问题一直困扰着其工程应用。单智伟教授团队结合力学原位电镜测试技术和环境 TEM 发现,在电子束辐照下,$CO_2$ 气氛会诱发 Mg 微米柱表面形成了一层致密的 $MgCO_3$ 保护膜。这层 $MgCO_3$ 保护膜可大幅提高 Mg 合金抗腐蚀能力,同时也可有效提高合金的屈服强度和塑性变形稳定性。该发现探索出了一条环境友好型表面处理的新思路,对新型 Mg 合金表面防护涂层的开发具有借鉴意义[513]。综上,面向工程合金的力学原位电镜测试需面向工程材料开发与制备所面临的关键问题,有针对性地开展实验设计。

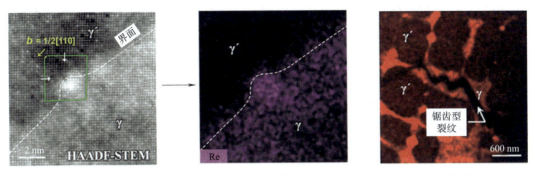

图 19-4　镍基单晶高温合金中 Re 元素钉扎 γ/γ′相界面位错网,阻碍裂纹扩展[563]

总之,力学原位电镜技术的广泛应用从多方面推动着材料科学的发展。力学原位电镜技术带来的材料科学基础理论的突破指导着新材料设计与创新开发,利用力学原位电镜技术测试开展的工程材料性能和可靠性评估有力支撑着材料的工程应用。伴随电子显微镜和原位测试技术的发展以及新材料体系的不断涌现,力学原位电镜技术的应用范围将更加广阔,其在材料科学研究中的作用也将更加重要。

## 19.2　影响力学原位电镜测试的因素

尽管力学原位电镜测试在材料科学研究中发挥着重要作用,力学原位电镜测试自身的特点也决定着其测试结果受诸多因素影响。因而,需要根据实际情况开展实验设计,避免不当因素对测试结果带来的不利影响。

首先,在电子显微镜中开展力学原位电镜测试,电子束辐照的影响不可避免。电子束效用主要包括高能电子轰击、热效应与辐照分解[521]。当入射电子撞击原子核发生弹性散射时,大部分能量被转移到样品原子上,使原子产生偏离晶格的位移,形成点缺陷,甚至导致原子从材料表面逸出。在非弹性散射过程中,入射电子的大部分能量最终转化为样品中的热能,导致局部温度上升。对于导电、导热性较好的金属材料,电子束的热效应通常可忽略不计[162];然而,对于热导率较低的半导体、离子晶体等材料,其温度上升较为显著。同样,在非弹性散射过程中,辐照分解会破坏原子键的稳定性,导致长程有序结构破坏[516]。可以说,电子束效应一方面加速原子的扩散以及缺陷的形核与湮灭,另一方面也显著改变材料本征的物理特性及力学性能,包括弹性模量、塑性变形能力等。对电子束敏感材料,可在实验过程中适当降低电子束的强度,或通过预辐照处理降低材料的电子束敏感性。力学原位电镜测试中,可通过合理切换 beam on 和 beam off 模式开展准动态的观察,以期获得准确的力学反馈和结构演化信息。

其次,相较于块体材料,微纳尺度材料的比表面积显著增大,而表面通过改变缺陷形核与湮灭、原子扩散等热力学和动力学过程来影响微纳结构材料的力学响应。试样表面通常包含多个低能的低指数晶面台阶(facet)。一方面,这些表面台阶在力学加载过程中易产生应力集中,成为缺陷的优先形核点[53];另一方面,台阶结构的差异则会导致缺陷形核的难易程度有所差别。纳米线的截面形状也可改变侧向晶面的构成与应力集中水平,影响变形过程中的缺陷形核动力学,甚至诱发不同变形机制之间的转变。此外,力学原位电镜测试的样品制备过程常常会在试样中引入不同程度的缺陷。这些人为引入的损伤或缺陷可作为新的位错源或预存的变形载体,影响材料本征的变形机制。因此,需合理控制人为引入的缺陷。此外,自由表面对纳米尺度晶体内部的位错产生一定的映像力,驱动位错在表面湮灭,导致晶体内部位错枯竭。最后,微纳尺度下,表面原子的快速扩散有助于纳米尺度材料的塑性变形能力提升。因此,利用原位纳米力学测试开展块体材料的力学行为和结构-性能关系研究时应尽可能排除表面效应造成的假象。

尺寸效应也会导致微纳结构试样与宏观块体材料的变形机制之间存在本质差别[110],基于力学原位电镜测试预测块体材料的力学性能值得商榷。有不少文献将包含特定结构的微纳材料的力学性能与块体材料做对比,以突出某些特定结构对材料性能的贡献。由于尺度效应和表面效应的影响,这种对比往往是不合理的,应尽量避免。尽管如此,在相近的尺寸区间内对比局部显微结构差异(如成分、取向、界面结构等)对块体材料塑性变形或缺陷动力学的影响仍有一定的参考价值。针对不同尺度的问题,也可结合多种方法开展跨尺度的原位纳米力学测试,通过多尺度测试的耦合排除干扰因素来获得合理结论。

试样几何构型(长径比、截面形状等)会改变力学原位电镜测试的结果。即便在块体材料中,试样几何结构也会对力学性能测试造成一定影响,而这一问题在微纳结构材料中愈发显著。例如,原位压缩实验中,方形截面的微米/纳米柱样品对应力集中更敏感,易从侧面棱角处诱发非均匀变形和局部剪切;圆形截面样品的应力集中程度相对较低,因而具有更好的均匀变形能力。因此,在比较不同文献的测试结果时,需关注这种影响。

与宏观力学性能测试类似,加载方式也会对力学原位电镜测试的结果造成影响。加载方式(如拉伸、压缩、剪切、弯曲、循环加载等)的差异会造成试样内部应力状态的显著改变,诱发试样完全不同的力学响应,甚至发生变形机制转变。常用的加载模式包括位移控制和应力控制。使用最普遍的是位移控制,其优点是可直观反映出材料的结构演化与力学性能的对应关系(如应力突变发生时的结构变化),并获得直观的工程应力-应变曲线。应力控制模式主要用于纳米压痕和循环变形测试,以提供更稳定和精准的加载。此外,加载速率也会改变微纳结构材料的力学行为和变形机制,包括屈服强度、加工硬化率、韧-脆转变等。

因此,开展力学原位电镜测试需针对要研究的问题开展合理的实验设计,综合考虑不同因素的潜在影响,通过统计性分析,排除假象。此外,还要客观地评价力学原位电镜测试的相关结果,不同结果之间相互比较时要充分考虑试样和实验条件之间的差异,尤其是不同尺度下获得的测试结果之间是否具有可比性。

## 19.3 力学原位电子显微技术的挑战与机遇

电子显微学技术与力学原位电镜技术的快速发展为我们深入研究材料的显微结构-变形机制-力学性能关系带来了巨大便利,变革了传统材料学的研究手段,推动着材料设计理念的革新与进步。不断优化的时间和空间分辨率为我们呈现出直观、定量的结构演化信息,让我们真正做到原子、亚原子尺度的"眼见为实"。例如,最新的 Themis-Z 像差矫正电镜可在 300 kV 下获得 63 pm 的点分辨率;iDPC(integrated differential phase contrast)技术可实现轻元素(C、N、O 等)的直接成像[564];最新的 K3 超快相机每秒可获取高达 1 500 张全画幅 TEM 照片。同时,不断创新的动态电子显微学测试技术(dynamic transmission electron microscopy,DTEM)助力我们实现多尺度、多场(如应力场、温度场、电场、环境气氛等)耦合以及高通量的原位纳米力学测试。可以预见,定量化的原位纳米力学测试依然是未来材料力学行为研究的重要手段,并将发挥越来越重要的作用。而一系列新技术的诞生和应用,将为原位纳米力学和材料结构演化的研究带来更多可能。例如,三维重构技术可突破现有依赖于二维投影结构的分析手段,揭示材料内部缺陷演化的三维组态,使我们在更接近材料立体缺陷结构的基础上去认识材料的塑性变形行为;4D-STEM 技术可构建实时耦合的结构演化和应力分布,助力定量化研究材料的塑性变形行为;新兴的电子通道衬度成像(electron channeling contrast imaging,ECCI)、衍射衬度 STEM(diffraction-contrast STEM)、透射扫描电镜(transmission scanning electron microscopy,TSEM)、纳米束衍射(nanobeam electron diffraction,NBED)等缺陷分析技术为跨尺度、定量研究缺陷动力学行为和应变动态演化提供了更多可能。在此基础上,更丰富的外场激励(例如激光)、更极端的测试温度、更大量更快速的数据获取与分析能力,甚至机器学习的引入,将进一步提升原位纳米力学的创造力与影响力。总之,原位纳米力学测试与多尺度理论模拟的有机融合将从多方面重塑着传统的材料科学理论框架,极大推动着材料科学的发展和材料技术的应用[565]。

## 参 考 文 献

[1] ZHU T, LI J. Ultra-strength materials[J]. Progress in Materials Science, 2010, 55(7): 710-757.

[2] MA F, XU K W, CHU P K. Surface-induced structural transformation in nanowires[J]. Materials Science and Engineering: R: Reports, 2013, 74(6): 173-209.

[3] LIU W K, KARPOV E G, PARK H S. Nano mechanics and materials: theory, multiscale methods and applications[M]. John Wiley & Sons, 2006.

[4] 杨卫, 马新玲, 王宏涛, 等. 力学进展, 2002, 32(2): 161-174.

[5] 李巨, 单智伟, 马恩. 中国材料进展, 2018, 037(012): 941-948.

[6] DING Q, ZHANG Y, CHEN X, et al. Tuning element distribution, structure and properties by composition in high-entropy alloys[J]. Nature, 2019, 574(7777): 223-227.

[7] JIANG S, WANG H, WU Y, et al. Ultrastrong steel via minimal lattice misfit and high-density nanoprecipitation[J]. Nature, 2017, 544(7651): 460-464.

[8] LEGROS M, GIANOLA D S, MOTZ C. Quantitative in situ mechanical testing in electron microscopes[J]. MRS Bulletin, 2010, 35(5): 354-360.

[9] MINOR A M, DEHM G. Advances in in situ nanomechanical testing[J]. MRS Bulletin, 2019, 44(6): 438-442.

[10] HIRSCH P B, HORNE R W, WHELAN M J. Direct observations of the arrangement and motion of dislocations in aluminium[J]. Philosophical Magazine, 1956, 1(7): 677-684.

[11] DINGLEY D J. A simple straining stage for the scanning electron microscope[J]. Micron, 1969, 1(2): 206-210.

[12] CLARKE D R, BREAKWELL P R, Sims G D. A bend-testing stage for the scanning electron-microscope[J]. Journal of Materials Science, 1970, 5(10): 873-880.

[13] KAMMERS A D, DALY S. Digital image correlation under scanning electron microscopy: methodology and validation[J]. Experimental Mechanics, 2013, 53(9): 1743-1761.

[14] LI H, BOEHLERT C J, BIELER T R, et al. Examination of the distribution of the tensile deformation systems in tension and tension-creep of Ti-6Al-4V(wt. %) at 296 K and 728 K[J]. Philosophical Magazine, 2015, 95(7): 691-729.

[15] RAHMAN F, NGAILE G, HASSAN T. Development of scanning electron microscope-compatible multiaxial miniature testing system[J]. Measurement Science and Technology, 2019, 30(10): 105902.

[16] MORTELL D J, TANNER D A, MCCARTHY C T. An experimental investigation into multi-scale damage progression in laminated composites in bending[J]. Composite Structures, 2016, 149: 33-40.

[17] UNFRIED J S, TORRES E A, RAMIREZ A J. In situ observations of ductility-dip cracking mechanism in Ni-Cr-Fe alloys[J]//Hot Cracking Phenomena in Welds Ⅲ. Berlin, Heidelberg: Springer Berlin Heidelberg, 2011: 295-315.

[18] STOKES D. Principles and practice of variable pressure/environmental scanning electron microscopy (VP-ESEM)[M]. John Wiley & Sons, 2008.

[19] MA J, LU J, TANG L, et al. A novel instrument for investigating the dynamic microstructure evolution of high temperature service materials up to 1 150 ℃ in scanning electron microscope[J]. Review of Scientific Instruments, 2020, 91(4): 043704.

[20] GANE N, BOWDEN F P. Microdeformation of solids[J]. Journal of Applied Physics, 1968, 39(3): 1432-1435.

[21] BANGERT H, Wagendristel A. Ultralow-load hardness tester for use in a scanning electron microscope[J]. Review of Scientific Instruments, 1985, 56(8): 1568-1572.

[22] GHISLENI R, RZEPIEJEWSKA-MALYSKA K, PHILIPPE L, et al. In situ SEM indentation experiments: Instruments, methodology and applications[J]. Microscopy Research and Technique, 2009, 72(3): 242-249.

[23] UCHIC M D, DIMIDUK D M, FLORANDO J N, et al. Sample dimensions influence strength and crystal plasticity[J]. Science, 2004, 305(5686): 986-989.

[24] KIENER D, GROSINGER W, DEHM G, et al. A further step towards an understanding of size-dependent crystal plasticity: In situ tension experiments of miniaturized single-crystal copper samples [J]. Acta Materialia, 2008, 56(3): 580-592.

[25] KIENER D, MOTZ C, DEHM G, et al. Overview on established and novel FIB based miniaturized mechanical testing using in-situ SEM[J]. International Journal of Materials Research, 2009, 100(8): 1074-1087.

[26] MOTZ C, SCHÖBERL T, PIPPAN R. Mechanical properties of micro-sized copper bending beams machined by the focused ion beam technique[J]. Acta Materialia, 2005, 53(15): 4269-4279.

[27] BRUKER M W, BENSON S, HUTTON A, et al. Demonstration of electron cooling using a pulsed beam from an electrostatic electron cooler[J]. Physical Review Accelerators and Beams, 2021, 24(1): 012801.

[28] LEGROS M. In situ mechanical TEM: Seeing and measuring under stress with electrons[J]. Comptes Rendus Physique, 2014, 15(2-3): 224-240.

[29] PELISSIER J, DEBRENNE P. In situ experiments in the new transmission electron microscopes[J]. Microscopy Microanalysis Microstructures, 1993, 4(2-3): 111-117.

[30] LEGROS M, CABIÉ M, GIANOLA D S. In situ deformation of thin films on substrates[J]. Microscopy Research and Technique, 2009, 72(3): 270-283.

[31] LEPINOUX J, KUBIN L P. In situ TEM observations of the cyclic dislocation behaviour in persistent slip bands of copper single crystals[J]. Philosophical Magazine A, 1985, 51(5): 675-696.

[32] BATAINEH K. Development of precision TEM holder assemblies for use in extreme environments [D]. University of Pittsburgh, 2005.

[33] WALL M A, DAHMEN U. An in situ nanoindentation specimen holder for a high voltage transmission electron microscope[J]. Microscopy Research and Technique, 1998, 42(4): 248-254.

[34] ZIEGLER A, FRENKEN J W M, GRAAFSMA H, et al. In-situ materials characterization: across spatial and temporal scales[M]. Springer Science & Business Media, 2014.

[35] LU Y, GANESAN Y, LOU J. A multi-step method for in situ mechanical characterization of 1-D

nanostructures using a novel micromechanical device[J]. Experimental Mechanics, 2010, 50(1): 47-54.

[36] GUO H, CHEN K, OH Y, et al. Mechanics and dynamics of the strain-induced M1-M2 structural phase transition in individual $VO_2$ nanowires[J]. Nano Letters, 2011, 11(8): 3207-3213.

[37] DING M S, DU J P, WAN L, et al. Radiation-induced helium nanobubbles enhance ductility in sub-micron-sized single-crystalline copper[J]. Nano Letters, 2016, 16(7): 4118-4124.

[38] HAN W Z, ZHANG J, DING M S, et al. Helium nanobubbles enhance superelasticity and retard shear localization in small-volume shape memory alloy[J]. Nano Letters, 2017, 17(6): 3725-3730.

[39] ZHU Y, ESPINOSA H D. An electromechanical material testing system for in situ electron microscopy and applications[J]. Proceedings of the National Academy of Sciences, 2005, 102(41): 14503-14508.

[40] JIN Q H, WANG Y L, LI T, et al. A MEMS device for in-situ TEM test of SCS nanobeam[J]. Science in China Series E: Technological Sciences, 2008, 51(9): 1491-1496.

[41] ZHANG D, BREGUET J M, CLAVEL R, et al. In situ electron microscopy mechanical testing of silicon nanowires using electrostatically actuated tensile stages[J]. Journal of Microelectromechanical Systems, 2010, 19(3): 663-674.

[42] LI C, ZHANG D, CHENG G, et al. Microelectromechanical systems for nanomechanical testing: electrostatic actuation and capacitive sensing for high-strain-rate testing[J]. Experimental Mechanics, 2020, 60: 329-343.

[43] LI D, SHU X, KONG D, et al. Revealing the atomistic deformation mechanisms of face-centered cubic nanocrystalline metals with atomic-scale mechanical microscopy: a review[J]. Journal of Materials Science & Technology, 2018, 34(11): 2027-2034.

[44] CHEN L Y, HE M, SHIN J, et al. Measuring surface dislocation nucleation in defect-scarce nanostructures[J]. Nature Materials, 2015, 14(7): 707-713.

[45] CHENG G, ZHANG Y, CHANG T H, et al. In situ nano-thermomechanical experiment reveals brittle to ductile transition in silicon nanowires[J]. Nano Letters, 2019, 19(8): 5327-5334.

[46] XIE D G, ZHANG R R, NIE Z Y, et al. Deformation mechanism maps for sub-micron sized aluminum[J]. Acta Materialia, 2020, 188: 570-578.

[47] WU F, FAN J, HE Y, et al. Single-cell profiling of tumor heterogeneity and the microenvironment in advanced non-small cell lung cancer[J]. Nature Communications, 2021, 12(1): 2540.

[48] LU Y, SONG J, HUANG J Y, et al. Fracture of sub-20nm ultrathin gold nanowires[J]. Advanced Functional Materials, 2011, 21(20): 3982-3989.

[49] ZHONG L, WANG J, SHENG H, et al. Formation of monatomic metallic glasses through ultrafast liquid quenching[J]. Nature, 2014, 512(7513): 177-180.

[50] WANG J, ZENG Z, WEINBERGER C R, et al. In situ atomic-scale observation of twinning-dominated deformation in nanoscale body-centred cubic tungsten[J]. Nature Materials, 2015, 14(6): 594-600.

[51] CHRISTIAN J W. Some surprising features of the plastic deformation of body-centered cubic metals and alloys[J]. Metallurgical Transactions A, 1983, 14(7): 1237-1256.

[52] TAYLOR G. Thermally-activated deformation of BCC metals and alloys[J]. Progress in Materials

Science, 1992, 36: 29-61.

[53] ZHENG H, CAO A, WEINBERGER C R, et al. Discrete plasticity in sub-10-nm-sized gold crystals[J]. Nature Communications, 2010, 1(1): 144.

[54] WEINBERGER C R, CAI W. Plasticity of metal nanowires[J]. Journal of Materials Chemistry, 2012, 22(8): 3277-3292.

[55] HEIDENREICH R D. Electron microscope and diffraction study of metal crystal textures by means of thin sections[J]. Journal of Applied Physics, 1949, 20(10): 993-1010.

[56] BOLLMANN W. Interference effects in the electron microscopy of thin crystal foils[J]. Physical Review, 1956, 103(5): 1588.

[57] YU Q, QI L, TSURU T, et al. Origin of dramatic oxygen solute strengthening effect in titanium[J]. Science, 2015, 347(6222): 635-639.

[58] LU K, LU L, SURESH S. Strengthening materials by engineering coherent internal boundaries at the nanoscale[J]. Science, 2009, 324(5925): 349-352.

[59] WANG Y M, SANSOZ F, LAGRANGE T, et al. Defective twin boundaries in nanotwinned metals[J]. Nature Materials, 2013, 12(8): 697-702.

[60] WOOD E L, SANSOZ F. Growth and properties of coherent twinning superlattice nanowires[J]. Nanoscale, 2012, 4(17): 5268-5276.

[61] CHRISTIAN J W, MAHAJAN S. Deformation twinning[J]. Progress in Materials Science, 1995, 39(1-2): 1-157.

[62] LIU L, WANG J, GONG S K, et al. High resolution transmission electron microscope observation of zero-strain deformation twinning mechanisms in Ag[J]. Physical Review Letters, 2011, 106(17): 175504.

[63] AN X H, WU S D, WANG Z G, et al. Significance of stacking fault energy in bulk nanostructured materials: insights from Cu and its binary alloys as model systems[J]. Progress in Materials Science, 2019, 101: 1-45.

[64] VAN SWYGENHOVEN H, DERLET P M, FRØSETH A G. Stacking fault energies and slip in nanocrystalline metals[J]. Nature Materials, 2004, 3(6): 399-403.

[65] ZHU Y T, LIAO X Z, WU X L. Deformation twinning in nanocrystalline materials[J]. Progress in Materials Science, 2012, 57(1): 1-62.

[66] BEYERLEIN I J, ZHANG X, MISRA A. Growth twins and deformation twins in metals[J]. Annual Review of Materials Research, 2014, 44(1): 329-363.

[67] LI B Q, SUI M L, LI B, et al. Reversible twinning in pure aluminum[J]. Physical Review Letters, 2009, 102(20): 205504.

[68] ZHENG S J, BEYERLEIN I J, WANG J, et al. Deformation twinning mechanisms from bimetal interfaces as revealed by in situ straining in the TEM[J]. Acta Materialia, 2012, 60(16): 5858-5866.

[69] DIAO J, GALL K, DUNN M L. Surface-stress-induced phase transformation in metal nanowires[J]. Nature Materials, 2003, 2(10): 656-660.

[70] NIE A, WANG H. Deformation-mediated phase transformation in gold nano-junction[J]. Materials Letters, 2011, 65(23-24): 3380-3383.

[71] LUO W, ROUNDY D, COHEN M L, et al. Ideal strength of bcc molybdenum and niobium[J].

Physical Review B, 2002, 66(9): 094110.

[72] WANG S J, WANG H, DU K, et al. Deformation-induced structural transition in body-centred cubic molybdenum[J]. Nature Communications, 2014, 5(1): 3433.

[73] LU Y, SUN S, ZENG Y, et al. Atomistic mechanism of nucleation and growth of a face-centered orthogonal phase in small-sized single-crystalline Mo[J]. Materials Research Letters, 2020, 8(9): 348-355.

[74] LU Y, XIANG S, XIAO L, et al. Dislocation "bubble-like-effect" and the ambient temperature super-plastic elongation of body-centred cubic single crystalline molybdenum[J]. Scientific Reports, 2016, 6(1): 22937.

[75] WANG Q, WANG J, LI J, et al. Consecutive crystallographic reorientations and superplasticity in body-centered cubic niobium nanowires[J]. ScienceAdvances, 2018, 4(7): eaas8850.

[76] KONDO Y, TAKAYANAGI K. Gold nanobridge stabilized by surface structure[J]. Physical Review Letters, 1997, 79(18): 3455.

[77] ZHU Q, HONG Y, CAO G, et al. Free-standing two-dimensional gold membranes produced by extreme mechanical thinning[J]. ACS Nano, 2020, 14(12): 17091-17099.

[78] MERKLE A P, MARKS L D. Liquid-like tribology of gold studied by in situ TEM[J]. Wear, 2008, 265(11-12): 1864-1869.

[79] TIAN L, LI J, SUN J, et al. Visualizing size-dependent deformation mechanism transition in Sn[J]. Scientific Reports, 2013, 3(1): 2113.

[80] YUE Y, CHEN N, LI X, et al. Crystalline liquid and rubber-like behavior in Cu nanowires[J]. Nano Letters, 2013, 13(8): 3812-3816.

[81] SUN J, HE L, LO Y C, et al. Liquid-like pseudoelasticity of sub-10-nm crystalline silver particles[J]. Nature Materials, 2014, 13(11): 1007-1012.

[82] ZHONG L, SANSOZ F, HE Y, et al. Slip-activated surface creep with room-temperature super-elongation in metallic nanocrystals[J]. Nature Materials, 2017, 16(4): 439-445.

[83] LIU P, WEI X, SONG S, et al. Time-resolved atomic-scale observations of deformation and fracture of nanoporous gold under tension[J]. Acta Materialia, 2019, 165: 99-108.

[84] LUO J H, WU F F, HUANG J Y, et al. Superelongation and atomic chain formation in nanosized metallic glass[J]. Physical Review Letters, 2010, 104(21): 215503.

[85] CAO G, WANG J, DU K, et al. Superplasticity in gold nanowires through the operation of multiple slip systems[J]. Advanced Functional Materials, 2018, 28(51): 1805258.

[86] YUE Y, LIU P, ZHANG Z, et al. Approaching the theoretical elastic strain limit in copper nanowires[J]. Nano Letters, 2011, 11(8): 3151-3155.

[87] TIAN L, CHENG Y Q, SHAN Z W, et al. Approaching the ideal elastic limit of metallic glasses[J]. Nature Communications, 2012, 3(1): 609.

[88] WANG J, SANSOZ F, DENG C, et al. Strong hall-petch type behavior in the elastic strain limit of nanotwinned gold nanowires[J]. Nano Letters, 2015, 15(6): 3865-3870.

[89] ZHENG H, WANG J, HUANG J Y, et al. In situ visualization of birth and annihilation of grain boundaries in an Au nanocrystal[J]. Physical Review Letters, 2012, 109(22): 225501.

[90] ZHU Q, HUANG Q, GUANG C, et al. Metallic nanocrystals with low angle grain boundary for

controllable plastic reversibility[J]. Nature Communications, 2020, 11(1): 3100.
[91] HATTORI T, SAITOH H, KANEKO H, et al. Does bulk metallic glass of elemental Zr and Ti exist? [J]. Physical review Letters, 2006, 96(25): 255504.
[92] LI S, DING X, LI J, et al. Inverse martensitic transformation in Zr nanowires[J]. Physical Review B, 2010, 81(24): 245433.
[93] LI B Q, SUI M L, MAO S X. Pseudoelastic stacking fault and deformation twinning in nanocrystalline Ni[J]. Applied Physics Letters, 2010, 97(24): 241912.
[94] SEO J H, YOO Y, PARK N Y, et al. Superplastic deformation of defect-free Au nanowires via coherent twin propagation[J]. Nano Letters, 2011, 11(8): 3499-3502.
[95] LEE S, IM J, YOO Y, et al. Reversible cyclic deformation mechanism of gold nanowires by twinning-detwinning transition evidenced from in situ TEM[J]. Nature Communications, 2014, 5(1): 3033.
[96] WANG L, LIU P, GUAN P, et al. In situ atomic-scale observation of continuous and reversible lattice deformation beyond the elastic limit[J]. Nature Communications, 2013, 4(1): 2413.
[97] HE Y, ZHONG L, FAN F, et al. In situ observation of shear-driven amorphization in silicon crystals[J]. Nature Nanotechnology, 2016, 11(10): 866-871.
[98] HALL E O. The deformation and ageing of mild steel: III discussion of results[J]. Proceedings of the Physical Society. Section B, 1951, 64(9): 747-753.
[99] PETCH N J. The cleavage strength of polycrystals[J]. Journal of Iron and Steel Research International, 1953, 174(1): 25-28.
[100] LUND J R, BYRNE J P. Leonardo Da Vinci's tensile strength tests: Implications for the discovery of engineering mechanics[J]. Civil Engineering Systems, 2001, 18(3): 243-250.
[101] GRIFFITH A A. The phenomena of rupture and flow in solids[J]. Philosophical Transactions of the Royal Society A, 1921, 221(582-593): 163-198.
[102] WEIBULL W. A statistical distribution function of wide applicability[J]. Journal of Applied Mechanics, 1951, 18(3): 293-297.
[103] TAYLOR G F. A method of drawing metallic filaments and a discussion of their properties and uses[J]. Physical Review, 1924, 23(5): 655-660.
[104] BRENNER S S. Tensile strength of whiskers[J]. Journal of Applied Physics, 1956, 27(12): 1484-1491.
[105] POWELL B E, SKOVE M J. Elastic strength of tin whiskers in tensile tests[J]. Journal of Applied Physics, 1965, 36(4): 1495-1496.
[106] GREER J R, OLIVER W C, NIX W D. Size dependence of mechanical properties of gold at the micron scale in the absence of strain gradients[J]. Acta Materialia, 2005, 53(6): 1821-1830.
[107] FRICK C P, CLARK B G, ORSO S, et al. Size effect on strength and strain hardening of small-scale [1 1 1] nickel compression pillars[J]. Materials Science and Engineering: A, 2008, 489(1-2): 319-329.
[108] MINOR A M, SYED ASIF S A, SHAN Z, et al. A new view of the onset of plasticity during the nanoindentation of aluminium[J]. Nature Materials, 2006, 5(9): 697-702.
[109] SHAN Z W, MISHRA R K, SYED ASIF S A, et al. Mechanical annealing and source-limited de-

formation in submicrometre-diameter Ni crystals[J]. Nature Materials, 2008, 7(2): 115-119.

[110] GREER J R, DE HOSSON J T M. Plasticity in small-sized metallic systems: Intrinsic versus extrinsic size effect[J]. Progress in Materials Science, 2011, 56(6): 654-724.

[111] WU B, HEIDELBERG A, BOLAND J J. Mechanical properties of ultrahigh-strength gold nanowires[J]. Nature Materials, 2005, 4(7): 525-529.

[112] BUREK M J, GREER J R. Fabrication and microstructure control of nanoscale mechanical esting specimens via electron beam lithography and electroplating[J]. Nano Letters, 2010, 10(1): 69-76.

[113] JENNINGS A T, BUREK M J, GREER J R. Microstructure versus size: mechanical properties of electroplated single crystalline Cu nanopillars[J]. Physical Review Letters, 2010, 104(13): 135503.

[114] JANG D, CAI C, GREER J R. Influence of homogeneous interfaces on the strength of 500 nm diameter Cu nanopillars[J]. Nano Letters, 2011, 11(4): 1743-1746.

[115] JANG D, LI X, GAO H, et al. Deformation mechanisms in nanotwinned metal nanopillars[J]. Nature Nanotechnology, 2012, 7(9): 594-601.

[116] RICHTER G, HILLERICH K, GIANOLA D S, et al. Ultrahigh strength single crystalline nanowhiskers grown by physical vapor deposition[J]. Nano Letters, 2009, 9(8): 3048-3052.

[117] BEI H, SHIM S, PHARR G M, et al. Effects of pre-strain on the compressive stress-strain esponse of Mo-alloy single-crystal micropillars[J]. Acta Materialia, 2008, 56(17): 4762-4770.

[118] KIENER D, HOSEMANN P, MALOY S A, et al. In situ nanocompression testing of irradiated copper[J]. Nature Materials, 2011, 10(8): 608-613.

[119] GU X W, LOYNACHAN C N, WU Z, et al. Size-dependent deformation of nanocrystalline Pt nanopillars[J]. Nano Letters, 2012, 12(12): 6385-6392.

[120] WANG J, SANSOZ F, HUANG J, et al. Near-ideal theoretical strength in gold nanowires containing angstrom scale twins[J]. Nature Communications, 2013, 4(1): 1742.

[121] BRINCKMANN S, KIM J Y, GREER J R. Fundamental differences in mechanical behavior between two types of crystals at the nanoscale[J]. Physical Review Letters, 2008, 100(15): 155502.

[122] RAO S I, DIMIDUK D M, PARTHASARATHY T A, et al. Athermal mechanisms of size-dependent crystal flow gleaned from three-dimensional discrete dislocation simulations[J]. Acta Materialia, 2008, 56(13): 3245-3259.

[123] GREER J R. Bridging the gap between computational and experimental length scales: areview on nano-scale plasticity[J]. Reviews on Advanced Materials Science, 2006, 13(1): 59-70.

[124] KRAFT O, GRUBER P A, MÖNIG R, et al. Plasticity in confined dimensions[J]. Annual Review of Materials Research, 2010, 40(1): 293-317.

[125] JING G Y, DUAN H L, SUN X M, et al. Surface effects on elastic properties of silver nanowires: contact atomic-force microscopy[J]. Physical Review B, 2006, 73(23): 235409.

[126] LI Q J, MA E. When 'smaller is stronger' no longer holds[J]. Materials Research Letters, 2018, 6(5): 283-292.

[127] HAN W Z, HUANG L, OGATA S, et al. From "smaller is stronger" to "size-independent strength plateau": towards measuring the ideal strength of iron[J]. Advanced Materials, 2015, 27(22): 3385-3390.

[128] DE A K, PHANI K K. Gauge length effect on the strength of silicon carbide and sapphire filaments[J]. Journal of Composite Materials, 1990, 24(2): 220-232.

[129] ZHANG Z F, ZHANG H, PAN X F, et al. Effect of aspect ratio on the compressive deformation and fracture behaviour of Zr-based bulk metallic glass[J]. Philosophical Magazine Letters, 2005, 85(10): 513-521.

[130] WU Z, ZHANG Y W, JHON M H, et al. Nanowire failure: long= brittle and short= ductile[J]. Nano Letters, 2012, 12(2): 910-914.

[131] NI C, ZHU Q, WANG J. Mechanical property of metallic nanowires: the shorter is stronger and ductile[J]. Materials Science and Engineering: A, 2018, 733: 164-169.

[132] SCHAEDLER T A, JACOBSEN A J, TORRENTS A, et al. Ultralight metallic microlattices[J]. Science, 2011, 334(6058): 962-965.

[133] MEZA L R, DAS S, GREER J R. Strong, lightweight, and recoverable three-dimensional ceramic nanolattices[J]. Science, 2014, 345(6202): 1322-1326.

[134] TALONI A, VODRET M, COSTANTINI G, et al. Size effects on the fracture of microscale and nanoscale materials[J]. Nature Reviews Materials, 2018, 3(7): 211-224.

[135] JANG D, MEZA L R, GREER F, et al. Fabrication and deformation of three-dimensional hollow ceramic nanostructures[J]. Nature Materials, 2013, 12(10): 893-898.

[136] PARTHASARATHY T A, RAO S I, DIMIDUK D M, et al. Contribution to size effect of yield strength from the stochastics of dislocation source lengths in finite samples[J]. Scripta Materialia, 2007, 56(4): 313-316.

[137] RAO S I, DIMIDUK D M, TANG M, et al. Estimating the strength of single-ended dislocation sources in micron-sized single crystals[J]. Philosophical Magazine, 2007, 87(30): 4777-4794.

[138] EL-AWADY J A, WEN M, GHONIEM N M. The role of the weakest-link mechanism in controlling the plasticity of micropillars[J]. Journal of the Mechanics and Physics of Solids, 2009, 57(1): 32-50.

[139] NORFLEET D M, DIMIDUK D M, POLASIK S J, et al. Dislocation structures and their relationship to strength in deformed nickel microcrystals[J]. Acta Materialia, 2008, 56(13): 2988-3001.

[140] GREER J R, NIX W D. Nanoscale gold pillars strengthened through dislocation starvation[J]. Physical Review B, 2006, 73(24): 245410.

[141] OH S H, LEGROS M, KIENER D, et al. In situ observation of dislocation nucleation and escape in a submicrometre aluminium single crystal[J]. Nature Materials, 2009, 8(2): 95-100.

[142] KIENER D, MINOR A M. Source truncation and exhaustion: insights from quantitative in situ TEM tensile testing[J]. Nano Letters, 2011, 11(9): 3816-3820.

[143] MOMPIOU F, LEGROS M, SEDLMAYR A, et al. Source-based strengthening of sub-micrometer Al fibers[J]. Acta Materialia, 2012, 60(3): 977-983.

[144] CHISHOLM C, BEI H, LOWRY M B, et al. Dislocation starvation and exhaustion hardening in Mo alloy nanofibers[J]. Acta Materialia, 2012, 60(5): 2258-2264.

[145] ZHU T, LI J, SAMANTA A, et al. Temperature and strain-rate dependence of surface dislocation nucleation[J]. Physical Review Letters, 2008, 100(2): 025502.

[146] WEINBERGER C R, JENNINGS A T, KANG K, et al. Atomistic simulations and continuum

modeling of dislocation nucleation and strength in gold nanowires[J]. Journal of the Mechanics and Physics of Solids, 2012, 60(1): 84-103.

[147] ZHENG H, WANG J, HUANG J Y, et al. Void-assisted plasticity in Ag nanowires with a single twin structure[J]. Nanoscale, 2014, 6(16): 9574-9578.

[148] KIZUKA T. Atomistic visualization of deformation in gold[J]. Physical Review B, 1998, 57(18): 11158.

[149] LAGOS M J, SATO F, GALVAO D S, et al. Mechanical deformation of nanoscale metal rods: when size and shape matter[J]. Physical Review Letters, 2011, 106(5): 055501.

[150] SEDLMAYR A, BITZEK E, GIANOLA D S, et al. Existence of two twinning-mediated plastic deformation modes in Au nanowhiskers[J]. Acta Materialia, 2012, 60(9): 3985-3993.

[151] WANG J, WANG Y, CAI W, et al. Discrete shear band plasticity through dislocation activities in body-centered cubic tungsten nanowires[J]. Scientific Reports, 2018, 8(1): 4574.

[152] YU Q, QI L, CHEN K, et al. The nanostructured origin of deformation twinning[J]. Nano Letters, 2012, 12(2): 887-892.

[153] OH S H, LEGROS M, KIENER D, et al. In situ TEM straining of single crystal Au films on polyimide: Change of deformation mechanisms at the nanoscale[J]. Acta Materialia, 2007, 55(16): 5558-5571.

[154] YUE Y, LIU P, DENG Q, et al. Quantitative evidence of crossover toward partial dislocation mediated plasticity in copper single crystalline nanowires[J]. Nano Letters, 2012, 12(8): 4045-4049.

[155] WANG L, ZHANG Z, HAN X. In situ experimental mechanics of nanomaterials at the atomic scale[J]. NPG Asia Materials, 2013, 5(2): e40-e40.

[156] PENG C, ZHAN Y, LOU J. Size-dependent fracture mode transition in copper nanowires[J]. Small, 2012, 8(12): 1889-1894.

[157] YIN S, CHENG G, RICHTER G, et al. Transition of deformation mechanisms in single-crystalline metallic nanowires[J]. ACS Nano, 2019, 13(8): 9082-9090.

[158] SHIN J, CHEN L Y, SANLI U T, et al. Controlling dislocation nucleation-mediated plasticity in nanostructures via surface modification[J]. Acta Materialia, 2019, 166: 572-586.

[159] LIAO X Z, ZHAO Y H, SRINIVASAN S G, et al. Deformation twinning in nanocrystalline copper at room temperature and low strain rate[J]. Applied Physics Letters, 2004, 84(4): 592-594.

[160] CHEN M, MA E, HEMKER K J, et al. Deformation twinning in nanocrystalline aluminum[J]. Science, 2003, 300(5623): 1275-1277.

[161] MARSZALEK P E, GREENLEAF W J, LI H, et al. Atomic force microscopy captures quantized plastic deformation in gold nanowires[J]. Proceedings of the National Academy of Sciences, 2000, 97(12): 6282-6286.

[162] WANG W J, NARAYANAN S, HUANG Y J, et al. Atomic-scale dynamic process of deformation-induced stacking fault tetrahedra in gold nanocrystals[J]. Nature Communications, 2013, 4(1): 2340.

[163] DUESBERY M S, VITEK V. Plastic anisotropy in bcc transition metals[J]. Acta Materialia, 1998, 46(5): 1481-1492.

[164] GREER J R, WEINBERGER C R, CAI W. Comparing the strength of fcc and bcc sub-micrometer

pillars: Compression experiments and dislocation dynamics simulations[J]. Materials Science and Engineering: A, 2008, 493(1-2): 21-25.

[165] KIM J Y, JANG D, GREER J R. Tensile and compressive behavior of tungsten, molybdenum, antalum and niobium at the nanoscale[J]. Acta Materialia, 2010, 58(7): 2355-2363.

[166] WEINBERGER C R, CAI W. Surface-controlled dislocation multiplication in metal micropillars[J]. Proceedings of the National Academy of Sciences, 2008, 105(38): 14304-14307.

[167] WANG J, ZENG Z, WEN M, et al. Anti-twinning in nanoscale tungsten[J]. Science Advances, 2020, 6(23): eaay2792.

[168] SCHNEIDER A S, KAUFMANN D, CLARK B G, et al. Correlation between critical temperature and strength of small-scale bcc pillars[J]. Physical Review Letters, 2009, 103(10): 105501.

[169] HAN S M, BOZORG-GRAYELI T, GROVES J R, et al. Size effects on strength and plasticity of vanadium nanopillars[J]. Scripta Materialia, 2010, 63(12): 1153-1156.

[170] ABAD O T, WHEELER J M, MICHLER J, et al. Temperature-dependent size effects on the strength of Ta and W micropillars[J]. Acta Materialia, 2016, 103: 483-494.

[171] KIENER D, FRITZ R, ALFREIDER M, et al. Rate limiting deformation mechanisms of bcc metals in confined volumes[J]. Acta Materialia, 2019, 166: 687-701.

[172] BEI H, SHIM S, MILLER M K, et al. Effects of focused ion beam milling on the nanomechanical behavior of a molybdenum-alloy single crystal[J]. Applied Physics Letters, 2007, 91(11): 111915.

[173] XIE K Y, SHRESTHA S, CAO Y, et al. The effect of pre-existing defects on the strength and deformation behavior of α-Fe nanopillars[J]. Acta Materialia, 2013, 61(2): 439-452.

[174] BEI H, SHIM S, GEORGE E P, et al. Compressive strengths of molybdenum alloy micro-pillars prepared using a new technique[J]. Scripta Materialia, 2007, 57(5): 397-400.

[175] SHARMA A, KOSITSKI R, KOVALENKO O, et al. Giant shape-and size-dependent compressive strength of molybdenum nano-and microparticles[J]. Acta Materialia, 2020, 198: 72-84.

[176] HUANG L, LI Q J, SHAN Z W, et al. A new regime for mechanical annealing and strong sample-size strengthening in body centred cubic molybdenum[J]. Nature Communications, 2011, 2(1): 547.

[177] CAILLARD D. Kinetics of dislocations in pure Fe Part I. In situ straining experiments at room emperature[J]. Acta Materialia, 2010, 58(9): 3493-3503.

[178] CHEN C Q, FLORANDO J N, KUMAR M, et al. Incipient deformation twinning in dynamically sheared bcc tantalum[J]. Acta Materialia, 2014, 69: 114-125.

[179] WANG J, MAO S X. Atomistic perspective on in situ nanomechanics[J]. Extreme Mechanics Letters, 2016, 8: 127-139.

[180] MARIAN J, CAI W, BULATOV V V. Dynamic transitions from smooth to rough to twinning in dislocation motion[J]. Nature Materials, 2004, 3(3): 158-163.

[181] OGATA S, LI J, YIP S. Energy landscape of deformation twinning in bcc and fcc metals[J]. Physical Review B, 2005, 71(22): 224102.

[182] LI S, DING X, DENG J, et al. Superelasticity in bcc nanowires by a reversible twinning mechanism[J]. Physical Review B, 2010, 82(20): 205435.

[183] WEI S, WANG Q, WEI H, et al. Bending-induced deformation twinning in body-centered cubic

tungsten nanowires[J]. Materials Research Letters, 2019, 7(5): 210-216.

[184] JIANG B, TU A, WANG H, et al. Direct observation of deformation twinning under stress gradient in body-centered cubic metals[J]. Acta Materialia, 2018, 155: 56-68.

[185] PAXTON A T, GUMBSCH P, METHFESSEL M. A quantum mechanical calculation of the heoretical strength of metals[J]. Philosophical Magazine Letters, 1991, 63(5): 267-274.

[186] RAO S I, WOODWARD C. Atomistic simulations of (a/2)⟨111⟩ screw dislocations in bcc Mo using a modified generalized pseudopotential theory potential[J]. Philosophical Magazine A, 2001, 81(5): 1317-1327.

[187] KHERADMAND N, ROGNE B R, DUMOULIN S, et al. Small scale testing approach to reveal specific features of slip behavior in BCC metals[J]. Acta Materialia, 2019, 174: 142-152.

[188] YANG P J, LI Q J, TSURU T, et al. Mechanism of hardening and damage initiation in oxygen embrittlement of body-centred-cubic niobium[J]. Acta Materialia, 2019, 168: 331-342.

[189] YOO M H. Slip, twinning, and fracture in hexagonal close-packed metals[J]. Metallurgical Ransactions A, 1981, 12(3): 409-418.

[190] BYER C M, LI B, CAO B, et al. Microcompression of single-crystal magnesium[J]. Scripta Materialia, 2010, 62(8): 536-539.

[191] LILLEODDEN E. Microcompression study of Mg(0 0 0 1) single crystal[J]. Scripta Materialia, 2010, 62(8): 532-535.

[192] YU Q, SHAN Z W, LI J, et al. Strong crystal size effect on deformation twinning[J]. Nature, 2010, 463(7279): 335-338.

[193] YE J, MISHRA R K, SACHDEV A K, et al. In situ TEM compression testing of Mg and Mg-0.2 wt.% Ce single crystals[J]. Scripta Materialia, 2011, 64(3): 292-295.

[194] SUN Q, GUO Q, YAO X, et al. Size effects in strength and plasticity of single-crystalline titanium micropillars with prismatic slip orientation[J]. Scripta Materialia, 2011, 65(6): 473-476.

[195] JEONG J, ALFREIDER M, KONETSCHNIK R, et al. In-situ TEM observation of {1012} twin-dominated deformation of Mg pillars: Twinning mechanism, size effects and rate dependency[J]. Acta Materialia, 2018, 158: 407-421.

[196] SIM G D, KIM G, LAVENSTEIN S, et al. Anomalous hardening in magnesium driven by a size-dependent transition in deformation modes[J]. Acta Materialia, 2018, 144: 11-20.

[197] LIU B Y, WANG J, LI B, et al. Twinning-like lattice reorientation without a crystallographic winning plane[J]. Nature Communications, 2014, 5(1): 3297.

[198] LIU B Y, WAN L, WANG J, et al. Terrace-like morphology of the boundary created through basal-prismatic transformation in magnesium[J]. Scripta Materialia, 2015, 100: 86-89.

[199] LIU B Y, PRASAD K E, YANG N, et al. In-situ quantitative TEM investigation on the dynamic evolution of individual twin boundary in magnesium under cyclic loading[J]. Acta Materialia, 2019, 179: 414-423.

[200] HE Y, LI B, WANG C, et al. Direct observation of dual-step twinning nucleation in hexagonal close-packed crystals[J]. Nature Communications, 2020, 11(1): 2483.

[201] WANG J, RAMAJAYAM M, CHARRAULT E, et al. Quantification of precipitate hardening of twin nucleation and growth in Mg and Mg-5Zn using micro-pillar compression[J]. Acta Materialia,

2019, 163: 68-77.

[202] YU Q, QI L, MISHRA R K, et al. Reducing deformation anisotropy to achieve ultrahigh strength and ductility in Mg at the nanoscale[J]. Proceedings of the National Academy of Sciences, 2013, 110(33): 13289-13293.

[203] YU Q, SUN J, MORRIS JR J W, et al. Source mechanism of non-basal ⟨c+a⟩ slip in Ti alloy[J]. Scripta Materialia, 2013, 69(1): 57-60.

[204] LIU B Y, LIU F, YANG N, et al. Large plasticity in magnesium mediated by pyramidal dislocations[J]. Science, 2019, 365(6448): 73-75.

[205] GHADERI A, SISKA F, BARNETT M R. Influence of temperature and plastic relaxation on tensile winning in a magnesium alloy[J]. Scripta Materialia, 2013, 69(7): 521-524.

[206] KUMAR M A, BEYERLEIN I J, LEBENSOHN R A, et al. Role of alloying elements on twin growth and twin transmission in magnesium alloys[J]. Materials Science and Engineering: A, 2017, 706: 295-303.

[207] YU Q, MISHRA R K, MINOR A M. The effect of size on the deformation twinning behavior in hexagonal close-packed Ti and Mg[J]. Jom, 2012, 64: 1235-1240.

[208] KOU Z, YANG Y, YANG L, et al. In situ atomic-scale observation of a novel lattice reorienting process in pure Ti[J]. Scripta Materialia, 2019, 166: 144-148.

[209] KOU W, SUN Q, XIAO L, et al. Plastic deformation-induced HCP-to-FCC phase transformation in submicron-scale pure titanium pillars[J]. Journal of Materials Science, 2020, 55(5): 2193-2201.

[210] ZOLOTUKHIN I V, KALININ Y E. Amorphous metallic alloys[J]. Soviet Physics Uspekhi, 1990, 33(9): 720-738.

[211] KLEMENT W, WILLENS R H, DUWEZ P O L. Non-crystalline structure in solidified gold-silicon alloys[J]. Nature, 1960, 187(4740): 869-870.

[212] JOHNSON W L. Bulk glass-forming metallic alloys: Science and technology[J]. MRS Bulletin, 1999, 24(10): 42-56.

[213] MIRACLE D B. The efficient cluster packing model-An atomic structural model for metallic glasses[J]. Acta Materialia, 2006, 54(16): 4317-4336.

[214] MIRACLE D B. A structural model for metallic glasses[J]. Nature Materials, 2004, 3(10): 697-702.

[215] SHENG H W, LUO W K, ALAMGIR F M, et al. Atomic packing and short-to-medium-range order n metallic glasses[J]. Nature, 2006, 439(7075): 419-425.

[216] HIRATA A, GUAN P, FUJITA T, et al. Direct observation of local atomic order in a metallic glass[J]. Nature Materials, 2011, 10(1): 28-33.

[217] TANGUY A, WITTMER J P, LEONFORTE F, et al. Continuum limit of amorphous elastic bodies: a finite-size study of low-frequency harmonic vibrations[J]. Physical Review B, 2002, 66(17): 174205.

[218] JIANG Q K, LIU P, CAO Q P, et al. The effect of size on the elastic strain limit in $Ni_{60}Nb_{40}$ glassy films[J]. Acta Materialia, 2013, 61(12): 4689-4695.

[219] JANG D, GROSS C T, GREER J R. Effects of size on the strength and deformation mechanism in Zr-based metallic glasses[J]. International Journal of Plasticity, 2011, 27(6): 858-867.

[220] JANG D, GREER J R. Transition from a strong-yet-brittle to a stronger-and-ductile state by size reduction of metallic glasses[J]. Nature Materials, 2010, 9(3): 215-219.

[221] ZHANG Z F, ECKERT J, SCHULTZ L. Difference in compressive and tensile fracture mechanisms of $Zr_{59}Cu_{20}Al_{10}Ni_8Ti_3$ bulk metallic glass[J]. Acta Materialia, 2003, 51(4): 1167-1179.

[222] SPAEPEN F. A microscopic mechanism for steady state inhomogeneous flow in metallic glasses[J]. Acta Metallurgica, 1977, 25(4): 407-415.

[223] ARGON A S. Plastic deformation in metallic glasses[J]. Acta Metallurgica, 1979, 27(1): 47-58.

[224] HUFNAGEL T C, SCHUH C A, FALK M L. Deformation of metallic glasses: Recent developments in theory, simulations, and experiments[J]. Acta Materialia, 2016, 109: 375-393.

[225] JIANG F, JIANG M Q, WANG H F, et al. Shear transformation zone volume determining ductile-brittle transition of bulk metallic glasses[J]. Acta Materialia, 2011, 59(5): 2057-2068.

[226] PAN D, INOUE A, SAKURAI T, et al. Experimental characterization of shear transformation ones for plastic flow of bulk metallic glasses[J]. Proceedings of the National Academy of Sciences, 2008, 105(39): 14769-14772.

[227] WU F F, ZHANG Z F, MAO S X. Size-dependent shear fracture and global tensile plasticity of metallic glasses[J]. Acta Materialia, 2009, 57(1): 257-266.

[228] MATTHEWS D T A, OCELIK V, BRONSVELD P M, et al. An electron microscopy appraisal of ensile fracture in metallic glasses[J]. Acta Materialia, 2008, 56(8): 1762-1773.

[229] SCHUH C A, HUFNAGEL T C, RAMAMURTY U. Mechanical behavior of amorphous alloys[J]. Acta Materialia, 2007, 55(12): 4067-4109.

[230] PEKARSKAYA E, KIM C P, JOHNSON W L. In situ transmission electron microscopy studies of shear bands in a bulk metallic glass based composite[J]. Journal of Materials Research, 2001, 16(9): 2513-2518.

[231] DONOHUE A, SPAEPEN F, HOAGLAND R G, et al. Suppression of the shear band instability during plastic flow of nanometer-scale confined metallic glasses[J]. Applied Physics Letters, 2007, 91(24): 241905.

[232] GUO H, YAN P F, WANG Y B, et al. Tensile ductility and necking of metallic glass[J]. Nature Materials, 2007, 6(10): 735-739.

[233] SIERADZKI K, RINALDI A, FRIESEN C, et al. Length scales in crystal plasticity[J]. Acta Materialia, 2006, 54(17): 4533-4538.

[234] TIAN L, SHAN Z W, MA E. Ductile necking behavior of nanoscale metallic glasses under uniaxial tension at room temperature[J]. Acta Materialia, 2013, 61(13): 4823-4830.

[235] YI J, WANG W H, LEWANDOWSKI J J. Sample size and preparation effects on the tensile ductility of Pd-based metallic glass nanowires[J]. Acta Materialia, 2015, 87: 1-7.

[236] VOLKERT C A, DONOHUE A, SPAEPEN F. Effect of sample size on deformation in amorphous metals[J]. Journal of Applied Physics, 2008, 103(8): 083539.

[237] KIM J Y, JANG D, GREER J R. Nanolaminates utilizing size-dependent homogeneous plasticity of metallic glasses[J]. Advanced Functional Materials, 2011, 21(23): 4550-4554.

[238] WU X L, GUO Y Z, WEI Q, et al. Prevalence of shear banding in compression of $Zr_{41}Ti_{14}Cu_{12.5}Ni_{10}Be_{22.5}$ pillars as small as 150 nm in diameter[J]. Acta Materialia, 2009, 57(12): 3562-3571.

[239] TÖNNIES D, MAAß R, VOLKERT C A. Room temperature homogeneous ductility of micrometer-sized metallic glass[J]. Advanced Materials, 2014, 26(32): 5715-5721.

[240] QU R, TÖNNIES D, TIAN L, et al. Size-dependent failure of the strongest bulk metallic glass[J]. Acta Materialia, 2019, 178: 249-262.

[241] JANG D, MAAß R, WANG G, et al. Fatigue deformation of microsized metallic glasses[J]. Scripta Materialia, 2013, 68(10): 773-776.

[242] CHENG Y Q, MA E. Intrinsic shear strength of metallic glass[J]. Acta Materialia, 2011, 59(4): 1800-1807.

[243] WANG C C, DING J, CHENG Y Q, et al. Sample size matters for $Al_{88}Fe_7Gd_5$ metallic glass: smaller is stronger[J]. Acta Materialia, 2012, 60(13-14): 5370-5379.

[244] SCHUSTER B E, WEI Q, HUFNAGEL T C, et al. Size-independent strength and deformation mode in compression of a Pd-based metallic glass[J]. Acta Materialia, 2008, 56(18): 5091-5100.

[245] MAGAGNOSC D J, KUMAR G, SCHROERS J, et al. Effect of ion irradiation on tensile ductility, strength and fictive emperature in metallic glass nanowires[J]. Acta Materialia, 2014, 74: 165-182.

[246] LACROIX R, KERMOUCHE G, TEISSEIRE J, et al. Plastic deformation and residual stresses in amorphous silica pillars under uniaxial loading[J]. Acta Materialia, 2012, 60(15): 5555-5566.

[247] CÉLARIÉ F, PRADES S, BONAMY D, et al. Glass breaks like metal, but at the nanometer scale[J]. Physical Review Letters, 2003, 90(7): 075504.

[248] LUO J, WANG J, BITZEK E, et al. Size-dependent brittle-to-ductile transition in silica glass nanofibers[J]. Nano Letters, 2016, 16(1): 105-113.

[249] WANG X, FAN F, WANG J, et al. High damage tolerance of electrochemically lithiated silicon[J]. Nature Communications, 2015, 6(1): 8417.

[250] FRANKBERG E J, KALIKKA J, GARCÍA FERRÉ F, et al. Highly ductile amorphous oxide at room temperature and high strain rate[J]. Science, 2019, 366(6467): 864-869.

[251] YUE Y, ZHENG K. Strong strain rate effect on the plasticity of amorphous silica nanowires[J]. Applied Physics Letters, 2014, 104(23): 231906.

[252] ZHENG K, WANG C, CHENG Y Q, et al. Electron-beam-assisted superplastic shaping of nanoscale amorphous silica[J]. Nature Communications, 2010, 1(1): 24.

[253] MAČKOVIĆ M, NIEKIEL F, WONDRACZEK L, et al. Direct observation of electron-beam-induced densification and hardening of silica nanoballs by in situ transmission electron microscopy and finite element method simulations[J]. Acta Materialia, 2014, 79: 363-373.

[254] CALAHORRA Y, SHTEMPLUCK O, KOTCHETKOV V, et al. Young's modulus, residual stress and crystal orientation of doubly clamped silicon nanowire beams[J]. Nano Letters, 2015, 15(5): 2945-2950.

[255] ZHANG H, TERSOFF J, XU S, et al. Approaching the ideal elastic strain limit in silicon nanowires[J]. Science Advances, 2016, 2(8): e1501382.

[256] GORDON M J, BARON T, DHALLUIN F, et al. Size effects in mechanical deformation and fracture of cantilevered silicon nanowires[J]. Nano Letters, 2009, 9(2): 525-529.

[257] ZHU Y, XU F, QIN Q, et al. Mechanical properties of vapor liquid solid synthesized silicon nanowires

[J]. Nano Letters, 2009, 9(11): 3934-3939.

[258] SOHN Y S, PARK J, YOON G, et al. Mechanical properties of silicon nanowires[J]. Nanoscale Research Letters, 2010, 5(1): 211-216.

[259] KIM Y J, SON K, CHOI I C, et al. Exploring nanomechanical behavior of silicon nanowires: AFM bending versus nanoindentation[J]. Advanced Functional Materials, 2011, 21(2): 279-286.

[260] ZHENG K, HAN X, WANG L, et al. Atomic mechanisms governing the elastic limit and the incipient plasticity of bending Si nanowires[J]. Nano Letters, 2009, 9(6): 2471-2476.

[261] WANG L, ZHENG K, ZHANG Z, et al. Direct atomic-scale imaging about the mechanisms of ultralarge bent straining in Si nanowires[J]. Nano Letters, 2011, 11(6): 2382-2385.

[262] HAN X, ZHENG K, ZHANG Y F, et al. Low-temperature in situ large-strain plasticity of silicon nanowires[J]. Advanced Materials, 2007, 19(16): 2112.

[263] TANG D M, REN C L, WANG M S, et al. Mechanical properties of Si nanowires as revealed by in situ transmission electron microscopy and molecular dynamics simulations[J]. Nano Letters, 2012, 12(4): 1898-1904.

[264] ÖSTLUND F, RZEPIEJEWSKA-MALYSKA K, LEIFER K, et al. Brittle-to-ductile transition in uniaxial compression of silicon pillars at room temperature[J]. Advanced Functional Materials, 2009, 19(15): 2439-2444.

[265] CHENG G, ZHANG Y, CHANG T H, et al. In situ nano-thermomechanical experiment reveals brittle to ductile transition in silicon nanowires[J]. Nano Letters, 2019, 19(8): 5327-5334.

[266] SAMUELS J, ROBERTS S G, HIRSCH P B. The brittle-to-ductile transition in silicon[J]. Materials Science and Engineering: A, 1988, 105: 39-46.

[267] TROIANI H E, MIKI-YOSHIDA M, CAMACHO-BRAGADO G A, et al. Direct observation of the mechanical properties of single-walled carbon nanotubes and their junctions at the atomic level [J]. Nano Letters, 2003, 3(6): 751-755.

[268] HUANG J Y, CHEN S, REN Z F, et al. Enhanced ductile behavior of tensile-elongated individual double-walled and triple-walled carbon nanotubes at high temperatures[J]. Physical Review Letters, 2007, 98(18): 185501.

[269] HUANG J Y, DING F, YAKOBSON B I. Dislocation dynamics in multiwalled carbon nanotubes at high temperatures[J]. Physical Review Letters, 2008, 100(3): 035503.

[270] SUN L, KRASHENINNIKOV A V, AHLGREN T, et al. Plastic deformation of single nanometer-sized crystals[J]. Physical Review Letters, 2008, 101(15): 156101.

[271] SUN L, BANHART F, KRASHENINNIKOV A V, et al. Carbon nanotubes as high-pressure cylinders andnanoextruders[J]. Science, 2006, 312(5777): 1199-1202.

[272] BANERJEE A, BERNOULLI D, ZHANG H, et al. Ultralarge elastic deformation of nanoscale diamond[J]. Science, 2018, 360(6386): 300-302.

[273] NIE A, BU Y, LI P, et al. Approaching diamond's theoretical elasticity and strength limits[J]. Nature Communications, 2019, 10(1): 5533.

[274] NIE A, BU Y, HUANG J, et al. Direct observation of room-temperature dislocation plasticity in diamond[J]. Matter, 2020, 2(5): 1222-1232.

[275] YUE Y, GAO Y, HU W, et al. Hierarchically structured diamond composite with exceptional

toughness[J]. Nature, 2020, 582(7812): 370-374.

[276] LEE C, WEI X, KYSAR J W, et al. Measurement of the elastic properties and intrinsic strength of monolayer graphene[J]. Science, 2008, 321(5887): 385-388.

[277] ZHANG P, MA L, FAN F, et al. Fracture toughness of graphene[J]. Nature Communications, 2014, 5(1): 3782.

[278] JANG B, MAG-ISA A E, KIM J H, et al. Uniaxial fracture test of freestanding pristine graphene using in situ tensile tester under scanning electron microscope[J]. Extreme Mechanics Letters, 2017, 14: 10-15.

[279] LI P, CAO K, JIANG C, et al. In situ tensile fracturing of multilayer graphene nanosheets for their in-plane mechanical properties[J]. Nanotechnology, 2019, 30(47): 475708.

[280] CAO K, FENG S, HAN Y, et al. Elastic straining of free-standing monolayer graphene[J]. Nature Communications, 2020, 11(1): 284.

[281] WEI X, XIAO S, LI F, et al. Comparative fracture toughness of multilayer graphenes and boronitrenes[J]. Nano Letters, 2015, 15(1): 689-694.

[282] FAN S, FENG X, HAN Y, et al. Nanomechanics of low-dimensional materials for functional applications[J]. Nanoscale Horizons, 2019, 4(4): 781-788.

[283] HASHIMOTO A, SUENAGA K, GLOTER A, et al. Direct evidence for atomic defects in graphene layers[J]. Nature, 2004, 430(7002): 870-873.

[284] KURASCH S, KOTAKOSKI J, LEHTINEN O, et al. Atom-by-atom observation of grain boundary migration in graphene[J]. Nano Letters, 2012, 12(6): 3168-3173.

[285] WARNER J H, MARGINE E R, MUKAI M, et al. Dislocation-driven deformations in graphene[J]. Science, 2012, 337(6091): 209-212.

[286] LEHTINEN O, KURASCH S, KRASHENINNIKOV A V, et al. Atomic scale study of the life cycle of a dislocation in graphene from birth to annihilation[J]. Nature Communications, 2013, 4(1): 2098.

[287] LY T H, ZHAO J, CICHOCKA M O, et al. Dynamical observations on the crack tip zone and stress corrosion of two-dimensional $MoS_2$[J]. Nature communications, 2017, 8(1): 14116.

[288] HAN X D, ZHANG Y F, ZHENG K, et al. Low-temperature in situ large strain plasticity of ceramic SiC nanowires and its atomic-scale mechanism[J]. Nano Letters, 2007, 7(2): 452-457.

[289] CHENG G, CHANG T H, QIN Q, et al. Mechanical properties of silicon carbide nanowires: effect of size-dependent defect density[J]. Nano Letters, 2014, 14(2): 754-758.

[290] GUO H, CHEN K, OH Y, et al. Mechanics and dynamics of the strain-induced M1-M2 structural phase transition in individual $VO_2$ nanowires[J]. Nano Letters, 2011, 11(8): 3207-3213.

[291] TANG D M, KVASHNIN D G, NAJMAEI S, et al. Nanomechanical cleavage of molybdenum disulphide atomic layers[J]. Nature Communications, 2014, 5(1): 3631.

[292] OVIEDO J P, KC S, LU N, et al. In situ TEM characterization of shear-stress-induced interlayer sliding in the cross section view of molybdenum disulfide[J]. ACS Nano, 2015, 9(2): 1543-1551.

[293] HUANG J Y, ZHENG H, MAO S X, et al. In situ nanomechanics of GaN nanowires[J]. Nano Letters, 2011, 11(4): 1618-1622.

[294] CHEN B, GAO Q, WANG Y, et al. Anelastic behavior in GaAs semiconductor nanowires[J].

Nano Letters, 2013, 13(7): 3169-3172.

[295] LU L, CHEN X, HUANG X, et al. Revealing the maximum strength in nanotwinned copper[J]. Science, 2009, 323(5914): 607-610.

[296] ZHENG S, BEYERLEIN I J, CARPENTER J S, et al. High-strength and thermally stable bulk nanolayered composites due to twin-induced interfaces[J]. Nature Communications, 2013, 4(1): 1696.

[297] CHEN G, PENG Y, ZHENG G, et al. Polysynthetic twinned TiAl single crystals for high-temperature applications[J]. Nature Materials, 2016, 15(8): 876-881.

[298] WANG J, ZHOU Q, SHAO S, et al. Strength and plasticity of nanolaminated materials[J]. Materials Research Letters, 2017, 5(1): 1-19.

[299] LU L, SHEN Y, CHEN X, et al. Ultrahigh strength and high electrical conductivity in copper[J]. Science, 2004, 304(5669): 422-426.

[300] LI L L, ZHANG Z J, ZHANG P, et al. Controllable fatigue cracking mechanisms of copper bicrystals with a coherent twin boundary[J]. Nature Communications, 2014, 5(1): 3536.

[301] PAN Q, ZHOU H, LU Q, et al. History-independent cyclic response of nanotwinned metals[J]. Nature, 2017, 551(7679): 214-217.

[302] YU K Y, BUFFORD D, SUN C, et al. Removal of stacking-fault tetrahedra by twin boundaries in nanotwinned metals[J]. Nature Communications, 2013, 4(1): 1377.

[303] SUN L, HE X, LU J. Nanotwinned and hierarchical nanotwinned metals: A review of experimental, computational and theoretical efforts[J]. NPJ Computational Materials, 2018, 4(1): 6.

[304] ZHU T, GAO H. Plastic deformation mechanism in nanotwinned metals: An insight from molecular dynamics and mechanistic modeling[J]. Scripta Materialia, 2012, 66(11): 843-848.

[305] 卢磊, 尤泽升. 纳米孪晶金属塑性变形机制[J]. 金属学报, 2014, 50(2): 129-136.

[306] WANG Y B, SUI M L. Atomic-scale in situ observation of lattice dislocations passing through twin boundaries[J]. Applied Physics Letters, 2009, 94(2): 021909.

[307] LI N, WANG J, HUANG J Y, et al. Influence of slip transmission on the migration of incoherent twin boundaries in epitaxial nanotwinned Cu[J]. Scripta Materialia, 2011, 64(2): 149-152.

[308] LU N, DU K, LU L, et al. Transition of dislocation nucleation induced by local stress concentration in nanotwinned copper[J]. Nature Communications, 2015, 6(1): 7648.

[309] YOU Z, LI X, GUI L, et al. Plastic anisotropy and associated deformation mechanisms in nanotwinned metals[J]. Acta Materialia, 2013, 61(1): 217-227.

[310] WANG Y B, SUI M L, MA E. In situ observation of twin boundary migration in copper with nanoscale twins during tensile deformation[J]. Philosophical Magazine Letters, 2007, 87(12): 935-942.

[311] LI N, WANG J, MISRA A, et al. Twinning dislocation multiplication at a coherent twin boundary[J]. Acta Materialia, 2011, 59(15): 5989-5996.

[312] WANG Y B, WU B, SUI M L. Dynamical dislocation emission processes from twin boundaries[J]. Applied Physics Letters, 2008, 93(4): 041906.

[313] LI X, WEI Y, LU L, et al. Dislocation nucleation governed softening and maximum strength in nano-twinned metals[J]. Nature, 2010, 464(7290): 877-880.

[314] KINI M K, DEHM G, KIRCHLECHNER C. Size dependent strength, slip transfer and slip compatibility in nanotwinned silver[J]. Acta Materialia, 2020, 184: 120-131.

[315] WANG Z J, LI Q J, LI Y, et al. Sliding of coherent twin boundaries[J]. Nature Communications, 2017, 8(1): 1108.

[316] YUE Y, ZHANG Q, ZHANG X, et al. In situ observation of twin boundary sliding in single crystalline Cu nanowires[J]. Small, 2017, 13(25): 1604296.

[317] KIM S H, PARK J H, KIM H K, et al. Twin boundary sliding in single crystalline Cu and Al nanowires[J]. Acta Materialia, 2020, 196: 69-77.

[318] ZHU Q, KONG L, LU H, et al. Revealing extreme twin-boundary shear deformability in metallic nanocrystals[J]. Science Advances, 2021, 7(36): eabe4758.

[319] LIU L, WANG J, GONG S K, et al. Atomistic observation of a crack tip approaching coherent twin boundaries[J]. Scientific Reports, 2014, 4(1): 4397.

[320] KIM S W, LI X, GAO H, et al. In situ observations of crack arrest and bridging by nanoscale twins in copper thin films[J]. Acta Materialia, 2012, 60(6-7): 2959-2972.

[321] ZENG Z, LI X, LU L, et al. Fracture in a thin film of nanotwinned copper[J]. Acta Materialia, 2015, 98: 313-317.

[322] LU N, DU K, LU L, et al. Motion of $1/3\langle111\rangle$ dislocations on $\Sigma 3\{112\}$ twin boundaries in nanotwinned copper[J]. Journal of Applied Physics, 2014, 115(2): 024310.

[323] LIU P, DU K, ZHANG J, et al. Screw-rotation twinning through helical movement of triple-partials[J]. Applied Physics Letters, 2012, 101(12): 121901.

[324] WANG J, LI N, ANDEROGLU O, et al. Detwinning mechanisms for growth twins in face-centered cubic metals[J]. Acta Materialia, 2010, 58(6): 2262-2270.

[325] ZHANG Y, GUO J, MING W, et al. Atomic-scale study on incoherent twin boundary evolution in nanograined Cu[J]. Scripta Materialia, 2020, 186: 278-281.

[326] WANG J, CAO G, ZHANG Z, et al. Size-dependent dislocation-twin interactions[J]. Nanoscale, 2019, 11(26): 12672-12679.

[327] ALGRA R E, VERHEIJEN M A, BORGSTRÖM M T, et al. Twinning superlattices in indium phosphide nanowires[J]. Nature, 2008, 456(7220): 369-372.

[328] MEYERS M A, MISHRA A, BENSON D J. Mechanical properties of nanocrystalline materials[J]. Progress in Materials Science, 2006, 51: 427-556.

[329] WANG L, LU Y, KONG D, et al. Dynamic and atomic-scale understanding of the twin thickness effect on dislocation nucleation and propagation activities by in situ bending of Ni nanowires[J]. Acta Materialia, 2015, 90: 194-203.

[330] XIE Z, SHIN J, RENNER J, et al. Origins of strengthening and failure in twinned Au nanowires: Insights from in-situ experiments and atomistic simulations[J]. Acta Materialia, 2020, 187: 166-175.

[331] NARAYANAN S, CHENG G, ZENG Z, et al. Strain hardening and size effect in five-fold twinned Ag nanowires[J]. Nano Letters, 2015, 15(6): 4037-4044.

[332] QIN Q, YIN S, CHENG G, et al. Recoverable plasticity in penta-twinned metallic nanowires governed by dislocation nucleation and retraction[J]. Nature Communications, 2015, 6(1): 5983.

[333] CHANG T H, CHENG G, LI C, et al. On the size-dependent elasticity of penta-twinned silver nanowires[J]. Extreme Mechanics Letters, 2016, 8: 177-183.

[334] CHENG G, YIN S, CHANG T H, et al. Anomalous tensile detwinning in twinned nanowires[J]. Physical Review Letters, 2017, 119(25): 256101.

[335] CHENG G, YIN S, LI C, et al. In-situ TEM study of dislocation interaction with twin boundary and retraction in twinned metallic nanowires[J]. Acta Materialia, 2020, 196: 304-312.

[336] BERNAL R A, AGHAEI A, LEE S, et al. Intrinsic Bauschinger effect and recoverable plasticity in pentatwinned silver nanowires tested in tension[J]. Nano Letters, 2015, 15(1): 139-146.

[337] BUFFORD D, LIU Y, WANG J, et al. In situ nanoindentation study on plasticity and work hardening in aluminium with incoherent twin boundaries[J]. Nature Communications, 2014, 5(1): 4864.

[338] CHEN Y, YU K Y, LIU Y, et al. Damage-tolerant nanotwinned metals with nanovoids under radiation environments[J]. Nature Communications, 2015, 6(1): 7036.

[339] LI J, YU K Y, CHEN Y, et al. In situ study of defect migration kinetics and self-healing of twin boundaries in heavy ion irradiated nanotwinned metals[J]. Nano Letters, 2015, 15(5): 2922-2927.

[340] KE X, YE J, PAN Z, et al. Ideal maximum strengths and defect-induced softening in nanocrystalline-nanotwinned metals[J]. Nature Materials, 2019, 18(11): 1207-1214.

[341] CHEN A Y, ZHU L L, SUN L G, et al. Scale law of complex deformation transitions of nanotwins in stainless steel[J]. Nature Communications, 2019, 10(1): 1403.

[342] BALLUFFI R W, SUTTON A P. Why should we be interested in the atomic structure of interfaces?[C]. Materials Science Forum, 1996, 207: 1-12.

[343] LU K. Stabilizing nanostructures in metals using grain and twin boundary architectures[J]. Nature Reviews Materials, 2016, 1(5): 1-13.

[344] RITTNER J D, SEIDMAN D N. ⟨110⟩ symmetric tilt grain-boundary structures in fcc metals with low stacking-fault energies[J]. Physical Review B, 1996, 54(10): 6999.

[345] CAHN J W, MISHIN Y, SUZUKI A. Coupling grain boundary motion to shear deformation[J]. Acta Materialia, 2006, 54(19): 4953-4975.

[346] RAE C M F, SMITH D A. On the mechanisms of grain boundary migration[J]. Philosophical Magazine A, 1980, 41(4): 477-492.

[347] GUILLOPE M, POIRIER J P. A model for stress-induced migration of tilt grain boundaries in crystals of NaCl structure[J]. Acta Metallurgica, 1980, 28(2): 163-167.

[348] MOMPIOU F, CAILLARD D, LEGROS M. Grain boundary shear-migration coupling—I. In situ TEM straining experiments in Al polycrystals[J]. Acta Materialia, 2009, 57(7): 2198-2209.

[349] HIRTH J P, POND R C. Steps, dislocations and disconnections as interface defects relating to structure and phase transformations[J]. Acta materialia, 1996, 44(12): 4749-4763.

[350] HAN J, THOMAS S L, SROLOVITZ D J. Grain-boundary kinetics: A unified approach[J]. Progress in Materials Science, 2018, 98: 386-476.

[351] HOWE J M, POND R C, HIRTH J P. The role of disconnections in phase transformations[J]. Progress in Materials Science, 2009, 54(6): 792-838.

[352] HIRTH J P, HIRTH G, WANG J. Disclinations and disconnections in minerals and metals[J].

Proceedings of the National Academy of Sciences, 2020, 117(1): 196-204.

[353] LEGROS M, GIANOLA D S, HEMKER K J. In situ TEM observations of fast grain-boundary motion in stressed nanocrystalline aluminum films[J]. Acta Materialia, 2008, 56(14): 3380-3393.

[354] WANG L, TENG J, LIU P, et al. Grain rotation mediated by grain boundary dislocations in nanocrystalline platinum[J]. Nature Communications, 2014, 5(1): 4402.

[355] ZHU Q, CAO G, WANG J, et al. In situ atomistic observation of disconnection-mediated grain boundary migration[J]. Nature Communications, 2019, 10(1): 156.

[356] SHAN Z, STACH E A, WIEZOREK J M K, et al. Grain boundary-mediated plasticity in nanocrystalline nickel[J]. Science, 2004, 305(5684): 654-657.

[357] MOMPIOU F, CAILLARD D, LEGROS M. Grain boundary shear-migration coupling—I. In situ TEM straining experiments in Al polycrystals[J]. Acta Materialia, 2009, 57(7): 2198-2209.

[358] BABCOCK S E, BALLUFFI R W. Grain boundary kinetics—II. In situ observations of the role of grain boundary dislocations in high-angle boundary migration[J]. Acta Metallurgica, 1989, 37(9): 2357-2365.

[359] BABCOCK S E, BALLUFFI R W. Grain boundary kinetics—II. In situ observations of the role of grain boundary dislocations in high-angle boundary migration[J]. Acta Metallurgica, 1989, 37(9): 2367-2376.

[360] RUPERT T J, GIANOLA D S, GAN Y, et al. Experimental observations of stress-driven grain boundary migration[J]. Science, 2009, 326(5960): 1686-1690.

[361] IMRICH P J, KIRCHLECHNER C, MOTZ C, et al. Differences in deformation behavior of bicrystalline Cu micropillars containing a twin boundary or a large-angle grain boundary[J]. Acta Materialia, 2014, 73: 240-250.

[362] KHERADMAND N, VEHOFF H, BARNOUSH A. An insight into the role of the grain boundary in plastic deformation by means of a bicrystalline pillar compression test and atomistic simulation [J]. Acta Materialia, 2013, 61(19): 7454-7465.

[363] LI L L, ZHANG Z J, TAN J, et al. Stepwise work hardening induced by individual grain boundary in Cu bicrystal micropillars[J]. Scientific Reports, 2015, 5(1): 15631.

[364] KAIRA C S, SINGH S S, KIRUBANANDHAM A, et al. Microscale deformation behavior of bicrystal boundaries in pure tin(Sn) using micropillar compression[J]. Acta Materialia, 2016, 120: 56-67.

[365] AITKEN Z H, JANG D, WEINBERGER C R, et al. Grain Boundary Sliding in Aluminum Nano-Bi-Crystals Deformed at Room Temperature[J]. Small, 2014, 10(1): 100-108.

[366] KUNZ A, PATHAK S, GREER J R. Size effects in Al nanopillars: Single crystalline vs. bicrystalline[J]. Acta Materialia, 2011, 59(11): 4416-4424.

[367] MERKLE K L, THOMPSON L J. Atomic-scale observation of grain boundary motion[J]. Materials Letters, 2001, 48(3-4): 188-193.

[368] MERKLE K L, THOMPSON L J, PHILLIPP F. Collective effects in grain boundary migration [J]. Physical Review Letters, 2002, 88(22): 225501.

[369] MERKLE K L, THOMPSON L J, PHILLIPP F. High-resolution electron microscopy at a(113) symmetric. Thermally activated step motion observed by tilt grain-boundary in aluminium[J]. Phil-

osophical Magazine Letters, 2002, 82(11): 589-597.

[370] MERKLE K L, THOMPSON L J, PHILLIPP F. In-situ HREM studies of grain boundary migration[J]. Interface Science, 2004, 12: 277-292.

[371] RADETIC T, OPHUS C, OLMSTED D L. Mechanism and dynamics of shrinking island grains in mazed bicrystal thin films of Au[J]. Acta Materialia, 2012, 60(20): 7051-7063.

[372] RAJABZADEH A, MOMPIOU F, LARTIGUE-KORINEK S, et al. The role of disconnections in deformation-coupled grain boundary migration[J]. Acta Materialia, 2014, 77: 223-235.

[373] WANG L, ZHANG Z, MA E, et al. Transmission electron microscopy observations of dislocation annihilation and storage in nanograins[J]. Applied Physics Letters, 2011, 98(5): 051905.

[374] WANG L, HAN X, LIU P, et al. In situ observation of dislocation behavior in nanometer grains[J]. Physical Review Letters, 2010, 105(13): 135501.

[375] MOMPIOU F, CAILLARD D, LEGROS M, et al. In situ TEM observations of reverse dislocation motion upon unloading in tensile-deformed UFG aluminium[J]. Acta Materialia, 2012, 60(8): 3402-3414.

[376] COLLA M S, AMIN-AHMADI B, IDRISSI H, et al. Dislocation-mediated relaxation in nanograined columnar palladium films revealed by on-chip time-resolved HRTEM testing[J]. Nature Communications, 2015, 6(1): 5922.

[377] LEE T C, ROBERTSON I M, BIRNBAUM H K. TEM in situ deformation study of the interaction of lattice dislocations with grain boundaries in metals[J]. Philosophical Magazine A, 1990, 62(1): 131-153.

[378] LUSTER J, MORRIS M A. Compatibility of deformation in two-phase Ti-Al alloys:dependence on microstructure and orientation relationships[J]. Metallurgical and Materials Transactions A, 1995, 26: 1745-1756.

[379] KACHER J, ROBERTSON I M. Quasi-four-dimensional analysis of dislocation interactions with grain boundaries in 304 stainless steel[J]. Acta Materialia, 2012, 60(19): 6657-6672.

[380] KONDO S, MITSUMA T, SHIBATA N, et al. Direct observation of individual dislocation interaction processes with grain boundaries[J]. Science Advances, 2016, 2(11): e1501926.

[381] ZHU Q, ZHAO S C, DENG C, et al. In situ atomistic observation of grain boundary migration subjected to defect interaction[J]. Acta Materialia, 2020, 199: 42-52.

[382] UPMANYU M, SROLOVITZ D J, SHVINDLERMAN L S, et al. Molecular dynamics simulation of triple junction migration[J]. Acta Materialia, 2002, 50(6): 1405-1420.

[383] RAABE D, HERBIG M, SANDLÖBES S, et al. Grain boundary segregation engineering in metallic alloys: A pathway to the design of interfaces[J]. Current Opinion in Solid State and Materials Science, 2014, 18(4): 253-261.

[384] DUSCHER G, CHISHOLM M F, ALBER U, et al. Bismuth-induced embrittlement of copper grain boundaries[J]. Nature Materials, 2004, 3(9): 621-626.

[385] HU J, SHI Y N, SAUVAGE X, et al. Grain boundary stability governs hardening and softening in extremely fine nanograined metals[J]. Science, 2017, 355(6331): 1292-1296.

[386] CHEN Y S, LU H, LIANG J, et al. Observation of hydrogen trapping at dislocations, grain boundaries, and precipitates[J]. Science, 2020, 367(6474): 171-175.

［387］ NIE J F, ZHU Y M, LIU J Z, et al. Periodic segregation of solute atoms in fully coherent twin boundaries[J]. Science, 2013, 340(6135): 957-960.

［388］ CANTWELL P R, TANG M, DILLON S J, et al. Grain boundary complexions[J]. Acta Materialia, 2014, 62: 1-48.

［389］ YU Z, CANTWELL P R, GAO Q, et al. Segregation-induced ordered superstructures at general grain boundaries in a nickel-bismuth alloy[J]. Science, 2017, 358(6359): 97-101.

［390］ MEINERS T, FROLOV T, RUDD R E, et al. Observations of grain-boundary phase transformations in an elemental metal[J]. Nature, 2020, 579(7799): 375-378.

［391］ GAUTAM A, OPHUS C, LANÇON F, et al. Analysis of grain boundary dynamics using event detection and cumulative averaging[J]. Ultramicroscopy, 2015, 151: 78-84.

［392］ BOWERS M L, OPHUS C, GAUTAM A, et al. Step coalescence by collective motion at an incommensurate grain boundary[J]. Physical Review Letters, 2016, 116(10): 106102.

［393］ WANG J, MISRA A. An overview of interface-dominated deformation mechanisms in metallic multilayers[J]. Current Opinion in Solid State and Materials Science, 2011, 15(1): 20-28.

［394］ BEYERLEIN I J, DEMKOWICZ M J, MISRA A, et al. Defect-interface interactions[J]. Progress in Materials Science, 2015, 74: 125-210.

［395］ ZHANG J Y, ZHANG X, WANG R H, et al. Length-scale-dependent deformation and fracture behavior of Cu/X(X = Nb, Zr)multilayers: The constraining effects of the ductile phase on the brittle phase[J]. Acta Materialia, 2011, 59(19): 7368-7379.

［396］ RADCHENKO I, ANWARALI H P, TIPPABHOTLA S K, et al. Effects of interface shear strength during failure of semicoherent metal-metal nanolaminates:an example of accumulative roll-bonded Cu/Nb[J]. Acta Materialia, 2018, 156: 125-135.

［397］ ZHENG S J, WANG J, CARPENTER J S, et al. Plastic instability mechanisms in bimetallic nanolayered composites[J]. Acta Materialia, 2014, 79: 282-291.

［398］ WU K, ZHANG J Y, LI J, et al. Length-scale-dependent cracking and buckling behaviors of nanostructured Cu/Cr multilayer films on compliant substrates [J]. Acta Materialia, 2015, 100: 344-358.

［399］ WEI M Z, CAO Z H, SHI J, et al. Evolution of interfacial structures and creep behavior of Cu/Ta multilayers at room temperature[J]. Materials Science and Engineering: A, 2015, 646: 163-168.

［400］ LI Y P, ZHANG G P, WANG W, et al. On interface strengthening ability in metallic multilayers [J]. Scripta Materialia, 2007, 57(2): 117-120.

［401］ MARA N A, BHATTACHARYYA D, HIRTH J P, et al. Mechanism for shear banding in nanolayered composites[J]. Applied Physics Letters, 2010, 97(2): 021909.

［402］ MARA N A, BHATTACHARYYA D, DICKERSON P, et al. Deformability of ultrahigh strength 5 nm Cu/Nb nanolayered composites[J]. Applied Physics Letters, 2008, 92(23): 231901.

［403］ SINGH D R P, CHAWLA N, TANG G, et al. Micropillar compression of Al/SiC nanolaminates [J]. Acta Materialia, 2010, 58(20): 6628-6636.

［404］ MAYER C, LI N, MARA N, et al. Micromechanical and in situ shear testing of Al-SiC nanolaminate composites in a transmission electron microscope(TEM)[J]. Materials Science and Engineering: A, 2015, 621: 229-235.

[405] ZHU X F, LI Y P, ZHANG G P, et al. Understanding nanoscale damage at a crack tip of multilayered metallic composites[J]. Applied Physics Letters, 2008, 92(16): 161905.

[406] AN B H, JEON I T, SEO J H, et al. Ultrahigh tensile strength nanowires with a Ni/Ni-Au multilayer nanocrystalline structure[J]. Nano Letters, 2016, 16(6): 3500-3506.

[407] LIU Z, MONCLÚS M A, YANG L W, et al. Tensile deformation and fracture mechanisms of Cu/Nb nanolaminates studied by in situ TEM mechanical tests[J]. Extreme Mechanics Letters, 2018, 25: 60-65.

[408] WEI S, ZHENG S, ZHANG L, et al. Role of interfacial transition zones in the fracture of Cu/V nanolamellar multilayers[J]. Materials Research Letters, 2020, 8(8): 299-306.

[409] HATTAR K, MISRA A, DOSANJH M R F, et al. Direct observation of crack propagation in copper-niobium multilayers[J]. Jourmal of Engineering Materials & Technology, 2012, 134(2): 021014.

[410] LI N, WANG J, HUANG J Y, et al. In situ TEM observations of room temperature dislocation climb at interfaces in nanolayered Al/Nb composites[J]. Scripta Materialia, 2010, 63(4): 363-366.

[411] YANG H, ZHANG P, PEI Y, et al. In situ bending of layered compounds: The role of anisotropy in $Ti_2AlC$ microcantilevers[J]. Scripta Materialia, 2014, 89: 21-24.

[412] CHENG G, MIAO C, QIN Q, et al. Large anelasticity and associated energy dissipation in single-crystalline nanowires[J]. Nature Nanotechnology, 2015, 10(8): 687-691.

[413] KOHNO H, MASUDA Y. In situ transmission electron microscopy of individual carbon nanotetrahedron/ribbon structures in bending[J]. Applied Physics Letters, 2015, 106(19): 193103.

[414] LIU Y, ZHENG H, LIU X H, et al. Lithiation-induced embrittlement of multiwalled carbon nanotubes[J]. ACS Nano, 2011, 5(9): 7245-7253.

[415] WANG L, KONG D, ZHANG Y, et al. Mechanically driven grain boundary formation in nickel nanowires[J]. ACS Nano, 2017, 11(12): 12500-12508.

[416] CHEN C Q, PEI Y T, DE HOSSON J T M. Effects of size on the mechanical response of metallic glasses investigated through in situ TEM bending and compression experiments[J]. Acta Materialia, 2010, 58(1): 189-200.

[417] TANG C Y, LEE T C, RAO B, et al. An experimental study of shear damage using in-situ single shear test[J]. International Journal of Damage Mechanics, 2002, 11(4): 335-353.

[418] WIECZOREK N, LAPLANCHE G, HEYER J K, et al. Assessment of strain hardening in copper single crystals using in situ SEM microshear experiments[J]. Acta Materialia, 2016, 113: 320-334.

[419] LUKÁŠ P, KUNZ L. Role of persistent slip bands in fatigue[J]. Philosophical Magazine, 2004, 84(3-5): 317-330.

[420] MUGHRABI H. Dislocation wall and cell structures and long-range internal stresses in deformed metal crystals[J]. Acta Metallurgica, 1983, 31(9): 1367-1379.

[421] SUMIGAWA T, MURAKAMI T, SHISHIDO T, et al. Cu/Si interface fracture due to fatigue of copper film in nanometer scale[J]. Materials Science and Engineering: A, 2010, 527(24-25): 6518-6523.

[422] SUMIGAWA T, BYUNGWOON K, MIZUNO Y, et al. In situ observation on formation process of nanoscale cracking during tension-compression fatigue of single crystal copper micron-scale specimen[J]. Acta Materialia, 2018, 153: 270-278.

[423] SUMIGAWA T, SHIOHARA R, MATSUMOTO K, et al. Characteristic features of slip bands in submicron single-crystal gold component produced by fatigue[J]. Acta Materialia, 2013, 61(7): 2692-2700.

[424] FANG H, SHIOHARA R, SUMIGAWA T, et al. Size dependence of fatigue damage in submicrometer single crystal gold[J]. Materials Science and Engineering: A, 2014, 618: 416-423.

[425] HUANG K, SUMIGAWA T, KITAMURA T. Load-dependency of damage process in tension-compression fatigue of microscale single-crystal copper[J]. International Journal of Fatigue, 2020, 133: 105415.

[426] DEMIR E, RAABE D. Mechanical and microstructural single-crystal Bauschinger effects: Observation of reversible plasticity in copper during bending[J]. Acta Materialia, 2010, 58(18): 6055-6063.

[427] KIENER D, MOTZ C, GROSINGER W, et al. Cyclic response of copper single crystal micro-beams[J]. Scripta Materialia, 2010, 63(5): 500-503.

[428] HOU C, LI Z, HUANG M, et al. Discrete dislocation plasticity analysis of single crystalline thin beam under combined cyclic tension and bending[J]. Acta Materialia, 2008, 56(7): 1435-1446.

[429] LI L L, ZHANG P, ZHANG Z J, et al. Effect of crystallographic orientation and grain boundary character on fatigue cracking behaviors of coaxial copper bicrystals[J]. Acta Materialia, 2013, 61(2): 425-438.

[430] CHEN W, KITAMURA T, WANG X, et al. Size effect on cyclic torsion of micro-polycrystalline copper considering geometrically necessary dislocation and strain gradient[J]. International Journal of Fatigue, 2018, 117: 292-298.

[431] LUO X M, ZHU X F, ZHANG G P. Nanotwin-assisted grain growth in nanocrystalline gold films under cyclic loading[J]. Nature Communications, 2014, 5(1): 3021.

[432] PADILLA H A, BOYCE B L. A review of fatigue behavior in nanocrystalline metals[J]. Experimental Mechanics, 2010, 50(1): 5-23.

[433] SCHWAIGER R, DEHM G, KRAFT O. Cyclic deformation of polycrystalline Cu films[J]. Philosophical Magazine, 2003, 83(6): 693-710.

[434] SCHWAIGER R, KRAFT O. Size effects in the fatigue behavior of thin Ag films[J]. Acta Materialia, 2003, 51(1): 195-206.

[435] GABEL S, MERLE B. Small-scale high-cycle fatigue testing by dynamic microcantilever bending[J]. MRS Communications, 2020, 10(2): 332-337.

[436] BUFFORD D, STAUFFER D, MOOK W, et al. In situ TEM study of fatigue crack growth of Cu thin films using a modified nanoindentation system[C]//European Microscopy Congress 2016: Proceedings. Weinheim, Germany: Wiley-VCH Verlag GmbH & Co. KGaA, 2016: 199-200.

[437] HOSSEINIAN E, PIERRON O N. Quantitative in situ TEM tensile fatigue testing on nanocrystalline metallic ultrathin films[J]. Nanoscale, 2013, 5(24): 12532-12541.

[438] KUMAR S, ALAM M T, HAQUE M A. Fatigue insensitivity of nanoscale freestanding aluminum films[J]. Journal of Microelectromechanical Systems, 2011, 20(1): 53-58.

[439] QU S, ZHANG P, WU S D, et al. Twin boundaries: Strong or weak?[J]. Scripta Materialia, 2008, 59(10): 1131-1134.

[440] ZHANG Z J, LI L L, ZHANG P, et al. Fatigue cracking at twin boundary: effect of dislocation reactions[J]. Applied Physics Letters, 2012, 101(1): 011907.

[441] ZHANG P, ZHANG Z J, LI L L, et al. Twin boundary: Stronger or weaker interface to resist fatigue cracking? [J]. Scripta Materialia, 2012, 66(11): 854-859.

[442] ZHANG Z J, ZHANG P, LI L L, et al. Fatigue cracking at twin boundaries: effects of crystallographic orientation and stacking fault energy[J]. Acta Materialia, 2012, 60(6-7): 3113-3127.

[443] LI L L, AN X H, IMRICH P J, et al. Microcompression and cyclic deformation behaviors of coaxial copper bicrystals with a single twin boundary[J]. Scripta Materialia, 2013, 69(2): 199-202.

[444] LI L L, ZHANG P, ZHANG Z J, et al. Intrinsically higher fatigue cracking resistance of the penetrable and movable incoherent twin boundary[J]. Scientific Reports, 2014, 4(1): 3744.

[445] LI L L, ZHANG P, ZHANG Z J, et al. Strain localization and fatigue cracking behaviors of Cu bicrystal with an inclined twin boundary[J]. Acta Materialia, 2014, 73: 167-176.

[446] WANG Z J, LI Q J, CUI Y N, et al. Cyclic deformation leads to defect healing and strengthening of small-volume metal crystals[J]. Proceedings of the National Academy of Sciences, 2015, 112(44): 13502-13507.

[447] HWANG B, SEOL J G, AN C H, et al. Bending fatigue behavior of silver nanowire networks with different densities[J]. Thin Solid Films, 2017, 625: 1-5.

[448] WANG C C, MAO Y W, SHAN Z W, et al. Real-time, high-resolution study of nanocrystallization and fatigue cracking in a cyclically strained metallic glass[J]. Proceedings of the National Academy of Sciences, 2013, 110(49): 19725-19730.

[449] MA X, SHI H J, GU J. In-situ scanning electron microscopy studies of small fatigue crack growth in recrystallized layer of a directionally solidified superalloy[J]. Materials Letters, 2010, 64(19): 2080-2083.

[450] KAI Z, YU-HUAI H. Fatigue crack initiation and propagation mechanism of FGH96 PM superalloy[C]. IOP Conference Series: Materials Science and Engineering. IOP Publishing, 2020, 729(1): 012101.

[451] ZHANG L, ZHAO L G, ROY A, et al. In-situ SEM study of slip-controlled short-crack growth in single-crystal nickel superalloy[J]. Materials Science and Engineering: A, 2019, 742: 564-572.

[452] LIANG J, WANG Z, XIE H, et al. In situ scanning electron microscopy analysis of effect of temperature on small fatigue crack growth behavior of nickel-based single-crystal superalloy[J]. International Journal of Fatigue, 2019, 128: 105195.

[453] BARNOUSH A, HOSEMANN P, MOLINA-ALDAREGUIA J, et al. In situ small-scale mechanical testing under extreme environments[J]. MRS Bulletin, 2019, 44(6): 471-477.

[454] KARANJGAOKAR N J, OH C S, CHASIOTIS I. Microscale experiments at elevated temperatures evaluated with digital image correlation[J]. Experimental Mechanics, 2011, 51(4): 609-618.

[455] CHEN L Y, TERRAB S, MURPHY K F, et al. Temperature controlled tensile testing of individual nanowires[J]. Review of Scientific Instruments, 2014, 85(1): 013901.

[456] 马晋遥, 王晋, 赵云松, 等. 一种第二代镍基单晶高温合金1 150 ℃原位拉伸断裂机制研究[J]. 金属学报, 2019, 55(8): 987-996.

[457] KANG W, MERRILL M, WHEELER J M. In situ thermomechanical testing methods for micro/

nano-scalematerials[J]. Nanoscale, 2017, 9(8): 2666-2688.

[458] ARGON A S. Mechanics and physics of brittle to ductile transitions in fracture[J]. Journal of Engineering Materials and Technology, 2001, 123(1): 1-11.

[459] NAKAO S, ANDO T, SHIKIDA M, et al. Mechanical properties of a micron-sized SCS film in a high-temperature environment[J]. Journal of Micromechanics and Microengineering, 2006, 16(4): 715-720.

[460] WHEELER J M, MICHLER J. Elevated temperature, nano-mechanical testing in situ in the scanning electron microscope[J]. Review of Scientific Instruments, 2013, 84(4): 045103.

[461] CHANG T H, ZHU Y. A microelectromechanical system for thermomechanical testing of nanostructures[J]. Applied Physics Letters, 2013, 103(26): 263114.

[462] WHEELER J M, MICHLER J. Invited Article: Indenter materials for high temperature nanoindentation[J]. Review of Scientific Instruments, 2013, 84(10): 101301.

[463] JAYA B N, WHEELER J M, WEHRS J, et al. Microscale fracture behavior of single crystal silicon beams at elevated temperatures[J]. Nano Letters, 2016, 16(12): 7597-7603.

[464] HINTSALA E D, BHOWMICK S, YUEYUE X, et al. Temperature dependent fracture initiation in microscale silicon[J]. Scripta Materialia, 2017, 130: 78-82.

[465] SOLER R, WHEELER J M, CHANG H J, et al. Understanding size effects on the strength of single crystals through high-temperature micropillar compression[J]. Acta Materialia, 2014, 81: 50-57.

[466] SMOLKA M, MOTZ C, DETZEL T, et al. Novel temperature dependent tensile test of freestanding copper thin film structures[J]. Review of Scientific Instruments, 2012, 83(6): 064702.

[467] WHEELER J M, KIRCHLECHNER C, MICHA, J S, et al. The effect of size on the strength of FCC metals at elevated temperatures: annealed copper[J]. Philosophical Magazine, 2016, 96(32-34): 3379-3395.

[468] LI Q, CHO J, XUE S, et al. High temperature thermal and mechanical stability of high-strength nanotwinned Al alloys[J]. Acta Materialia, 2019, 165:142-152.

[469] XU C, AHMAD Z, ARYANFAR A, et al. Enhanced strength and temperature dependence of mechanical properties of Li at small scales and its implications for Li metal anodes[J]. Proceedings of the National Academy of Sciences of the United States of America, 2017, 114(1): 57-61.

[470] SCHNEIDER A S, FRICK C P, ARZT E, et al. Influence of test temperature on the size effect in molybdenum small-scale compression pillars[J]. Philosophical Magazine Letters, 2013, 93(6): 331-338.

[471] LEE S-W, CHENG Y, RYU I, et al. Cold-temperature deformation of nano-sized tungsten and niobium as revealed by in-situ nano-mechanical experiments[J]. Science China Technological Sciences, 2014, 57(4): 652-662.

[472] HAGEN A B, THAULOW C. Low temperature in-situ micro-compression testing of iron pillars [J]. Materials Science & Engineering, 2016, 678: 355-364.

[473] YILMAZ H, WILLIAMS C J, RISAN J, et al. The size dependent strength of Fe, Nb and V micropillars at room and low temperature[J]. Materialia, 2019, 7: 100424.

[474] GIWA A M, AITKEN Z H, LIAW P K, et al. Effect of temperature on small-scale deformation of individual face-centered-cubic and body-centered-cubic phases of an $Al_{0.7}$CoCrFeNi high-entropy al-

loy[J]. Materials & Design, 2020, 191: 108611.

[475] MEYERS M A, CHAWLA K K. Statistical analysis of failure strength[M]. Cambridge University Press, New York City, NY, 2009: 449-460.

[476] SIM G D, PARK J H, UCHIC M D, et al. An apparatus for performing microtensile tests at elevated temperatures inside a scanning electron microscope[J]. Acta Materialia, 2013, 61(19): 7500-7510.

[477] YU Q, KACHER J, GAMMER C, et al. In situ TEM observation of FCC Ti formation at elevated temperatures[J]. Scripta Materialia, 2017, 140: 9-12.

[478] CLARK B G, ROBERTSON I M, DOUGHERTY L M, et al. High-temperature dislocation-precipitate interactions in Al alloys: an in situ transmission electron microscopy deformation study[J]. Journal of Materials Research, 2005, 20(7): 1792-1801.

[479] BOEHLERT C J, CHEN Z, GUTIERREZ-URRUTIA I. In situ analysis of the tensile and tensile-creep deformation mechanisms in rolled AZ31[J]. Acta Materialia, 2012, 60(4): 1889-1904.

[480] LU X, DU J, DENG Q. In situ observation of high temperature tensile deformation and low cycle fatigue response in a nickel-base superalloy[J]. Materials Science and Engineering: A, 2013, 588: 411-415.

[481] PETRENEC M, POLÁK J, ŠAMOIL T, et al. In Situ Study of the Mechanisms of High Temperature Damage in Elastic-Plastic Cyclic Loading of Nickel Superalloy[J]. Advanced Materials Research, 2014, (891-892): 530-535.

[482] 王晋, 张跃飞, 马晋遥, 等. Inconel 740H 合金原位高温拉伸微裂纹萌生扩展研究. 金属学报, 2017, 53(12): 1627-1635.

[483] MA J, JIANG W, WANG J, et al. Initial oxidation behavior of a single crystal superalloy during stress at 1 150℃[J]. Scientific Reports, 2020, 10(1): 3089.

[484] 解德刚, 李蒙, 单智伟. 氢与金属的微观交互作用研究进展. 中国材料进展, 2018, 37(03): 215-223.

[485] ROBERTSON I M, SOFRONIS P, NAGAO A, et al. Hydrogen embrittlement understood[J]. Metallurgical and Materials Transactions B, 2015, 46(3): 1085-1103.

[486] JOHNSON W H. On some Remarkable changes produced in iron and steel by the action of hydrogen and acids[J]. Nature, 1874, 11(281): 393.

[487] BIRNBAUM H K, SOFRONIS P. Hydrogen-enhanced localized plasticity—a mechanism for hydrogen-related fracture[J]. Materials Science and Engineering: A, 1994, 176(1-2): 191-202.

[488] LU X, WANG D, LI Z, et al. Hydrogen susceptibility of an interstitial equimolar high-entropy alloy revealed by in-situ electrochemical microcantilever bending test[J]. Materials Science and Engineering: A, 2019, 762: 138114.

[489] DENG Y, ROGNE B R S, BARNOUSH A. In-situ microscale examination of hydrogen effect on fracture toughness: A case study on B2 and D03 ordered iron aluminides intermetallic alloys[J]. Engineering Fracture Mechanics, 2019, 217: 106551.

[490] WAN D, DENG Y, BARNOUSH A. Hydrogen embrittlement effect observed by in-situ hydrogen plasma charging on a ferritic alloy[J]. Scripta Materialia, 2018, 151: 24-27.

[491] WAN D, DENG Y, MELING J I H, et al. Hydrogen-enhanced fatigue crack growth in a single-edge notched tensile specimen under in-situ hydrogen charging inside an environmental scanning

electron microscope[J]. Acta Materialia, 2019, 170: 87-99.

[492] LEE T C, DEWALD D K, EADES J A, et al. An environmental cell transmission electron microscope[J]. Review of Scientific Instruments, 1991, 62(6): 1438-1444.

[493] BOND G M, ROBERTSON I M, BIRNBAUM H K. On the determination of the hydrogen fugacity in an environmental cellTEM facility[J]. Scripta Metallurgica, 1986, 20(5): 653-658.

[494] ROBERTSON I M, BIRNBAUM H K. An HVEM study of hydrogen effects on the deformation and fracture of nickel[J]. Acta Metallurgica, 1986, 34(3): 353-366.

[495] ROBERTSON I M. The effect of hydrogen on dislocation dynamics[J]. Engineering Fracture Mechanics, 2001, 68(6): 671-692.

[496] SHIH D S, ROBERTSON I M, BIRNBAUM H K. Hydrogen embrittlement of α titanium: in situ TEM studies[J]. Acta Metallurgica, 1988, 36(1): 111-124.

[497] LEE T C, ROBERTSON I M, BIRNBAUM H K. An HVEM in situ deformation study of nickel doped with sulfur[J]. Acta Metallurgica, 1989, 37(2): 407-415.

[498] FERREIRA P J, ROBERTSON I M, BIRNBAUM H K. Hydrogen effects on the interaction between dislocations[J]. Acta Materialia, 1998, 46(5): 1749-1757.

[499] FERREIRA P J, ROBERTSON I M, BIRNBAUM H K. Influence of hydrogen on the stacking-fault energy of an austenitic stainless steel[C]. Materials Science Forum. 1996, 207: 93-96.

[500] FERREIRA P J, ROBERTSON I M, BIRNBAUM H K. Hydrogen effects on the character of dislocations in high-purity aluminum[J]. Acta Materialia, 1999, 47(10): 2991-2998.

[501] BOND G M, ROBERTSON I M, BIRNBAUM H K. The influence of hydrogen on deformation and fracture processes in high-strength aluminum alloys[J]. Acta Metallurgica, 1987, 35(9): 2289-2296.

[502] BOND G M, ROBERTSON I M, BIRNBAUM H K. Effects of hydrogen on deformation and fracture processes in high-ourity aluminium[J]. Acta Metallurgica, 1988, 36(8): 2193-2197.

[503] XIE D, LI S, LI M, et al. Hydrogenated vacancies lock dislocations in aluminium[J]. Nature Communications, 2016, 7(1): 13341.

[504] 解德刚. 氢对单晶铝界面失效及位错行为影响的原位研究[D]. 西安交通大学, 2018.

[505] KOYAMA M, TAHERI-MOUSAVI S M, YAN H, et al. Origin of micrometer-scale dislocation motion during hydrogen desorption[J]. Science Advances, 2020, 6(23): eaaz1187.

[506] TAKAHASHI Y, TANAKA M, HIGASHIDA K, et al. A combined environmental straining specimen holder for high-voltage electron microscopy[J]. Ultramicroscopy, 2010, 110(11): 1420-1427.

[507] SONG J, CURTIN W A. Mechanisms of hydrogen-enhanced localized plasticity: an atomistic study using α-Fe as a model system[J]. Acta Materialia, 2014, 68: 61-69.

[508] SONG J, CURTIN W A. Atomic mechanism and prediction of hydrogen embrittlement in iron[J]. Nature Materials, 2013, 12(2): 145-151.

[509] XIE D G, WANG Z J, SUN J, et al. In situ study of the initiation of hydrogen bubbles at the aluminium metal/oxide interface[J]. Nature Materials, 2015, 14(9): 899-903.

[510] LI M, XIE D G, MA E, et al. Effect of hydrogen on the integrity of aluminium-oxide interface at elevated temperatures[J]. Nature Communications, 2017, 8(1): 14564.

[511] TIAN L, YANG Y Q, MEYER T, et al. Environmental transmission electron microscopy study of

hydrogen charging effect on a Cu-Zr metallic glass[J]. Materials Research Letters, 2020, 8(12): 439-445.

[512] WANG Y, LI M, YANG Y, et al. In-situ surface transformation of magnesium to protect against oxidation at elevated temperatures[J]. Journal of Materials Science & Technology, 2020, 44: 48-53.

[513] WANG Y, LIU B, ZHAO X, et al. Turning a native or corroded Mg alloy surface into an anti-corrosion coating in excited $CO_2$[J]. Nature Communications, 2018, 9(1): 4058.

[514] YIN S, CHENG G, CHANG T H, et al. Hydrogen embrittlement in metallic nanowires[J]. Nature Communications, 2019, 10(1): 2004.

[515] EGERTON R F. Radiation damage to organic and inorganic specimens in the TEM[J]. Micron, 2019, 119: 72-87.

[516] HOBBS L W. Radiation damage in electron microscopy of inorganic solids[J]. Ultramicroscopy, 1978, 3(4): 381-386.

[517] EGERTON R F. Control of radiation damage in the TEM[J]. Ultramicroscopy, 2013, 127: 100-108.

[518] EGERTON R F. Beam-induced motion of adatoms in the transmission electron microscope[J]. Microscopy and Microanalysis, 2013, 19(2): 479-486.

[519] EGERTON R F, MCLEOD R, WANG F, et al. Basic questions related to electron-induced sputtering in the TEM[J]. Ultramicroscopy, 2010, 110(8): 991-997.

[520] KING W E, BENEDEK R, MERKLE K L, et al. Damage effects of high energy electrons on metals[J]. Ultramicroscopy, 1987, 23(3-4): 345-353.

[521] EGERTON R F, LI P, MALAC M. Radiation damage in the TEM and SEM[J]. Micron, 2004, 35(6): 399-409.

[522] SADOVNIKOV S I, GUSEV A I, REMPEL A A. An in situ high-temperature scanning electron microscopy study of acanthite-argentite phase transformation in nanocrystalline silver sulfide powder[J]. Physical Chemistry Chemical Physics, 2015, 17(32): 20495-20501.

[523] HU Y H, RUCKENSTEIN E. Nano-structured $Li_2O$ from LiOH by electron-irradiation[J]. Chemical Physics Letters, 2006, 430(1-3): 80-83.

[524] SARKAR R, RENTENBERGER C, RAJAGOPALAN J. Electron beam induced artifacts during in situ TEM deformation of nanostructured metals[J]. Scientific Reports, 2015, 5(1): 16345.

[525] LI S H, HAN W Z, SHAN Z W. Deformation of small-volume Al-4Cu alloy under electron beam irradiation[J]. Acta Materialia, 2017, 141: 183-192.

[526] VLASSOV S, POLYAKOV B, VAHTRUS M, et al. Enhanced flexibility and electron-beam-controlled shape recovery in alumina-coated Au and Ag core-shell nanowires[J]. Nanotechnology, 2017, 28(50): 505707.

[527] DAI S, ZHAO J, XIE L, et al. Electron-beam-induced elastic-plastic transition in Si nanowires[J]. Nano Letters, 2012, 12(5): 2379-2385.

[528] MOORE N W, LUO J, HUANG J Y, et al. Superplastic nanowires pulled from the surface of common salt[J]. Nano Letters, 2009, 9(6): 2295-2299.

[529] ZHENG H, LIU Y, MAO S X, et al. Beam-assisted large elongation of in situ formed $Li_2O$ nanowires[J]. Scientific Reports, 2012, 2(1): 542.

[530] KIM Y J, LEE W W, CHOI I C, et al. Time-dependent nanoscale plasticity of ZnO nanorods[J]. Acta Materialia, 2013, 61(19): 7180-7188.

[531] ZANG J, BAO L, WEBB R A, et al. Electron beam irradiation stiffens zinc tin oxide nanowires[J]. Nano Letters, 2011, 11(11): 4885-4889.

[532] MAČKOVIĆ M, PRZYBILLA T, DIEKER C, et al. A novel approach for preparation and in situ tensile testing of silica glass membranes in the transmission electron microscope[J]. Frontiers in Materials, 2017, 4: 10.

[533] HIRAKATA H, KONISHI K, KONDO T, et al. Electron-beam enhanced creep deformation of amorphous silicon nano-cantilever[J]. Journal of Applied Physics, 2019, 126(10): 105102.

[534] EBNER C, RAJAGOPALAN J, LEKKA C, et al. Electron beam induced rejuvenation in a metallic glass film during in-situ TEM tensile straining[J]. Acta Materialia, 2019, 181: 148-159.

[535] BUFFORD D C, ABDELJAWAD F F, FOILES S M, et al. Unraveling irradiation induced grain growth with in situ transmission electron microscopy and coordinated modeling[J]. Applied Physics Letters, 2015, 107(19): 191901.

[536] EL-ATWANI O, HINKS J A, GREAVES G, et al. In-situ TEM observation of the response of ultrafine-and nanocrystalline-grained tungsten to extreme irradiation environments[J]. Scientific Reports, 2014, 4(1): 4716.

[537] YU K Y, SUN C, CHEN Y, et al. Superior tolerance of Ag/Ni multilayers against Kr ion irradiation: an in situ study[J]. Philosophical Magazine, 2013, 93(26): 3547-3562.

[538] FAN C, XIE D, LI J, et al. 9R phase enabled superior radiation stability of nanotwinned Cu alloys via in situ radiation at elevated temperature[J]. Acta Materialia, 2019, 167: 248-256.

[539] FAN C, LI Q, DING J, et al. Helium irradiation induced ultra-high strength nanotwinned Cu with nanovoids[J]. Acta Materialia, 2019, 177: 107-120.

[540] DING M S, TIAN L, HAN W Z, et al. Nanobubble fragmentation and bubble-free-channel shear localization in helium-irradiated submicron-sized copper[J]. Physical Review Letters, 2016, 117(21): 215501.

[541] TRINKAUS H, SINGH B N. Helium accumulation in metals during irradiation-where do we stand?[J]. Journal of Nuclear Materials, 2003, 323(2-3): 229-242.

[542] HAN W, DEMKOWICZ M J, MARA N A, et al. Design of radiation tolerant materials via interface engineering[J]. Advanced Materials, 2013, 25(48): 6975-6979.

[543] ZHANG X, HATTAR K, CHEN Y, et al. Radiation damage in nanostructured materials[J]. Progress in Materials Science, 2018, 96: 217-321.

[544] HUANG J Y, ZHONG L, WANG C M, et al. In situ observation of the electrochemical lithiation of a single $SnO_2$ nanowire electrode[J]. Science, 2010, 330(6010): 1515-1520.

[545] WANG C M, XU W, LIU J, et al. In situ transmission electron microscopy and spectroscopy studies of interfaces in Li ion batteries: Challenges and opportunities[J]. Journal of Materials Research, 2010, 25(8): 1541-1547.

[546] LIU X H, ZHENG H, ZHONG L, et al. Anisotropic swelling and fracture of silicon nanowires during lithiation[J]. Nano Letters, 2011, 11(8): 3312-3318.

[547] LIU X H, WANG J W, HUANG S, et al. In situ atomic-scale imaging of electrochemical lithiation in silicon[J]. Nature Nanotechnology, 2012, 7(11): 749-756.

[548] LIU X H, ZHONG L, HUANG S, et al. Size-dependent fracture of silicon nanoparticles during lithiation[J]. ACS Nano, 2012, 6(2): 1522-1531.

[549] WANG J W, LIU X H, MAO S X, et al. Microstructural evolution of tin nanoparticles during in situ sodium insertion and extraction[J]. Nano Letters, 2012, 12(11): 5897-5902.

[550] KUSHIMA A, HUANG J Y, LI J. Quantitative fracture strength and plasticity measurements of lithiated silicon nanowires by in situ TEM tensile experiments[J]. ACS Nano, 2012, 6(11): 9425-9432.

[551] HE Y, REN X, XU Y, et al. Origin of lithium whisker formation and growth under stress[J]. Nature Nanotechnology, 2019, 14(11): 1042-1047.

[552] ZHANG L, YANG T, DU C, et al. Lithium whisker growth and stress generation in an in situ atomic force microscope-environmental transmission electron microscope set-up[J]. Nature Nanotechnology, 2020, 15(2): 94-98.

[553] DENG Y, ZHANG R, PEKIN T C, et al. Functional materials under stress: In situ TEM observations of structural evolution[J]. Advanced Materials, 2020, 32(27): 1906105.

[554] CAILLARD D. A TEM in situ study of the softening of Tungsten by Rhenium[J]. Acta Materialia, 2020, 194: 249-256.

[555] BARKIA B, COUZINIÉ J P, LARTIGUE-KORINEK S, et al. In situ TEM observations of dislocation dynamics in α titanium: Effect of the oxygen content[J]. Materials Science and Engineering: A, 2017, 703: 331-339.

[556] WANG L, GUAN P, TENG J, et al. New twinning route in face-centered cubic nanocrystalline metals[J]. Nature Communications, 2017, 8(1): 2142.

[557] FU X, WU X, YU Q. Dislocation plasticity reigns in a traditional twinning-induced plasticity steel by in situ observation[J]. Materials Today Nano, 2018, 3: 48-53.

[558] YU Q, QI L, TSURU T, et al. Origin of dramatic oxygen solute strengthening effect in titanium[J]. Science, 2015, 347(6222): 635-639.

[559] ZHANG R, ZHAO S, OPHUS C, et al. Direct imaging of short-range order and its impact on deformation in Ti-6Al[J]. Science Advances, 2019, 5(12): eaax2799.

[560] ZHANG R, ZHAO S, DING J, et al. Short-range order and its impact on the CrCoNi medium-entropy alloy[J]. Nature, 2020, 581(7808): 283-287.

[561] LEE S, DUARTE M J, FEUERBACHER M, et al. Dislocation plasticity in FeCoCrMnNi high-entropy alloy: quantitative insights from in situ transmission electron microscopy deformation[J]. Materials Research Letters, 2020, 8(6): 216-224.

[562] SHIN Y A, YIN S, LI X, et al. Nanotwin-governed toughening mechanism in hierarchically structured biological materials[J]. Nature Communications, 2016, 7(1): 10772.

[563] DING Q, LI S, CHEN L Q, et al. Re segregation at interfacial dislocation network in a nickel-based superalloy[J]. Acta Materialia, 2018, 154: 137-146.

[564] LAZIĆ I, BOSCH E G T, LAZAR S. Phase contrast STEM for thin samples: integrated differential phase contrast[J]. Ultramicroscopy, 2016, 160: 265-280.

[565] SANGID M D. Coupling in situ experiments and modeling-Opportunities for data fusion, machine learning, and discovery of emergent behavior[J]. Current Opinion in Solid State and Materials Science, 2020, 24(1): 100797.